机械制造工艺学

(第2版)

主　编　何　宁
副主编　李玉玲　陈世平　刘　勇
主　审　白海清

重庆大学出版社

内容提要

本书共8章,内容包括机械加工工艺规程制订、典型零件加工工艺、机械加工精度分析与控制、机械加工表面质量分析与控制、机械装配工艺基础、工艺尺寸链的分析与计算、特种加工与精密加工等先进制造技术。本书章末有本章小结,并附有习题与思考题,便于学生复习巩固。

本书主要作为高等工科院校机械类专业或近机械类专业的教材,同时也可作为电视大学、职工大学、函授大学、业余大学和自学考试等学生的教材,还可供从事机械制造业的工程技术人员参考和培训使用。

图书在版编目(CIP)数据

机械制造工艺学 / 何宁主编. --2版. --重庆 :
重庆大学出版社,2020.1(2021.7重印)
机械设计制造及其自动化专业本科系列规划教材
ISBN 978-7-5624-7535-4

Ⅰ.①机… Ⅱ.①何… Ⅲ.①机械制造工艺—高等学校—教材 Ⅳ.①TH16

中国版本图书馆CIP数据核字(2020)第002289号

机械制造工艺学
(第2版)
主 编 何 宁
副主编 李玉玲 陈世平 刘 勇
主 审 白海清
策划编辑:曾令维
责任编辑:李定群 高鸿宽 版式设计:曾令维
责任校对:秦巴达 责任印制:张 策
*
重庆大学出版社出版发行
出版人:饶帮华
社址:重庆市沙坪坝区大学城西路21号
邮编:401331
电话:(023) 88617190 88617185(中小学)
传真:(023) 88617186 88617166
网址:http://www.cqup.com.cn
邮箱:fxk@cqup.com.cn (营销中心)
全国新华书店经销
POD:重庆新生代彩印技术有限公司
*
开本:787mm×1092mm 1/16 印张:18.25 字数:456千
2020年1月第2版 2021年7月第3次印刷
ISBN 978-7-5624-7535-4 定价:48.00元

前言

中国20多年的经济高速增长，主要依赖于制造业的增长。然而，中国是制造业大国，但不是制造业强国。快速上升的人力成本，使依赖初级加工和密集劳动的中国制造业遭遇了发展的瓶颈。以3D打印技术、智能装备技术为代表的数字化制造正引领着新一轮工业革命的到来。为了积极响应将我国从世界制造大国走向制造强国的号召，培养面向21世纪的高等工程教育应用型技术人才的需求，编者在总结多年专业教学实践和教学改革成果的基础上撰写了本书。本书可作为机械类专业或近机械类专业开设的“机械制造工艺学”课程的教学用书。

本书编者均为长期从事高等工程教育和教学研究的教师，全书依据省级精品课程的建设成果，参考了许多兄弟院校近年来所出版的教材，在体系、内容等方面都作了一些变动，归纳起来，有以下主要特点：

(1)结构合理，突出重点

本书既注意保持机械制造工艺知识体系的系统性，又注意与机械制造技术基础、工艺装备设计、数控加工技术、精密加工、特种加工等课程的衔接，削枝强干，突出重点。

(2)循序渐进，难点分散

根据认知规律，设计适当的知识体系，难点分散，弱化学生的学习畏难情绪，便于自学。例如，机械加工工艺规程的编制是本门课程的重点，也是难点。其中涉及若干抽象的概念、原理和方法，重难点十分集中，学习过程中学生掌握极有难度。由此，在教材的编写时，将其中的难点——工艺尺寸链的分析和计算单独安排成第7章，难点分散且便于学生深入系统的学习。每章的习题中，既有紧密联系本章的习题，又有与前面章节内容相关的综合运用的习题，便于学生复习巩固。

(3)注重能力，突出应用

能力的培养必须通过合理的知识传授和必要的实践来实施。本书在编写时，强化知识结构的设计，使每一个知识模块构成一个适当的能力训练系统。同时，在编写过程中原理讲授与案例分析相结合，有机融入一定的实例以及操作性较强的案例，并对实例进行有效的分析，力求使本书达到联系加工实际，贴近生产一线，强化综合运用，把应用能力的培养落到实处。

(4)反映发展、开阔眼界

高新科技的高度发展和经济社会的急剧变革使机械制造发生了巨大变化。本书介绍了新技术、新工艺和机械制造工艺的发展新趋势,以开阔学生的眼界、激发学生的创新思维。

(5)以学生为本,坚持理论联系实际

每章后都附有一定的思考题、习题,引导思维、掌握要点,培养学生综合分析问题和解决问题的能力。

本书主要作为高等工科院校机械类专业或近机械类专业的教材,也可作为电视大学、职工大学、函授大学、业余大学和自学考试等学生的教材,还可供从事机械制造业的工程技术人员参考和培训使用。

本书内容共分8章:第1章绪论;第2章机械加工工艺规程制订;第3章典型零件加工工艺;第4章机械加工精度分析与控制;第5章机械加工表面质量分析与控制;第6章机械装配工艺基础;第7章工艺尺寸链的分析与计算;第8章先进制造技术。

本书由何宁教授任主编,李玉玲、陈世平、刘勇任副主编。具体分工如下:绪论、第8章由陕西理工学院何宁编写,第3章、第4章由重庆理工大学陈世平编写,第2章、第5章由西华大学刘勇编写,第6章、第7章由陕西理工学院李玉玲编写,李玉玲完成了全书的统稿工作。

全书由陕西理工学院白海清教授主审。白海清教授认真、细致地审阅了全书,提出了不少宝贵意见,对本书质量的提高具有一定作用,对此我们表示衷心感谢。

由于水平有限,加之时间仓促,书中难免存在疏漏和不足之处,恳请读者批评指正。

编　者

2019年8月

目录

第 1 章 绪论

1.1 机械制造技术的发展概况

机械制造业是国民经济的基础，是向其他各行业提供工具、仪器和各种机械设备等技术装备的部门。根据统计，制造业创造了65%的社会财富，而45%的国民经济收入也是由制造业完成的。如果没有机械制造业提供质量优良、技术先进的技术装备，那么其他各种技术如信息技术、海洋技术、生物工程技术以及空间技术等新技术的发展都会受到制约。因此，可以说，机械制造业的发展规模和水平是国家创造力、竞争力和综合国力的重要体现，是衡量一个国家经济实力和科学技术发展的重要标志。

制造业的强盛依赖于制造技术的发展及创新，而制造技术的发展及创新来源于机械学和制造科学的基础研究。近年来，我国机械工程学科领域取得了一系列突出进展和原创性成果，为经济建设和机械工程提供了大批新理论、新技术和新方法，在国内外产生了重要影响，有的领域已在国际学术界占有一席之地。但与发达国家相比，我国工业水平还存在阶段性差距。我们的机械制造工业任重而道远，必须不断开拓进取，努力提高先进制造技术水平。

当今世界正在发生的深刻变化，对制造业产生了深刻的影响，制造过程和制造工艺也有了新的内涵。传统制造业不断吸收机械、信息、材料等方面的最新成果，并将其综合应用于产品开发与设计、制造、检测、管理及售后服务的制造全过程。21世纪的制造技术呈现出数、精、极、自、集、网、智、绿8个方面的发展特点及趋势。

(1)"数"是发展的核心

"数"是指制造领域的数字化。它包括以设计为中心的数字制造、以控制为中心的数字制造和以管理为中心的数字制造。对数字化制造设备而言，其控制参数均为数字化信号；对数字化制造企业而言，各种信息(如图形、数据、知识、技能等)均以数字形式通过网络在企业内传递，在多种数字化技术的支持下，企业对产品信息、工艺信息与资源信息进行分析、规划与重组，实现对产品设计和产品功能的仿真，对加工过程与生产组织过程的仿真或完成原型制造，从而实现生产过程的快速重组和对市场的快速反应。对全球制造业而言，在数字制造环境下，用户借助网络发布信息，各类企业通过网络应用电子商务，实现优势互补，形成动态联盟，迅速协同设计并制造出相应的产品。

(2)“精”是发展的关键

“精”是指加工精度及其发展。20 世纪初,超精密加工的误差是 10 μm,70—80 年代为 0.01 μm,现在仅为 0.001 μm,即 1 nm。从海湾战争、科索沃战争,到阿富汗战争、伊拉克战争,武器的命中率越来越高,其实质就是武器越来越“精”,也可以说,关键就是打“精度”战。在现代超精密机械中,对精度要求极高,如人造卫星的仪表轴承,其圆度、圆柱度、表面粗糙度等均达到纳米级;基因操作机械其移动距离为纳米级,移动精度为 0.1 nm;细微加工、纳米加工技术可达纳米以下的要求,如果借助于扫描隧道显微镜与原子力显微镜的加工,则可达 0.1 nm。

至于微电子芯片的制造,有所谓的“三超”:

①超净,加工车间尘埃颗粒直径小于 1 μm,颗粒数少于 0.1 个/fi(1 fi = 0.304 8 m)。

②超纯,芯片材料有害杂质,其含量要小于 10^{-9}。

③超精,加工精度达纳米级。

显然,没有先进制造技术,就没有先进电子技术装备;当然,没有先进电子技术与信息技术,也就没有先进制造装备。先进制造技术与先进信息技术是相互渗透、相互支持、紧密结合的。

(3)“极”是发展的焦点

“极”就是极端条件,是指生产特需产品的制造技术,必须达到“极”的要求。例如,能在高温、高压、高湿、强冲击、强磁场、强腐蚀等条件下工作,或有高硬度、大弹性等特点,或极大、极小、极厚、极薄、奇形怪状的产品等,都属于特需产品。“微机电系统”就是其中之一。这是工业发达国家高度关注的一项前沿科技,也即所谓微系统微制造。“微机电系统”用途十分广泛,在信息领域中,用于分子存储器、原子存储器、芯片加工设备;生命领域中,用于克隆技术、基因操作系统、蛋白质追踪系统、小生理器官处理技术、分子组件装配技术;军事武器中,用于精确制导技术、精确打击技术、微型惯性平台、微光学设备;航空航天领域中,用于微型飞机、微型卫星、“纳米”卫星(0.1 kg 以内);微型机器人领域中,用于各种医疗手术、管道内操作、窃听与收集情报;此外,还用于微型测试仪器,微传感器、微显微镜、微温度计、微仪器,等等。“微机电系统”可以完成特种动作与实现特种功能,乃至可以沟通微观世界与宏观世界,其深远意义难以估量。

(4)“自”是发展的条件

“自”就是自动化。它是减轻、强化、延伸、取代人的有关劳动的技术或手段。自动化总是伴随有关机械或工具来实现的。可以说,机械是一切技术的载体,也是自动化技术的载体。第一次工业革命,以机械化这种形式的自动化来减轻、延伸或取代人的有关体力劳动;第二次工业革命即电气化进一步促进了自动化的发展。据统计,从 1870—1980 年,加工过程的效率提高了 20 倍,即体力劳动得到了有效的解放,但管理效率只提高 1.8 ~ 2.2 倍,设计效率只提高 1.2 倍,这表明脑力劳动远没有得到有效的解放。信息化、计算机化与网络化,不但可以极大地解放人的身体,而且可以有效提高人的脑力劳动水平。自动化的内涵与水平已今非昔比了,从控制理论、控制技术,到控制系统、控制元件等,都有着极大的发展。自动化已成为先进制造技术发展的前提条件。

(5)“集”是发展的方法

“集”就是集成化。目前,“集”主要是指:

①现代技术的集成。机电一体化是个典型,它是高技术装备的基础。

②加工技术的集成。特种加工技术及其装备是个典型,如激光加工、高能束加工、电加工等。

③企业的集成,即管理的集成,包括生产信息、功能、过程的集成,也包括企业内部的集成和企业外部的集成。

从长远看,还有一点很值得注意,即由生物技术与制造技术集结而成的“微制造的生物方法”,或所谓的“生物制造”。它的依据是,生物是由内部生长而成的“器件”,而非同一般制造技术那样由外加作用以增减材料而成的“器件”。这是一个崭新的充满活力的领域,作用难以估量。

(6)“网”是发展的道路

“网”就是网络化。制造技术的网络化是先进制造技术发展的必由之路。制造业在市场竞争中,面临多方的压力:采购成本不断提高,产品更新速度加快,市场需求不断变化,全球化所带来的冲击日益加剧,等等。企业要避免这一系列问题,就必须在生产组织上实行某种深刻的变革,抛弃传统的“小而全”与“大而全”的“夕阳技术”,把力量集中在自己最有竞争力的核心业务上。科学技术特别是计算机技术、网络技术的发展,使这种变革的需要成为可能。制造技术的网络化会导致一种新的制造模式,即虚拟制造组织,这是由地理上异地分布的、组织上平等独立的多个企业,在谈判协商的基础上,建立密切合作关系,形成动态的“虚拟企业”或动态的“企业联盟”。此时,各企业致力于自己的核心业务,实现优势互补,实现资源优化动态组合与共享。

(7)“智”是发展的前景

“智”就是智能化。制造技术的智能化是制造技术发展的前景。近20年来,制造系统正在由原先的能量驱动型转变为信息驱动型,这就要求制造系统不但要具备柔性,而且还要表现出某种智能,以便应对大量复杂信息的处理、瞬息万变的市场需求和激烈竞争的复杂环境,因此智能制造越来越受到重视。

与传统的制造相比,智能制造系统具有以下特点:

①人机一体化。

②自律能力强。

③自组织与超柔性。

④学习能力与自我维护能力。

⑤在未来,具有更高级的类人思维的能力。

可以说智能制造作为一种模式,是集自动化、集成化和智能化于一身,并具有不断向纵深发展的高技术含量和高技术水平的先进制造系统,也是一种由智能机器和人类专家共同组成的人机一体化系统。它的突出之处,是在制造诸环节中,以一种高度柔性与集成的方式,借助计算机模拟的人类专家的智能活动,进行分析、判断、推理、构思和决策,取代或延伸制造环境中人的部分脑力劳动,同时收集、存储、处理、完善、共享、继承和发展人类专家的制造智能。尽管智能化制造道路还很漫长,但是必将成为未来制造业的主要生产模式之一,潜力极大,前景广阔。

(8)“绿”是发展的必然

“绿”就是“绿色”制造。人类必须从各方面促使自身的发展与自然界和谐一致,制造技术也不例外。制造业的产品从构思开始,到设计、制造、销售、使用与维修,直到回收、再制造等各阶段,都必须充分顾及环境的保护与改善。不仅要保护与改善自然环境,还要保护与改善社会环境、生产环境以及生产者的身心健康。其实,保护与改善环境,也是保护与发展生产力。在此前提下,制造出价廉、物美、供货期短、售后服务好的产品。作为“绿色”制造,产品必须力求同用户的工作、生活环境相适应,给人以高尚的精神享受,体现物质文明与精神文明的高度交融。因此,发展与采用一项新技术时,必须树立科学的发展观,使制造业不断迈向“绿色”制造。

上面所讲的这8个方面,彼此渗透,相互依赖,相互促进,形成一个整体。同时,8个方面一定要扎根在“机械”和“制造”这个基础上,也就是说,要研究与发展“机械”本身与“制造”本身的理论与机理。8个方面的技术要以此理论与机理为基础来研究、开发、发展,要与此基础相辅相成,最终服务于制造业的发展。

1.2 当前机械制造工艺技术的主要任务

“机械制造,工艺为本”。任何先进的产品设计,都要通过工艺来保证。工艺水平不够,就不可能生产出有生命力的、高质量的产品,这是通过对机械制造工业发展的分析,对机械制造过程的实践经验总结出的一条重要规律。只有充分认识这一规律,抓住机械制造工艺这一根本不放,才能使我国机械工业在国内外市场竞争中以雄厚的企业工艺实力和应变能力,以质优价廉的产品尽快地立足于胜利者的行列。

我国机械工业各部门间的工艺水平差别比较大,当前机械制造工艺工作需要加强以下4个方面:

(1)提高产品质量

提高产品零部件的加工精度和装配精度,是提高产品性能指标和使用可靠性的基本手段。现在的情况是,不少产品的质量,就设备条件和技术水平来说是完全可以满足精度要求的,但往往由于工艺混乱或执行不力而严重影响质量,甚至造成事故。因此对很多企业,如何加强工艺管理工作,完善工艺文件,严格执行工艺纪律,仍是一项有待切实做好的重要工作。

(2)不断开发新技术

以信息技术为代表的现代科学技术的发展对机械制造工艺提出了更高、更新的要求,更加凸现了机械制造业作为高新技术产业化载体在推动整个社会技术进步和产业升级中不可替代的基础作用。针对机械制造行业不少企业的生产技术比较陈旧,新工艺、新材料的开发应用迟缓,热加工工艺落后的局面,企业必须不断开发新的机械制造工艺技术,具备较强的科研开发和产品创新能力,及时调整产品结构,推动产品更新换代,从而应对市场需求的变化,使机械制造工艺技术伴随高新技术和新兴产业的发展而共同进步,并充分体现先进制造技术向智能化、柔性化、网络化、精密化、绿色化和全球化方向发展的总趋势和时代特征,使企业保持勃勃生机。

(3)提高生产专业化水平

就目前多数企业来说,生产专业化仍是提高劳动生产率和经济效益的有效途径。专业化生产可以采用较先进的专用装置,充分发挥操作人员和设备的潜力。企业的多品种产品生产,也应置于高技术的基础上,应尽快改善企业"大而全、小而全"的状况,中小企业与大型企业间应努力形成进行专业化协作的产业组织结构:行业内大、中、小企业在市场中的站位层次分明,大的企业集团大而强,从事规模化经营,小的企业小而专,以大企业为中心搞专业化配套,形成以大带小、以小促大的战略格局。

(4)节约材料降低成本

产品生产的经济效益是企业的重要目标,从工艺上采取措施以降低成本是一个主要方面。例如,提高热加工技术能节省大量材料和减少加工工时;提高产品的"三化"水平(产品系列化、部件通用化、零件标准化),能大幅度降低生产成本。目前,采取各种技术措施来节约材料和能源消耗,提高经济效益,是有很大潜力的。

1.3 机械制造工艺学的研究对象及目标

机械制造工艺技术是生产中最活跃的因素,它既是构思和想法,又是实在的方法和手段,并落实在由工件、刀具、机床、夹具所构成的工艺系统中,所以它包含和涉及的范围很广,需要多门学科知识的支持,同时又与生产实际联系十分紧密。

传统的机械制造工艺学是以机械制造中的工艺问题为研究对象的一门应用性学科。所谓工艺,是使各种原材料、半成品成为产品的方法、技术和过程;而机械制造工艺是指各种机械的制造方法、技术和过程的总称。

机械制造工艺学涉及的行业有上百种,产品品种成千上万,包含的内容极其广泛。它覆盖了从零件的原材料到机械产品的全过程,包括零件的毛坯制造、机械加工、热处理和产品的装配等。它的主要研究对象是机械产品的制造工艺,包括零件加工和装配两个方面,经过生产实践和科学研究成果的长期积累和总结,提炼出的零件加工和机械装配过程中所具有的共同性规律。其指导思想是在保证质量的前提下达到高生产率、经济性(包括利润和经济效益)。

机械制造工艺学研究的目标是实现优质、高效和低耗,即机械制造工艺问题可归纳为质量、生产率和经济性3个方面。

(1)保证和提高产品的质量

产品质量包括整台机械的装配精度、使用性能、使用寿命和可靠性,以及零件的加工精度和加工表面质量。由产品的质量提出零件的加工质量要求包括加工精度,即尺寸、位置和形状精度,表面质量即表面粗糙度、波度和表面物理力学性能等。近年来,由于航空、精密机械、电子工业和军事工业的需要,对零件的精度和表面质量的要求越来越高,相继出现了各种新工艺和新技术,如精密加工、超精密加工和微细加工等。

(2)提高劳动生产率

提高劳动生产率的方法:

①提高切削用量,采用高速切削、高速磨削和重磨削。近年来出现的聚晶金刚石和聚晶立方氮化硼等新型刀具材料,其切削速度可达1 200 m/min,高速磨削的磨削速度达200 m/s;重

磨削是高效磨削的发展方向,包括大进给、深切深缓进给的强力磨削、荒磨和切断磨削等。

②改进工艺方法、创造新工艺。例如,利用锻压设备实现少、无切削加工,对高强度、高硬度的难切削材料采用特种加工等。

③提高自动化程度,实现高度自动化。例如,采用数控机床、加工中心、柔性制造单元(FMC)、柔性制造系统(FMS)、计算机集成制造系统(CIMS)和无人化车间或工厂等。

(3)降低成本

要节省和合理选择原材料、研究新材料、合理使用和改进现有设备、研制新的高效设备等。

上述3个方面是相互关联、相互制约的。要根据具体应用环境辩证地全面地进行分析。要在满足质量要求的前提下,不断提高劳动生产率和降低成本。以优质、高效、低耗的工艺去完成零件的加工和产品的装配,这样的工艺才是合理的和先进的。

1.4 课程导读

1.4.1 本课程的内容

本课程重点涉及工艺理论中最基本的内容,不管工艺水平发展到何种程度,都与这些基本内容有着密切的关系。

课程的主要内容如下:

(1)加工质量分析

加工质量分析包括机械加工精度和机械加工表面质量两部分。在加工精度部分,分析了影响加工精度的因素、质量的全面控制、加工误差的统计分析及提高加工精度的途径,强调了误差的检测与补偿和加工误差综合分析实例。在表面质量部分,分析了影响表面质量的因素及其控制,阐述了表面强化工艺及防治机械振动的方法等问题。

(2)零件机械加工工艺过程制订

论述了制订的指导思想、内容、方法和步骤。分析了余量、工艺尺寸链等问题,同时进行了制订工艺过程的实例分析。

(3)装配工艺过程设计

论述了装配工艺过程的制订及典型部件装配举例、结构的装配工艺性、装配工艺方法和装配尺寸链、机器人与装配自动化等内容。

(4)先进制造技术

论述了先进制造技术的体系结构、主要特征及发展趋势,介绍了超高速加工、超精密加工、快速原型制造、特种加工以及纳米加工技术等现代制造工艺技术、敏捷制造、并行工程、虚拟制造技术等先进制造管理技术与生产模式,并介绍了这些先进制造技术的实际应用。

1.4.2 课程的特点

①“机械制造工艺学”是一门专业课,随着科学技术和经济的发展,课程内容上需要不断地更新和充实。由于制造工艺是非常复杂的,影响因素很多,课程在理论上和体系上正在不断地完善和提高。

②涉及面广、内容丰富。课程的性质决定了它的内容非常丰富，知识面广，并随着生产的发展还在不断的变化。由于与其他基础课和专业课衔接紧密，在学习本课程时应具备"金工实习""金属工艺学""机械工程材料""互换性与技术测量基础""金属切削原理""数控技术""金属切削刀具""金属切削机床""电工电子学"等课程知识。课程涉及的内容较多，学习过程中应特别注意及时归纳总结，融会贯通。各学科间相互渗透、结合、互补和促进是现代科学技术的特点和发展趋势。

③综合性、实践性强。"机械制造工艺学"课程是一门综合性和实践性都很强的专业课。与生产实际的联系十分密切，有实践知识才能在学习时理解得比较深入和透彻，因此，要多下工厂、多实践，要重视实验、生产实习和专业实习，注意实践知识的学习和积累。有了一定的感性知识，就容易理解和掌握工艺学的概念、理论和方法。

④灵活多变。机械制造工艺学是制造技术学科中的核心内容，属"软技术"范畴，特别是工艺理论和工艺方法的应用灵活性很大。因此，必须根据具体条件和情况实事求是地进行辩证的分析。一套加工工艺有时不是原则上的"对与错"，而是针对具体条件下的"好不好"，在一定加工条件下工艺性不好甚至无法实现，可能在另一种生产条件下就很恰当。

1.4.3　学习本课程的要求及方法

"机械制造工艺学"是机械类各专业的主干课程，通过课堂及现场教学、生产实习及实验、课程实训等相关环节的学习，学生能初步具备编制中等零件工艺规程、使用和设计简单专用工装、分析和解决简单而典型的工艺问题。具体有以下 4 个方面的要求：

①掌握机械加工和装配方面的基本理论和知识，如零件加工时的定位理论、工艺和装配尺寸链理论、加工精度理论等。

②了解影响加工质量的各项因素，学会分析研究加工质量的方法。

③学会制订零件机械加工工艺过程和部件、产品装配工艺过程的方法。

④了解当前制造技术的发展及一些重要的先进制造技术，认识制造技术的作用和重要性。

机械制造工艺学是一门综合性的实用技术学科。在我国首次于 1953 年由苏联专家节门杰夫教授在清华大学正式讲授，经过我国学者多年来的努力，内容不断充实和发展。由于切削理论和工艺知识具有很强的专业综合性、实践性和灵活性，如果没有足够的实践基础很难准确地理解与把握。因此，学习本课程时，除了参考大量的书籍之外，更加重要的是必须重视实践环节来更好地体会、加深理解。加强感性知识与理性知识的紧密结合，是学习本课程的最好方法。

在课程学习中，具体方法上应根据各人的情况而定，这里提出一些基本方法，仅供参考。

①注意掌握基本概念，如工件在加工时的定位、尺寸链的产生、加工精度和加工表面质量等。有些概念的建立是很不容易的。

②注意学习一些基本方法，如工艺尺寸链和装配尺寸链的计算方法、制订零件加工工艺过程和机器装配工艺过程的方法、机床夹具设计方法等，并通过设计等环节来加深理解和掌握。

③注意和实际结合，要向实际学习。课程具有工程性，有不少设计方法方面的内容，需要从工程应用的角度去理解和把握。因为工程问题和理论问题是有差别的，必须要实事求是，根据具体情况作出具体分析。

④要重视与课程有关的各教学环节的学习，经过实习环节，深入了解生产实际，对机械加工工艺过程有一定的感性认识；有目的地加强基础理论知识的学习，如数学、物理、力学、机械原理等，使感性知识与理性知识结合，产生相辅相成的效果。

第2章 机械加工工艺规程制订

机械加工工艺规程简称工艺规程，是机械制造工艺学的基本内容之一，规定产品或零件机械加工工艺过程和操作方法等。生产规模的大小、工艺水平的高低以及解决各种工艺问题的方法和手段都要通过机械加工工艺规程来体现。它要求设计者必须具备丰富的生产实践经验和广博的机械制造工艺基础理论知识，而机械加工工艺规程设计是一项重要而又严肃的工作。因此在具体生产条件下，必须将合理的工艺过程和操作方法按规定的形式制订成工艺文本，最后经审批后用来指导生产并严格贯彻执行。

2.1 机械加工工艺过程的基本概念

2.1.1 生产过程和工艺过程

生产过程是指从投料开始，经过一系列的加工，直至成品生产出来的全部过程。这个过程非常复杂，对机械制造而言，它包括原材料、半成品和成品的运输和保管，生产和技术准备工作，毛坯制造，零件的机械加工、热处理和其他表面处理，部件和产品的装配、调整、检验、试验、油漆和包装等。

在生产过程中按一定顺序逐渐改变生产对象的形状、尺寸、位置和性质等，使其成为成品或半成品的过程称为工艺过程，它是生产过程的主要部分。工艺过程又可具体分为铸造、锻造、冲压、焊接、机械加工、热处理和装配等。

2.1.2 机械加工工艺过程的组成

零件的机械加工工艺是按一定的顺序逐步进行的，其中的过程往往比较复杂。在工艺过程中，根据被加工零件的结构特点、技术指标，在不同的生产条件下，需要采用不同的加工方法及其设备，并通过一系列加工步骤，才能使毛坯成为零件。为了便于组织生产，合理使用设备和劳动力，以确保加工质量和提高生产效率，机械加工过程由工序、安装、工位和工步等组成。

(1)工序

一个或一组工人在一个工作地对同一个或同时对几个工件所连续完成的那一部分工艺过程称为工序。例如,一个工人在一台车床上完成车外圆、端面、空刀槽、螺纹、切断;一组工人刮研一台机床的导轨;一组工人在对一批零件去毛刺,等等。

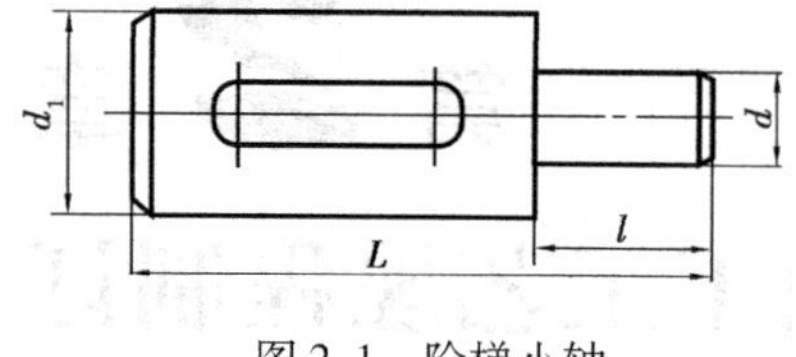

图 2.1　阶梯小轴

如图 2.1 所示的阶梯小轴其工艺过程可分为如表 2.1 所示的 5 个工序。因为在车完一批工件的大端外圆和倒角后再进行车小端外圆和倒角,故分为两个工序。工序 2 和 3 可先后在同一台机床上完成,也可分别在两台机床上完成,如果车完一个工件的大端外圆及倒角后,立即掉头车小端外圆及倒角,这样在一台机床上连续完成大、小端外圆加工,工序 2 和 3 便合并成一个工序。

表 2.1　阶梯小轴的加工工序

工序号	工序名称	加工设备
1	备料	锯床
2	车端面、车大端面外圆及倒角	车床
3	车端面、车小端面外圆及倒角	车床
4	铣键槽	铣床
5	去毛刺	钳工台

(2)安装

工件在加工前,先要把工件放准。确定工件在机床上或夹具中占有正确位置的过程称为定位。工件定位后将其固定,使其在加工过程中保持定位位置不变的操作称为夹紧。将工件在机床上或夹具中定位、夹紧的过程称为装夹。在一个加工工序中,有时需要对零件进行多次装夹加工,工件经一次装夹后所完成的那一部分加工内容,称为安装。表 2.1 中,若工序 2 和工序 3 合并成一个工序,则需要进行两次装夹:先装夹工件一端,车端面、大端外圆及倒角。称为安装 1;再调头装夹工件,车另一端面、小端外圆及倒角,称为安装 2。

(3)工位

为了完成一定的工序内容,一次装夹工件后,工件与夹具或机床的可移动部分一起相对刀具或机床的固定部分所占据的每一个位子,称为工位。

如图 2.2 所示为通过立轴式回转工作台使工件变换加工位置的例子。在该例中,共有 4 个工位,依次为装卸工件、钻孔、扩孔和铰孔,实现了在一次装夹中同时进行钻孔、扩孔和铰孔加工。

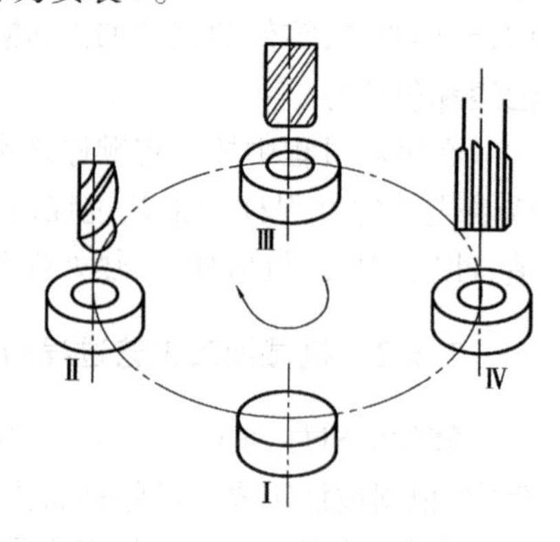

图 2.2　多工位加工

工位Ⅰ—装卸工件;工位Ⅱ—钻孔;工位Ⅲ—扩孔;工位Ⅳ—铰孔

由上可知,如果一个工序只有一个安装,并且该安装中只有一个工位,则工序内容是安装内容,同时也就是工位内容。

(4)工步

一道工序(一次安装或一个工位)中,可能需要加工若干个表面只用一把刀具,也可能虽只加工一个表面,但却要若干把不同刀具。在加工表面和加工工具不变的情况下,所连续完成的那一部工序,称为一个工步。如果上述两项中有一项改变,就成为另一工步。

表2.1中工序2,一次安装后要进行3个工步:车端面,称为工步1;车大端外圆,称为工步2;倒角,称为工步3。

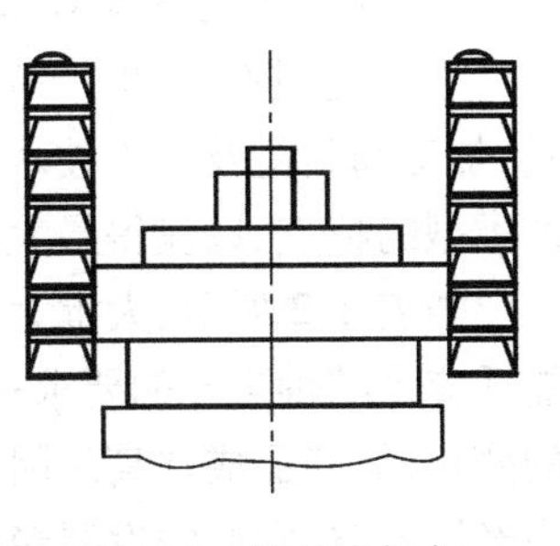

图2.3　铣平面复合工步示意图

为了提高生产效率,用几把刀具同时加工几个表面的工步称为复合工步。如图2.3所示为用两把刀具同时铣削两个平面的复合工步。

(5)行程

有些工步,由于余量较大或其他原因,需要用同一刀具,对同一表面进行多次切削,这样刀具对工件每切削一次就称为一次行程,也称为一次走刀。如图2.4所示,将棒料加工成阶梯轴,第二工步车右端面外圆分两次行程。

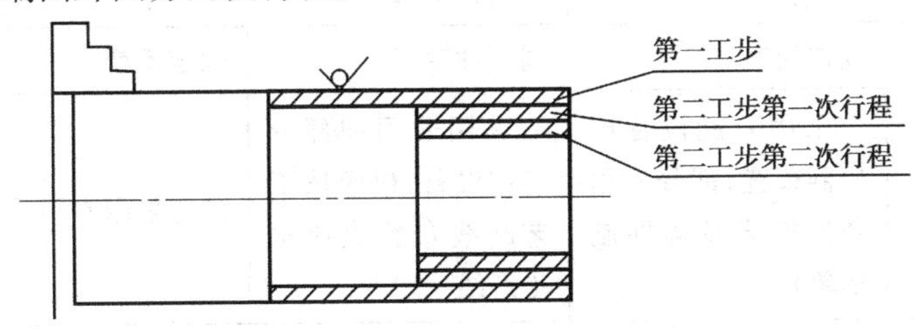

图2.4　棒料车削加工成阶梯轴的多次行程

2.1.3　生产类型及其对工艺过程的影响

(1)生产类型

生产类型是指企业(或车间、工段)生产专业化程度的分类。一般分为单件生产、成批生产和大量生产3种类型。生产类型主要决定于产品零件的产量。

1)单件生产

产品的种类多,同一产品的产量少(一件、几件或几十件),各个工作地的加工对象经常改变而且很少重复生产。例如,重型机械制造,新产品的试制和专用设备、工艺装备的制造。

2)成批生产

产品的品种较多,每种产品均有一定的数量,各品种分期分批地轮流进行生产。例如,航空发动机的生产、机床的生产。

同一产品(或零件)每批投入生产的数量称为批量。根据产品的特征和批量的大小,成批生产可分为小批生产、中批生产和大批生产。从工艺特点上看,小批生产和单件生产的工艺特点相似,大批生产和大量生产的工艺特点相似,中批生产的工艺特点介于两者之间。

3)大量生产

产品的产量大,大多数工作地或设备经常重复进行某一零件的某道工序的加工。如轴承、汽车、航空发动机的叶片生产。

(2)生产类型及其对工艺过程的影响

生产类型不同,生产组织、生产管理、车间机床布置、毛坯的制造方法、机床种类、使用的工具、加工和装配及工人技术要求等方面均有所不同。为此,在设计工艺过程时必须考虑不同生产类型的特点,以获得最大的经济效益。

如表2.2所示,大批大量生产采用专用高效设备及工艺装备,因而产品成本低,但往往不能适应多品种生产的要求;而单件小批生产由于采用通用设备及工艺装备,因而容易适应品种的变化,但产品成本高。因此,目前各种生产类型的企业既要适应多品种生产的要求,又要提高经济效益,它们的发展趋势是既要朝着生产过程柔性化的方向发展,又要上规模、扩大批量,以提高经济效益。

表2.2　各种生产类型的工艺特点

工艺特点	单件、小批生产	中批生产	大批、大量生产
产品数量	少	中等	大量
毛坯特点	自由锻造、木模手工造型;毛坯精度低,余量大	部分采用模锻,金属模造型,毛坯精度及余量中等	广泛采用模锻,机械造型等高效方法,毛坯精度高,余量小
加工对象	经常变换	周期性变换	固定不变
机床设备和布置	采用万能设备按机群布置,部分采用数控机床及柔性制造单元	采用通用和部分专用设备,机床按工艺路线布置成流水生产线	广泛采用专用设备和自动生产线
加工夹具	通用夹具、组合夹具,非必要时不采用专用夹具	广泛使用专用夹具或成组夹具	使用高效专用夹具
装夹方法	划线找正装夹	使用夹具装夹,部分找正装夹	广泛采用夹具装夹
加工方法	根据测量进行试削加工	用调整法加工,有时采用成组加工	使用调整法及自动测量等自动化加工
装配方法	钳工试配	普遍采用互换装配,同时保留钳工试配	全部互换装配,某些精度较高的配合件用配磨、配研、分组选择装配,不需钳工试配
生产率	低	中	高
成本	高	中	低
发展趋势	采用成组工艺,数控机床,加工中心	采用成组工艺,用柔性制造系统	用计算机控制制造系统,无人车间或无人工厂

2.2 工艺规程的概念、作用、类型及格式

2.2.1 工艺规程的含义

规定产品或零部件制造工艺过程和操作方法等的工艺文件称为工艺规程。其中，规定零件机械加工工艺过程和操作方法等的工艺文件称为机械加工工艺规程。它是在具体生产条件下，最合理或较合理的工艺过程和操作方法，并按规定的形式写成工艺文件，经审批后用来指导生产的。

2.2.2 制订工艺规程的基本原则、主要依据和制订步骤

(1)制订工艺规程的基本原则

加工质量、生产效率、经济性和环保性是制订机械加工工艺规程研究的基本原则，保证加工质量，高效的生产率和低的成本消耗永远是对机械加工工艺规程的基本要求，也是其永恒的任务。加工质量、生产效率和经济性是相互矛盾的，在一定条件下又可统一。如何处理好三者关系，使之成为一个统一体是机械加工工艺过程要研究的纲领性问题。

保证加工质量就是保证所加工的产品满足产品各项性能指标要求，因此质量是首要的，第一性的。特别是市场竞争日益激烈的今天，产品质量就是企业的生命线、生存线。

在保证产品质量的前提下，应该不断地最大限度地提高生产率，以满足市场对产品时间和数量上的要求。对一个企业来说，生产率也是硬指标。例如，如果企业不能按合同规定交货，不但经济上受到损失，而且信誉上受到影响，更重要的是失去市场，长此以往就会失去生存的环境。在制订机械加工工艺规程时，生产率要满足产量的要求，并在保证产品质量的前提下，尽量提高生产效率。

经济性就是在产品制造过程中，尽可能地节约耗费，减少投资，降低制造成本。显然，在保证产品质量的前提下，经济性和生产率是相矛盾的。生产率要满足市场的要求，在保证市场要求的前提下，应尽可能地降低成本，这样才能占领市场，赢得良好的经济效益。

环保性就是要注意节省能源，有效利用资源、保护环境。环保性是对机械制造提出的新要求，随着人类资源的开发、生活水平的提高、合理地利用资源、保护生存空间是机械制造面临的重要课题。

(2)制订工艺规程的主要依据

①产品的装配图样和零件图样。

②产品的生产纲领。

③现有的生产条件和资料，它包括毛坯的生产条件或协作关系、工艺装备及专用设备的制造能力、有关机械加工车间的设备和工艺装备的条件、技术工人的水平以及各种工艺材料和标准等。

④国内、外同类产品的有关工艺资料等。

(3)制订工艺规程的步骤

①阅读装配图和零件图，了解产品的用途、性能和工作条件，熟悉零件在产品中的地位和

作用,确定零件的生产纲领和生产类型,进行零件的结构工艺性分析。

②熟悉或确定毛坯,包括选择毛坯类型及其制造方法,除了要考虑零件的作用、生产纲领和零件的结构以外,还必须综合考虑产品的制作成本和市场需求。

③拟订工艺路线,这是制订工艺规程的关键一步。其主要内容有选择定位基准、确定加工方法、安排加工顺序以及安排热处理、检验和其他工序等。

④确定各工序的加工余量,计算工序尺寸及其公差。

⑤确定各主要工序的技术要求及检验方法。

⑥确定各工序的切削用量和时间定额。

⑦进行技术经济分析,选择最佳方案。

⑧填写工艺文件。

2.2.3 工艺规程的类型及格式

我国机械部门规定的工艺规程类型有如下一些内容:

(1)专用工艺规程

针对每一个产品和零件所设计的工艺规程。

(2)通用工艺规程

1)典型工艺规程

为一组结构相似的零部件所设计的通用工艺规程。

2)成组工艺规程

按成组技术原理将零件分类成组,针对每一组零件所设计的通用工艺规程。

(3)标准工艺规程

标准工艺规程是已纳入标准的工艺规程。本章主要介绍零件的机械加工专用工艺规程的制订,它是其他几种工艺规程制订的基础。

1)机械加工工艺规程

按照有关规定,属于机械加工工艺规程的如下:

①机械加工工艺过程卡片。

②机械加工工序卡片。

③标准零件或典型零件工艺过程卡片。

④单轴自动车床调整卡片、多轴自动车床调整卡片、机械加工工序操作指导卡片、检验卡片等。

2)装配工艺规程

属于装配工艺规程的如下:

①工艺过程卡片。

②工序卡片。

最常用的机械加工工艺过程卡片和机械加工工序卡片见表2.3和表2.4。

表 2.3　机械加工工艺过程卡片

	机械加工工艺过程卡片	产品型号		零(部)件图号			
		产品名称		零(部)件名称		共(　)页	第(　)页

材料牌号		毛坯种类		毛坯外形尺寸		每毛坯可制件数		每台件数		备注	

	工序号	工序名称	工序内容	车间	工段	设备	工艺装备	工时/min 准终	工时/min 单件
描图									
描校									
底图号									
装订号									

										设计(日期)	审核(日期)	标准化(日期)	会签(日期)		
	标记	处数	更改文件号	签字	日期	标记	处数	更改文件号	签字	日期					

表 2.4　机械加工工序卡片

	机械加工工序卡片	产品型号		零(部)件图号		共　页
		产品名称		零(部)件名称		第　页

	工序号	工序名称		
	车间	工段	材料牌号	
	毛坯种类	毛坯外形尺寸	每坯件数	每台件数
	设备名称	设备型号	设备编号	同时加工件数
	夹具编号	夹具名称	切削液	
			工时定额	
			准终	单件

续表

工步号		工步内容	工艺装备	主轴转速	切削速度	进给量	背吃刀量	进给次数	工时定额	
									机动	辅助
描图										
描校										
底图号										
装订号										

											编制（日期）	审核（日期）	会签（日期）	
	标记	处数	更改文件号	签字	日期	标记	处数	更改文件号	签字	日期				

2.3 零件工艺性分析

为了设计合理的工艺路线，在制订零件的机械加工工艺规程之前，首先应对零件的工艺性进行分析。

2.3.1 审查分析零件图样

(1)零件图的完整性与正确性

在了解零件形状与各表面构成特征之后，应检查零件视图是否足够；尺寸、公差、表面粗糙度和技术要求的标注是否齐全、合理。重点要掌握主要表面及其技术要求，因主要表面加工及技术要求的保证是决定工艺路线的关键。

(2)零件加工要求的合理性和可能性

零件图都规定了表面加工要求，即加工表面尺寸、形状、位置精度及表面粗糙度；也对热处理、表面处理及其他方面（如动、静平衡，导热，导电等）提出要求，要注意分析这些要求在保证使用性能的前提一下是否经济合理，在现有生产条件下实现的可能性等。

如图 2.5(a)所示的汽车板簧和弹簧吊耳内侧面的表面粗糙度，可由原设计的粗糙度 R_a 为3.2 μm 改为 R_a 为 25 μm，这样就可在铣削加工时增大进给量，以提高生产率。又如图 2.5(b)所示的方头销零件，其方头部分要求淬硬到 55 ~ 60HRC，其销轴 $\phi 8^{+0.01}_{+0.001}$ mm 上有一个 $\phi 2^{+0.1}_{0}$ mm 的小孔，在装配时配作，材料为 T8A，小孔 $\phi 2^{+0.1}_{0}$ mm 因是配作，不能预先加工好，淬火时，因零件太小势必全部被淬硬，造成 $\phi 2^{+0.1}_{0}$ mm 孔很难加工。若将材料改为 20Cr，可局部渗碳，在小孔处镀铜保护，则零件加工就容易得多。

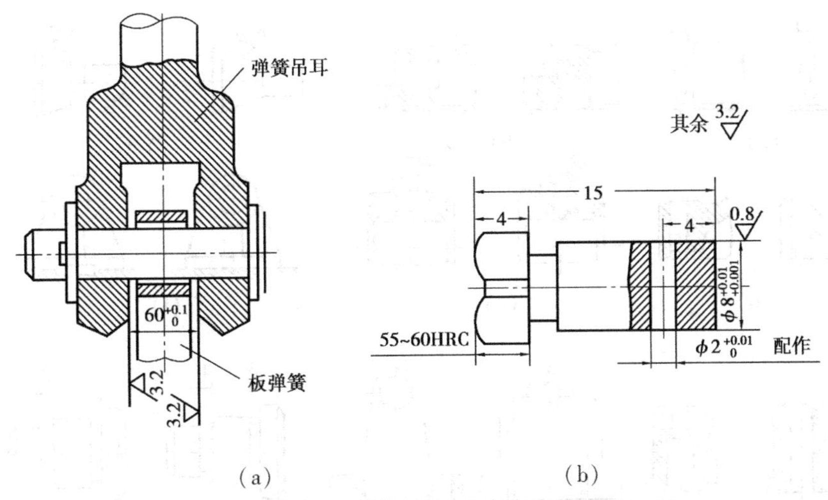

(a)　　　　　(b)

图2.5　零件加工要求和零件材料选择不当的示例

(3)零件选材及热处理

零件图规定了零件的使用材料及状态。结合零件的使用性能,分析零件选材及材料状态是否合理,在保证零件使用性能的前提下是否成本低和有利于加工也是审查零件图的重要内容。在对零件图审查及分析过程中,如发现问题或有改进的必要,要及时和设计部门协商进行改进。

2.3.2　零件结构工艺性分析

零件结构工艺性是指所设计的零件在能满足使用要求的前提下制造的可能性和经济性。使用性能完全相同而结构不同的两个零件,它们的加工方法与制造成本可能有很大差别。所谓良好的结构工艺性,就是零件的结构在同样的生产条件下,加工方便,易于保证加工质量,并取得最大的经济效益。

如图2.6所示为零件局部结构能否进行加工或是否便于加工的一些实例。每个实例的左边为不合理结构,右边为合理的正确结构。

2.3.3　零件要素与零件整体结构工艺性分析

(1)零件要素的工艺性

零件要素是指组成零件的各加工面。显然零件要素的工艺性会直接影响零件的工艺性。零件要素的切削加工工艺性归纳起来有以下3点要求:

①各要素的形状应尽量简单,面积应尽量小,规格应尽量标准和统一。

②能采用普通设备和标准刀具进行加工,且刀具易进入、退出和顺利通过加工表面。

③加工面与非加工面应明显分开,加工面之间也应明显分开。

(2)零件整体结构工艺性分析

零件是各要素、各尺寸组成的一个整体,所以更应考虑零件整体结构的工艺性,具体有以下5点要求:

①尽量采用标准件、通用件、借用件和相似件。

②有便于装夹的基准。如图2.7所示车床小刀架,当以C面定位加工A面时,零件上为

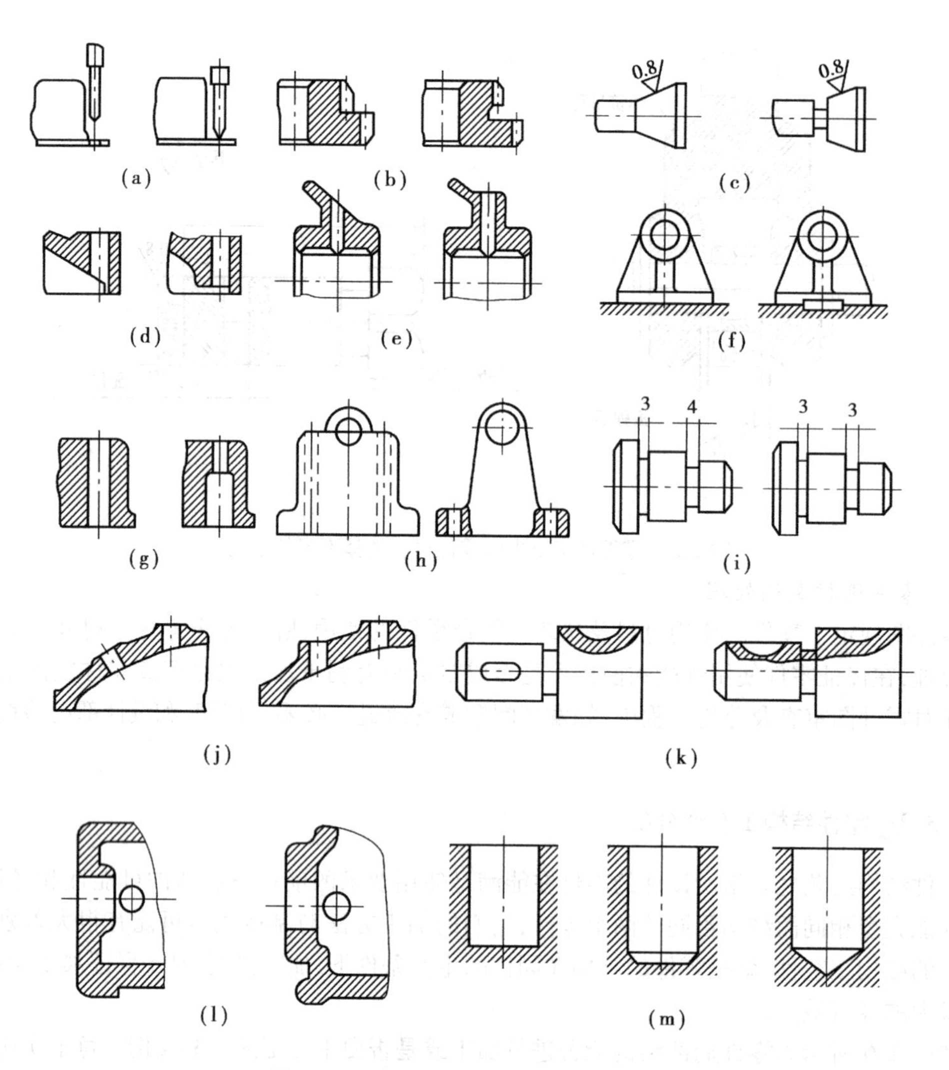

图 2.6　零件局部结构工艺性的一些实例

满足工艺的需要而在其上增设工艺凸台 B,就是便于装夹的辅助基准。

③有位置要求或同方向的表面能在一次装夹中加工出来。

④零件要有足够的刚性,便于采用高速和多刀切削。如图 2.8(b)所示的零件有加强肋,如图 2.8(a)所示的零件无加强肋,显然是有加强肋的零件刚性好,便于高速切削,从而提高生产率。

2.3.4　零件整体结构工艺性的评定指标

零件结构工艺性涉及面很广,具有综合性,必须全面综合的分析。为满足不同的生产类型和生产条件下,零件结构工艺性更合理,在对零件结构工艺性进行定性分析的基础上,也可再用定量指标进行评价。零件结构工艺性的主要指标项目如下:

(1)加工精度系数 K_{ac}

$$K_{ac} = \frac{\text{产品(或零件)图样中标注的公差要求的尺寸度}}{\text{产品(或零件)的尺寸总数}}$$

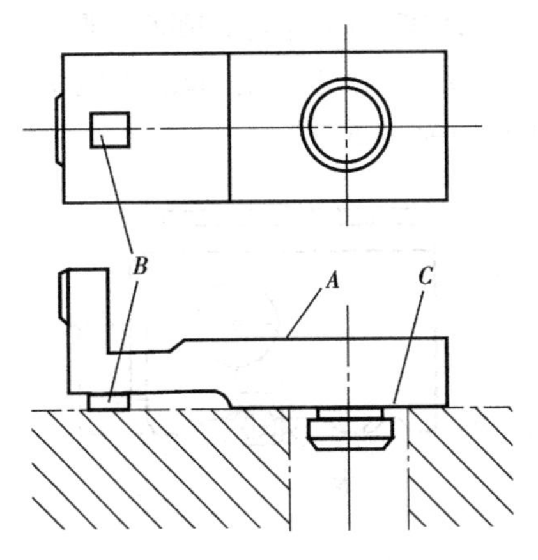

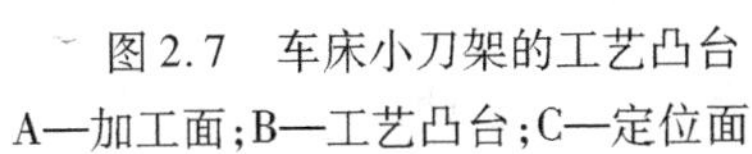
图2.7　车床小刀架的工艺凸台
A—加工面；B—工艺凸台；C—定位面

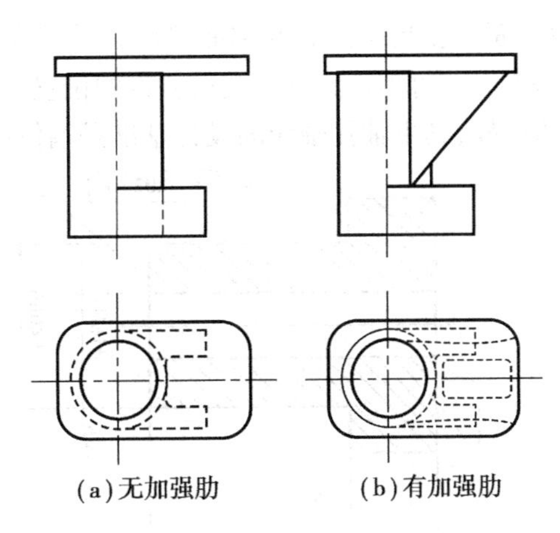

图2.8　增设加强肋以提高零件刚性

(2)结构继承性系数 K_S

$$K_S=\frac{\text{产品中借用件数}+\text{通用件数}}{\text{产品零件总数}}$$

(3)结构标准化系数 K_{st}

$$K_{st}=\frac{\text{产品中标准件数}}{\text{产品零件总数}}$$

(4)结构要素统一化系数 K_e

$$K_e=\frac{\text{产品中各零件所用同一结构要素数}}{\text{该结构要素的尺寸数}}$$

(5)材料利用系数 K_m

$$K_m=\frac{\text{产品净质量}}{\text{该产品的材料消耗工艺定额}}$$

2.4　基准及其选择

2.4.1　基准的概念

零件是由若干表面组成的，它们之间有一定的位置尺寸要求和位置精度要求，即存在着相互的依靠关系。所谓基准，就是用来确定生产对象上几何要素间的几何关系所依据的那些点、线、面。在机械零件设计和制造过程中，基准选择是直接影响零件加工工艺性和表面间位置尺寸、位置关系精度的主要因素之一。

根据基准的作用不同，基准可分为设计基准和工艺基准两大类。

(1)设计基准

设计基准是设计图样上所采用的基准。设计人员常常从零件的工作条件和性能要求，结合加工的工艺性，选定设计基准，确定零件各几何要素之间的几何关系、其他结构尺寸和技术要求，设计出零件图。如图2.9(a)所示轴套零件，端面 B 和端面 C 的位置是根据端面 A 确定的，故端面 A 就是端面 B 和端面 C 的设计基准；内孔 ϕ16H7 的轴线是 ϕ40h6 外圆径向跳动的设计基准。有时零件的一个几何要素的位置需由几个设计基准来确定，如图 2.9(b) 所示主轴箱箱体图样，其主轴孔轴线的设计基准是箱体底面 M 和导向面 N。

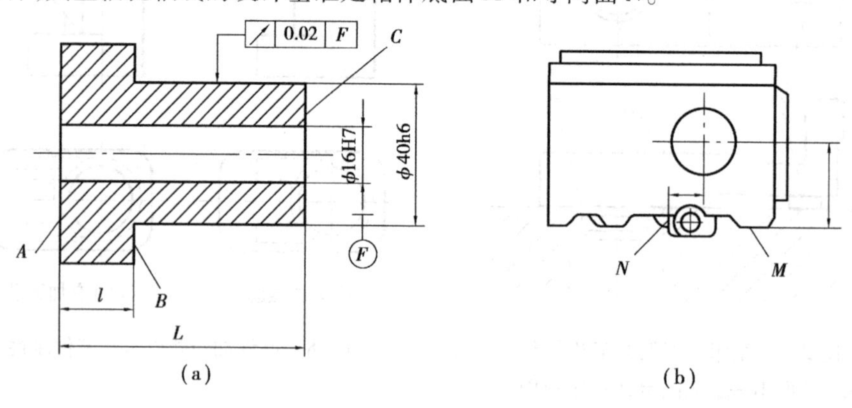

图 2.9　零件图中的设计基准

(2) 工艺基准

零件在工艺过程中所采用的基准称为工艺基准。根据其作用不同，又可分为工序基准、定位基准、测量基准和装配基准。

1) 工序基准

在工序图上，用于确定被加工表面位置使用的基准称为工序基准。工序基准与被加工表面之间的尺寸称为工序尺寸。工序基准是工艺设计人员根据零件图的加工要求，在设计工艺过程时选定的。

如图 2.10(a) 所示为零件铣平面工序，粗实线 A 为加工表面，本工序中加工表面 A 的距离尺寸要求为 A 对 B 的尺寸 H，故母线 B 为本工序的工序基准，而工序基准到被加工表面 A 的尺寸即是工序尺寸。如图 2.10(b) 所示为轴套零件的钻孔工序。加工表面为 ϕ6 孔，要求其中心线到端面 C 的尺寸为 (36 ± 0.1) mm，对轴线 A 的位置度为 0.1，对轴线 A 的垂直度为 0.05，与端面槽对称面 D 垂直，因此，该工序的工序基准为端面 C、轴线 A、端面槽对称面 D。

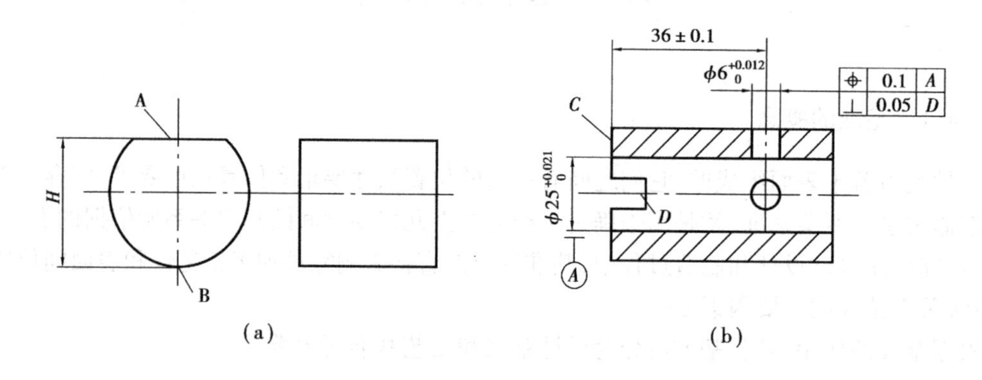

图 2.10　工序基准

2) 定位基准

工件上用以确定工件在夹具中位置的基准称为定位基准。

如图2.11所示为轴套零件在钻床上用钻床夹具钻孔,工件的位置是由其内孔、端面和端面槽确定的。因此,轴线 A、端面 C 和槽的称面 D 即为本工序的定位基准。

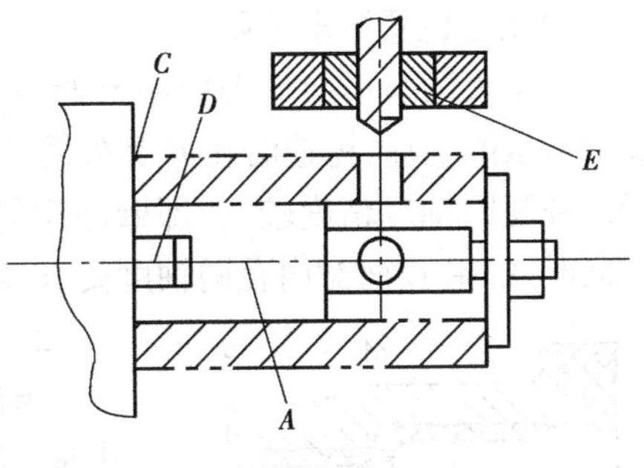

图2.11　工件加工时的定位基准

3)测量基准

在测量时所用的基准称为测量基准。

如图2.12(a)所示为测量不同工序尺寸时所用的两种不同的测量基准,一为小圆的上母线,另一则为大圆的下母线。如图2.12(b)所示为测量床头箱加工主轴孔后主轴孔的轴线 OO 对底面 M 的平行度,M 即为测量基准。它是通过垫铁、标准工作台、芯棒及百分表对平行度进行间接测量的。

4)装配基准

在机器装配时,用来确定零件或部件在产品中的相对位置所采用的基准称为装配基准。如图2.9(b)所示,主轴箱体以底面 M 和导向面 N 来确定其在机床床身上的垂直位置和横向位置,因此,M 面和 N 面即为装配基准。

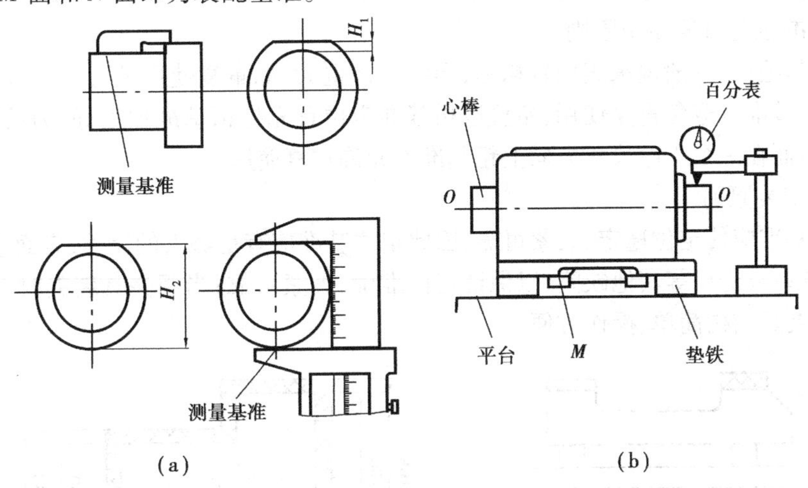

图2.12　工件上已加工表面的测量基准

2.4.2　基准的选择原则

定位基准选择正确与否,不但影响机床夹具的结构,也影响加工余量,而更重要的是影响加工表面位置关系精度。在精加工中,定位基准的选择其本质是位置关系的保证方法问题。

在机械加工过程中,凡是用未经加工的毛坯表面作为定位基准,这种定位基准称粗基准。用加工过的表面作为定位基准称为精基准。另外,为了满足工艺需要在工件上专门设计的定位基准称为辅助基准。

(1)粗基准的选择

粗基准的选择应能保证加工面与不加工面之间的位置要求和合理分配各加工面的余量,也要考虑到定位稳定和夹紧可靠。具体选择时应考虑以下原则:

1)相互位置要求原则

加工表面与不加工表面间有相互位置关系要求,一般选择不加工表面为粗基准。如图2.13所示的毛坯,铸造时孔 B 和外圆 A 有偏心,若采用不加工表面 A 为粗基准加工孔 B,加工后内外圆同轴度精度较高,即壁厚均匀,而孔 B 的加工余量不均匀。当 A,C 表面均为不加工表面时,如果 C 面对内孔同轴度要求高,应选 C 面为粗基准。

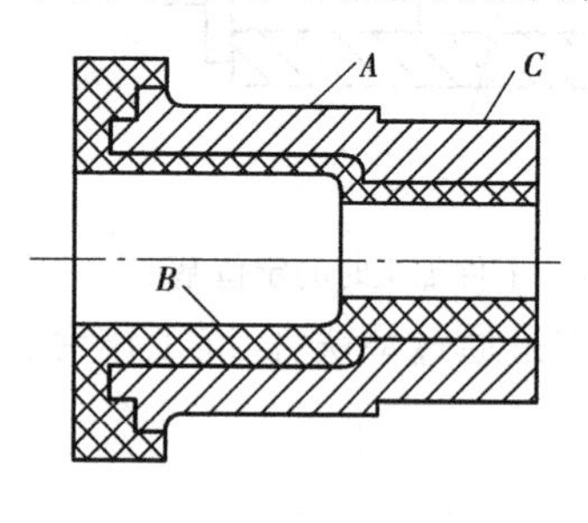

图2.13　套的粗基准选择

2)加工余量合理分配原则

为保证重要加工表面的加工余量均匀,应选择该表面为粗基准。如图2.14(a)所示,为保证导轨面有均匀的组织和一致的耐磨性,应使其加工余量均匀,因此选用该面为粗基准加工床身底面,再以底面为定位基准加工导轨面。

为了保证各加工表面都有足够的加工余量,应选择毛坯余量最小的面为粗基准。如图2.14(b)所示的阶梯轴,应以 $\phi55$ 外圆为粗基准加工 $\phi108$ 外圆,然后以加工过的外圆定位加工 $\phi55$ 外圆。如果先以 $\phi108$ 外圆为粗基准,由于两外圆有3 mm的偏心,可能因 $\phi55$ 外圆余量不足而报废。

3)粗基准避免重复使用原则

粗基准是毛面,一般说来表面较粗糙,形状误差也大,如重复使用就会造成较大的定位误差。因此,粗基准应避免重复使用,希望以粗基准定位首先把精基准加工好,为后续工序准备好精基准,因而在一个工序尺寸方向上粗基准不允许重复使用。

4)便于安装原则

选择粗基准应使定位稳定、夹紧可靠,因此定位基准应有足够大的尺寸,表面应平整光洁,没有飞边、冒口或浇口等其他缺陷,以保证定位准确、夹紧可靠;当用夹具装夹时,选择的粗基准面还应使夹具结构简单、操作方便。

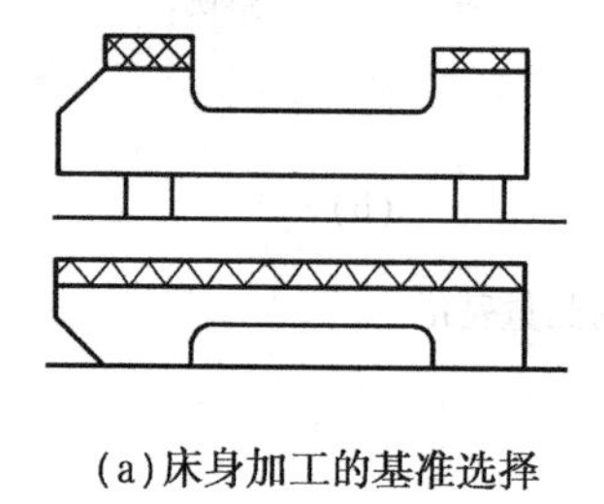

(a)床身加工的基准选择

(b)阶梯轴加工的粗基准选择

图2.14　余量合理分配的粗基准选择

(2)精基准的选择

精基准的选择除考虑定位准确、夹紧可靠外,更主要的是考虑位置尺寸和位置关系精度的保证。为保证位置尺寸及位置关系精度的要求,一般有以下原则:

1)基准重合原则

如图2.15(a)所示的零件其孔间距(20 ± 0.04) mm和(30 ± 0.03) mm有很严格的要求,$\phi30^{+0.015}_{0}$ mm孔与 B 面的距离(35 ± 0.1) mm却要求不高,当 $\phi30^{+0.015}_{0}$ mm孔和 B 面加工好后,在加工2—$\phi18$ mm孔时,如果按如图2.15(b)所示那样以 B 面作为精基准,夹具虽然比较简单,但孔间距(20 ± 0.04) mm很难保证,除非把尺寸(35 ± 0.1) mm的公差缩小到(35 ± 0.03) mm以

下。但如果改用如图2.15(c)所示的夹具,直接以两个孔 $\phi18$ mm 的设计基准 $\phi30^{+0.015}_{0}$ mm 的中心线作为精基准,虽然夹具较复杂,但很容易保证孔间距尺寸(20±0.04)mm 和(30±0.03)mm 的要求。

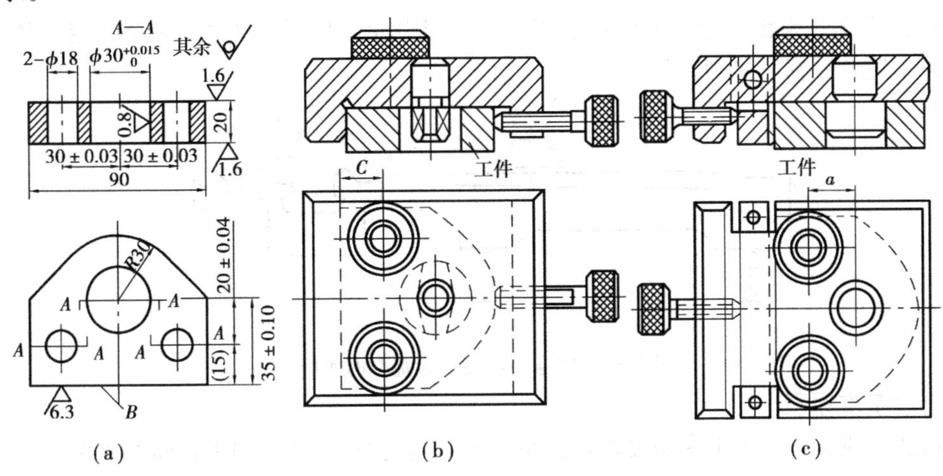

图2.15　基准重合原则的示例

2)互为基准原则

当有相互位置关系要求的两个表面,加工时以其中一个表面为定位基准来加工另一表面,这种定位方式称互为基准原则。当表面要求余量均匀时选择定位基准也可遵循此原则。如图2.16所示为一零件加工要求。图中 F 面对 A 面同轴度要求为0.02。加工时,选择 A 面为定位基准加工 F 面或以 F 面为定位基准加工 A 面,这就是互为基准原则。采用这种定位方法加工时,基准是重合的,不存在基准不重合误差,只有基准移动误差,因此可保证两个表面有较高的位置尺寸和位置关系精度。

3)基准统一原则

当工件以某一组精基准定位可以较方便地加工其他各表面时,应尽可能在多数工序中采用此组基准定位,加工其他表面,这就是基准统一原则。选用为统一基准的表面,应有较高的精度,并能使夹具结构简单。例如,轴类零件常用两顶尖孔作定位基准;箱体类零件常用一平面、两圆孔作为定位基准就是为了使基准统一。

基准统一有时会使定位基准与工序基准不重合而产生基准不重合误差。图2.16中,按照

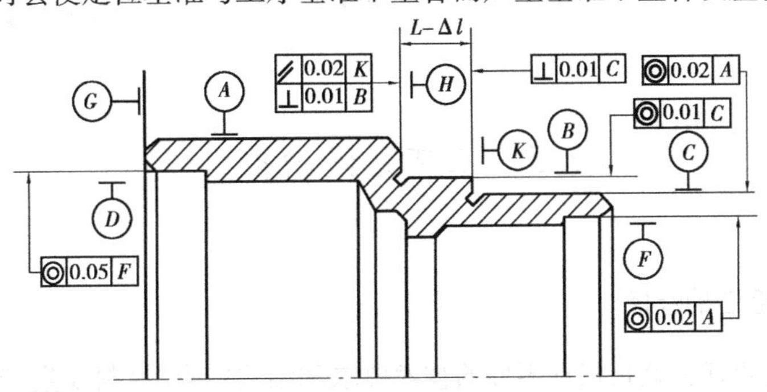

图2.16　位置精度保证与定位基准选择

基准统一原则，加工 F 面时，以 A 面为定位基准；加工 D 面时，也以 A 面为定位基准。在加工过程中，加工 F 面时，基准是重合的，加工 D 面时基准不重合，Δ 不重合为 0.02，因此加工 D 面时，D 面对 A 面的同轴度误差必须控制在 0.03 内，否则不能保证 D 面对 F 面的同轴度 0.05。当某一表面按统一基准不能保证加工要求时，其中某几个工序可以选其他表面为定位基准，其余工序仍采用统一基准原则。

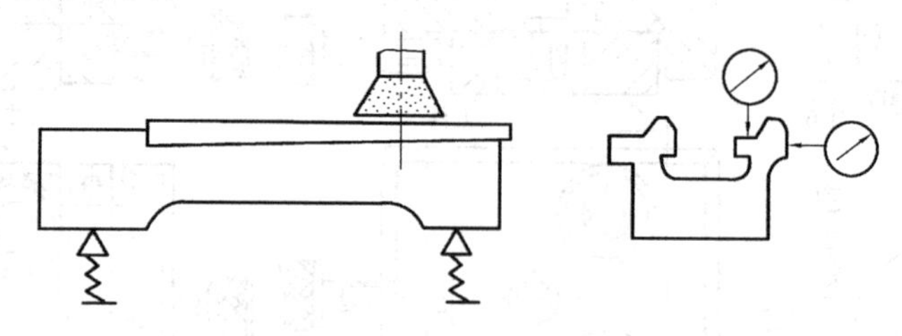

图 2.17　床身导轨面自为基准的实例

4）自为基准原则

在精加工或光整加工工序中要求加工余量小而均匀时，可选择加工表面本身作定位基准，就是自为基准。自为基准不能保证加工面的位置精度，与其他表面的位置精度由先行工序保证。如图 2.17 所示为在导轨磨床上，以自为基准原则磨削床身导轨。方法是用百分表找正工件的导轨面，然后加工导轨面保证导轨面余量均匀，以满足对导轨面的质量要求。

5）保证工件定位准确、夹紧可靠、操作方便的原则

所选精基准应能保证工件定位准确、稳定，夹紧可靠，夹紧机构简单，操作方便。为此，精基准的面积与被加工表面相比，应有较大的长度和宽度，以提高其位置精度。

2.4.3　基准选择实例

如图 2.18 所示为车床主轴箱的一个视图，图中孔 Ⅰ 是一重要的主轴孔，在选择主轴孔加工的粗基准时应考虑该孔为重要表面，需保证余量均匀，故应该以主轴孔 Ⅰ 为粗基准。箱体的底面和底侧面是安装在床身导轨面和导轨侧面的安装基准，在该图中孔系的位置尺寸都是从底面和底侧面标注出的，底面和底侧面就是箱体的装配基准，也是孔系的设计基准，故为了保证基准重合可选择底面和底侧面为定位的精基准。

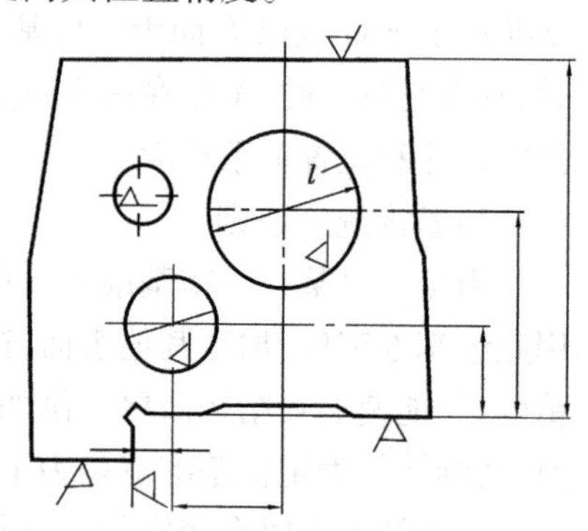

图 2.18　基准选择实例

2.5　工艺路线的拟订

2.5.1　零件毛坯的选择

确定毛坯的主要任务就是根据零件的技术要求和结构特点，材料及生产纲领等方面的情况，合理地确定毛坯的种类、毛坯的制造方法、毛坯的形状和尺寸等。毛坯的确定不仅影响到毛坯制造的经济性，而且影响到机械加工的经济性，所以确定毛坯的时候，既要考虑到热加工

方面的因素,也要兼顾冷加工方面的要求,以便从确定毛坯这一环节中,降低零件的制造成本。

(1)毛坯种类的确定

毛坯的种类有铸件、锻件、压制件、冲压件、焊接件、型材和板材等。具体确定时可结合有关资料进行。在确定毛坯种类时,主要考虑以下因素:

1)零件材料及其力学性能

零件材料确定后,毛坯类型也就大致可定。如材料为铸铁,就选铸造毛坯,材料是钢,且是承力件,可选锻件;当力学性能要求较低时,可选型材或铸钢。

2)生产类型

大批大量生产时,应采用精度和生产率都较高的毛坯制造方法。这时所增加的毛坯制造费用可由减少材料的消耗费用和机械加工费用来补偿,如锻件应采用模锻;铸件可采用金属模机器造型或精铸等。单件小批生产时,可选用精度和生产率都较低的毛坯制造方法,如木模手工造型和自由锻等。

3)零件的形状和尺寸

形状复杂的毛坯,常用铸造方法。薄壁零件不可用砂型铸造;尺寸大的零件宜用砂型铸造,中小型零件可用较先进的压力铸造方法。常用的阶梯轴,各台阶的直径相差较大时,宜用锻造;尺寸较大时,一般用自由锻;中小型零件可选模锻;各台阶直径相差较小时,可用棒料。

4)生产条件

选择毛坯时必须结合本厂毛坯制造的生产条件、生产能力、外协的可能性。有条件时应积极组织专业化生产,统一供应毛坯,以保证毛坯质量和提高经济效益。

5)积极推广应用新工艺、新技术和新材料

目前,毛坯制造方面的新工艺、新技术和新材料发展很快,如精铸、精锻、冷轧、冷挤压、粉末冶金和工程塑料等方法制造的毛坯,在机械制造中应用日益增加。应用这些方法后,可大大减少机械加工量,有时甚至可不再进行机械加工,其经济效益明显提高。

(2)毛坯形状和尺寸的确定

毛坯形状和尺寸的确定方法一般有两种:一是根据生产经验,结合有关手册和零件加工情况,在工艺过程之前确定;二是根据零件各加工表面的加工余量,从后往前,由零件尺寸加各工序余量,通过计算得到毛坯形状和尺寸。第一种方法是生产上广泛采用的方法,但经济性较差;采用第二种方法确定余量比较合理,在大批大量生产,尤其是对贵重金属毛坯意义十分重大。

2.5.2　表面加工方法的选择

表面加工方法选择的任务就是根据零件表面质量要求,选择一套合理的加工方法,既保证表面质量的加工要求,又兼顾生产率和经济性。为了正确选择加工方法,应了解各种加工方法的特点及达到的经济加工精度和经济粗糙度。

(1)经济加工精度和经济粗糙度

每一种加工方法在不同的工作条件下,所能达到的精度和表面粗糙度是不同的,其范围较宽。例如,精车工序,一般尺寸精度可达 IT8—IT7,表面粗糙度 R_a 为 3.2 ~ 1.6 μm;如果工人技术水平高,选择更合适的刀具角度和切削用量,并用油石仔细修光前后刀面,也能达到 IT7—IT6 级精度,表面粗糙度 R_a 可达 1.6 ~ 0.8 μm,但生产率很低,生产成本提高。统计资料

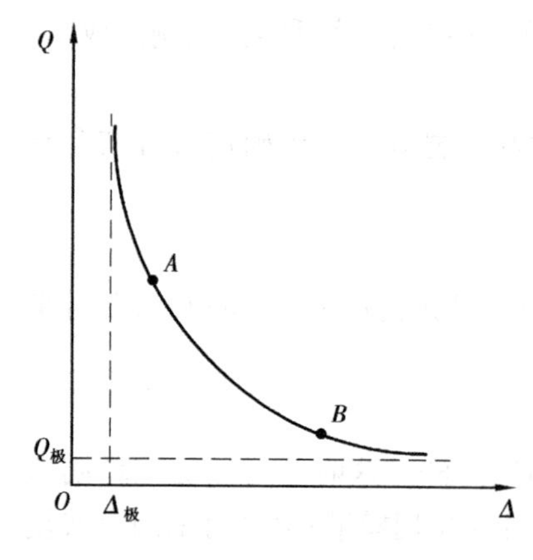

图 2.19　经济加工精度分析

表明，任何一种加工方法的加工误差和加工成本之间呈负指数函数曲线，如图 2.19 所示。图中横坐标是加工误差，纵坐标是成本 Q。由图 2.19 可知，每种加工方法，若要获得较高的精度，成本就要加大；精度降低，成本下降。然而，上述关系只是在一定范围内，即曲线 AB 段才比较明显。在 A 点左侧，精度不易提高，且有一极限值 $\Delta_{极}$；在 B 点右侧，成本不易降低，也有一极限值 $Q_{极}$，曲线 AB 段的精度区间属经济加工精度范围。

经济加工精度是指在正常加工条件下（采用符合质量标准的设备、工艺装备和标准技术等级工人，不延长加工时间）所能保证的加工精度。经济粗糙度概念类同于经济加工精度概念。各种典型表面的加工方法及所能达到的经济加工精度和表面粗糙度等级已根据统计数据列成表格，在各种机械加工工艺手册中都能查到。

还要指出，随着科学技术的发展，新技术、新工艺、新材料的不断推广和应用，经济加工精度和表面粗糙度的等级不是一成不变的，而会逐步提高。

(2)选择加工方法时考虑的主要因素

①工件的加工精度、表面粗糙度和其他技术要求。加工表面质量要求决定了加工方法，而加工方法的选择对初学者可通过查表法，有经验者可由经验确定，有时应根据实际情况进行工艺验证。

②工件材料及热处理状态。例如，对淬火钢应采用磨削加工；有色金属的精加工采用磨削就很困难，可采用金刚镗或高速精车。

③工件整体结构形状和尺寸。回转体零件的内孔采用车削或磨削加工方法。箱体上 IT7 精度孔不宜采用磨削，而常采用镗孔或铰孔。

④加工表面的构造及尺寸。例如，IT7 精度小孔可采用铰削、拉削等加工方法；尺寸较大孔，则一般采用镗、磨加工方法；如果孔为阶梯孔就不宜采用铰削或拉削的加工方法。

⑤生产类型。大批大量生产时应采用高效率的先进工艺，如平面和孔加工采用拉削代替普通的铣、刨和镗孔等加工方法。在单件小批生产中，大多采用通用设备和常规的加工方法。随着数控技术的发展，为了提高单件小批生产的生产率和缩短生产周期，以适应产品品种多，变化快的特点，可采用数控机床、加工中心等近代加工方法。

⑥具体生产条件。应充分利用现有设备和工艺手段，发挥群众的创造性，挖掘企业潜力。要重视新工艺、新技术的应用，提高工艺水平。有时，因设备负荷等原因，需要改用其他加工方法。

2.5.3　加工阶段的划分

工件的加工精度和表面质量要求较高时，都应划分加工阶段。一般可分为粗加工、半精加工和精加工 3 个阶段。加工精度和表面质量要求特别高时，还可增加光整加工和超精度加工阶段。

(1)各加工阶段的主要任务

①粗加工阶段是切除大部分加工余量并加工出基准，主要是提高生产率。

②半精加工阶段是为零件主要表面的精加工作准备,并完成一些次要表面的加工,一般在热处理前进行。

③精加工阶段从工件上切除较少余量,所得精度和表面质量都比较高。

④光整加工阶段是用来获得很光洁表面或强化表面的加工过程。

⑤超精密加工阶段是按照稳定、超微量切除等原则,实现尺寸和形状误差在 0.1 μm 以下的加工技术。

(2)划分加工阶段的原因

1)保证加工质量

因粗加工的加工余量大,切削力和切削热也比较大,且加工后内应力会重新分布。在这些因素的作用下,工件会产生较大的变形,因此,划分加工阶段可逐步修正工件的原有误差。此外,各加工阶段之间的时间间隔相当于自然时效,有利于消除残余应力和充分变形。

2)合理地使用机床设备

粗加工使用功率大、刚性好、生产率高、精度较低的设备;精加工使用精度高的设备。

3)便于热处理工序的安排

例如,粗加工后,可安排时效处理,消除内应力;半精加工后,可进行淬火,然后采用磨削进行精加工。

4)便于及时发现毛坯缺陷

例如,毛坯的气孔、砂眼和加工余量不足等,在粗加工后即可发现,便于及时修补或报废,以免造成浪费。

5)保护精加工过后的表面

精加工或光整加工放在最后可使加工表面少受磕碰损坏,受到保护。

加工阶段划分不是绝对的,对于质量要求不高、刚性好、毛坯精度高的工件可不划分加工阶段。对于重型零件,由于装夹运输困难,常在一次装夹下完成全部粗、精加工,也不需要划分加工阶段。其划分是针对整个工艺过程而言的。

2.5.4　工序集中与分散

工序集中与分散是拟订工艺路线时确定工序数目或工序内容多少的两种不同原则。

工序集中与工序分散各有利弊,应根据生产类型、现有生产条件、工件结构特点和技术要求等进行综合分析后选用。

单件小批生产可采用加工中心等工序集中方法,以便简化生产组织工作。大批大量生产可采用多刀、多轴机床、高效组合机床和自动机床等工序集中方法加工。对于重型零件,工序应适当集中;对于刚性差、精度要求高的零件,工序应适当分散。

(1)工序集中

工序集中就是工件的加工集中在少数几道工序内完成,每道工序的加工内容多。工序集中的特点如下:

①采用高效专用设备及工艺装备,生产率高。

②装夹次数少,易于保证表面间位置精度,减少工序间运输量,缩短生产周期。

③机床数量、操作工人和生产面积少,可简化生产组织和计划工作。

④因采用结构复杂的专用设备,所以投资大,调整复杂,生产准备量大,转换产品费时。

(2)工序分散

工序分散就是将工件加工分散在较多的工序内进行，每道工序加工内容少。工序分散的特点如下：

①设备和工艺装备简单，调整维修方便，生产准备量少，易适应产品更换。

②可采用最合理的切削用量。

③设备数量多，操作工人多，生产面积大。

2.5.5 加工顺序的安排

一个零件有许多表面需要机械加工，此外还有热处理工序和各种辅助工序。各工序的安排应遵循以下一些原则：

(1)机械加工工序的安排

1)先基准面，后其他面

首先应加工用作精基准的表面，以便为其他表面的加工提供可靠的基准表面。

2)先主要表面，后次要表面

零件的主要表面是加工精度和表面质量要求较高的面，其工序多，加工质量对零件质量影响较大，因此应先进行加工；一些次要表面如孔、键槽等，可穿插在主要表面加工中间或以后进行。

3)先面后孔

如箱体、支架和连杆等工件，因平面轮廓平整，定位稳定可靠，应先加工平面，然后以平面定位加工孔和其他表面，这样容易保证平面和孔之间的相互位置精度。

4)先粗后精

先安排粗加工工序，后安排精加工工序。技术要求较高的零件，其主要表面应按照粗加工、半精加工、精加工、光整加工的顺序安排，使零件质量逐步提高。

(2)热处理工序的安排

1)预备热处理

如退火与正火，通常安排在粗加工之前进行；调质安排在粗加工以后进行。

2)最终热处理

通常安排在半精加工之后和磨削加工之前，目的是提高材料强度、表面硬度和耐磨性。常用的热处理方法有调质、淬火、渗碳淬火等。有的零件，为获得更高的表面硬度和耐磨性，更高的疲劳强度，常采用氮化处理。由于氮化层较薄，因此氮化后磨削余量不能太大，故一般安排在粗磨之后，精磨之前进行。为消除内应力，减少氮化变形，改善加工性能，氮化前应对零件进行调质和去内应力处理。

3)时效处理

时效是为了消除毛坯制造和机械加工中产生的内应力。一般铸件可在粗加工后进行一次时效处理，也可放在粗加工前进行。精度要求较高的铸件可安排多次时效处理。

4)表面处理

某些零件为提高表面抗蚀能力，增加耐磨性或使表面美观，常采用表面金属镀层处理；非金属涂层有油漆、磷化等；氧化膜层有发蓝、发黑、钝化、铝合金的阳极化处理等。零件的表面处理工序一般都安排在工艺过程的最后进行。

(3)辅助工序的安排

辅助工序种类较多,包括检验、去毛刺、倒棱、清洗、防锈、去磁及平衡等。

检验工序分加工质量检验和特种检验,是工艺过程中必不可少的工序。除了工序中的自检外,还需要在下列场合单独安排检验工序:

①粗加工后。

②重要工序前后。

③转车间前后。

④全部加工工序完成后。

特种检验,如检查工件内部质量,一般安排在工艺过程开始时进行(如X射线和超声波探伤等)。如检查工件表面质量,通常安排在精加工阶段进行(如荧光检查和磁力探伤)。密封性检验、工件的平衡等一般安排在工艺过程的最后进行。

2.5.6 设备与工艺装备的选择

(1)设备的选择

确定了工序集中或工序分散的原则后,基本上也就确定了设备的类型。如采用机械集中,则选用高效自动加工的设备,多刀、多轴机床;若采用组织集中,则选用通用设备;若采用工序分散,则加工设备可较简单。此外,选择设备时还应考虑以下方面:

①机床精度与工件精度相适应。

②机床规格与工件的外形尺寸相适应。

③与现有加工条件相适应,如设备负荷的平衡状况等。如果没有现成设备供选用,经过方案的技术经济分析后,也可提出专用设备的设计任务书或改装旧设备。

(2)工艺装备的选择

工艺装备选择的合理与否,将直接影响工件的加工精度、生产效率和经济性。应根据生产类型、具体加工条件、工件结构特点和技术要求等选择工艺装备。

1)夹具的选择

单件小批生产首先采用各种通用夹具和机床附件,如卡盘、机床用平口虎钳、分度头等。有组合夹具站的,可采用组合夹具。对于中、大批和大量生产,为提高劳动生产率而采用专用高效夹具。中、小批生产应用成组技术时,可采用可调夹具和成组夹具。

2)刀具的选择

一般优先采用标准刀具。若采用机械集中,则应采用各种高效的专用刀具、复合刀具和多刃刀具等。刀具的类型、规格和精度等级应符合加工要求。

3)量具的选择

单件小批生产应广泛采用通用量具,如游标卡尺、百分表和千分尺等。大批量生产应采用极限量块和高效的专用检验夹具和量仪等。量具的精度必须与加工精度相适应。

2.6 工序尺寸及其公差的确定

工艺路线拟订之后要进行工序设计,确定各工序的具体内容。本节首先分析保证质量要求的设计计算,即正确确定各工序加工应达到的尺寸——工序尺寸及其公差。根据工序尺寸有关加工余量的概念,然后分析基准重合工序尺寸及其公差的确定方法。基准不重合时,工序尺寸及其公差的确定方法将在第 7 章中讨论。

2.6.1 加工余量的确定

(1)加工余量的概念

加工余量是指加工过程中所切去的金属层厚度。余量有工序余量和加工总余量(毛坯余量)之分。工序余量是相邻两工序的工序尺寸之差,加工总余量(毛坯余量)是毛坯尺寸与零件图样的设计尺寸之差。由于工序尺寸有公差,故实际切除的余量大小不等。

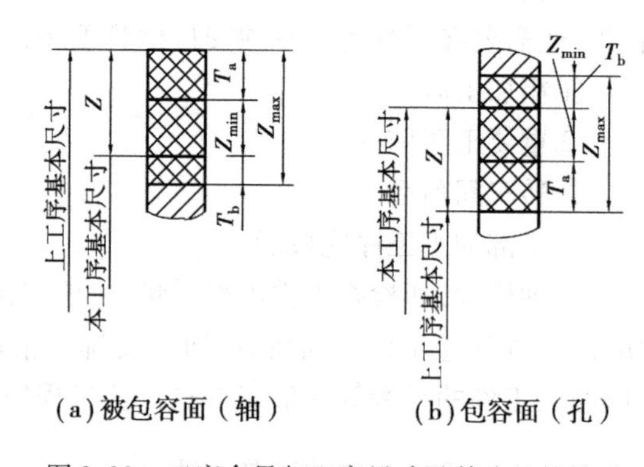

图 2.20　工序余量与工序尺寸及其公差的关系

如图 2.20 所示为工序余量与工序尺寸的关系。由图可知,工序余量的基本尺寸(简称基本余量或公称余量)Z 可按下式计算:

对于被包容面　　　Z = 上工序基本尺寸 - 本工序基本尺寸

对于包容面　　　　Z = 本工序基本尺寸 - 上工序基本尺寸

为了便于加工,工序尺寸都按"入体原则"标注极限偏差,即被包容面的工序尺寸取上偏差为零;包容面的工序尺寸取下偏差为零。毛坯尺寸则按双向布置上、下偏差。工序余量和工序尺寸及其公差的计算公式为

$$Z = Z_{min} + T_a$$

$$Z_{max} = Z + T_b = Z_{min} + T_a + T_b$$

式中　Z_{min}——最小工序余量;

Z_{max}——最大工序余量;

T_a——上工序尺寸的公差;

T_b——本工序尺寸的公差。

加工总余量和工序余量的关系可用下式表示为

$$Z_0 = Z_1 + Z_2 + \cdots + Z_n = \sum_{i=1}^{n} Z_i$$

式中　Z_0——加工总余量;

Z_i——工序余量;

n——机械加工工序数目。

式中,Z_1 为第一道粗加工工序的加工余量。它与毛坯的制造精度有关,实际上是与生产类型和毛坯的制造方法有关。毛坯制造精度高(如大批大量生产的模锻毛坯),则第一道粗加工工序的加工余量小;若毛坯制造精度低(如单件小批生产的自由锻毛坯),则第一道粗加工工序的加工余量就大(具体数值可参阅有关的毛坯余量手册)。

(2)加工余量的影响因素

加工余量的大小对于工件的加工质量和生产率均有较大的影响。加工余量过大,不仅增加机械加工的劳动量,降低生产率,而且增加材料、工具和电力的消耗,提高加工成本。若加工余量过小,则既不能消除上工序的各种表面缺陷和误差,又不能补偿本工序加工时工件的装夹

误差,造成废品。因此,应当合理地确定加工余量,其基本原则是在保证加工质量的前提下加工余量越小越好。下面分析影响加工余量的各个因素。

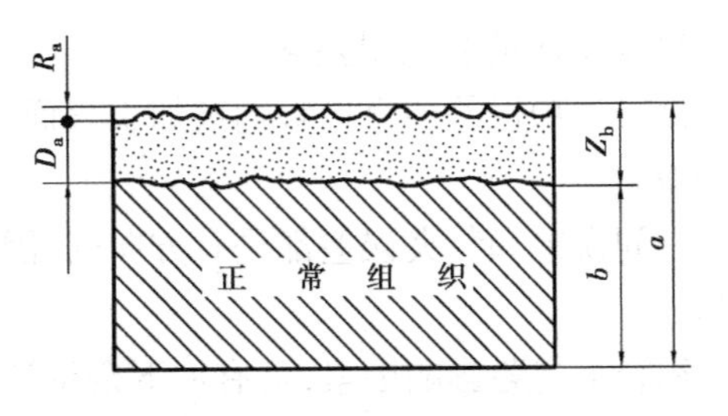

图 2.21　工件表层结构示意图

1) 上工序的尺寸公差 T_a

由图 2.20 中可知,工序的基本余量中包括了上工序的尺寸公差 T_a,即本工序应切除上工序可能产生的尺寸误差。

2) 上工序产生的表面粗糙度 R_a(轮廓最大高度)和表面缺陷层深度 D_a(见图 2.21)

各种加工方法的 R_a 和 D_a 的数值大小可参考表 2.5 中的试验数据。

表 2.5　各加工方法所得 R_a 和 D_a 的试验数据

加工方法	R_a	D_a	加工方法	R_a	D_a
粗车内外圆	15 ~ 100	40 ~ 60	磨端面	1.7 ~ 15	15 ~ 35
精车内外圆	5 ~ 40	30 ~ 40	磨平面	1.5 ~ 15	20 ~ 30
粗车端面	15 ~ 255	40 ~ 60	粗刨	15 ~ 100	40 ~ 50
精车端面	5 ~ 54	30 ~ 40	精刨	5 ~ 45	25 ~ 40
钻	45 ~ 225	40 ~ 60	粗插	25 ~ 100	50 ~ 60
粗扩孔	25 ~ 225	40 ~ 60	精插	5 ~ 45	35 ~ 50
精扩孔	25 ~ 100	30 ~ 40	粗铣	15 ~ 225	40 ~ 60
粗铰	25 ~ 100	25 ~ 30	精铣	5 ~ 45	25 ~ 40
精铰	8.5 ~ 25	10 ~ 20	拉	1.7 ~ 35	10 ~ 20
粗镗	25 ~ 225	30 ~ 50	切断	45 ~ 255	60
精镗	5 ~ 25	25 ~ 40	研磨	0 ~ 1.6	3 ~ 5
磨外圆	1.7 ~ 15	15 ~ 25	超精加工	0 ~ 0.8	0.2 ~ 0.3
磨内圆	1.7 ~ 15	20 ~ 30	抛光	0.06 ~ 1.6	2 ~ 5

3) 上工序留下的形位误差(也称误差) ρ_a

ρ_a 是指不由尺寸公差 T_a 所控制的形位误差。此时,加工余量中要包括上工序的形位误差 ρ_a。如图 2.22 所示小轴,当轴线有直线度误差时,须在本工序中纠正,因而直径方向的加工余量应增加 2ω。

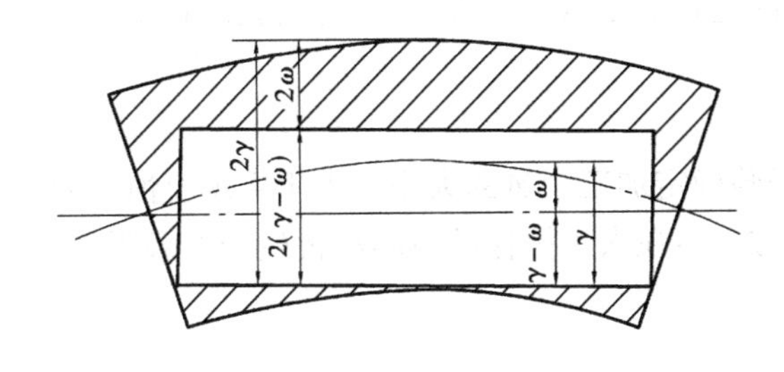

图 2.22　轴线直线度误差对加工余量的影响

ρ_a 的数值与加工方法和热处理方法有关,可通过有关工艺资料查得或通过试验确定。ρ_a 具有矢量性质。

4)本工序的装夹误差 ε_b

由于这项误差会直接影响被加工表面与切削刀具的相对位置,因此,加工余量中应包括这项误差。

空间误差和装夹误差都是有方向的,因此,要采用矢量相加的方法取矢量和的模进行余量计算。

综合上述各影响因素,可有如下余量计算公式:

对于单边余量

$$Z_{min} = T_a + R_a + D_a + |\rho_a + \varepsilon_b|$$

对于双边余量

$$Z_{min} = \frac{T_a}{2} + R_a + D_a + |\rho_a + \varepsilon_b|$$

在应用上述公式时,要结合具体情况进行修正。例如,在无心磨床上加工小轴或用浮动铰刀、浮动镗刀和拉刀加工孔时,都是采用自为基准原则,不计装夹误差 ε_b,形位误差 ρ_a 中仅剩形状误差,不计位置误差,故公式为

$$Z_{min} = \frac{T_a}{2} + R_a + D_a + \rho_a$$

对于研磨、珩磨、超精磨和抛光等光整加工,若主要是为了改善表面粗糙度,则公式为

$$Z_{min} = R_a$$

若还需提高尺寸和形状精度,则公式为

$$Z_{min} = \frac{T_a}{2} + R_a + \rho_a$$

(3)确定加工余量的方法

确定加工余量的方法有3种:计算法、查表法和经验法。

1)计算法

本法是根据加工余量计算公式和一定的试验资料,对影响加工的各项因素进行分析,并计算确定加工余量。这种方法比较合理,但必须有比较全面和可靠的试验资料。目前,只在材料十分贵重以及军工生产或少数大量生产的工厂中采用。

2)查表法

根据各工厂的生产实践和试验研究积累的数据,先制成各种表格,再汇集成手册。确定加工余量时查阅这些手册,再结合工厂的实际及情况进行适当修改后确定。目前,我国各工厂广泛采用查表法。

3)经验法

由一些有经验的工程技术人员或工人根据经验确定加工余量的大小。由于主观上怕出废品,所以经验法确定的加工余量往往偏大。这种方法多在人工操作的单间小批生产中采用。

2.6.2 工序尺寸及其公差的确定

零件图样上的设计尺寸及其公差是经过各加工工序后得到。每道工序的工序尺寸都不相同,它们是逐步向设计尺寸接近的。为了最终保证零件的设计要求,需要规定各工序的工序尺寸及其公差。

工序余量确定之后，就可计算工序尺寸。工序尺寸公差的确定，则要依据工序基准或定位基准与设计基准是否重合，采取不同的计算方法。

（1）基准重合时工序尺寸及其公差的计算

这是指工序基准或定位基准与设计基准重合，表面多次加工时，工序尺寸及其公差的计算。工件上外圆和孔的多工序加工都属于这种情况。此时，工序尺寸及其公差与工序余量的关系如图2.20所示。计算顺序是先确定各工序余量的基本尺寸，再由后往前逐个工序推算，即按零件上的设计尺寸，由最后一道工序开始向前工序推算，直到毛坯尺寸。工序尺寸的公差则都按各工序的经济精度确定，并按“入体原则”确定上、下偏差。

例如，某主轴箱箱体的主轴孔，设计要求为$\phi100$Js6，$R_a=0.8$ μm，加工工序为粗镗—半精镗—精镗—浮动镗4道工序。先根据有关手册及工厂试验经验确定各工序的基本余量，具体数值见表2.6中的第二列；再根据各种加工方法的经济精度表格确定各工序尺寸的公差，具体数值见表2.6中的第三列；最后由后工序向前工序逐个计算工序尺寸，具体处置见表2.6中的第四列，并得到工序尺寸及其公差和R_a，见表2.6中的第五列。

表2.6 主轴孔各工序的工序尺寸及其公差的计算实例

工序名称	工序基本余量	工序的经济精度	工序尺寸	工序尺寸及其公差和R_a
浮动镗	0.1	Js6（±0.011）	100	$\phi100\pm0.011$　$R_a=0.8$ μm
精镗	0.5	H7（$^{+0.035}_{0}$）	100－0.1＝99.9	$\phi99.9^{+0.035}_{0}$　$R_a=1.6$ μm
半精镗	2.4	H10（$^{+0.14}_{0}$）	99.9－0.5＝99.4	$\phi99.4^{+0.14}_{0}$　$R_a=3.2$ μm
粗镗	5	H13（$^{+0.44}_{0}$）	99.4－2.4＝97.0	$\phi97^{+0.44}_{0}$　$R_a=6.4$ μm
毛坯孔	8	（±1.3）	97.0－5＝92.0	$\phi92\pm1.3$

（2）基准不重合时工序尺寸及其公差的计算

工序基准或定位基准与设计基准不重合时，工序尺寸及其公差的计算比较复杂，需要工艺尺寸链进行分析计算，详见第7章，工艺尺寸链分析与计算。

2.7 切削用量的确定

切削速度v_c、进给量f（或进给速度v_f）和背吃刀量a_p，三者的总称为切削用量。如图2.23所示为外圆车削时的切削用量。在切削加工过程中，需针对工件和刀具材料以及其他工艺技术要求来选定合适的切削用量。

合理的切削用量是指充分利用刀具的切削性能和机床性能，在保证工件加工质量的前提下，获得高的生产率和低的加工成本的切削用量。

选择合理的切削用量，必须联系合理的刀具耐用度，只有刀具耐用度确定合理，才有可能达到高效率、低成本的要求。

由切削用量与刀具耐用度的关系可知，当刀具耐用度保持一定时，只有首先选择最大的背吃刀量a_p，再选较大的进给量f，然后按公式计算出切削速度v_c，这样才能保证在满足合理刀具耐用度的前提下，获得高的生产率和低的生产成本，使切削用量趋于合理。

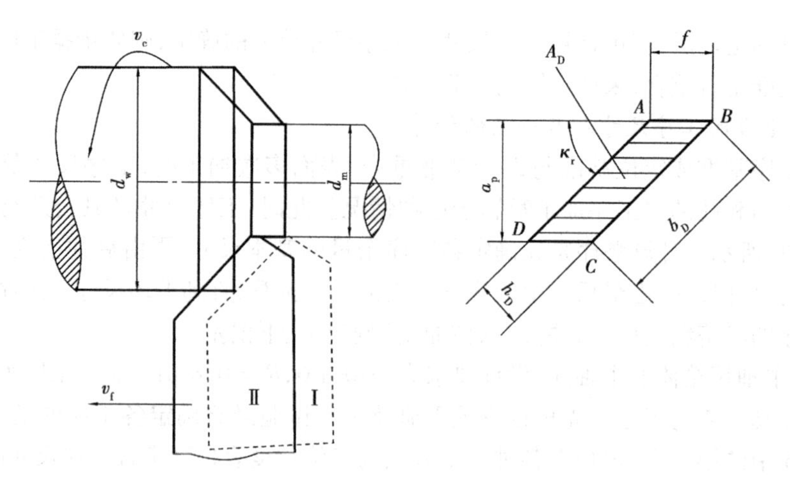

图 2.23　切削用量示意图

2.7.1　背吃刀量的确定

背吃刀量的大小应根据加工余量 Z 的大小确定。

在中等功率机床上进行粗加工时,背吃刀量可达 8 ~ 10 mm;半精加工时,背吃刀量常取 0.5 ~ 5 mm;精加工时,背吃刀量常取 0.2 ~ 1.5 mm。当余量过大或工艺系统刚性较差时,尽可能选取较大的背吃刀量和最少的走刀次数,各次背吃刀量按递减原则确定。半精加工、精加工时一般应一次切除全部余量。切削表层有硬皮的铸件和不锈钢等加工硬化严重的材料时,应尽量使背吃刀量超过硬皮或冷硬层厚度,以免刀尖过早磨损。

总之,背吃刀量的具体数值应根据机床性能、相关的手册并结合实际经验用类比方法确定,如表 2.7 所示为硬质合金刀具车外圆时背吃刀量参考值。

表 2.7　硬质合金刀具车外圆时背吃刀量参考值

刀具材料	加工精度选择	背吃刀量 a_p								
		碳钢	低合金钢	高合金钢	铸铁	不锈钢	钛合金	灰铸铁	球墨铸铁	铝合金
硬质合金或涂层硬质合金	粗加工	3	3	3	3	2	1.5	2	2	1.5
	精加工	0.4	0.4	0.4	0.4	0.4	0.4	0.5	0.5	0.5

2.7.2　进给量的确定

粗加工时,工件表面质量要求不高,但切削力较大,进给量的大小主要受机床进给机构强度、刀具强度与刚性、工件装夹刚度等因素的限制。在条件许可的情况下,选择较大进给量以提高生产效率。精加工时,合理进给量的大小则主要受到加工精度和表面粗糙度的限制。故精加工时,往往选择较小进给量以保证工件的加工质量。断续切削时,应选较小进给量以减小切削冲击。当刀尖处有过渡刃、修光刃及切削速度较高时,半精加工及精加工可选较大进给量以提高生产效率。

实际生产中一般利用机械加工手册采用查表法确定合理的进给量。粗加工时，根据加工材料、车刀刀柄尺寸、工件直径及已确定的背吃刀量按表 2.8 选择进给量。半精加工、精加工时则按工件表面粗糙度要求，根据工件材料、刀尖圆弧半径查机械加工手册得出。

表 2.8　硬质合金车刀粗车外圆时进给量的参考值

车刀刀柄尺寸 $B \times H$/mm	工件直径 d_w/mm	背吃刀量 a_p/mm				
		3	5	8	12	12 以上
		进给量 f/(mm · r^{-1})				
16×25	20	0.3~0.4	—	—	—	—
	40	0.4~0.5	0.3~0.4	—	—	—
	60	0.5~0.7	0.4~0.6	0.3~0.5	—	—
	100	0.6~0.9	0.5~0.7	0.5~0.6	0.4~0.5	—
	400	0.8~1.2	0.7~1.0	0.6~0.8	0.5~0.6	—
20×30 25×25	20	0.3~0.4	—	—	—	—
	40	0.4~0.5	0.2~0.4	—	—	—
	60	0.6~0.7	0.5~0.7	0.4~0.6	—	—
	100	0.8~1.0	0.7~0.9	0.5~0.7	0.4~0.7	—
	600	1.2~1.4	1.0~1.2	0.8~1.0	0.6~0.9	0.4~0.6
52×50	60	0.6~0.9	0.5~0.8	0.4~0.7	—	—
	100	0.8~1.2	0.7~1.1	0.6~0.9	0.5~0.8	—
	1 000	1.2~1.5	1.1~1.5	0.9~1.2	0.8~1.0	0.7~0.8
30×45	500	1.1~1.4	1.1~1.4	1.0~1.2	0.8~1.2	0.7~1.1
40×60	2 500	1.3~2.0	1.3~1.8	1.2~1.6	1.1~1.5	1.0~1.5

2.7.3　切削速度的确定

切削速度的选择往往在 f, a_p 确定之后，根据合理的刀具耐用度计算或查表确定。粗加工或工件材料的加工性能较差时，宜选用较低的切削速度；精加工或刀具材料、工件材料的切削性能较好时，宜选用较高的切削速度，按表 2.9 选择。

表 2.9　硬质合金外圆车刀切削速度的参考值

工件材料及热处理状态	a_p/mm a_p=0.3~2	a_p/mm a_p=2~6	a_p/mm a_p=6~10
	f/(mm · r^{-1}) f=0.08~0.3	f/(mm · r^{-1}) f=0.3~0.6	f/(mm · r^{-1}) f=0.6~1
	v_c/(m · min^{-1})	v_c/(m · min^{-1})	v_c/(m · min^{-1})
热轧(低碳钢)、易切钢	140~180	100~120	70~90
热轧(中碳钢)	130~160	90~110	60~80
调质(中碳钢)	100~130	70~90	50~70

续表

工件材料及热处理状态	a_p/mm $a_p=0.3\sim2$	a_p/mm $a_p=2\sim6$	a_p/mm $a_p=6\sim10$
	$f/(\text{mm}\cdot\text{r}^{-1})$ $f=0.08\sim0.3$	$f/(\text{mm}\cdot\text{r}^{-1})$ $f=0.3\sim0.6$	$f/(\text{mm}\cdot\text{r}^{-1})$ $f=0.6\sim1$
	$v_c/(\text{m}\cdot\text{min}^{-1})$	$v_c/(\text{m}\cdot\text{min}^{-1})$	$v_c/(\text{m}\cdot\text{min}^{-1})$
热轧(合金钢)	100 ~ 130	70 ~ 90	50 ~ 70
调质(合金钢)	80 ~ 110	50 ~ 70	40 ~ 60
退火(工具钢)	90 ~ 120	60 ~ 80	50 ~ 70
HBS < 190(灰铸铁)	90 ~ 120	60 ~ 80	50 ~ 70
HBS = 190 ~ 225	80 ~ 110	50 ~ 70	40 ~ 60
高锰钢(13% Mn)	—	10 ~ 20	—
铜及铜合金	200 ~ 250	120 ~ 180	90 ~ 120
铝及铝合金	300 ~ 600	200 ~ 400	150 ~ 200
铸铝合金(13% Si)	100 ~ 180	80 ~ 150	60 ~ 100

2.8 确定时间定额

2.8.1 时间定额的含义

所谓时间定额，是指在一定生产条件下，规定生产一件产品或完成一道工序所需要消耗的时间。它是安排作业计划、进行成本核算、确定设备数量、确定人员编制以及规划生产面积的重要根据。因此，时间定额是工艺规程的重要组成部分。

制订时间定额应根据本企业的生产技术条件，使大多数工人经过努力都能达到，部分先进工人可以超过，少数工人经过努力可以达到或接近的平均先进水平。时间定额定得过紧，容易诱发忽视产品质量的倾向，或者会影响工人工作积极性和创造性。时间定额定得过松，就起不到指导生产和促进生产发展的积极作用。因此合理地制订时间定额对保证产品质量、提高劳动生产率、降低生产成本都是十分重要的。

为了正确地确定时间定额 $t_{定额}$，通常把工序消耗的时间分为基本时间、辅助时间、布置工作地时间、休息和自然需要时间、准备终结时间。

(1)基本时间 $t_{基}$

直接改变生产对象的尺寸、形状、相对位置，表面状态或材料性质等工艺过程所消耗的时间称为基本时间。它包括刀具的趋近、切入、切削加工和切出等时间。

(2)辅助时间 $t_{辅}$

为实现工艺过程所必须进行的各种辅助动作所消耗的时间称为辅助时间。如装卸工件、启动和停止机床、改变切削用量、测量工件等所消耗的时间。

基本时间和辅助时间的总和称为作业时间 $t_{作}$。它是直接用于制造产品或零、部件所消耗的时间。

(3)布置工作地时间 $t_{布}$

为使加工正常进行，工人照管工作地(如更换刀具、润滑机床、清理切屑、收拾工具等)所消耗的时间称为布置工作地时间。

$t_{布}$ 很难精确估计，一般按操作时间 $t_{作}$ 的百分数 α(取2~7)来计算。

(4)休息和自然需要时间 $t_{休}$

休息和自然需要时间是指工人在工作班时间内为恢复体力和满足生理上的需要所消耗的时间。也按操作时间的百分数 β(一般取2)来计算。

所有上述时间的总和，称为单件时间，即

$$t_{单件}=t_{基}+t_{辅}+t_{布}+t_{休}\left(1+\frac{\alpha+\beta}{100}\right)=\left(1-\frac{\alpha+\beta}{100}\right)t_{作}$$

(5)准备终结时间 $t_{准终}$

工人为了生产一批产品或零、部件，进行准备和结束工作所消耗的时间，如熟悉工艺文件、领取毛坯、安装刀具和夹具、调整机床以及在加工一批零件终结后所需要拆下和归还工艺装备、发送成品等所消耗的时间。

2.8.2　时间定额的制订方法

知道了时间定额的组成，而时间定额的制订是为了获得最大化的利润、提高产品的生产率，实际上是研究怎样才能减少时间定额。因此，可以从时间定额的组成中寻求提高生产率的途径。

(1)缩短基本时间

1)提高切削用量

提高切削速度、进给量和切削深度都可以缩短基本时间，从而减少单件工作时间，这是机械加工中提高生产率的有效措施。目前，硬质合金车刀的切削速度可达200 m/min，陶瓷刀具的切削速度可达500 m/min。近年来出现的聚晶金刚石和聚晶立方氮化硼新型刀具材料，切削普通钢材时，切削速度可达1 200 m/min；加工60HRC以上的淬火钢时，切削速度在90 m/min以上。高速滚齿机的切削速度已达65~75 m/min，目前最高滚切速度已超过300 m/min。

采用高速切削和强力切削时，机床刚度和功率都要加强，应对原机床进行改造或设计新机床。

2)减少切削长度

利用 n 把刀具或复合刀具对工件的同一表面或 n 个表面同时进行加工，或者利用宽刃刀具或成形刀具作横向进给同时加工多个表面，实现复合工步，都能减少每把刀的切削行程长度或使切削行程长度部分或全部重合，减少基本时间，如图2.24所示；也可用宽砂轮作切入磨削。例如，某厂用宽300 mm、直径600 mm的砂轮采用切入法磨削花键轴上长度为200 mm的表面，单件时间由原来的4.5

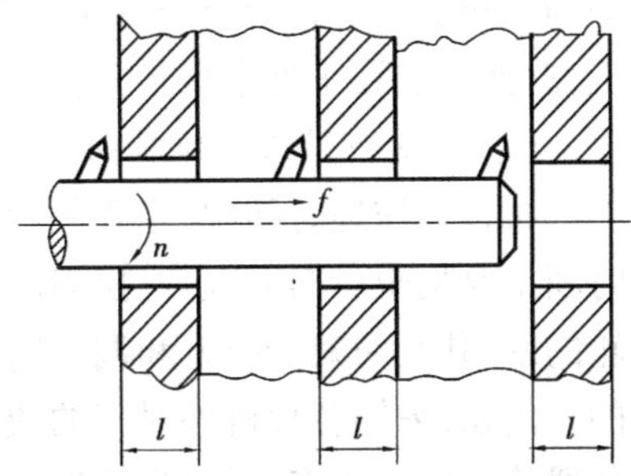

图2.24　多刀镗孔减少切削长度

min 减少到 45 s。切入法磨削时，要求工艺系统有足够的刚性和抗振性，电机要有足够的功率。

采用多刃或多刀加工时，要尽量做到粗、精分开。同时，由于刀具间的位置精度会直接影响工件的精度，故调整精度要求较高。另外，系统的刚度和机床的功率也要相应增加，要在保证质量的前提下提高生产率。

3）合并工步

把原来几个工步复合成一个工步，用复合刀具同时加工工件上的几个表面或同一表面。这样几个工步的时间就可以全部或部分重合，从而减少工序的基本时间。

4）多件、多工位加工

采用在一次走刀过程中加工多个工件或一个工件的几个不同表面。这种方法充分利用了机床的走刀行程，在一次走刀过程中切入、切出时间不变，使分摊到每个工件上的切入、切出时间减少，从而减少基本时间。

（2）缩减辅助时间

辅助时间占总工时的时间多少在某种程度上体现了一个工厂甚至一个国家的制造水平。美国波音公司，生产一架飞机，辅助时间占总工时的 1/3 稍多。我国的某飞机制造公司则占 2/3。一般来说，辅助时间占单件时间的 55% ~70%，因此，缩短辅助时间是提高生产率的主攻方向之一。

1）直接缩短辅助时间

在夹具方面，采用气动、液压夹紧，联动夹紧，多件夹紧及快速夹紧装置来缩短定位和夹紧时间。在机床方面，可以提高机床的自动化程度，采用集中控制手柄、定位挡块机构，快速行程机构和速度预选机构等来缩短辅助时间。现代数控机床和程控机床在减少辅助时间上都有显著效果。它们能自动变换主运动速度和进给速度，有效提高自动化程度。在检测方面，采用数字显示的气动量仪进行主动测量，可以大大减少检测时间。

2）使用辅助时间与基本时间重合

缩减辅助时间的方法是使辅助操作实现机械化和自动化，或使辅助时间与基本时间重合。具体措施如下：

①使用测量时间与基本时间重合。在加工中用主动检验来控制尺寸，如图 2.25 所示的在磨床上主动检验就是一个例子。这种方法能把测量时间与基本时间重合，从而缩短辅助时间。近年来，各种测量尺寸的传感器不断开发，并用计算机进行处理，使检验操作更加自动化。

②使装卸工件时间与基本时间重合或部分重合。如图 2.26 所示为利用转位工作台进行间断回转加工。转台上装有 4 个夹具，每进行一次走刀，两个夹具中的工件被加工两个侧面；工作台转位后，工件占据新工位。这种加工使装卸工件时间与基本时间重合。

（3）减少布置工作地时间

布置工作地时间中，主要是消耗在更换刀具和调整刀具的工作上。因此，缩减布置工作地时间主要是减少换刀次数、换刀时间和调整刀具的时间。减少换刀次数就是要提高刀具或砂轮的耐用度，而减少换刀和调刀时间是通过改进刀具的装夹和调整方法，采用对刀辅具来实现的。例如，采用各种机外对刀的快换刀夹、刀具微调机构、专用对刀样板或样件以及自动换刀装置等。如图 2.27 所示为预先调整好的快换刀夹。这种刀夹由专职人员事先调好，从而使操作工人实现快速更换刀具。

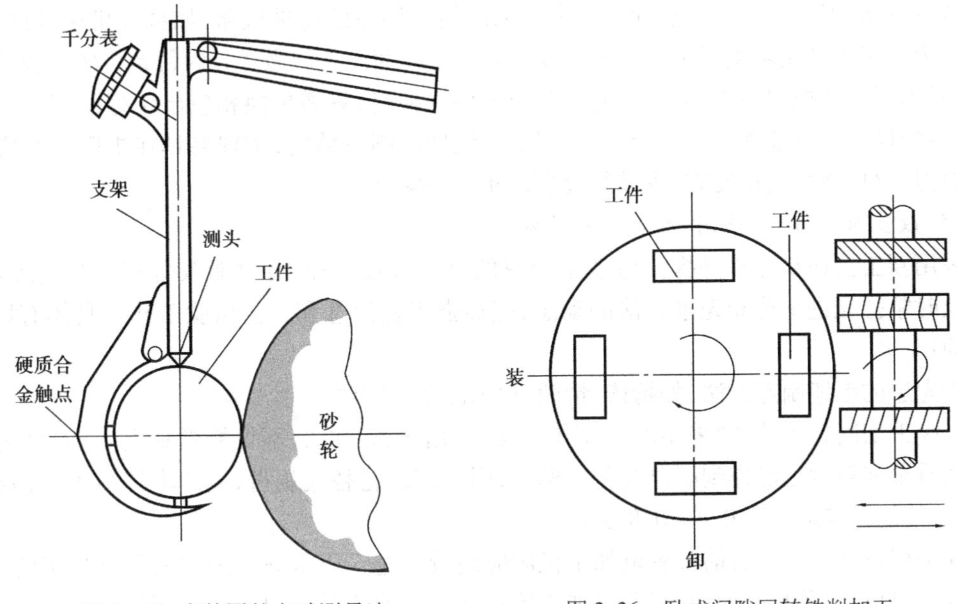

图2.25　磨外圆的主动测量法

图2.26　卧式间隙回转铣削加工

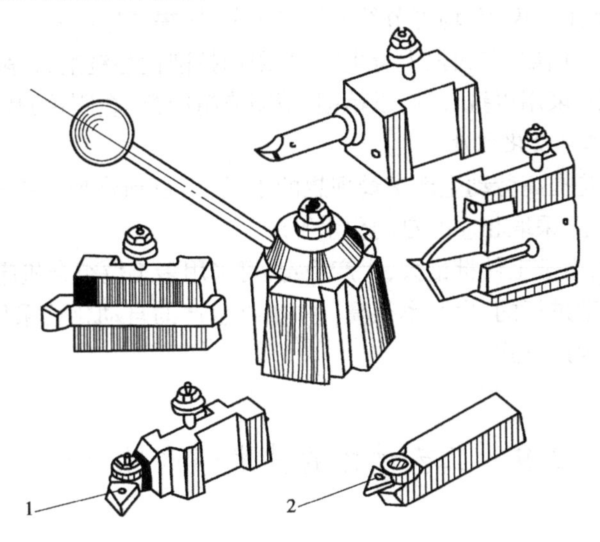

图2.27　快换刀夹

1,2—可转位硬质合金刀片

目前,在车削和铣削中已广泛采用机械夹固的可转位硬质合金刀片,如图2.27所示的1,2。这种刀片可按需要预制成形,并通过机械夹持的方法固定在刀杆上。每块刀片上都有几个切削刃,当某个切削刃用钝后,可以松开紧固螺钉转换一个新切削刃继续加工,直到全部切削刃用钝后,再更换刀片。采用这种刀片后,既能减少换刀次数,又减少了刀具的装卸、对刀和刃磨时间,从而大大提高了生产率。

(4)缩短准备终结时间

减少准备终结时间的措施为扩大零件批量和减少调整机床、刀具、夹具时间。

扩大零件批量的方法是采用成组技术,将结构、工艺过程、技术条件都比较相近的零件归为一类,制订出典型的工艺过程,为这类零件设计具有一定通用程度的夹具、刀具。

减少机床、刀具、夹具调整时间,首先要采用便于调整的先进机床,如数控机床、PLC 程序控制机床。其次采用可换刀架或刀夹减少刀具调整时间。具体做法是为每台机床配备几个刀夹,针对不同零件把刀夹中的刀具调整好,当零件变换时,只需更换相应已调好的刀夹。最后要完善夹具结构,保证夹具定位元件、对刀引导元件的制造精度,实现夹具在机床上的快速安装与对刀,避免夹具找正安装(安装精度要求很高的除外)。

(5)改变加工方法,采用新工艺、新技术

采用新工艺和新方法是提高劳动生产率的另一有效途径,有时能取得较大的经济效果。为了及时掌握先进工艺和先进方法的动态,应加强工艺信息和工艺试验工作。具体有以下 4 个方面:

①先进的毛坯制造方法,如精铸、精锻、粉末冶金等方法。

②少无切削新工艺,如采用冷挤、冷轧、滚压和滚轧等方法,不仅能提高生产率,而且工件的表面质量和精度也能得到明显改善。例如,用冷挤齿轮替代剃齿,生产率提高 4 倍,表面粗糙度 R_a 值能稳定地达到 0.4 ~0.8 μm。

③采用特种加工。目前各种电加工机床应用较普遍。用常规切削方法很难加工的特硬、特脆、特韧材料以及复杂型面,采用电加工等特种加工后均可迎刃而解。例如,用电火花机床加工锻模,用线切割加工冲模等,均可节约大量钳工劳动,提高生产率。

④改进加工方法。例如,在大批大量生产中,采用拉削代替铣削、钻削和铰削,以粗磨代替铣平面;在成批生产中,采用以铣代刨,以精刨、精磨或精细镗(金刚镗)代刮研等。

(6)提高机械加工自动化程度

加工过程自动化是提高劳动生产率最理想的手段,但自动化加工投资大、技术复杂,因而要针对不同的生产类型,采取相应的自动化水平。

大批大量生产时,由于工件批量大,生产稳定,可采用多工位组合机床或组合机床自动线,整个工作循环都是自动进行的,生产率很高。中小批生产的自动化可采用各种数控机床及其他柔性较高的自动化生产方式。

2.9 工艺过程的技术经济性分析

在设计零件机械加工工艺过程时,往往会有几种不同的工艺方案,它们都能满足零件质量和生产率要求,这时就应该根据其不同经济性进行取舍。对工艺过程方案的技术经济分析有两种方法,其一是两个方案多数工序相同,仅有少数几个工序不同,这时只需对不同的工序进行技术经济分析;其二是两个零件的工艺过程完全不同或大多数工序不同,则应进行全面的分析比较。

2.9.1 机械加工的工艺成本

制造一台机器或一个零件的总费用称为生产成本。它由两部分费用组成,一部分是与工艺过程有关的费用;另一部分是与工艺过程无关的费用,包括行政、总务人员的工资及办公费用,厂房的维持与折旧费,照明、取暖、通风、用水费用等。前一类费用称为工艺成本,后一类费用与整个车间条件有关,与比较两种方案的工艺成本无关,因此不需要考虑。

工艺成本可分为两部分,即可变费用与不变费用。

(1)可变费用V

可变费用是与年产量有关的费用,用 V 表示,单位元/件。它由下面各项费用构成:

1)材料费 $V_{材}$

$$V_{材} = C_{材} W_{材} - C_{屑} W_{屑}$$

式中　$C_{材}$——材料单位质量价格,元/kg;

$W_{材}$——零件毛坯质量,kg;

$C_{屑}$——料头及切屑的单位质量价格,元/kg;

$W_{屑}$——每件零件的料头及切屑质量,kg。

2)操作工人工资 $V_{工}$

$$V_{工} = \frac{t_{\mathrm{d}} \cdot Z_{\mathrm{h}}}{60}\left(1 + \frac{\alpha}{100}\right)$$

式中　t_{d}——单件时间,min;

Z_{h}——操作工人工资,元/h;

α——与工资有关的杂费,常取12~14。

3)机床电费 $V_{电}$

$$V_{电} = \frac{t_{\mathrm{j}} N_{电} \eta_{电} Z_{电}}{60}$$

式中　t_{j}——基本时间,min;

$N_{电}$——机床电动机额定功率,kW;

$\eta_{电}$——机床电动机平均负荷率,一般为50%~60%;

$Z_{电}$——电费,元/(kW·h)。

4)通用机床折旧费 $V_{通机折}$

$$V_{通机折} = \frac{C_{机} P_{机} t_{\mathrm{d}}}{H 60 \eta_{机}}$$

式中　$C_{机}$——机床价格,应考虑运费和安装费,两项共约为机床价格的15%,元;

$P_{机}$——机床折旧率,一般预定为10年,每年为10%;大修费的折旧率为10%~15%,机床总的折旧率为20%~25%;

H——工作时间,h;

$\eta_{机}$——机床负荷率,一般为0.8~0.95。

5)通用刀具折旧费 $V_{通刀折}$

$$V_{通刀折} = \frac{C_{刀} t_{\mathrm{j}}}{T(K_{磨} + 1)}$$

式中　$C_{刀}$——刀具价格,元;

T——刀具耐用度,min;

K——刀具可磨次数。

6)刀具维护费 $V_{刀维费}$

$$V_{刀维费} = \frac{C_{磨} K_{磨} t_{\mathrm{j}}}{T(K_{磨} + 1)}$$

式中　$C_{磨}$——每次磨刀费用，元，$C_{磨}=\frac{T_{磨}Z_{磨}}{60}\left(1+\frac{b}{100}\right)$；

$T_{磨}$——磨刀时间，min；

$Z_{磨}$——磨刀工人工资，元/h。

b——允许的缺勤、劳动保护、休假和福利等的附加工资率。

7）通用夹具维护及折旧费 $V_{通夹折}$

$$V_{通夹折}=\frac{C_{夹}(P_{夹折}+P_{夹维})t_{j}}{60H\eta_{夹}}$$

式中　$C_{夹}$——夹具成本，元；

$P_{夹折}$——夹具折旧费，每年33%；

$P_{夹维}$——维护费折合百分数，为25%～27%；

$\eta_{夹}$——夹具利用率。

（2）不变费用F

不变费用是与年产量无直接关系，不随年产量增加而变化的费用。它包括调整工人工资、专用机床折旧费和维护费以及专用工装的折旧费和维护费等，不变费用的单位是元/年。每项费用计算如下：

1）调整工人工资 $F_{工}$

$$F_{工}=\frac{Kt_{调}Z_{调}}{60}\left(1+\frac{\alpha}{100}\right)$$

式中　$t_{调}$——每调整一次所需时间，min；

$Z_{调}$——调整工人工资，元/h；

K——每年调整次数；

α——允许的缺勤、劳保、休假和福利等的附加工资率。

2）专用机床维护折旧费 $F_{专机折}$

$$F_{专机折}=C_{机}P_{机}$$

式中　$C_{机}$——机床价格，应考虑运输费和安装费，两项共约为机床价格的15%，元；

$P_{机}$——机床折旧率，其中，本身折旧率为每年10%，大修折旧率为10%～15%，总的折旧率为20%～25%。

3）专用刀具折旧费 $F_{专刀折}$

$$F_{专刀折}=C_{刀}P_{刀}$$

式中　$C_{刀}$——专用刀具价格，元；

$P_{刀}$——刀具折旧率。

4）专用夹具维护及折旧费 $F_{专夹折}$

$$F_{专夹折}=C_{夹}(P_{夹维}P_{夹折})$$

式中　$C_{夹}$——夹具价格，元；

$P_{夹维}$——夹具维护费；它包括修理、润滑等，一般为25%～27%；

$P_{夹折}$——专用夹具折旧费。

（3）年度工艺成本与单件工艺成本

年度工艺成本为 C，则

$$C = NV + F$$

单件工艺成本为 C_d,则

$$C_d = V + \frac{F}{N}$$

将上述两式用图形表示出来,如图2.28所示。如图2.28(a)所示为年度工艺成本 C 与年产量的关系。图2.28(a)表明,C 与 N 是线性关系,即全年工艺成本与年产量成正比。直线的斜率为工件的可变费用,直线的起点为工件的不变费用。

如图2.28(b)所示为单件工艺成本 C_d 与年产量的关系。由图2.28(b)可知,C_d 与 N 呈双曲线关系。当 N 增大时,C_d 逐渐减小,极限值接近可变费用。

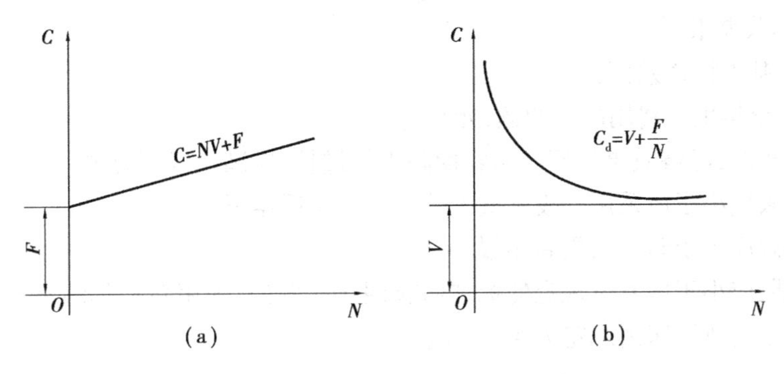

图2.28　工艺成本与产量关系曲线

2.9.2　工艺方案的经济分析

当同一零件有不同工艺方案时,对每一种方案都可以画出 C-N, C_d-N 关系曲线,由此可进行分析比较。由于 C-N 关系曲线为直线,画图比较方便,故多用 C-N 关系曲线进行经济技术分析。

(1)工艺方案的基本投资相近或都采用现有设备时

1)两种方案中只有少数工序不同,多数工序相同,比较不同工序全年工艺成本

计算少数不同工序的全年工艺成本,即

$$C_1 = NV + F_1$$
$$C_2 = NV + F_2$$

当产量为定值,可根据上式直接算出 C_1 和 C_2,若 $C_1 > C_2$,第二种方案经济性好。反之,则第一种方案好。

当产量 N 为变量时,则可根据上述方程式作出两条直线Ⅰ,Ⅱ进行比较,如图2.29所示。当产量 N 小于临界值 N_k 时,方案Ⅱ优于方案Ⅰ;当 $N > N_k$ 时,应取方案Ⅰ。

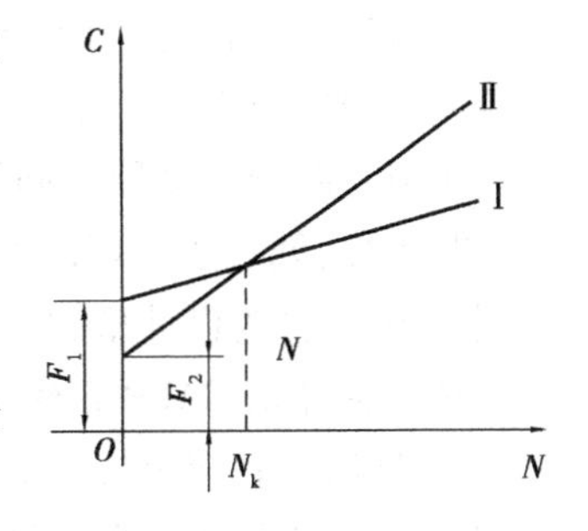

图2.29　两种方案全年工艺成本比较

2)两种方案中多数工序不同,少数工序相同,则应对零件的全年工艺成本进行比较

比较方法与比较不同工序工艺成本相同,所不同的是,工艺成本是全部工序全年工艺成本,不是单一工序的全年工艺成本。临界值可由方程式

$$N_k V_1 + F_1 = N_k V_2 + F_2$$

解得,其值为

$$N_k = \frac{F_2 - F_1}{V_1 - V_2}$$

(2)两种工艺方案的基本投资差额较大时

当两种工艺方案的基本投资差额较大时,在考虑工艺成本的同时,还要考虑投入先进设备使成本降低的回报收益如何,它是用回收期限衡量的,即

$$\tau = \frac{K_1 - K_2}{C_2 - C_1} = \frac{\Delta k}{\Delta C}$$

式中 τ——回收期限,年;

ΔK——基本投资差额;

ΔC——全年生产费用的节约额,元/年。

回收期限越短,经济效果越好。回收期限不能过长,应满足以下要求:

①回收期限应小于所采用的设备或工艺装备的使用年限。

②回收期限应小于新产品更新年限。

③回收期限应小于国家所规定的标准回收期限。例如,采用新夹具的标准回收期通常规定为2~3年,采用新机床则规定为4~6年。

2.10 计算机辅助工艺过程设计

计算机辅助工艺过程设计(Computer Aided Process Planning,CAPP)是指用计算机编制零件的加工工艺规程。

长期以来工艺规程编制是由工艺人员凭经验进行的。如果由几位工艺人员各自编制同一零件的工艺规程,其方案一般各不相同,而且很可能都不是最佳方案。这是因为工艺设计涉及的因素多,因果关系错综复杂。计算机辅助工艺过程设计改变了依赖个人经验编制工艺规程的状况,它不仅提高了工艺规程设计的质量,而且使工艺人员从烦琐重复的工作中摆脱出来,集中精力去考虑提高工艺水平和产品质量问题。

计算机辅助工艺过程设计(CAPP)是联系计算机辅助设计(CAD)和计算机辅助制造(CAM)系统之间的桥梁。

CAPP系统有多种不同类型,按照工作原理和开发方法的不同,可将CAPP分为样件法CAPP系统、创成法CAPP系统和半创成法CAPP系统。按照所解决的问题与工艺设计联系的紧密程度可分为设计型、管理型和集成型CAPP系统。

(1)样件法CAPP系统

样件法是在成组技术的基础上,将编码相同或相近的零件组成零件组(族),并设计一个能集中反映该组零件全部结构特征和工艺特征的主样件(综合零件),然后按主样件设计适合本厂生产条件的典型工艺规程;并以文件形式存储在计算机中。所有主样件典型工艺规程文件的集合组成CAPP的基础数据库。当需要编制某一零件的工艺规程时,计算机根据输入的零件信息,自动识别所属的零件组,然后检索并调用该零件组的主样件典型工艺文件,对典型

工艺文件进行编辑，如修订加工顺序、调整机床和刀具，重新进行有关工步切削参数的计算等，最后编辑成指定零件的工艺规程。

样件法 CAPP 系统实现的基本步骤包括以下 4 个方面：

1）零件和样件的特征描述

零件和样件的特征描述方法就是利用零件的成组编码确定零件所属组类。将零件的编码转化成一个矩阵，就可获得零件组的特征矩阵。

2）各种工艺信息的数字化

①零件各种形面的数字化。零件的分类编码只表示了该零件的结构及工艺特征，不能表示零件的所有表面。而机械加工过程中的工序或工步，往往是针对零件的某些具体表面，为便于计算机针对零件的表面选取相应的加工工序或工步，首先需将零件各种形状的表面编码。如图 2.30 所示，15 表示外圆表面，13 表示外锥面，33 表示外螺纹，26 表示外沉割槽，32 表示外螺旋油槽，41 表示键槽。

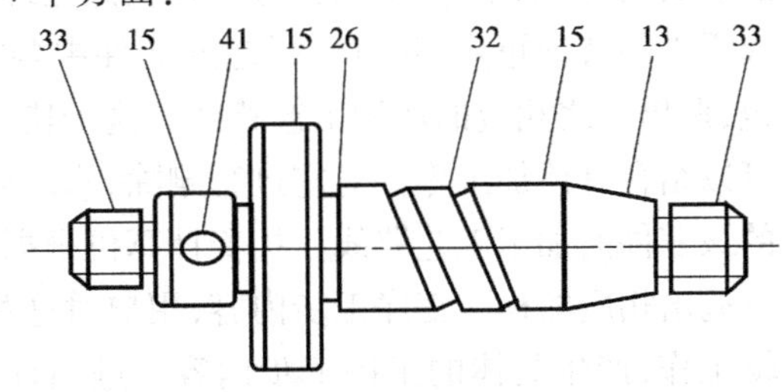

图 2.30　零件的形面编码

②典型工艺路线的数字化。典型工艺路线按零件组的主样件制订。如果将各工序及工步也用代码来表示，那么零件组的典型工艺路线就可以用一个矩阵来表示。矩阵中的行以工步为单位，每一个工步占一行。按此计算的总工步数就决定了矩阵的行数。

③工序及工步内容的数字化。首先将包括在各个典型工艺路线中的所有工序及工步，按其具体的工艺内容进行总体编码，使计算机能按统一的方法调出工序或工步的具体内容。内容相同的工序或工步编为一个代码。这种编码仍以工步为单位。热处理、检查等非机械加工工序以及诸如装夹等操作也当作一个工步同样编码。对系统的工序和工步进行总体编码后，就可以用一个工序工步内容矩阵来描述这些工序工步的具体内容。

3）数据库中的数据文件

CAPP 系统软件一般由主程序和数据库两大部分组成。样件法 CAPP 系统的数据库通常包含下面 4 个数据文件：

①特征矩阵文件。一个零件组具有一个特征矩阵。如果一个系统有 N 个零件组，相应地就有 N 个特征矩阵。将它们存入计算机内，就构成特征矩阵文件。将欲编制工艺规程的零件的特征矩阵与零件组的特征矩阵逐一比较，即可确定该零件所属零件组。

②典型工艺库。每一个零件组都有一个典型的工艺路线矩阵。将系统中所有零件组的典型工艺路线矩阵按一定方式排列起来，存入计算机内，就构成典型工艺库。零件组的典型工艺路线矩阵与其特征矩阵相互对应，只要找到了零件组的特征矩阵，就能自动调出该零件组的典型工艺路线矩阵。

③标准工序、工步矩阵。该矩阵容纳了系统所有工序和工步的具体内容。CAPP 系统可以按工序、工步的代码，从该矩阵中提取与代码相应的工序或工步的内容，以便形成零件的工艺过程。

④工艺数据文件。这是一个庞大繁杂的数据集合，它包括各种工件材料在用不同材料与种类的刀具切削时的各种系数、各种机床的每挡转速、允许的最大切削力与切削功率，等等。一般来说，企业需要根据自己的具体情况来建立这些数据文件，在使用过程中不断完善，以使所存储的信息能反映出本厂的最佳生产情况，生成的工艺规程符合本厂的生产实际。

4)样件法 CAPP 系统的运行过程

当采用样件法编制某一零件的工艺规程时,首先应输入零件的成组编码和工艺规程所需的表头信息,如零件名称、图号、材料、热处理要求等。随后计算机自动将零件的成组编码转换成零件的特征矩阵,并与特征矩阵文件中各零件组的特征矩阵逐一比较,确定零件所属零件组,调出与之相应的典型工艺路线。这个典型工艺路线包括了该组零件的所有加工工序,用户可以结合具体加工零件对它进行删除、修改或插入等编辑工作,得到由工序及工步代码所组成的该零件的加工工艺路线。接着计算机根据该零件的工序及工步代码,从工序、工步文件中逐一调出相应的标准工序工步内容,用户对这些标准的工序工步内容进行删除、修改或插入等编辑工作,产生具体的工序工步内容。进而计算机根据机床、刀具的代码查找各工步使用的机床、刀具的名称和型号,根据输入的零件材料、尺寸等信息,计算各工步的切削速度、核算机床切削力和功率、计算机械加工的基本时间和单件时间及工序成本等。每完成一步工作,都必须进行存储,以便最后形成一份完整的加工工艺规程,一旦需要即可按一定格式打印出来。

(2)创成法 CAPP 系统

创成法 CAPP 系统利用对各种工艺决策制订的逻辑原则,按规定的算法自动地生成工艺规程。计算机按决策逻辑和优化公式,在不需要人工干预的条件下制订出合理的工艺规程,并可以与 CAD 或自动绘图系统连接,输出设计结果。由于工艺过程涉及的因素多,各种组合方案和逻辑关系十分复杂,创成法 CAPP 系统一般比较复杂。

创成法系统在原理上基于专家系统,以自动生成工艺文件为目标方向。为了实现“创成”,确定零件的加工路线、定位基准、装夹方式等工艺要素,首先需要以详尽的零件信息、全面的知识库和推理规则为基础,这些信息和知识的表达并不容易。更重要的是,各企业的业务流程、生产条件千差万别,要想建立起广泛适用的创成法 CAPP 系统,并非易事。正因为如此,完全自动、通用的创成法 CAPP 系统目前仍停留在理论研究和简单应用的阶段,大多数系统只是针对某一类型的零件,或者是采用创成法与样件法结合的半创成法(综合法)。

(3)管理型 CAPP 系统

管理型 CAPP 系统的开发理念基于对企业需求的认真分析。第一,企业工艺部门的个性很强,随产品、生产模式的不同,工艺差异很大,包括使用卡片的不同,工艺汇总方法的不同,工艺编制过程的不同等。工艺部门个性很强的特点要求可以广泛应用的 CAPP 系统必须是一种工具化的产品,能够通过定制或配置,满足企业的需求。第二,工艺设计涉及的因素很多,如企业的加工设备、工艺装备、工艺手段、典型工艺等,这些信息可以统称为企业的工艺资源。企业的工艺资源是编制工艺文件的基础,而目前不少企业对工艺资源缺乏管理,常常会发生重复制造工艺装备的问题。因此,工艺部门要求 CAPP 系统必须提供一种工具,将企业的工艺资源有效地管理起来。第三,工艺设计由许多不同性质的子任务组成。如产品结构工艺性审查,工艺方案设计,设计工艺路线或车间分工明细表,专用装备设计,设计工艺规程,编制工艺定额,工艺的校对、审核、批准等。工艺设计涉及多个部门和人员,如计划处、生产处、工艺处、设备处、劳资科、标准化室等。这就要求工艺软件提供一种角色和权限机制,提供产品级的工艺编制功能和零件级的工艺编制功能。

以上分析说明 CAPP 系统具有很强的管理特性。应用 CAPP 系统并不是一个简单地选择软件的问题,不能买来现成的商品化系统直接使用,而是要确定一个包含需求分析、总体规划、软件实施与培训、定制开发等活动的一个整体解决方案。选择 CAPP 系统提供商需要选择一个能够帮助企业从整体上提高工艺部门的技术水平、管理水平，提高工作效率，降低成本的合作伙伴。

管理型 CAPP 系统实施步骤如下：

1）需求分析

需要分析包括调查企业工艺部门的组织结构、工艺类型、工艺编制的流程、相应的工艺卡片，分析企业的工艺资源和工艺汇总要求等内容。

2）总体规划

软件提供商进行需求分析后，应该向企业提交需求分析报告、软件实施方案和培训计划等。再由企业的有关领导和有经验的技术人员与软件提供商的项目实施人员进行沟通，确定 CAPP 软件的实施计划，对需求分析的内容进行确认。这样才能保证软件实施的顺利进行。

3）软件实施与培训

软件提供商的项目实施人员与企业的技术人员一起，利用 CAPP 系统在计算机上建立各类工艺卡片，帮助企业建立网络化的工艺资源库。对于有条件的企业，企业级的 CAPP 应用应该和图档管理系统结合起来。

4）定制开发

在用 CAPP 系统满足了企业的大部分个性化的需求以后，企业可能仍然需要解决一些特殊的技术问题，这就需要软件提供商与企业协作，进行适当的定制开发。

经过以上 4 个步骤，企业才能将 CAPP 系统应用起来。

本章小结

本章对制订机械加工工艺规程的基本概念、基本原理做了较详细的阐述，包括制订机械加工工艺过程中的基本概念、制订机械加工工艺规程的原始资料及步骤、制订机械加工工艺规程的基本原理和方法、工艺过程的技术经济性分析。

制订机械加工工艺过程中的基本概念包括工序、安装、工步、工位、走刀、生产类型、生产纲领、时间定额的组成和各部分的含义。

制订机械加工工艺规程的基本原理包括制订机械加工工艺规程的原始资料及步骤、零件结构工艺性的分析、毛坯的选择、粗、精基准选择的原则、表面加工方法和加工方案的选择、加工阶段的划分、加工顺序的确定、机床和工艺装备等的选择、工序集中和分散的安排、影响加工余量大小的因素及确定加工余量的方法、时间定额的制订。

工艺过程的技术经济性分析包括工艺成本、生产成本的含义，不同工艺方案的技术经济评价方案。

本章的教学目标是使学生掌握制订机械加工工艺规程的基础知识，能分析和制订简单零件的工艺过程，会填写工艺文件。

习题与思考题

2.1　什么是生产过程、工艺过程和工艺规程？工艺规程在生产中起何作用？

2.2　什么是工序、安装、装夹、工位、工步和行程？工序和工步、安装和装夹、安装和工位的主要区别是什么？

2.3　何谓生产纲领？它对工艺过程有哪些影响？如何计算生产纲领？

2.4　机械加工工艺规程的主要作用是什么？

2.5　简述机械加工工艺规程的设计原则、步骤和内容？

2.6　何谓工序集中与工序分散？各有何特点？

2.7　选择毛坯制作方法的主要考虑因素是什么？

2.8　何谓基准？基准分哪几种？分析基准时要注意些什么？

2.9　精、粗定位基准的选择原则有哪些？如何分析这些原则之间出现的矛盾？

2.10　试分析如图2.31所示零件有哪些结构工艺性问题，并提出正确的改进意见。

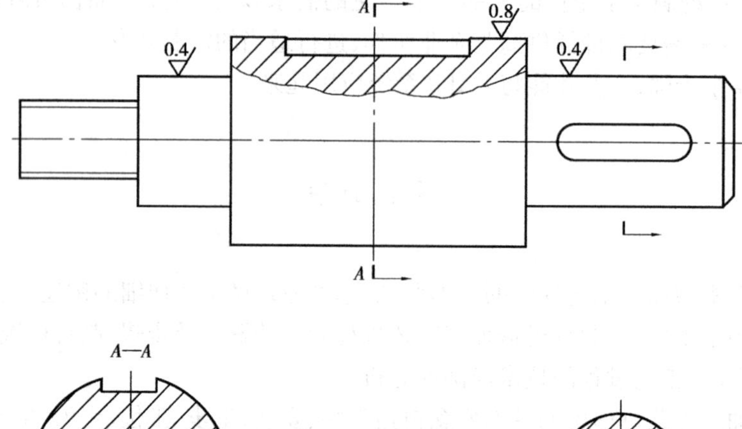

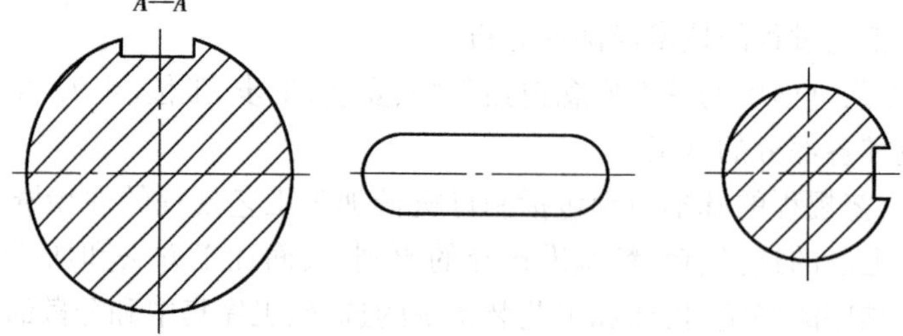

图2.31　题2.10图

2.11　试分析下列情况的定位基准：

(1)浮动铰刀铰孔。

(2)浮动镗刀镗孔。

(3)磨削床身导轨面。

(4)无心磨外圆。

(5)拉孔。

(6)超精加工主轴轴颈。

(7)箱体零件攻螺纹。

2.12　在大批量生产条件下,加工一批直径为 $\phi25_{-0.008}^{\ 0}$ mm,长度为 58 mm 的光轴,其表面粗糙度 $R_a<0.16$ μm,材料为 45 钢,试安排其加工路线。

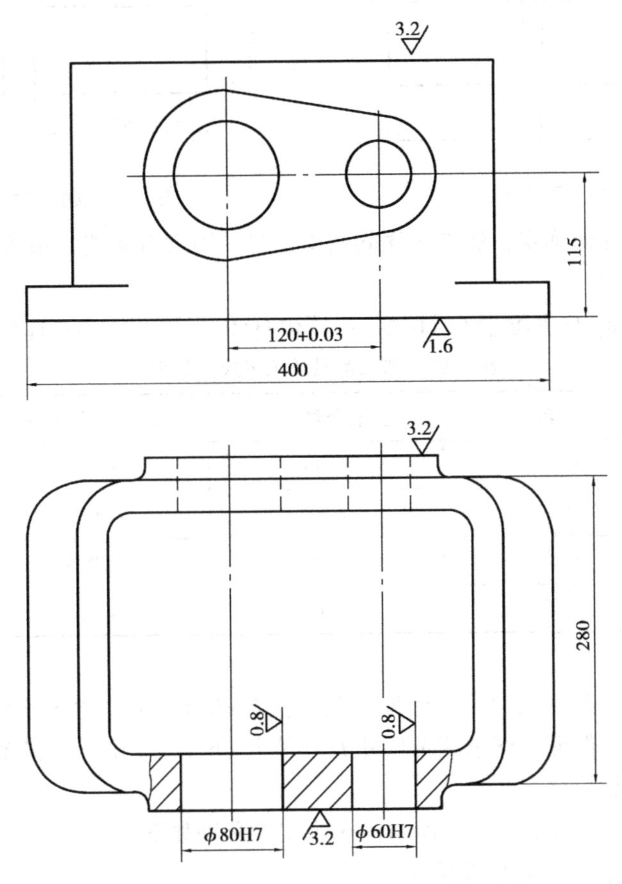

图 2.32　题 2.13 图

2.13　如图 2.32 所示箱体零件的两种工艺安排如下:

(1)在加工中心上加工:粗、精铣底面;粗、精铣顶面;粗镗、半精镗、精镗 ϕ80 H7 孔和 ϕ60 H7孔;粗、精铣两端面。

(2)在流水线上加工:粗刨、半精刨、留精刨余量;粗、精铣两端面;粗镗、半精镗 ϕ80 H7 孔和 ϕ60 H7 孔,留精镗余量;粗刨、半精刨、精刨顶面;精镗 ϕ80 H7 孔和 ϕ60 H7 孔;精刨底面。试确定两种工艺路线的工序。

2.14　如图 2.33 所示的小轴大量生产,毛坯为热轧棒料,经过粗车、精车、淬火、粗磨、精磨后达到图样要求。现给出各工序的加工余量及工序尺寸公差如表 2.10 所示。毛坯的尺寸公差为 ±1.5 mm。试计算工序尺寸,标注工序尺寸公差,计算精磨工序的最大余量和最小余量。1.1 mm 是什么加工余量? 加工余量和工序尺寸与公差之间有何关系?

2.15　如图 2.34 所示的矩形零件,其上面加工工序为粗铣、精铣、粗磨、半精磨、精磨。为保证图纸要求,试确定各工序的加工余量、基本尺寸及公差。

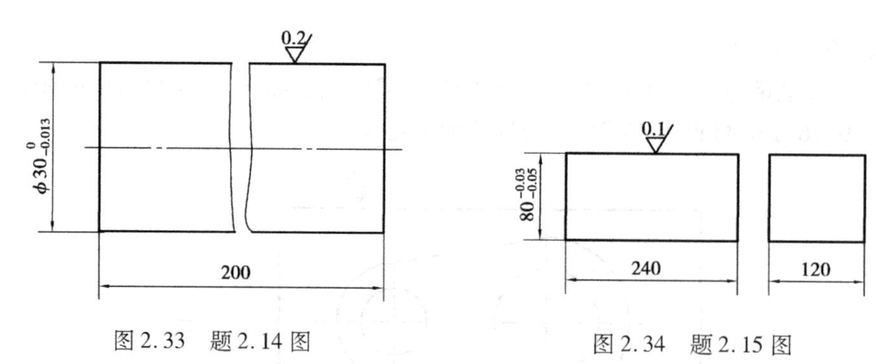

图 2.33　题 2.14 图　　　　图 2.34　题 2.15 图

2.16　加工余量如何确定？影响工序间加工余量的因素有哪些？举例说明是否在任何情况下都要考虑这些因素。

2.17　背吃刀量 a_p 与进给量 f 对切削力的影响有何不同？怎样选择切削用量？

表 2.10　加工余量及工序尺寸公差

工序名称	加工余量/mm	工序尺寸公差/mm
粗车	3.00	0.210
精车	1.10	0.052
粗磨	0.40	0.033
精磨	0.10	0.013

2.18　加工如图 2.35 所示零件，要求保证尺寸（6 ±0.1）mm。由于该尺寸不便测量，只好通过测量尺寸 L 来间接保证。试求测量尺寸 L 及其上、下偏差，并分析有无假废品现象存在？有什么办法解决假废品的存在？

2.19　加工短轴零件，如图 2.36 所示的 3 个工序分别如下：

工序 1　粗车小端外圆、台肩及端面。

工序 2　粗、精车大端外圆及端面。

工序 3　精车小端外圆、台肩及端面。

试校核该工序 3（精车小端面）的余量是否合适？若余量不够应该如何改进？

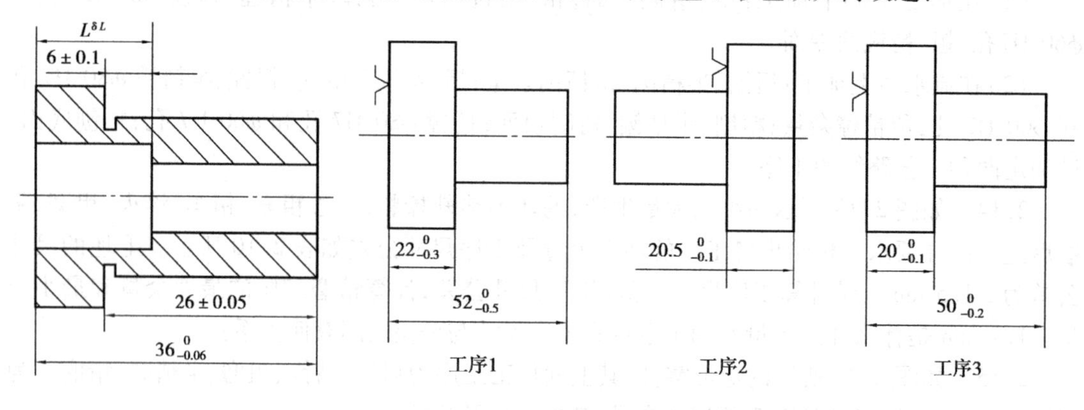

图 2.35　题 2.18 图　　　　图 2.36　题 2.19 图

2.20　如图 2.37（a）所示为某零件轴向设计尺寸简图，其部分工序如图 2.37（b）、（c）、

(d)所示。试校核工序图上所标注的工序尺寸及公差是否正确？如有错误,应如何改正？

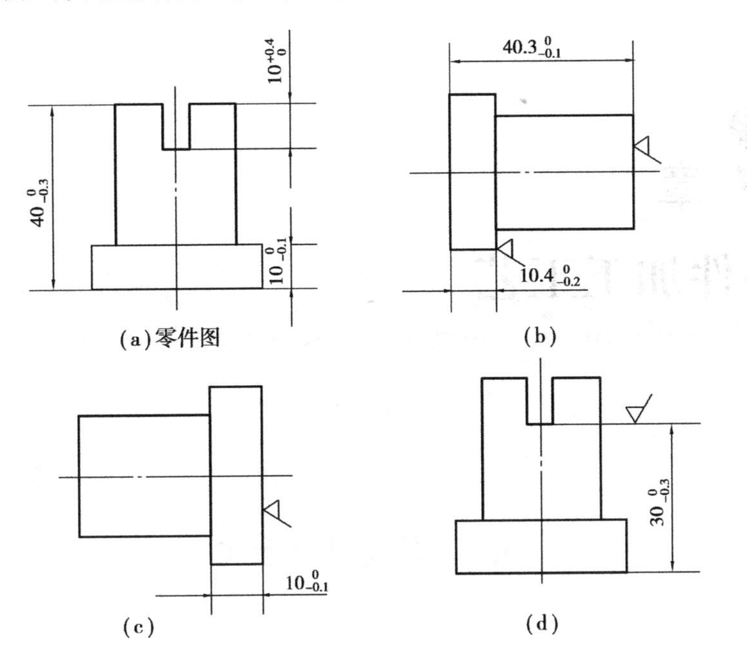

图 2.37　题 2.20 图

2.21　何谓劳动生产率？提高机械加工劳动生产率的工艺措施有哪些？

2.22　何谓时间定额？时间定额有几种？它们之间的区别是什么？

2.23　何谓工艺成本？工艺成本的组成是什么？如何区分可变费用与不变费用？

2.24　何谓 CAPP？一个 CAPP 系统一般包括哪几个组成部分？

2.25　样件法与创成法 CAPP 在原理上有何异同？各有何优缺点？各适合于何种场合？

第3章 典型零件加工工艺

3.1 轴类零件加工

3.1.1 概述

(1)轴类零件的功用与结构特点

轴类零件是机器中最常见的主要零件之一,其主要功能是支承传动件(齿轮、带轮、离合器等)和传递扭矩。轴类零件是旋转体零件,其结构一般长度大于直径,主要由内外圆柱面、内外圆锥面、螺纹面、花键及沟槽等组成。根据轴类零件的结构不同,可把轴类零件分为不同的类别,如图3.1所示。

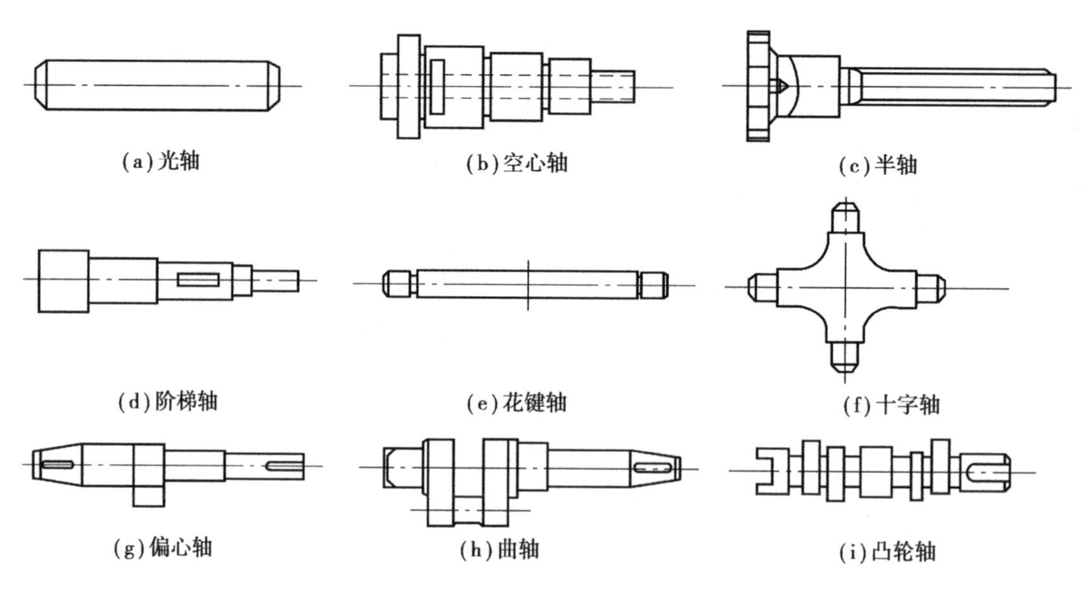

图3.1 轴的种类

(2)轴类零件的主要技术要求

1)尺寸精度

轴颈是轴类零件的主要表面,它影响轴的旋转精度和工作状态。一般与轴承配合的支承轴颈尺寸精度较高,为IT7—IT5;装配传动件的配合轴颈尺寸精度要求可低些,为IT9—IT6。

2)形状精度

轴类零件的形状精度主要指轴颈的圆度、圆柱度,一般应限制在直径的尺寸公差范围内,当形状精度要求较高时,应另行规定其形状公差,并标注在图样上。

3)位置精度

配合轴颈相对支承轴颈的同轴度或跳动量,是轴类零件位置精度的普遍要求,它影响传动件的传动精度。普通精度轴的配合轴颈相对支承轴颈的径向圆跳动一般为0.01~0.03 mm,精度高的轴为0.001~0.005 mm,端面圆跳动为0.005~0.01 mm。

4)表面粗糙度

轴类零件不同表面的工作要求不同,其表面粗糙度也不同。一般支承轴颈的表面粗糙度 R_a 为0.16~0.63 μm,配合轴颈的表面粗糙度 R_a 为2.5~0.63 μm。

(3)轴类零件的材料、毛坯及热处理

合理选用轴类零件材料、毛坯制造方法,规定其热处理技术要求,对提高轴类零件的强度和使用寿命,简化其加工工艺有重要意义。

1)轴类零件的材料

轴类零件最常用的材料是45钢,45钢经过调质后可得到较好的切削性能,而且能获得较高的强度和韧性等综合力学性能,重要表面经局部淬火后再回火,表面硬度可达45~52HRC。对于中等精度而转速较高的轴类零件,可选用40Cr等合金结构钢。而对于较高精度的轴可选用轴承钢GCr15和弹簧钢65Mn,这类钢经调质和表面高频感应加热淬火后再回火,表面硬度可达50~58HRC,并具有较高的耐疲劳性能和耐磨性。对于高速重载等条件下工作的轴,可选用20CrMoTi,20Mn2B,20Cr等低碳合金钢或38CrMoAl等中碳合金渗碳钢。低碳合金钢经正火和渗碳淬火处理后可获得很高的表面硬度、较软的芯部,因此耐冲击韧性好,但热处理变形大;而渗碳钢由于渗碳温度比淬火低,经调质和表面渗碳后,变形很小而硬度很高,具有良好的耐磨性和耐疲劳强度。

2)轴类零件的毛坯

轴类零件的毛坯最常用的是圆棒料和锻件。光轴、直径相差不大的阶梯轴一般可使用热轧棒料或冷轧棒料,比较重要的轴大多采用锻件。这是因为毛坯经过加热锻造后,能使金属内部纤维组织沿表面均匀分布,可获得较高的抗拉、抗弯和抗扭强度。这样既可以改变材料的力学性能,又能节约金属,减少机械加工量。当轴类零件是大型或结构复杂的轴(如曲轴)时,在质量允许的情况下才采用铸件(铸钢或球墨铸铁)。因为铸造是制造大型或复杂毛坯的最好方法。

在毛坯的锻造生产时,毛坯的锻造方式有自由锻和模锻两种。一般根据生产规模、毛坯精度和形状复杂程度选择。自由锻设备简单、容易投产,但所锻毛坯精度较差、加工余量大且不易锻造形状复杂的毛坯,所以多用于中小批量生产;而模锻需要昂贵的锻造设备和专用锻模,但锻件精度高,可锻造形状复杂的锻件,因此只适用于大批大量生产。

此外,对于大型轴类零件,如低速船用柴油机曲轴,还可以采用组合毛坯,即将轴预先分成几段毛坯，经过锻造加工后，再采用红套等过盈等联接方式拼装成整体毛坯。

3）轴类零件的热处理

钢制轴类零件一般需要进行热处理加工，这不仅可以提高零件的质量，同时也可以改善其切削加工性能。轴类零件的热处理种类和安排顺序与轴类零件的质量要求有关。一般轴的锻造毛坯在机械加工前均需进行正火或退火处理，使钢材的晶粒细化（或球化），以消除锻造后的残余应力，降低毛坯硬度，改善切削性能。凡要求局部表面淬火以提高耐磨性的轴，须在淬火前安排调质处理。当毛坯加工余量较大时，调质处理应放在粗车之后、半精车之前，使粗加工时产生的残余应力能在调质时消除；当毛坯加工余量较小时，调质可安排在粗车之前进行。表面淬火一般安排在精加工之前，可以保证淬火引起的局部变形在精加工中得到纠正。

对于精度要求较高的轴，在局部淬火和粗磨之后，还需安排低温时效处理，以消除淬火及磨削中产生的残余应力和残余奥氏体，控制尺寸稳定；对于整体淬火的精密主轴，在淬火粗磨后，需经过较长时间的低温时效处理；对于精度更高的主轴，在淬火后，还需要进行定性处理，一般采用冰冷处理方法，以进一步消除加工应力，保持主轴精度。

（4）轴类零件的预加工

轴类零件在切削加工前往往需要对其毛坯进行预加工。预加工包括校正、切断、切端面和钻中心孔、荒车。

1）校正

校正棒料毛坯在制造、运输和保管过程中产生的弯曲变形，以保证加工余量均匀及送料装夹的可靠。校正可在各种压力机上进行。

2）切断

当采用棒料毛坯时，应在车削外圆前按所需长度切断。切断可在弓锯床上进行，高硬度棒料的切断可在带有薄片砂轮的切割机上进行。

3）切端面和钻中心孔

中心孔是轴类零件加工的主要定位基准，为保证钻出的中心孔不偏斜，应先切端面后再钻中心孔。

4）荒车

如果轴的毛坯是锻件或大型铸件，则需要进行荒车加工，以减少毛坯外圆表面的形状误差，使后续加工工序的加工余量均匀。

（5）轴类零件的工艺过程分析

轴类零件加工的主要问题是如何保证各加工表面的尺寸精度、表面粗糙度和主要表面之间的相互位置精度。轴加工前需先编制其工艺规程，确定轴加工的整个工艺过程，反映轴加工过程中定位基准的选择、加工阶段的划分、加工方法及加工顺序的确定等内容。

1）定位基准的选择

实心轴类零件的定位基准最常用的是两中心孔。以中心孔作为统一的定位基准加工各外圆表面，不但能在一次装夹中加工出多处外圆表面和端面，而且可确保各外圆轴线的同轴度及端面与轴线的垂直度要求，符合基准重合和基准统一原则。因此，只要可能，就应尽量采用中心孔定位。但应注意，轴类零件的中心孔是辅助基准，零件工作时并没有作用。

对于空心轴类零件，在加工过程中，作为定位基准的中心孔因钻出通孔而消失。为了在通孔加工之后仍能使用中心孔作定位基准，一般都采用带有中心孔的锥堵或锥套心轴，如图3.2所示。

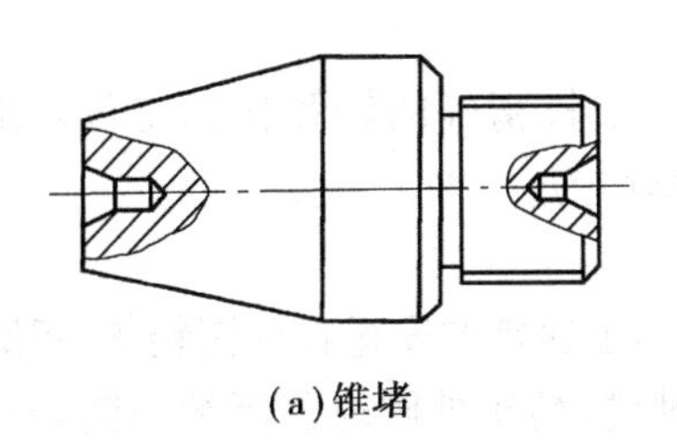
(a)锥堵

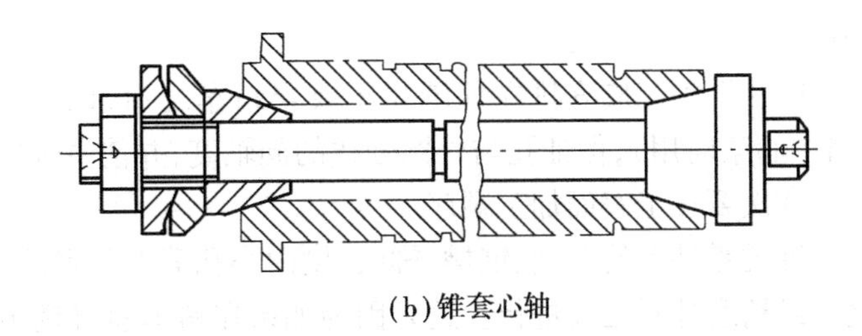
(b)锥套心轴

图 3.2　锥堵与锥套心轴

采用锥堵应注意以下问题:

①锥堵应具有较高的精度,锥堵的中心孔既是锥堵本身制造的定位基准,又是空心轴精加工时的精基准,因此必须保证锥堵上的锥面与中心孔轴线有较高的同轴度。

②在使用锥堵过程中,应尽量减少锥堵的拆装次数,因为工件锥孔与锥堵上的锥角不可能完全一致,重新拆装会引起安装误差,因而锥堵安装后一般不中途更换。但对于一些精密主轴,外圆和锥孔要反复多次互为基准进行磨削加工,在此情况下,重新镶配锥堵时需按外圆进行找正和修磨锥堵上的中心孔。

③热处理时会产生中心通孔内的气体膨胀而将锥堵推出,因此须在锥堵上钻一轴向透气孔,以便气体受热膨胀时逸出。

2)加工阶段的划分

工件的加工质量要求较高时应划分加工阶段,一般可分为粗加工、半精加工和精加工 3 个阶段。当加工精度和表面质量要求特别高时,还可增加光整加工和超精密加工阶段。

轴类零件中主轴的加工质量要求较高,一般加工阶段划分较明显,不同的加工阶段其加工任务不同。

①粗加工阶段

粗加工阶段主要包括毛坯备料、锻造和正火,锯掉多余部分、铣端面、钻中心孔和荒车外圆等任务。

②半精加工阶段

半精加工阶段主要包括车工艺锥面(定位锥孔),半精车各外圆及端面,钻深孔等任务。

③精加工阶段

精加工阶段主要包括精加工前热处理、局部高频淬火,粗磨定位锥面、粗磨外圆,铣键槽、车螺纹,精磨外圆和内外锥面等任务。

④光整加工阶段

对于表面质量要求较高的主轴轴颈,往往需采用超精加工、抛光等光整加工手段,以提高轴颈的表面质量。

3)加工顺序的安排

①外圆表面的加工顺序

应先加工大直径外圆,然后加工小直径外圆,避免一开始就降低工件的刚度。

②深孔加工顺序

主轴一般均有较长通孔,安排深孔加工顺序时应注意两点:

a. 深孔加工应安排在调质处理之后进行,以避免因调质处理变形大而导致深孔产生弯曲变形。

b.深孔加工应安排在外圆粗车或半精车之后，以便有一个较精确的轴颈作为定位基准（搭中心架时用），保证孔与外圆轴线的同轴度，并使主轴壁厚均匀。

③次要加工表面加工顺序

轴类零件上的花键、键槽、螺纹、横向小孔等次要表面的加工通常均安排在外圆精车、粗磨之后或精磨外圆之前进行。这是因为如果在精车前就铣出键槽，精车外圆时因断续切削会产生振动，既影响加工质量，又容易损坏刀具；另外，也难以控制键槽深度尺寸。但是，次要表面加工也不宜放在主要表面精磨之后，以免破坏主要表面已获得的精度。

④热处理安排顺序

为改善金属组织和加工性能而安排的热处理工序，如退火、正火等，一般应安排在机械加工之前。为提高零件的机械性能和消除内应力而安排的热处理工序，如调质、时效处理、表面淬火等，一般应安排在粗加工之后，精加工之前。

(6)轴类零件的加工方法

1)轴类零件外圆表面的车削加工

根据毛坯的制造精度和工件最终加工要求，外圆车削一般可分为粗车、半精车、精车和精细车。

粗车的目的是切除毛坯硬皮和大部分余量，加工后工件尺寸精度为IT13—IT11，表面粗糙度 R_a 为 50 ~ 12.5 μm；半精车为磨削或精加工的预加工，或作为中等精度表面的最终加工，加工后工件精度可达IT10—IT8，表面粗糙度 R_a 为 6.3 ~ 3.2 μm；精车后工件的尺寸精度可达IT8—IT7，表面粗糙度 R_a 为 1.6 ~ 0.8 μm；精细车后工件的尺寸精度可达IT7—IT6，表面粗糙度 R_a 为 0.4 ~ 0.025 μm。精细车尤其适合于有色金属加工，有色金属一般不宜采用磨削，故常用精细车代替磨削。

2)轴类零件外圆表面的磨削加工

磨削是外圆表面精加工的主要方法之一，它既可加工淬硬后的表面，又可加工未经淬火的表面。根据磨削时工件定位方式不同，外圆磨削可分为中心磨削和无心磨削两大类。

中心磨削以工件中心孔定位，在外圆磨床或万能外圆磨床上加工。磨削后工件尺寸精度可达IT8—IT6，表面粗糙度 R_a 为 0.8 ~ 0.1 μm。中心磨削按进给方式不同分为纵向进给磨削法和横向进给磨削法。无心磨削是一种生产率较高的磨削方法，以被磨削的外圆本身作为定位基准，其工件尺寸精度可达IT7—IT6，表面粗糙度 R_a 为 0.8 ~ 0.2 μm。

3)轴类零件外圆表面的光整加工

外圆表面的光整加工是提高工件表面质量的主要手段，其方法主要有超精加工、研磨、抛光和滚压等。

4)轴类的深孔加工

一般孔的深度与孔径之比大于5就算深孔。在单件、小批量生产中，深孔加工常采用接长的麻花钻头，以普通的冷却润滑方式，在改装的普通车床上进行。为了排屑，每加工一定长度之后，须把钻头退出散热。这种加工方法不需要用特殊的设备和工具，但由于钻头有横刃，轴向力较大，两边切削刃又不易磨得对称，因此加工时钻头容易偏斜，且生产率低。在成批大量生产中，深孔加工常常采用专门的深孔钻床和专用刀具，以保证质量和生产率。这些刀具的冷却和切屑排出取决刀具结构和冷却液的输入方法。

(7)主轴零件大批量生产和小批量生产工艺过程比较

不同生产条件下,主轴零件的生产工艺过程有很大的不同,无论是定位基准的选择、外圆表面的加工方法,还是深孔加工方法、花键加工方法,都有很大区别。

1)定位基准的选择

不同生产类型下主轴零件加工定位基准的选择如表3.1所示。

表3.1　不同生产类型下主轴零件加工定位基准的选择

工序名称	定位基准面	
	大批生产	小批生产
加工顶尖孔	毛坯外圆	划线
粗车外圆	顶尖孔	顶尖孔
钻深孔	粗车后的支承轴颈	夹一端,托另一端
半精车和精车	两端锥堵的顶尖孔	夹一端,托另一端
粗、精磨外锥	两端锥堵的顶尖孔	两端锥堵的顶尖孔
粗、精磨外圆	两端锥堵的顶尖孔	两端锥堵的顶尖孔
粗、精磨锥孔	两支承轴颈外表面或靠近两支承轴	夹一端,托大端

2)轴端两顶尖孔的加工

在单件小批量生产时,轴端两顶尖孔的加工多在车床或钻床上通过划线找正进行;而在成批生产时,可在中心孔双工位专用钻床上进行加工。加工时在同一工序中工位1同时铣出主轴两端面,工位2同时钻中心孔。

3)外圆表面的加工

在单件小批量生产时,主轴外圆多在普通车床上进行;而在大批量生产时,则广泛采用高生产率的多刀半自动车床或液压仿形车床等进行加工。

4)深孔加工

在单件小批量生产时,主轴深孔加工通常在车床上用麻花钻头进行加工;而在大批量生产时,可采用锻造的无缝钢管作为毛坯,从根本上免去深孔加工工序;若是实心毛坯,可用深孔钻头在深孔钻床上进行加工;如果孔径较大,还可采用套料的先进工艺。

5)花键加工

在单件小批量生产时,主轴花键常常在卧式铣床上用分度头分度,以圆盘铣刀铣削;而在成批生产时广泛采用花键滚刀在专用花键轴铣床上加工。

6)前后支承轴颈以及与其有较严格的位置精度要求的表面精加工

在单件小批量生产时,这些表面多在普通外圆磨床上加工;而在成批大量生产中多采用高效的组合磨床加工。

3.1.2　卧式车床主轴加工工艺过程与分析

轴类零件的加工工艺过程因其结构形状、技术要求、材料种类、生产批量等因素不同有所差异,而机床空心主轴涉及轴类零件加工的许多基本工艺问题,其加工工艺有广泛的代表性,本节以如图 3.3 所示空心主轴的加工工艺过程为例进行分析。

(1)卧式车床主轴技术条件的分析

1)支承轴颈的技术要求

主轴两支承轴颈 A,B 是主轴部件的装配基准,它的制造精度直接影响到主轴部件的回转精度,因此,对 A,B 两段轴颈提出很高的加工技术要求。图 3.3 中,主轴两支承轴颈 A,B 对其公共轴线的径向圆跳动允差 0.005 mm,其 1∶12 的锥面接触率大于 70%,表面粗糙度 R_a 为 0.63 μm,直径按 IT5 级精度制造。

主轴外圆的圆度要求,对于一般精度的机床,其允差通常不超过尺寸公差的 50%;对于较高精度的机床,则不超过尺寸公差的 25%;对于高精度的机床,则应控制在尺寸公差的 5% ~10%。

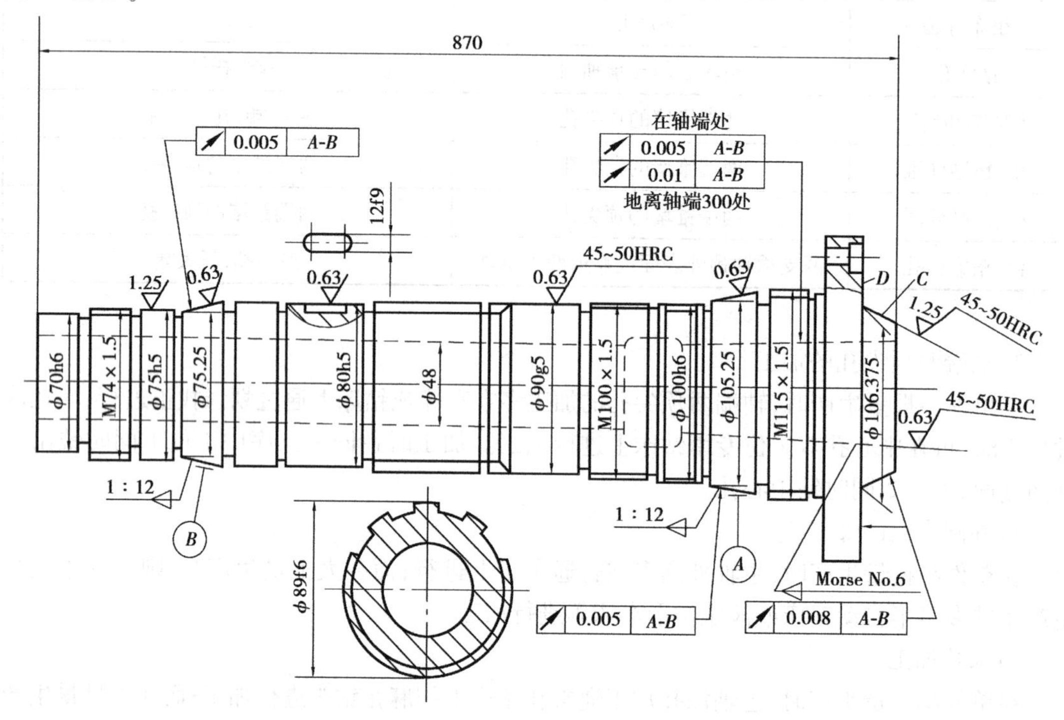

图 3.3　车床主轴零件简图

2)锥孔的技术要求

主轴莫氏锥孔(莫氏 6 号)是用来安装顶尖或工具锥柄的部位,其锥孔轴线必须与支承轴颈的基准轴线有严格的同轴度要求,否则会使加工工件时产生位置等误差。图 3.3 中,锥孔轴线对支承轴颈 A,B 公共轴线的径向圆跳动,在轴端处允差 0.005 mm,在距离轴端 300 mm 处允差 0.01 mm,锥面的接触率大于 70%,表面粗糙度 R_a 为 0.63 μm,硬度要求 45 ~50HRC。

3)短锥的技术要求

主轴前端圆锥面和端面是安装卡盘的定位表面,为了保证卡盘的定位精度,这个圆锥面也必须与支承轴颈的轴线同轴,端面与轴线垂直,否则会产生夹具安装误差。图 3.3 中,短锥和端面对主轴支承轴颈 A,B 公共轴线的径向圆跳动允差 0.008 mm,锥面和端面的粗糙度 R_a 均为 0.63 μm,锥面硬度要求 45 ~50HRC。

4)螺纹的技术要求

主轴上的螺纹是用来固定零件或调整轴承间隙,当螺纹与支承轴颈的轴线歪斜时,会造成主轴部件上锁紧螺母的端面与轴线不垂直,导致拧紧螺母时使被压紧的轴承环倾斜,严重时还会引起主轴弯曲变形。因此,应控制螺纹表面轴线与支承轴颈轴心线的同轴度,一般规定不超过0.025 mm。

通过以上分析可知,主轴的主要加工表面是两个支承轴颈、锥孔、前端短锥面及其端面、安装齿轮的各个轴颈等。保证支承轴颈本身的尺寸精度、形状精度、两个支承轴颈之间的同轴度、支承轴颈与其他表面的相互位置精度和表面粗糙度的技术要求是主轴加工的关键。

(2)卧式车床主轴的加工工艺过程

在以上对主轴结构特点和技术要求分析的基础上,根据主轴的生产类型、设备条件等因素,确定主轴的加工工艺。该主轴生产类型为大批量生产,材料为45钢,毛坯为模锻件。主轴的工艺过程见表3.2。

表3.2 主轴加工工艺过程

序号	工序名称	工序简图	加工设备
1	备料		
2	精锻		立式精锻机
3	热处理	正火	
4	锯头		
5	铣端面;打中心孔		专用机床
6	粗车外圆	车各外圆面	卧式车床
7	热处理	调质220~240HBS	
8	车大端各部	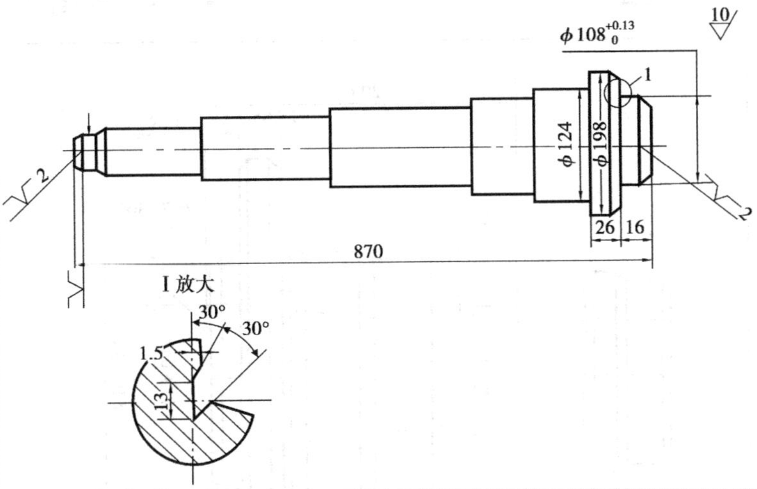 $\phi 108^{+0.13}_{0}$ 10 1 $\phi 124$ $\phi 198$ 2 2 26 16 870 I放大 30° 30° 1.5 13	卧式车床 C620 B

续表

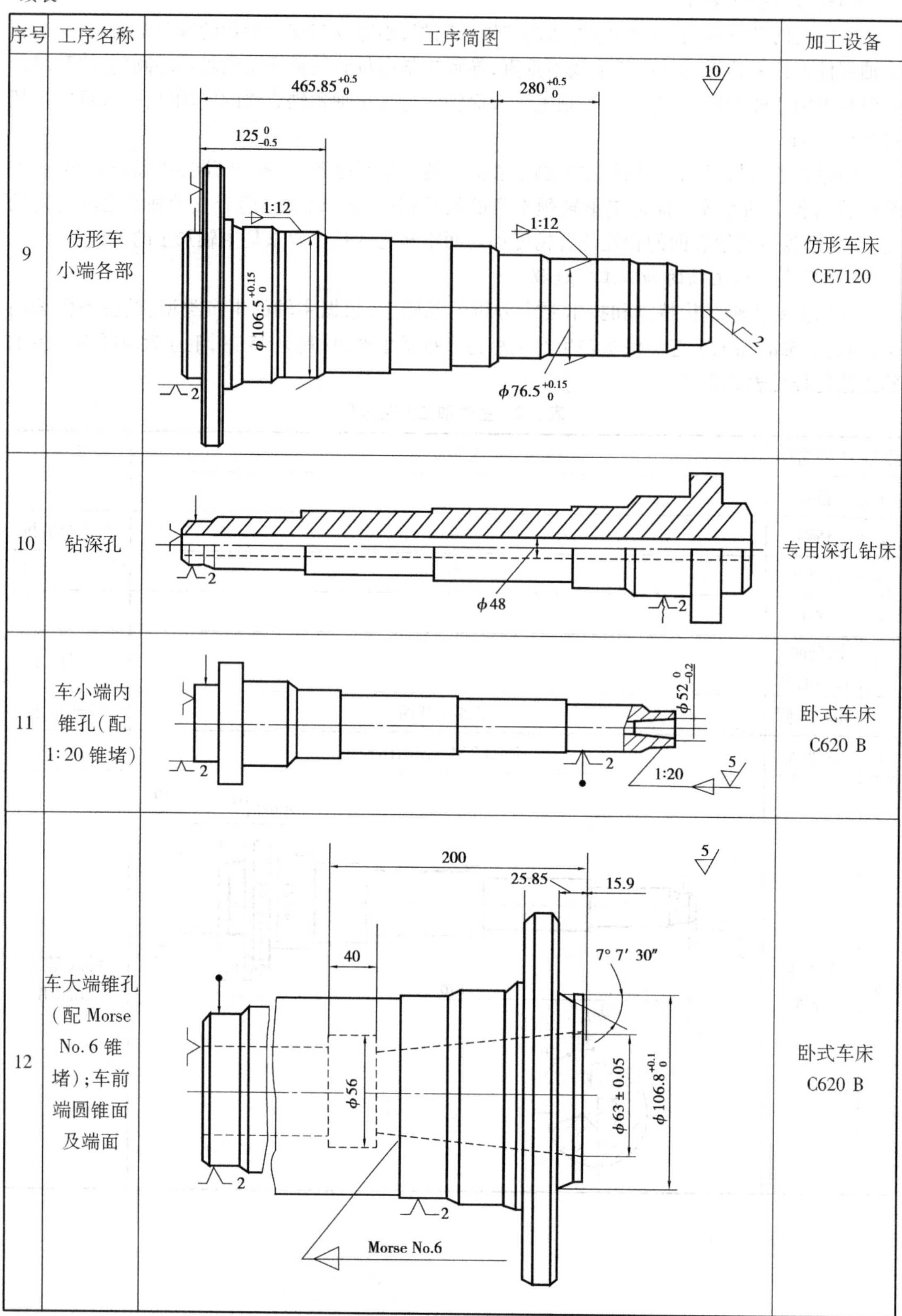

序号	工序名称	工序简图	加工设备
9	仿形车小端各部		仿形车床 CE7120
10	钻深孔		专用深孔钻床
11	车小端内锥孔（配1:20锥堵）		卧式车床 C620 B
12	车大端锥孔（配 Morse No. 6 锥堵）；车前端圆锥面及端面		卧式车床 C620 B

续表

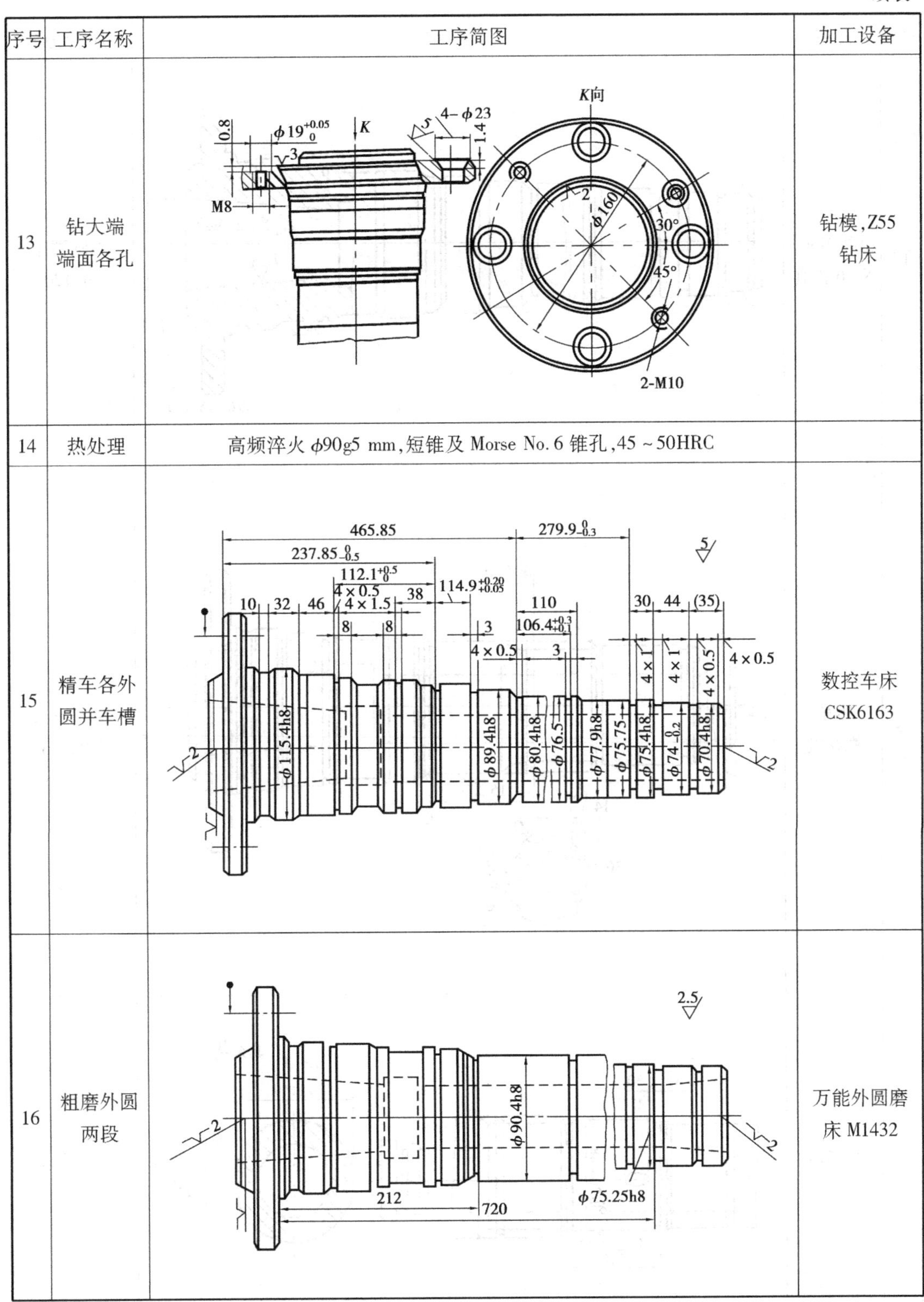

序号	工序名称	工序简图	加工设备
13	钻大端端面各孔		钻模,Z55 钻床
14	热处理	高频淬火 ϕ90g5 mm,短锥及 Morse No. 6 锥孔,45 ~ 50HRC	
15	精车各外圆并车槽		数控车床 CSK6163
16	粗磨外圆两段		万能外圆磨床 M1432

续表

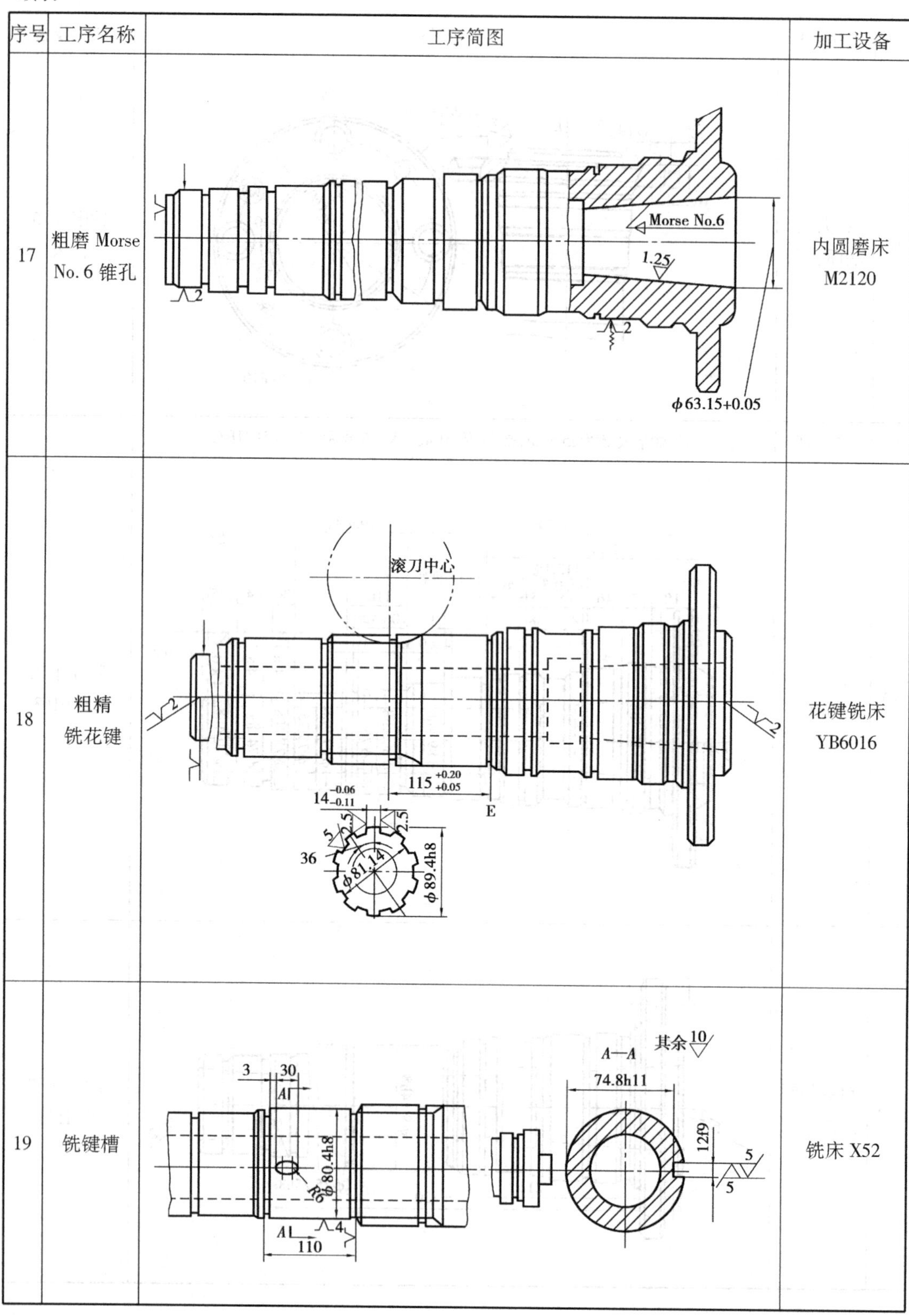

序号	工序名称	工序简图	加工设备
17	粗磨 Morse No. 6 锥孔		内圆磨床 M2120
18	粗精铣花键		花键铣床 YB6016
19	铣键槽		铣床 X52

续表

序号	工序名称	工序简图	加工设备
20	车大端内侧面及3段螺纹（配螺母）	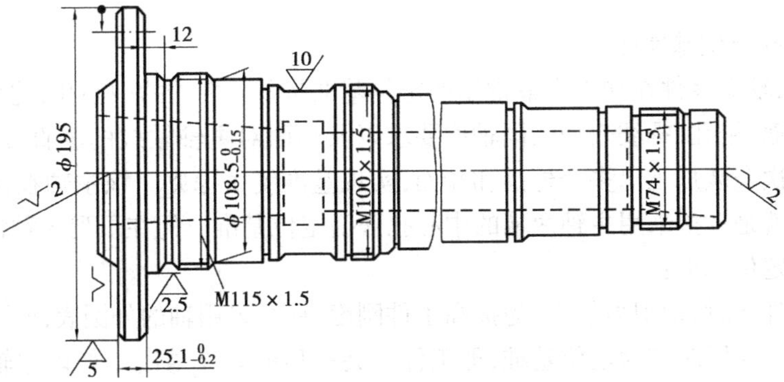	卧式车床 CA6140
21	粗精磨各外圆及 *E*，*F* 两端面	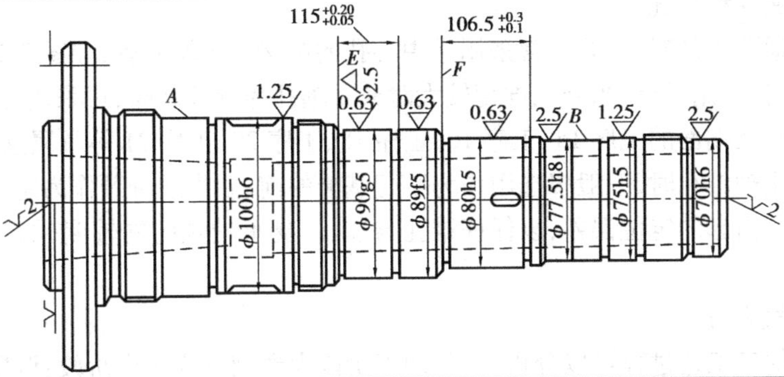	万能外圆磨床 M1432A
22	粗精磨圆锥面	组合磨3个圆锥面及短锥端面 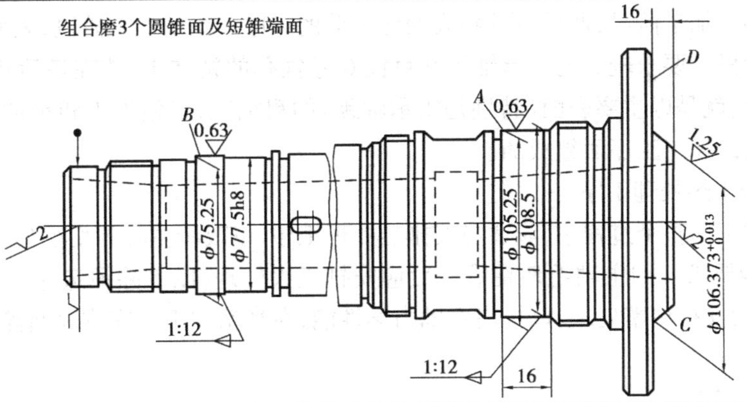	专用组合磨床
23	精磨 Morse No.6 内锥孔	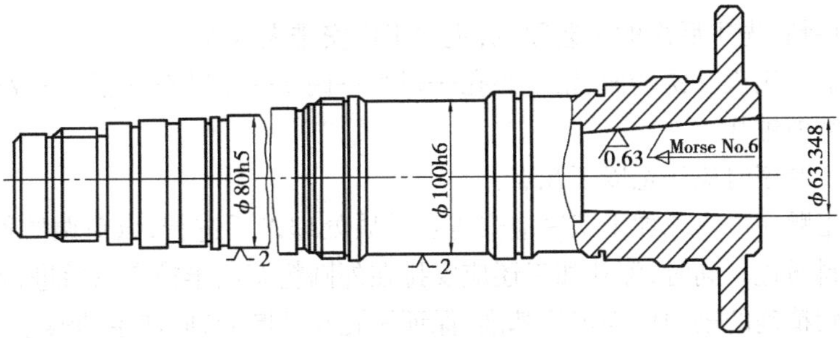	主轴锥孔磨床
24	检查	按图样技术要求项目检查	

(3)卧式车床主轴工艺分析

从以上卧式车床主轴的加工工艺过程可以总结出,在拟订主轴工艺过程时,应考虑以下一些共性问题:

1)合理选择定位基准面

如前所述,轴类零件在加工中最常用的定位基准是零件两端的中心孔,这样既能保证轴类零件各外圆表面、锥孔、螺纹表面的同轴度要求以及端面对主轴轴线的垂直度要求,又能够最大限度地在一次安装加工出多个外圆和端面,实现基准统一原则。该主轴在深孔加工前的工序8和工序9就是直接采用主轴两端的中心孔作为定位基准。但在下列3种情况下则不能采用中心孔作为定位基准:

①粗加工外圆时,切削力较大,为提高工件刚度,往往采用轴的外圆表面作为定位基准,或采用外圆和中心孔同时作为定位基准,即工件一夹一顶的装夹情况。如该主轴加工工序6粗车各外圆时就属这种情况。

②主轴为通孔零件时,工艺上常采用带中心孔的锥堵或锥堵心轴,如图3.2所示。当主轴孔的锥度较小时,使用锥堵;当锥孔锥度较大时或主轴孔为圆柱孔时,可采用锥堵心轴,如该主轴精加工各外圆及端面的工序15、工序16、工序18、工序20、工序21等就属这种情况。

③在磨削主轴锥孔时,一般多选用作为装配基准的前、后支承轴颈作为定位基准。这样可消除基准不重合引起的定位误差,以保证锥孔与前、后支承轴颈的同轴度,如该主轴加工工序23所示。

2)加工阶段划分

从该主轴加工工艺过程可以分析出,其加工阶段大致划分为3个阶段:调质以前的工序为各主要表面的粗加工阶段;调质以后到表面淬火前的工序为半精加工阶段;表面淬火以后的工序为精加工阶段。要求较高的支承轴颈和莫氏6号锥孔的精加工,放在最后进行。整个主轴加工工艺过程,就是以主要表面(特别是支承轴颈)的粗加工、半精加工和精加工为主线,适当穿插次要表面的加工工序而组成的。

3)合理安排热处理工序

在主轴加工的整个过程中,应适当安排热处理工序,以改善主轴的切削加工性能和保证主轴的力学性能要求。如主轴毛坯在锻造后应安排正火处理,以消除锻造应力,改善其切削性能;在粗加工后安排调整处理,以提高主轴力学性能;在半精加工后安排表面淬火处理,以提高其耐磨性。

4)加工顺序安排

根据先粗后精、先主后次的工艺原则,主轴工序安排大致为

备料—精锻—正火—铣端面、钻中心孔—粗车—调质—半精车—精车—表面淬火—粗磨、精磨外圆—精磨内锥孔

在安排加工顺序时应注意以下几点:

①深孔加工顺序。深孔加工工序应安排在调质处理以后进行,以免调质使深孔产生弯曲变形而影响棒料通过。同时,深孔加工还应安排在外圆粗车或半精车以后进行,以便加工深孔时可采用一个较精确的轴颈作为定位基准,保证深孔与外圆同轴,使主轴壁厚均匀。

②外圆加工顺序。先加工大直径外圆,再加工小直径外圆,以免一开始就降低工件的刚度。

③次要表面加工顺序。主轴上的花键、键槽等次要表面的加工，一般都放在外圆精车或粗磨之后，精磨外圆之前进行。这是因为，一方面可在精车外圆时不因断续切削而产生振动，影响外圆加工质量，同时造成刀具损坏；另一方面，又易控制键槽深度尺寸要求。但是，它们的加工必须放在主要表面精磨之前进行，否则会影响主要表面已有的精度。

主轴上的螺纹均有较高的要求，如果安排在淬火前加工，则淬火后产生的变形会影响螺纹与支承轴颈的同轴度要求，因此，螺纹加工宜安排在主轴局部淬火之后进行。

④主轴锥孔的磨削。主轴锥孔对主轴支承轴颈的径向圆跳动，是机床的主要精度指标，因此锥孔的磨削是关键工序之一，应采用专用夹具进行。该夹具的组成结构及工作原理如图3.4所示。

夹具由底座1、支架2及浮动夹头3这3部分组成。两个支架固定在底座上，作为工件定位基准面的两段轴颈放在支架的V形块上。V形块作为定位元件，表面镶有硬质合金，以提高表面耐磨性，并减少对工件的划痕。工件的中心高度应正好等于磨床砂轮轴的中心高，否则磨削时会产生双曲线误差，影响内锥孔的接触精度。后端的浮动夹头用锥柄装在磨床主轴的锥孔内，工件尾端插在其弹性套内，用弹簧把浮动夹头外壳连同工件往左拉紧，通过钢球压向镶有硬质合金的锥柄端面，限制工件的轴向窜动。采用这种联接方式，可保证工件支承轴颈的定位精度不受内圆磨床主轴回转误差的影响，还可减少由于机床本身振动对工件加工质量的影响。

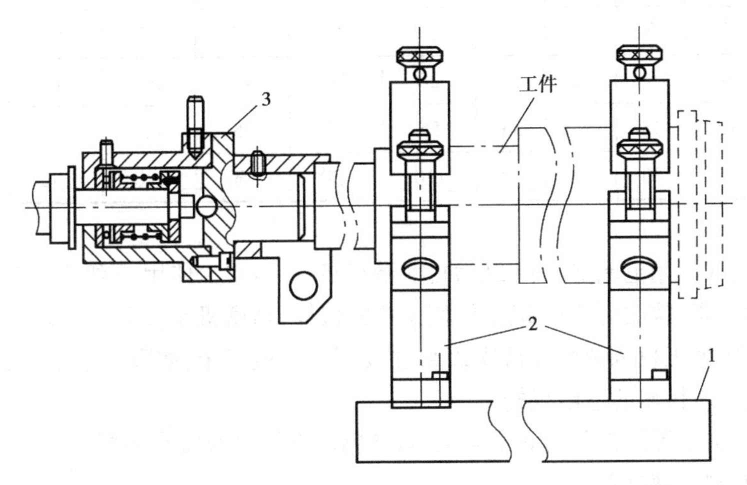

图3.4　磨主轴锥孔夹具

1—底座；2—支架；3—浮动夹头

3.1.3　丝杠加工工艺过程与分析

(1)概述

1)丝杠的功用、分类与结构特点

丝杠加工既有轴类零件的特点，又具有一定的特殊性。丝杠是通过丝杠螺母副将旋转运动变换成执行件的直线运动，它不仅要传递一定的转矩，而且要准确地传递运动，所以对丝杠的强度、精度和耐磨性都有较高的要求。

丝杠按摩擦特性可分为滑动丝杠、滚动丝杠和静压丝杠3大类。其中，滑动丝杠的结构比较简单,加工容易,使用广泛;滚动丝杠摩擦系数小、制造精度高,常用于高精度、高旋转的传动;静压丝杠由于摩擦损失小,常用于重载大型机械传动。

机床滑动丝杠的螺纹牙形大多采用梯形,这种螺纹牙形比三角形等螺纹牙形的传动效率高、精度好、加工比较方便。机床滚动丝杠螺纹牙形也有多种,应用最广的是双圆弧形,这种螺纹牙形滚道接触刚度好,摩擦力小,承载能力强。

丝杠结构有整体式和接长式,通常丝杠为单根整体。对于过长的丝杠(大于4 m),由于受热处理与加工设备的限制,需采用分段加工,然后逐段联接成整体,成为接长丝杠。

2)丝杠的技术要求

机床梯形螺纹丝杠、螺母精度分为6个等级,有关精度等级如表3.3所示。

表3.3　丝杠螺距公差/μm

精度等级	分螺距公差	单个螺距公差	在下列长度内的螺距累积公差/mm			丝杠全长上的螺距累积公差/mm					
			≤25	≤100	≤300	≤1 000	≤2 000	≤3 000	≤4 000	≤5 000	>5 000每增加1 000可增加
4	1.5	1.2	1.2	2	3	5	8	12	—	—	—
5	2.5	2	2	3	5	9	14	19	—	—	—
6	4	3	5	6	9	15	21	27	33	39	6
7	—	6	9	12	18	28	36	44	52	60	8
8	—	12	18	25	35	55	65	75	85	95	10
9	—	25	35	50	70	110	130	150	170	190	20

各级精度丝杠应用范围如下:4级为目前最高级,一般很少使用;5级常用于精密仪器及精密机床,如坐标镗床、螺纹磨床;6级主要用于精密仪器、精密机床及数控机床;7级主要用于精密螺纹车床、齿轮加工机床及数控机床;8级主要用于一般机床,如卧式车床、铣床;9级主要用于刨床、钻床及一般机床的进给机构。

滚珠丝杠的精度等级也分为6个等级,具体精度选用可查阅有关标准。

3)丝杠的材料及热处理

丝杠属于细长的挠性轴,其长径比(L/d)很大,一般为20~30,因而刚性差,加工中容易变形。因此,在选择丝杠材料时,应注意以下几点:

①丝杠材料要有足够的强度,以保证传递一定的动力。

②金相组织要有较高的稳定性,以保证丝杠在长期使用中不丧失原有的精度。

③具有良好的热处理工艺性(淬透性好、热处理变形小、不易产生裂纹),并能获得较高的硬度和良好的耐磨性。

④应具有良好的加工性、不易发生黏刀或啃刀。

考虑以上条件,常用的丝杠材料分为两类:不淬硬丝杠材料和淬硬丝杠材料。不淬硬丝杠材料主要是碳素结构钢和碳素工具钢,对于精度要求不高的丝杠,常用45号优质碳素结构钢,它具有综合的力学性能和耐磨性,且成本低,但其加工工艺性不好,易发生啃刀现象,加工后弯曲变形较大。对于精密机床丝杠大都选用碳素工具钢 T10A,T12A 等,这种钢具有颗粒珠光体组织,基本能全面满足加工工艺,耐磨性及组织稳定性好。淬硬丝杠材料主要采用热处理变形小的合金钢,如9Mn2V 钢、CrWMn 钢、GCr15 钢。这些材料淬硬性好,淬火变形小,磨削时金相组织稳定,硬度可达 58 ~62HRC。如表3.4 所示为滚珠丝杠材料及热处理。

表3.4　滚珠丝杠材料及热处理

钢　号	热处理	应　用	钢　号	热处理	应　用
20CrMoA	渗碳淬火	长度不大于 1 m 的精密丝杠	GCr15	整体淬火	d_0≤40 mm 的丝杠
42CrMoA	高频或中频加热表面淬火	长度不大于 2.5 m 的精密丝杠	GCr15SiMn	整体淬火	d_0 >40 mm 的丝杠
55	高频或中频加热表面淬火	普通丝杠	9Mn2V	整体淬火	d_0≤40 mm,长度不大于 2 m 的丝杠
50Mn, 60Mn	高频或中频加热表面淬火	普通丝杠	CrWMn	整体淬火	d_0 =40 ~80 mm,长度≤2 m 的丝杠
38CrMoAlA	渗碳	长度大于 2.5 m 的精密丝杠	9Cr18	中频加热表面淬火	有抗腐蚀要求的丝杠

注:1. 硬度 58 ~60HRC。

2. 丝杠长度不小于 1 m 或精度要求较高时,硬度可略低,但不得低于 56HRC。

3. 磨削后的淬火层深度保证:中频淬火不小于 2 mm;高频淬火、渗碳淬火不小于 2 mm;渗碳处理硬化层不小于 0.4 mm。

(2)丝杠螺纹加工方法

丝杠螺纹加工方法与丝杠的精度、硬度、生产率有密切关系。

1)丝杠螺纹普通车削

对于不淬硬丝杠,特别是梯形丝杠,普通车削是最常用的方法,分为粗车、半精车、精车,通过多次车削逐步修正误差,直至达到精度要求。普通车削螺纹方法简单,切削稳定,加工精度好,但生产率较低。

2)丝杠螺纹铣削

对于大批量生产丝杠,常在螺纹铣床上采用旋风铣削螺纹。该方法一次进给完成全牙深切削(但侧面留加工余量),从而提高螺纹粗加工生产率,如图 3.5 所示为旋风铣削螺纹示意图。如图 3.5(a)所示为丝杠加工时一端用卡盘夹紧,另一端用顶尖支承。为防止工件在切削力作用下产生弯曲与振动,应使用跟刀架(图中未画出)。如图 3.5(b)所示为刀盘加工过程,装有 1 ~4 把硬质合金刀具的刀盘套在工件中,作高速旋转运动,刀盘轴线与工件轴线之间有一个偏心量 H,两轴心线交叉角为 β,等于被加工螺纹升角。全部装置安装在车床床鞍上,螺旋运功仍由车床完成。这种方法为断续切削,振动大,加工质量差,但刀具冷却好,切削速度高,生产率高,适用于粗加工螺纹。

3)丝杠螺纹磨削

对于淬硬丝杠螺纹加工,一般采用粗车(铣)螺纹—淬硬—磨削螺纹的工艺过程。此方法可减少在螺纹磨床上的加工时间,较经济,但缺点是已加工出基本牙形的螺纹在热处理中因淬火应力集中会引起裂纹和变形,特别是在长度方向的变形会造成丝杠螺距累积误差,在磨削时

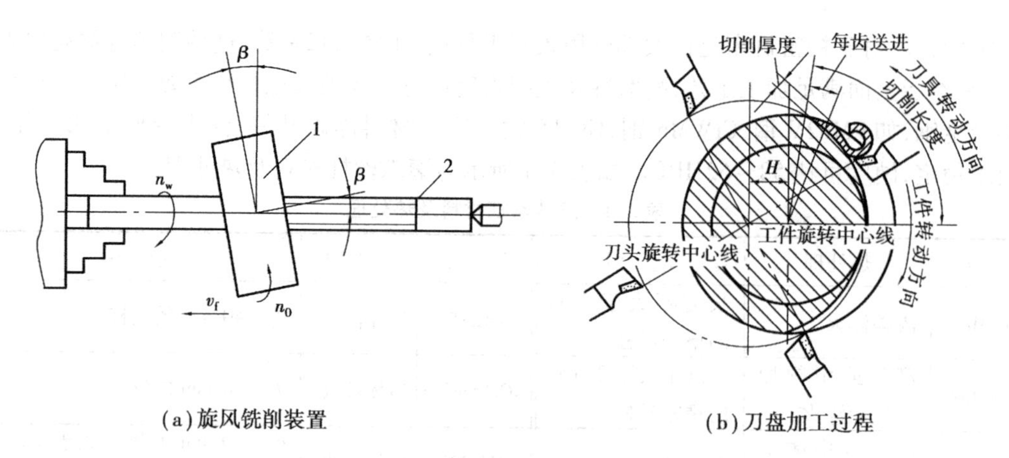

(a)旋风铣削装置　　(b)刀盘加工过程

图 3.5　旋风铣削螺纹示意图

1—刀盘;2—工件

不易修正,故此法只适用于长度较短、牙形半角较大的成批生产淬硬丝杠。

对于精密淬硬丝杠,应采用“全磨”加工方案,即光杆经热处理后,螺纹不经车削,全部采用磨削而成。考虑到加工中产生的弯曲变形和残余应力,磨削螺纹分成粗磨、半精磨和精磨多道工序完成,每道工序切去很少的余量,同时切削余量逐渐减少。这样不但可以逐渐减小切削力和残余应力,还可以减小加工的“误差复映”,提高加工精度。精密丝杠的最终磨削往往在恒温室中进行,并加强冷却措施,加工后的测量也要用相应的精密测量仪器进行。如图 3.6 所示为用单线砂轮磨削螺纹示意图。

4)螺纹的滚轧

对于用在一般传递运动而且生产批量大的丝杠,可采用一些新工艺、新技术,如轧制方法,即采用一对与丝杠牙形一致的精密硬质合金滚轮,在轧制机上直接轧制出丝杠螺纹。滚轧加工是一种优质、高效、低成本的先进的无切削加工方法,它是利用金属材料在冷态下的塑性变形轧制出工件相应形状的原理进行的。滚轧出的螺纹表面耐磨性和硬度都有所增加,并形成有利的残压余应力,从而提高表面质量。

对于硬度要求较高的丝杠,可在滚轧成形后进一步高频淬火。目前国内外专业丝杠制造厂已普遍采用丝杠滚轧工艺,滚轧后的丝杠精度可达 IT7 级。丝杠滚轧加工示意图如图 3.7 所示。

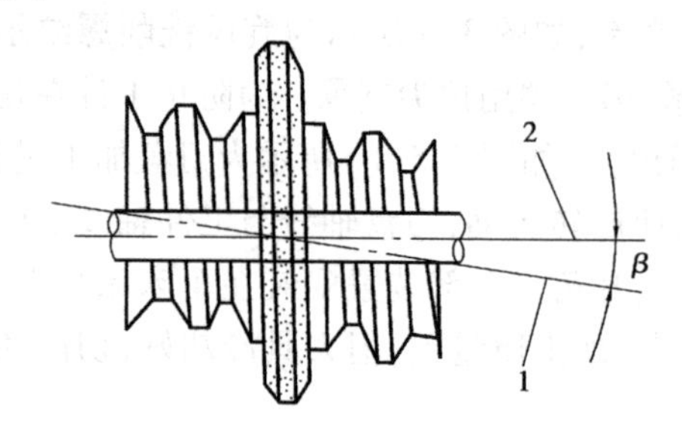

图 3.6　用单线砂轮磨削螺纹示意图

1—工件轴线;2—砂轮轴线

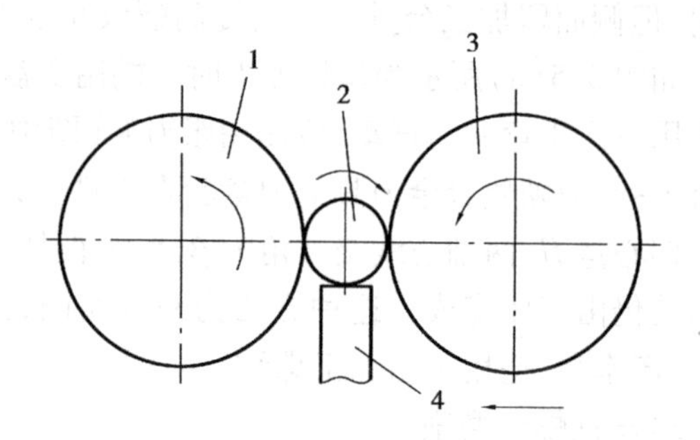

图 3.7　丝杠滚轧加工示意图

1,3—轧丝轮;2—工件;3—托板

(3)典型丝杠加工工艺过程及工艺分析

1)丝杠加工的工艺过程

丝杠加工的工艺过程,根据被加工材料、结构、技术要求、生产类型及工厂具体生产条件而有所不同,但总的工艺过程属于轴类零件加工,与前述主轴加工工艺有许多共同之处。但丝杠属于细长轴,又有要求较高的螺纹加工,因而又有自己独特的加工工艺。

如图3.8所示为卧式车床母丝杠零件简图,该丝杠材料为Y40Mn易切削钢,不需要淬火,精度为8级。如表3.5所示为该母丝杠加工的工艺过程。

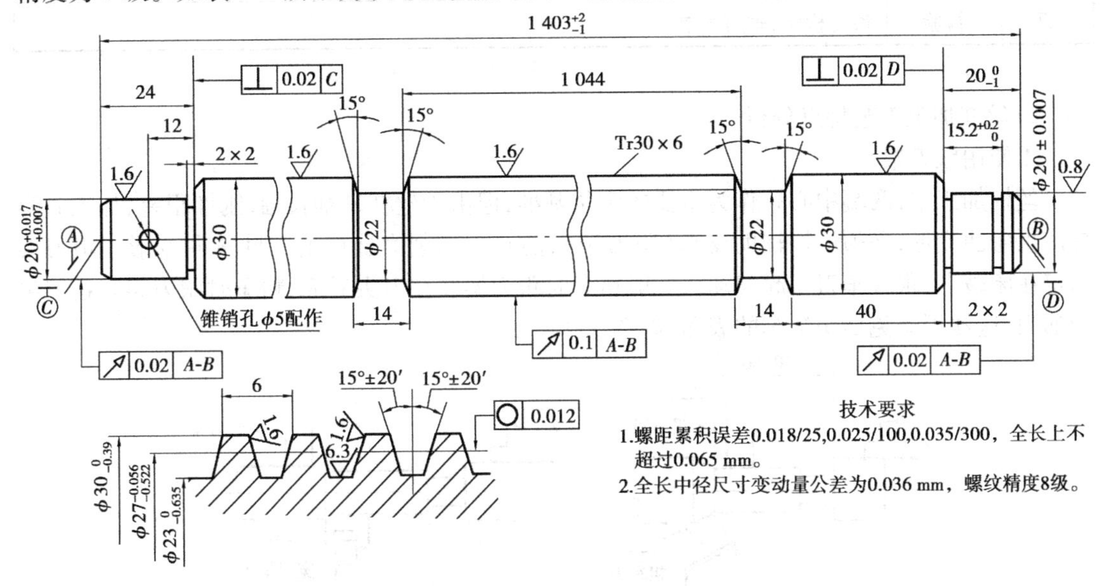

图3.8　卧式车床母丝杠零件简图

表3.5　卧式车床母丝杠的工艺过程

工序号	工序名称	工序内容	定位基准面
1	备料	热轧圆钢	
2	热处理	正火,校直(径向圆跳动不大于1.5 mm)	
3	车削	车端面,钻中心孔	外圆表面
4	车削	粗车两端及各部外圆	双中心孔
5	钳	校直(径向圆跳动不大于0.6 mm)	
6	热处理	高温时效(径向圆跳动不大于1 mm)	
7	钻削	重钻中心孔取全长	外圆表面
8	车削	半精车两端及外圆	双中心孔
9	钳	校直(径向圆跳动不大于0.2 mm)	
10	磨削	无心粗磨外圆	外圆表面
11	铣削	旋风铣削螺纹	双中心孔
12	热处理	校直,低温时效(t=170℃,12 h)(径向圆跳动不大于0.6 mm)	

续表

工序号	工序名称	工序内容	定位基准面
13	磨削	无心精磨外圆	外圆表面
14	研磨	修研中心孔	
15	车削	车两端轴颈(车前在车床上检验性校直)	双中心孔
16	车削	精车螺纹至图样尺寸(车后在车床上检验性校直)	双中心孔
17	检验	最终检验,垂直吊放	

2)丝杠加工工艺特点分析

①使用跟刀架

丝杠加工中,两端中心孔作为主要的定位基准,但由于丝杠是细长轴,刚性很差,加工时容易产生弯曲变形,必须增加辅助支承(跟刀架),防止因切削力造成的工件弯曲变形。跟刀架固定在床鞍上,跟着车刀一起移动。一般粗车时跟刀架装在刀尖后面,精车时跟刀架装在刀尖的前面,这样可避免划伤精车的表面,如图3.9所示。

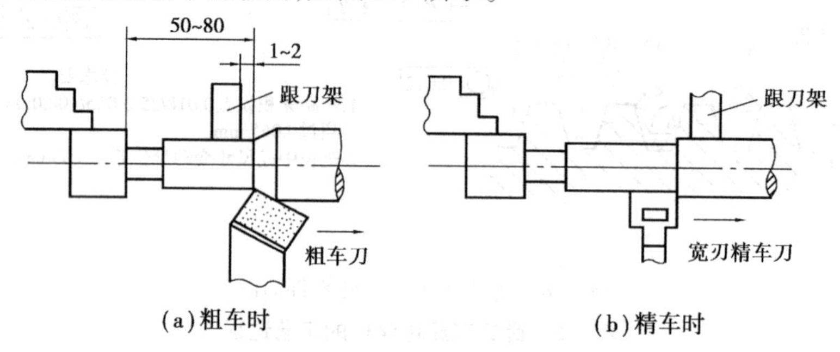

图3.9 跟刀架安装方法

跟刀架的结构如图3.10所示。如图3.10(a)所示为三爪式跟刀架,用于外圆表面的车削及磨削;如图3.10(b)所示为套式跟刀架,与磨削过的外圆接触,用于丝杠螺纹的加工。

②采用大进给反向车削法

为减小工件在加工中受切削热产生的弯曲变形,丝杠加工中往往可采用大进给反向车削法,这种车削方法加工外圆的进给方向与普通车削时相反,是从左至右,如图3.11所示。此时,工件的装夹有两个特点:

a.在轴左端绕一圈钢丝,以减少卡盘对轴的接触面积,使工件能在卡盘内自由转动,从而可使后顶尖与轴右端中心孔容易对正,接触良好。

b.尾座上采用弹性顶尖,当工件受切削热而伸长时,尾座顶尖能压缩,使工件能自由伸长,避免弯曲变形。

③合理选用纠正丝杠弯曲变形的方法

细长丝杠在加工过程中不可避免会产生弯曲变形,通常解决弯曲变形的方法有冷校直和热校直两种方法。其中,冷校直方法设备简单,操作方便,只需将工件两端放置在V形块上,中间用压力机进行加压即可。但经冷校直的工件内部会产生内应力,必须在校直后进行低温时效处理,以消除内应力。本例中由于丝杠精度较低,仅8级,采用了多次冷校直处理丝杠弯

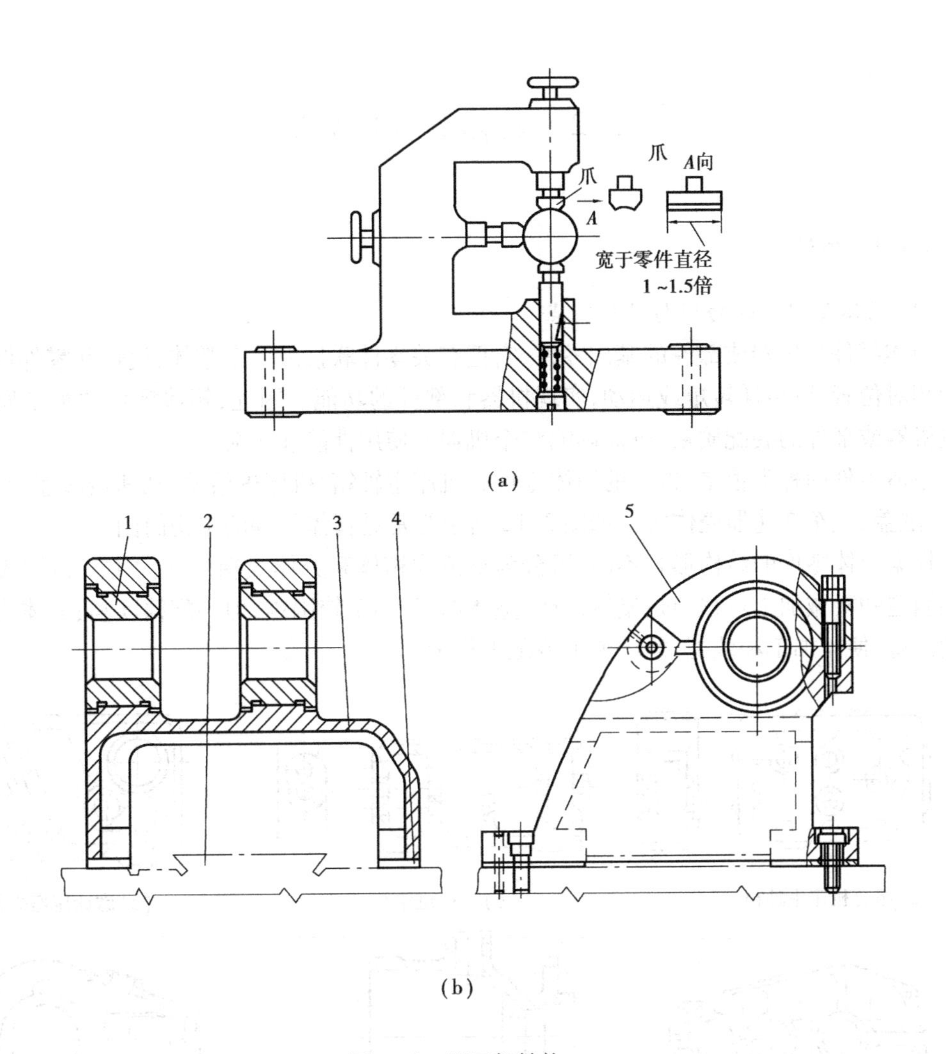

图3.10　跟刀架结构

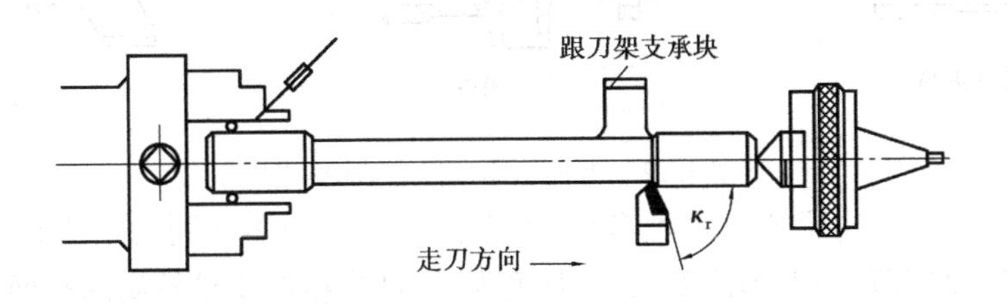

图3.11　大进给反向车削法

曲问题。但是，对于精密丝杠，就不易采用冷校直方法，而是加大丝杠毛坯余量，反复切除工件的弯曲变形，并反复进行去除应力的时效处理。为了消除加工中的变形，每次加工后工件应垂直吊放。

④合理选择车刀角度和切削用量可减小切削力和切削热

粗车外圆时，采用 $\gamma_o = 15° \sim 20°$，$\kappa_r = 75° \sim 90°$，这样可减少切削力（特别是背向切削力）、切削热，并防止丝杠弯曲变形。另外，充分使用切削液对减小切削力和切削热，减小刀具的磨损也有积极的作用。

3.2 箱体类零件加工

3.2.1 概述

(1)箱体类零件的功用与结构特点

箱体零件是机器或部件的基础零件,它把有关零件联接成一个整体,使这些零件保持着正确的相对位置,以传递转矩或运动,实现机器和部件的功能。因此,箱体零件的加工质量直接影响机器或部件的装配质量,进而影响整个机器的使用性能和寿命。

箱体零件的种类很多,常见的箱体零件有机床主轴箱、机床进给箱、减速器减速箱、发动机缸体、缸盖、汽车变速器壳体等。如图3.12所示为常见箱体零件的结构简图。

根据箱体零件的结构形式不同,可分为整体式箱体和分体式箱体两大类。整体式箱体在毛坯制造和机械加工过程中是整体铸造、整体加工,加工较困难,但装配精度高;分体式箱体可分别制造,便于加工和装配,但增加了装配工作量。

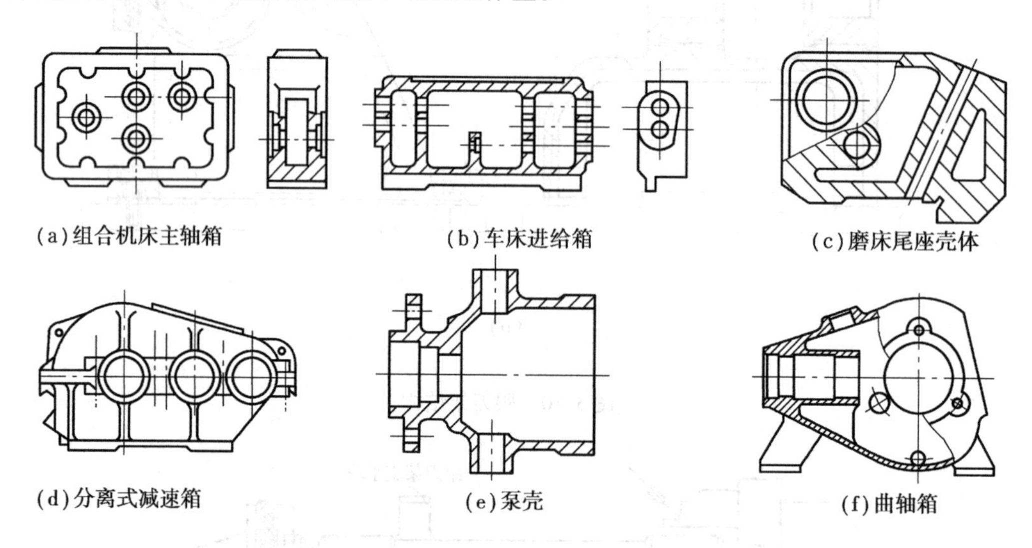

图3.12 常见箱体零件的结构简图

虽然箱体零件的结构形式有多种多样,但箱体零件有许多共同的结构特点:结构形状复杂,尺寸较大,壁厚较薄,加工部位多、加工难度大,有许多精度要求较高的平面和孔系。此外,还有较多的供联接用的螺纹孔。据统计资料表明,一般中型机床制造厂花在箱体零件上的机械加工工时,占整个产品加工量的15%~20%。

(2)箱体类零件的主要技术要求

箱体类零件中以机床主轴箱的精度要求最高,现以如图3.13所示的某车床主轴箱简图为例,说明箱体零件的主要技术要求。

1)孔径尺寸精度和形状精度

孔径的尺寸误差和几何形状误差会影响轴承与孔的配合精度。孔径过大,配合过松,使主轴回转轴线不稳定,并降低了支承刚度,易产生振动和噪声;孔径太小,会使配合偏紧,轴承将

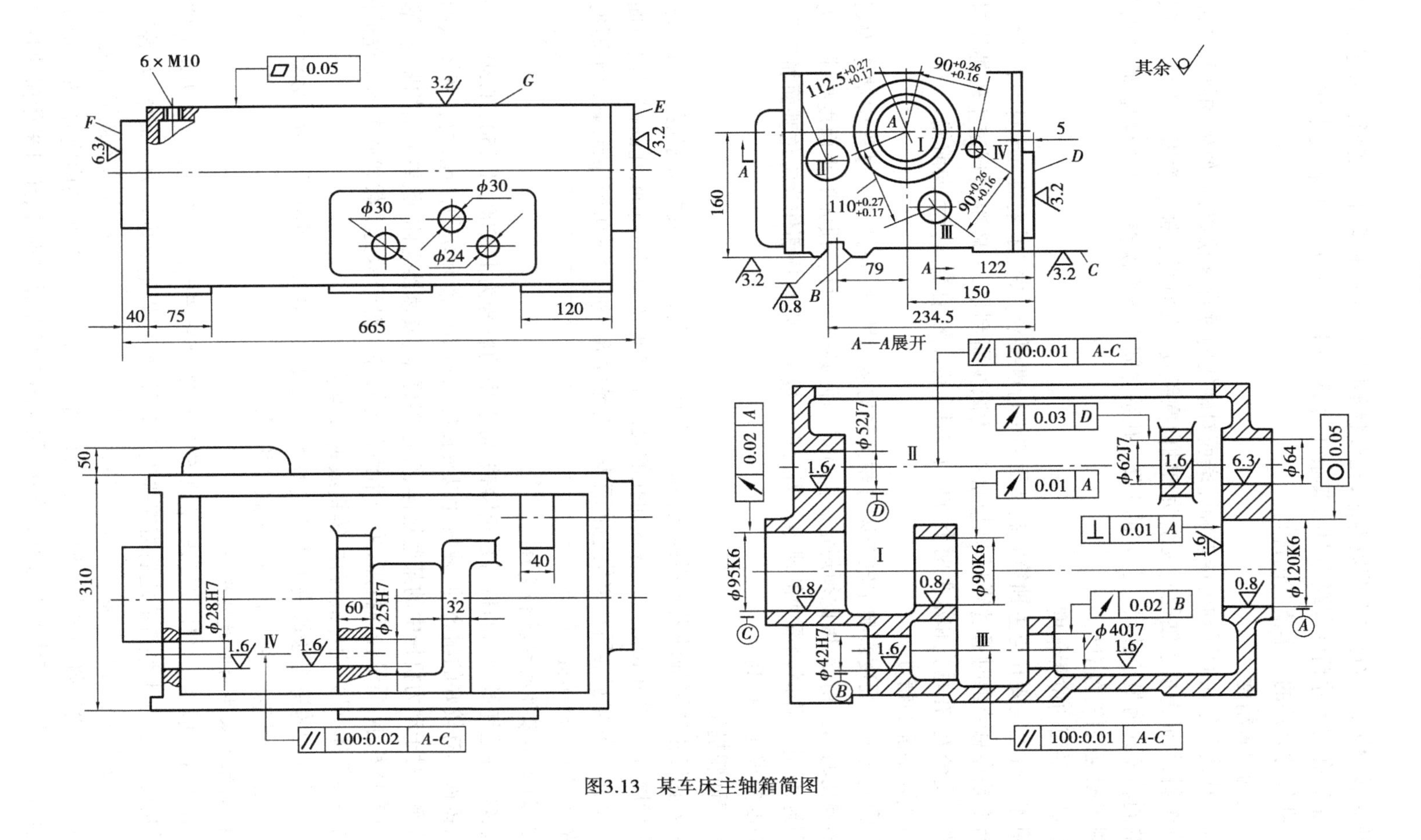

图3.13　某车床主轴箱简图

因外环变形,不能正常运转而缩短寿命;孔形状不圆,也会使轴承外环变形而引起主轴径向圆跳动。主轴孔的尺寸精度等级为IT6,其余孔为IT7—IT6。孔的形状精度未作规定,一般控制在相应孔尺寸公差的一半范围内即可。

2)孔的位置精度

同一轴线上各孔的同轴度误差和孔端面对轴线的垂直度误差,会使轴和轴承装配到箱体内出现歪斜,从而造成主轴径向圆跳动和轴向圆跳动,也加剧了轴承磨损。为此,一般同轴上各孔的同轴度约为最小孔尺寸公差的1/2。孔系之间平行度误差,也会影响齿轮的啮合质量,也须规定相应的位置精度。

3)孔与平面的位置精度

箱体零件上主要孔与主轴箱安装基面的平行度要求,决定了主轴与床身导轨的位置关系。这项精度是在总装配时通过研刮来达到的。为减少研刮量,一般都要规定主轴轴线对安装基面的平行度公差,在垂直和水平两个方向上,只允许主轴前端向上和向前偏。

4)主要平面的精度

装配基面的平面度影响主轴与床身联接时的接触刚度,并且加工过程中常作为定位基面则会影响孔的加工精度,因此须规定底面和导向面必须平直。顶面的平面度要求是为保证箱盖的密封,防止工作时润滑油的泄出。当大批大量生产将其顶面作为定位基面加工孔时,对它的平面度要求还要提高。

5)表面粗糙度

重要孔和主要平面的表面粗糙度会影响联接面的配合性质或接触刚度,一般要求主轴孔表面粗糙度 R_a 为0.4 μm,其余各纵向孔的表面粗糙度 R_a 为1.6 μm,孔的内端面表面粗糙度 R_a 为3.2 μm,装配基准面和定位基准面表面粗糙度 R_a 为2.5 ~ 0.63 μm,其余平面的表面粗糙度 R_a 为10 ~ 2.5 μm。

(3)箱体类零件的材料和毛坯

箱体零件毛坯最常用的材料是灰铸铁,常选用的牌号为HT200,HT250,HT300和HT400。因为灰铸铁具有较好的耐磨性、减振性以及良好的铸造性能和切削性能,而且灰铸铁的价格也比较低廉。对于动力机械中的某些箱体、变速器壳体、减速器壳体,除要求结构紧凑、形状复杂外,还具有体积小、质量轻等特点,可采用铝合金铸件。对于承受重载和冲击的工程机械、锻压机床的一些箱体,可采用可锻铸铁、铸钢或钢板焊接。

箱体毛坯的铸造方法取决于生产类型和毛坯尺寸。在单件小批生产中,多采用木模手工造型;在成批大量生产中,广泛采用金属型机器造型。

(4)箱体类零件的时效处理

箱体零件一般结构都比较复杂,壁厚不均,铸造时会产生较大的内应力。为保证箱体零件加工后精度稳定,在毛坯铸造之后需安排人工时效处理,以消除内应力。通常,对普通精度箱体,一般在毛坯铸造之后安排一次人工时效即可,而对于一些高精度箱体或形状复杂的箱体,应在粗加工之后再安排一次人工时效处理,以消除粗加工后所造成的内应力,进一步提高箱体加工精度的稳定性。箱体人工时效的方法,除采用加热保温时效外,还可采用振动时效。

3.2.2 拟定箱体类零件机械加工工艺规程的原则

在拟定箱体零件机械加工工艺规程时应遵循一些基本原则,这也是零件机械加工顺序安排原则的较好体现。

(1)先基准后其他原则

考虑零件加工顺序时,首先加工作为后续工序的基准面,箱体零件也是如此。箱体零件的粗基准一般选用它上面的重要孔或某些工艺凸台,以保证后面重要孔加工时余量均匀。精基准一般采用基准统一的方案,常以箱体零件的装配基准或专门加工的一面两孔为定位基准,使整个加工工艺过程基准统一,夹具基本相同。

(2)先面后孔原则

加工箱体零件时先加工平面后加工孔,这是箱体零件加工的基本规律。这一方面是平面面积大,用作定位基准面稳定可靠,装夹方便,并能保证孔与平面之间的位置精度;另一方面,先加工平面可切去铸件表面的凹凸不平及夹砂等缺陷,在加工孔时避免钻头引偏和刀具崩刃,保证孔加工顺利进行。

(3)先粗后精原则

箱体零件结构复杂,主要平面及孔系加工精度高,粗加工时切削力和切削热较大,残余应力较大,应将粗加工、精加工明显分开,加工时先对各重要表面进行粗加工,后进行精加工,中间可安排一些次要表面的加工,让残余应力得到充分释放。

(4)先主后次原则

箱体零件上的加工表面一般可以分为主要表面和次要表面两大类。主要表面通常是指尺寸精度、形状精度和位置精度要求较高的基准面和工作表面;次要表面则是指那些要求较低,对零件整个工艺过程影响较小的辅助表面,如键槽、螺纹、紧固孔等。这些次要表面与主要表面之间也有一定的位置精度要求,一般是先加工主要表面,再以主要表面定位加工次要表面。对于整个工艺过程而言,次要表面的加工一般安排在主要表面的最终精加工之前进行。另外,箱体零件上相互位置精度较高的孔和平面,一般尽量集中在同一工序中加工,以保证其相互位置要求和减少装夹次数。

3.2.3　孔系加工

箱体上一系列有相互位置精度要求的孔的组合,称为孔系。孔系可分为平行孔系、同轴孔系和交叉孔系,如图3.14所示。孔系加工是箱体零件加工的关键,根据箱体加工批量的不同和孔系精度要求的不同,其所用的加工方法也不同,现讨论如下。

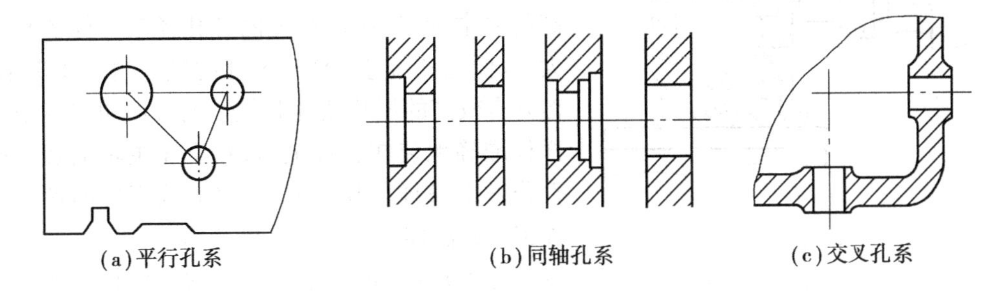

图3.14　孔系分类

(1)平行孔系的加工

平行孔系既要保证孔轴线之间的相互平行,又要保证孔距精度,根据其加工要求,平行孔系的加工方法有以下 3 种：

1）找正法

找正法是工人在通用机床（铣镗床、铣床）上利用辅助工具来找正要加工孔的位置。这种方法加工效率低，一般只适用于单件小批生产。找正法具体方法有划线找正法、心轴与量规找正法和样板找正法。

①划线找正法

加工前按照零件图的要求，在箱体毛坯上划出各孔的加工位置线，然后按照划线加工。

②心轴与量规找正法

如图 3.15 所示为心轴与量规找正法示意图。镗第一排孔时将心轴插入主轴孔内（或直接利用镗床主轴插入主轴孔），根据加工孔与定位基准的距离，组合一定尺寸的量规来校正机床主轴位置。校正时用塞尺测定（填充）量规与心轴之间的间隙，以避免量规与心轴直接接触而损伤量规，如图 3.15（a）所示。镗第二排孔时，分别在机床主轴和已加工孔中插入心轴，采用同样的方法来校正主轴位置，从而保证孔距的精度，如图 3.15（b）所示。这种方法孔距精度可达 ±0.03 mm。

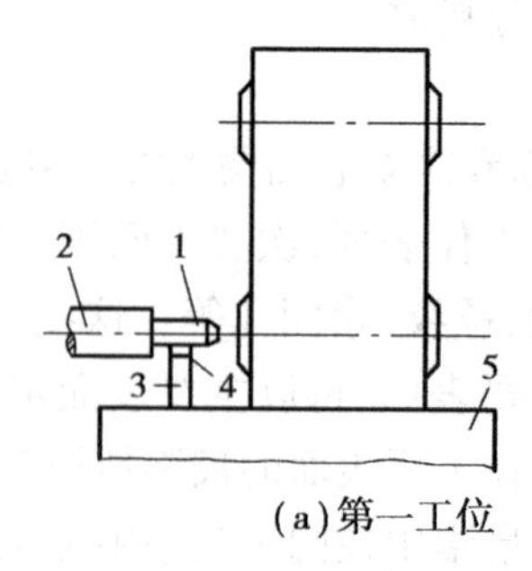

（a）第一工位

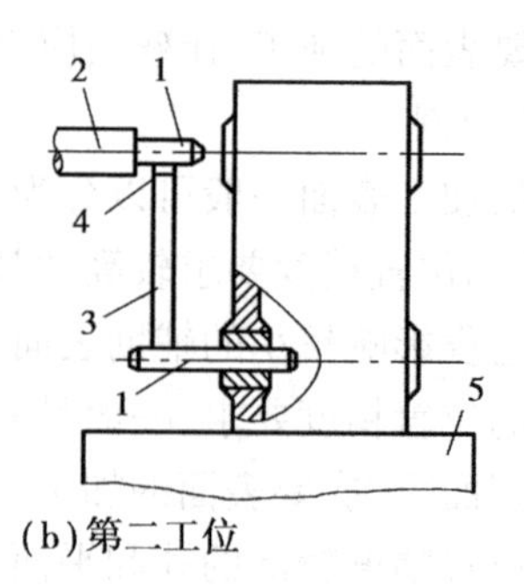

（b）第二工位

图 3.15　心轴与量规找正法

1—心轴；2—镗床主轴；3—块规；4—塞尺；5—镗床工作台

③样板找正法

如图 3.16 所示，用厚 10 ~ 20 mm 的钢板制成样板 1，装在垂直于各孔的端面上（或固定在机床工作台上），样板上各孔距的精度按照比孔系中孔距精度高的要求加工，而样板上的各孔径较工件的孔径稍大，以便镗杆通过。样板上孔的直径精度要求不高，但要有较高的形状精度和较小的表面粗糙度值。当样板准确地装在工件上后，在机床主轴上装上一个百分表 2，按样板找正机床主轴，找正后即换上镗刀加工。此法加工孔系不易出差错，找正方便，孔距精度可达 ±0.05 mm。单件小批的大型箱体加工常用此法。

图 3.16　样板找正法

1—样板；2—千分表

2）镗模法（钻模法）

在大批量生产时，孔系加工大多在组合机床上用钻模和镗模进行，如图 3.17 所示。工件 5 装夹在镗模上，镗杆 4 被支承在镗模导套 6 内，镗架支承板上导套的位置由工件上被加工孔的位置决定，导套的位置决定了镗杆的位置，用镗杆上的镗刀3对工件上相应的孔进行加工。当用两个或两个以上的支承架1来引导镗杆时，镗杆与机床主轴2必须浮动联接。采用浮动联接时，机床精度对孔系加工精度影响很小，因而可以在精度较低的机床上加工出精度较高的孔系。此法孔距精度主要取决于镗模，一般可达±0.05 mm。当从一端加工，镗杆两端均有导向支承时，孔与孔之间的同轴度和平行度可达0.02～0.03 mm；当分别从两端加工时，可达0.04～0.05 mm。

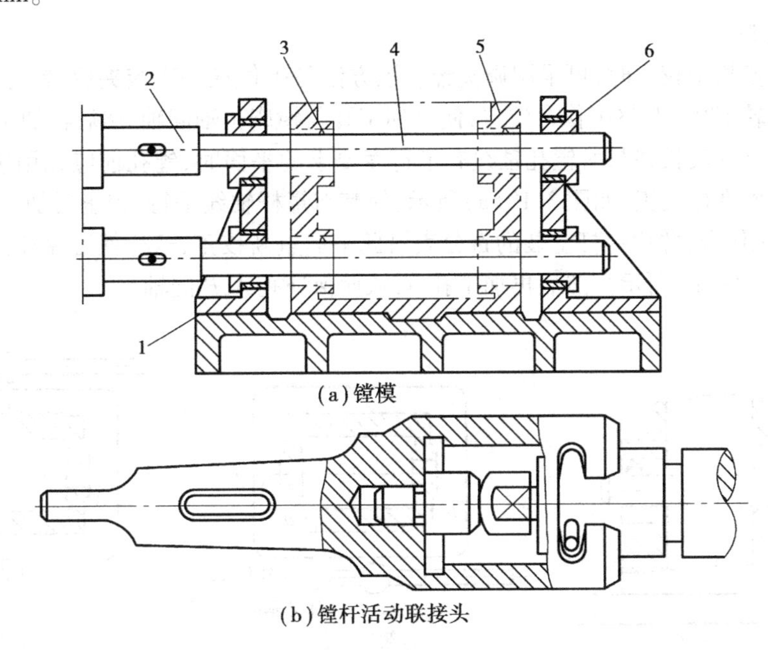

(a)镗模

(b)镗杆活动联接头

图3.17　用镗模加工孔系

1—镗模；2—活动联接头；3—镗刀；4—镗杆；5—工件；6—镗杆导套

3)坐标法

坐标法镗孔是在普通卧式铣镗床、坐标镗床或数控铣床等设备上，借助于精密测量装置，调整机床主轴与工件之间在水平和垂直方向的相对位置，以保证孔距精度的一种方法。采用坐标法镗孔时须注意两个问题：一是有时因孔与孔间有齿轮啮合关系，故在箱体设计图样上孔距尺寸有严格的公差要求，在镗孔前必须先把各孔距尺寸及公差换算成以主轴孔中心为原点的相互垂直的坐标尺寸及公差。二是要注意选择基准孔和镗孔顺序，否则坐标尺寸的累积误差会影响孔距精度。基准孔应尽量选择本身尺寸精度高、表面粗糙度值小的孔（一般为主轴孔），以便于加工过程中检验其坐标尺寸。孔距精度要求高的两孔应连在一起加工。

坐标法镗孔的孔距精度取决于坐标的移动精度，也就是取决于机床坐标测量装置的精度。这类坐标测量装置的形式很多，有普通刻线尺与游标尺加放大镜测量装置（精度为0.1～0.3 mm），精密刻线尺与光学读数头测量装置（读数精度0.01 mm），还有光栅数字显示装置和感应同步器测量装置（精度可达0.002 5～0.01 mm）、磁栅和激光干涉仪等。

(2)同轴孔系的加工

成批及大量生产中，箱体同轴孔系的同轴度几乎都由镗模保证；而在单件小批量生产中，其同轴度可用以下述3种方法来保证：

1)利用已加工孔作支承导向

如图3.18所示,当箱体前壁上的孔加工好后,在孔内装一导向套,支承和引导镗杆加工后壁上的孔,以保证两孔的同轴度要求。这种方法只适用于加工距箱壁较近的孔。

2)利用铣镗床后立柱上的导向套支承导向

这种方法的镗杆由两端支承,刚性好,但此法调整麻烦,镗杆要长,很笨重,只适用于大型箱体的加工。

3)采用调头镗

当箱体箱壁相距较远时,可采用调头镗。该方法是工件在一次装夹后,镗好一端孔后,将镗床工作台回转180°,调整工作台位置,使已加工孔与镗床主轴同轴,然后再加工另一端孔。

当箱体上有一较长并与所镗孔轴线有平行度要求的平面时,镗孔前应先用装在镗杆上的百分表对此平面进行校正,如图3.19(a)所示,使其与镗杆轴线平行,校正后加工孔 B;加工完孔 B 后,回转工作台,并用镗杆上装的百分表沿此平面重新校正,这样就可保证工作台准确回转180°,如图3.19(b)所示。然后再加工孔 A,从而保证孔 A,B 同轴。

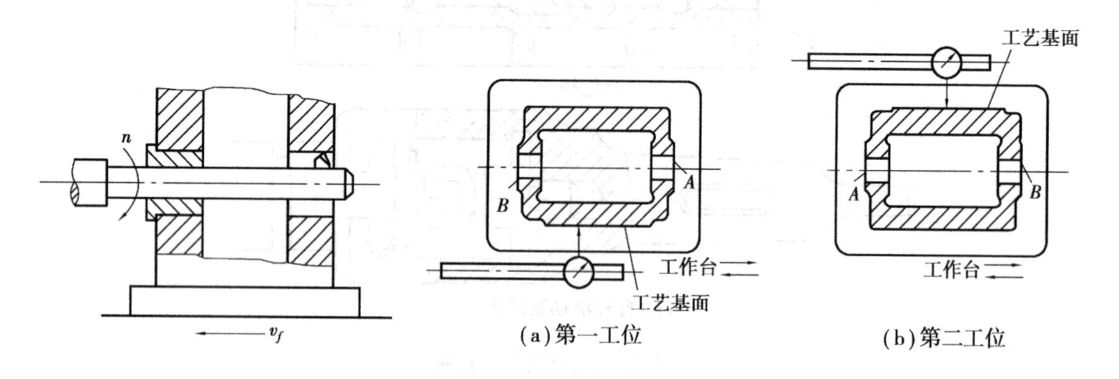

图3.18　利用已加工孔导向

图3.19　调头镗孔时工件的校正

(3)交叉孔系的加工

交叉孔系的主要技术要求是控制有关孔的垂直度,在卧式铣镗床上主要靠机床工作台上的90°对准装置。这种装置结构简单,对准精度低(T68铣镗床的出厂精度为0.04 mm/900 mm,相当于8″)。目前国内有些铣镗床,如TM617,采用了端面齿定位装置,90°定位精度达5″,还有的用了光学瞄准器。

3.2.4　箱体类零件机械加工工艺分析

箱体类零件的机械加工工艺过程随其生产类型、结构特点、工厂设备条件不同有很大差异。现分单件小批量生产箱体、大批大量生产箱体及分离式箱体3种情况进行讨论。

(1)单件小批量生产中箱体的加工工艺过程

单件小批量生产的箱体加工大多采用通用设备、专用夹具组织生产,必要时可增添专用设备。表3.6为图3.13所示某车床主轴箱体单件小批量生产时的加工工艺过程。

现对单件小批量箱体加工的工艺过程进行如下分析:

1)粗精加工分开的形式不同

箱体零件的机械加工仍然遵循粗精加工分开,先粗后精这条普遍性原则。但在单件小批量箱体零件加工中如果从工序上体现粗精分开,则机床、夹具数量增加,生产路线长,不符合单件小批量生产的特点。所以,实际生产中并非从工序上分开,而是从工步上分开,也就是说,在同一道工序里先粗加工,粗加工后将工件松开,以稍小一点的夹紧力夹紧工件,再进行精加工。如用龙门刨床刨削主轴箱基准面时,粗刨后调整切削用量又进行精加工。又如用导轨磨床磨削主轴基准面时,粗磨后调整切削用量,并进行充分冷却后进行精加工。

表 3.6　某主轴箱体单件小批量生产机械加工工艺过程

序号	工序内容	定位基准
1	铸造	
2	时效	
3	漆底漆	
4	划线(主轴孔应留有加工余量,并尽量均匀),划面 C,G 及面 E,D 加工线	
5	粗、精加工顶面 G	按线找正
6	粗、精加工面 B,C 及前面 D	顶面 G 并校正主轴线
7	粗、精加工两端面 E,F	面 B,C
8	粗、半精加工各纵向孔	面 B,C
9	精加工各纵向孔	面 B,C
10	粗、精加工横向孔	面 B,C
11	加工螺纹孔及各次要孔	
12	清洗、去毛刺	
13	检验	

2)粗基准的选择

一般来说,单件小批量生产箱体零件仍然选择重要孔(如主轴孔)为粗基准,但实现以主轴孔为粗基准时大多采用划线找正装夹方式。划线过程大体是先划出主轴孔,其次划出距主轴孔较远的另一孔位置,然后划出其他各孔各平面。如加工箱体平面时,按线找正并装夹工件,就是以主轴孔为粗基准。

3)精基准的选择

对于单件小批量生产箱体零件,往往用装配基准作为加工的精基准。加工如图 3.13 所示的车床主轴箱体孔系时,选择箱体底面导轨面 B,C 面作为精基准。B,C 面既是主轴箱的装配基准,又是主轴孔的设计基准,并与箱体的两端面、侧面以及各主要纵向轴承孔在位置上有直接联系,故选择 B,C 面作为定位基准,符合基准重合原则,装夹误差小。另外,加工各孔时,由于箱体口朝上,更换导向套、安装调整刀具、测量孔径尺寸、观察加工情况等都方便。

(2)大批大量生产中箱体的加工工艺过程

大批大量生产箱体零件时广泛采用组合机床与自动输送装置组成的自动生产线,所有的加工和工件的输送等辅助动作都无须工人直接操作,整个过程按照一定的生产节拍自动地、顺序地进行加工,如图 3.20 所示。它不仅大大提高了劳动生产率,降低了成本和减轻了工人的劳动强度,而且能稳定地保证工件的加工质量,对操作工人的技术水平要求也较低。目前我国在汽车、拖拉机等行业中，都广泛地采用自动线来加工箱体。表 3.7 为图 3.13 所示某车床主轴箱体大批大量生产时的加工工艺过程。

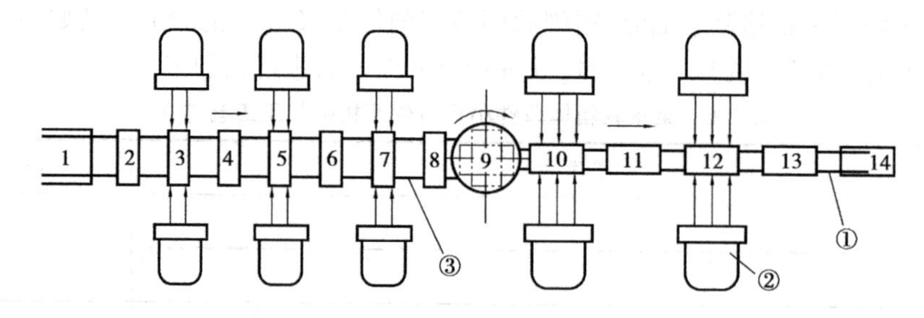

图 3.20　组合机床自动线加工箱体示意

1，14—自动线输送带装置；2—装料工位；3，5，7，10，12—加工工位；4，6，8，11—中间工位；9—翻转；13—卸料工位；①、③—输送带；②—动力头

表 3.7　某主轴箱体大批大量生产机械加工工艺过程

序号	工序内容	定位基准
1	铸造	
2	时效	
3	漆底漆	
4	铣顶面 G	孔Ⅰ与孔Ⅱ
5	钻、扩、铰工艺孔 2 - ϕ8H7 mm(将 6 - M10 mm 先钻至 ϕ7.8 mm，铰 2 - ϕ8H7 mm)	顶面 G 及外形
6	铣两端面 E，F 及前面 D	顶面 A 及两工艺孔
7	铣导轨面 B，C	顶面 A 及两工艺孔
8	磨顶面 G	导轨面 B，C
9	粗镗各纵向孔	顶面 A 及两工艺孔
10	精镗各纵向孔	顶面 A 及两工艺孔
11	精镗主轴孔Ⅰ	顶面 A 及两工艺孔
12	加工横向孔及各面上的次要孔	
13	磨导轨面 B，C 及前面 D	顶面 A 及两工艺孔
14	将孔 2 - ϕ8H7 mm 及孔 4 - ϕ7.8 mm 均扩钻至 ϕ8.5 mm，攻螺纹 6 - M10 mm	
15	清洗、去毛刺、倒角	
16	检验	

大批大量生产箱体零件时，其工艺过程有以下特点：

1）粗精基准的选择

大批大量生产箱体零件选择粗基准时，由于毛坯精度较高，可直接以主轴孔在夹具上定位，采用专用夹具装夹。选择精基准时，可在箱体某个大平面上加工出两个工艺孔，采用典型的“一面两孔”方式定位，遵循基准统一的原则。在上述加工图3.13所示主轴箱体时就是采用顶面G及两孔作为定位基准，如图3.21所示。用这种定位方式加工时，箱体口朝下，中间导向支承架可以紧固在夹具上，提高了夹具的刚度，有利于保证各支承孔加工的位置精度，而且工件装卸方便，提高了生产率。

但这种定位方式由于主轴箱体顶面不是设计基准，故定位基准与设计基准不重合，出现基准不重合误差。为保证加工要求，应进行工艺尺寸换算。另外，由于箱体口朝下，加工时不便观察各表面加工的情况，不便测量和调整刀具。因此，用箱体顶面及两孔定位加工箱体时，必须采用定尺寸刀具。

2）加工阶段划分明显

在大批大量生产箱体零件时，重要表面的粗、精加工阶段划分明显，有时分为粗加工、半精加工、精加工和光整加工4个阶段，并在各阶段适时地安排时效处理，以消除毛坯铸造和工件粗加工后的残余应力，减少加工后的变形。

对于普通精度的箱体，一般在铸造之后安排一次人工时效处理；对于一些高精度的箱体或形状特别复杂的箱体，在粗加工之后还要安排一次人工时效处理。

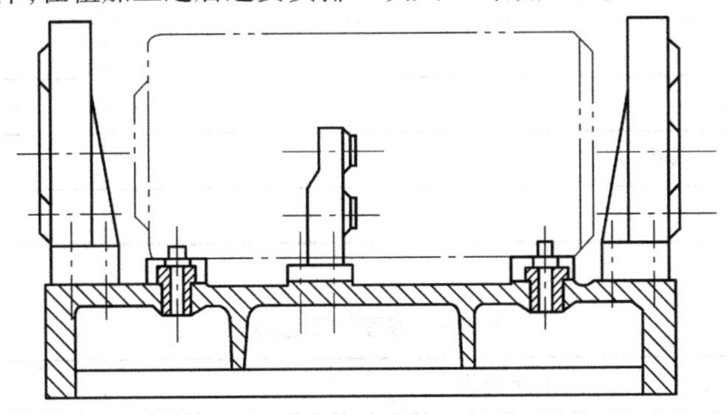

图3.21　用箱体顶面及两孔定位的镗模

（3）分离式箱体加工工艺过程

一些部件的箱体（如减速箱），为了制造与装配的方便，常常制成可分离的，即分离式箱体，如图3.22所示。其主要技术要求如下：

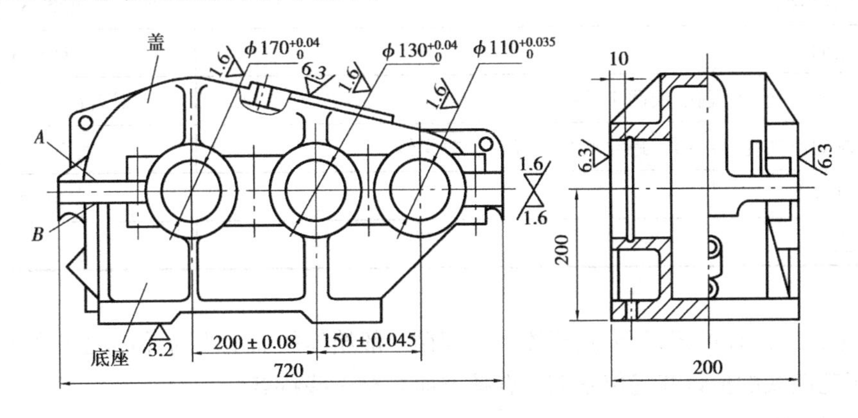

图3.22　分离式齿轮箱体结构

①对合面对底座的平行度误差不超过0.05%。

②对合面的表面粗糙度 $R_a<1.6\mu m$，两对合面的接合间隙不超过 0.03 mm。

③轴承支承孔必须在对合面上，误差不超过 ±0.2 mm。

④轴承支承孔的尺寸公差为 H7，表面粗糙度 R_a 为 $1.6\mu m$，圆柱度误差不超过孔径尺寸公差的 1/2，孔距精度误差为(±0.05 ~ ±0.08)mm。

对于分离式箱体，一般是先分别对箱盖和底座进行独立加工，最后再进行合箱加工。单件小批量生产图 3.22 所示分离式箱体的工艺过程如表 3.8、表 3.9、表 3.10 所示。

表 3.8　箱盖的工艺过程

序号	工序内容	定位基准
1	铸造	
2	时效处理	
3	漆底漆	
4	粗刨对合面	凸缘 *A* 面
5	刨顶面	对合面
6	磨对合面	顶面
7	钻对合面联接孔	对合面、凸缘轮廓
8	钻顶面螺纹底孔、攻丝	对合面两孔
9	检验	

表 3.9　底座的工艺过程

序号	工序内容	定位基准
1	铸造	
2	时效处理	
3	漆底漆	
4	粗刨对合面	凸缘 *B* 面
5	刨底面	对合面
6	钻底面 4 孔、锪沉孔、铰两工艺孔	对合面、端面、侧面
7	钻侧面测油孔、放油孔、螺纹底孔、锪沉孔、攻螺纹	底面及两孔
8	磨对合面	底面
9	检验	

从以上工艺过程可知，分离式箱体虽然遵循一般箱体的加工原则，但是由于结构上的可分离性，在工艺路线的拟订和定位基准的选择方面均有一些特点。

1)加工路线

分离式箱体工艺路线与整体式箱体工艺路线的主要区别在于整个加工过程分为两个阶段：第一阶段先对箱盖和底座分别进行加工，主要完成对合面及其他平面、紧固孔、定位孔的加工,为箱体合装作准备;第二阶段在合装好的整体箱体上加工主要孔及其端面。在两个阶段之间安装钳工工序,将箱盖和底座合装成箱体,并用两锥销定位,使其保持一定的位置关系,以保证轴承孔的加工精度和拆装后的重复精度。

表3.10　箱体合装后的工艺过程

序号	工序内容	定位基准
1	将箱盖与底座对准合拢夹紧、配钻、铰两定位销孔,打入锥销,根据箱盖配钻底座对合面的联接孔,锪沉孔	
2	拆开箱盖与底座,修毛刺、重新装配箱体,打入锥销,拧紧螺栓	
3	铣两端面	
4	粗镗主轴支承孔,割孔内槽	底面及两孔
5	精镗主轴支承孔,割孔内槽	底面及两孔
6	去毛刺、清洗、打标记	底面及两孔
7	检验	

2)定位基准

分离式箱体最先加工的是箱盖和底座的对合面。加工对合面时,一般不能选择轴承孔的毛坯面作为粗基准,而是以凸缘不加工面作为粗基准,即箱盖以凸缘 A 面、底座以凸缘 B 面为粗基准。这样可保证对合面加工时余量均匀,减小箱体合装时对合面的变形。在精基准的选择上,分离式箱体的对合面与底面有一定的尺寸精度和相互位置精度要求,为保证其精度要求,在加工底座的对合面时,应以底面为精基准,使对合面加工时的定位基准与设计基准重合。箱体合装后加工轴承孔时,仍以底面为主要定位基准,并与底面上的两定位孔组成典型的"一面两孔"定位方式。这样,轴承孔的加工,其定位基准既符合"基准统一"原则,又符合"基准重合"原则,有利于保证轴承孔轴线与对合面的重合度及与装配基面的尺寸精度和平行度要求。

3.3　圆柱齿轮加工

3.3.1　概述

(1)圆柱齿轮的功用与结构特点

圆柱齿轮是机械传动中应用极广泛的零件之一,其功用是按规定的传动比传递运动和动力。

圆柱齿轮一般由齿圈和轮体两部分构成,在齿圈上切出直齿、斜齿等齿形,而在轮体上有孔或带有轴。齿轮按照齿圈上轮齿的分布形式,可分为直齿齿轮、斜齿齿轮、人字齿齿轮等;按照轮体结构特点,齿轮可分为盘形齿轮、内齿轮、轴齿轮、扇形齿轮和齿条等,如图3.23所示。

在各种类型的齿轮中,以盘形齿轮应用最广。盘形齿轮的内孔多为精度较高的圆柱孔和花键孔,其轮缘具有一个(单齿圈齿轮)或几个齿圈(双联齿轮、三联齿轮)。单齿圈齿轮的结构工艺性好,可采用任何一种齿轮加工方法加工轮齿;双联或多联齿轮的小齿圈由于会受到台

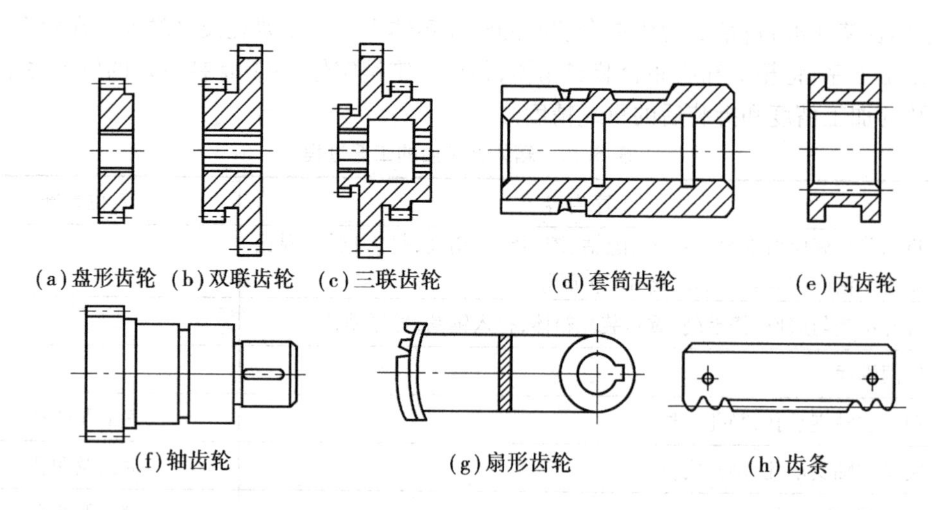

图3.23　圆柱齿轮的结构形式

肩的干涉,限制了某些加工方法的使用,往往只能采用加工效率较低的插齿。另外,如果双联或多联齿轮的小齿圈精度要求较高,需要精滚或磨齿加工,而轴向距离在设计上又不允许加大时,可将此双联或多联齿轮制成单齿圈齿轮的组合体结构,以改善其加工的工艺性。

(2)圆柱齿轮的传动精度

圆柱齿轮传动精度的高低直接影响到机器的工作性能、承载能力和使用寿命。根据齿轮的使用条件,对圆柱齿轮传动主要提出3个方面的精度要求:传递运动的准确性、传递运动的平稳性和载荷分布的均匀性。

为保证圆柱齿轮的传动精度,国家标准把齿轮的精度划分为12级,其中第1级最高,第12级最低。此外,按照齿轮的误差特性及其对传动性能的主要影响,还将齿轮的各项公差分成3个公差组。一般情况下,一个齿轮的3个公差组应选用相同的精度等级。当对使用的某个方面有特殊要求时,也允许各公差组选用不同的精度等级,但在同一公差组内各项公差与极限偏差必须保持相同的精度等级。

(3)齿轮的主要技术要求

为保证齿轮正常工作和便于加工,齿轮主要表面的尺寸公差、位置公差和表面粗糙度均应达到一定的要求。归纳起来,机械传动齿轮的主要技术要求有以下4个方面:

1)齿轮精度和表面粗糙度

用于不同机械的传动齿轮其精度要求也不同,一般金属切削机床中的传动齿轮精度为4~7级,重型汽车中的传动齿轮精度为6~8级,轻型汽车中的传动齿轮精度为5~7级,通用减速器中的传动齿轮精度为7~9级,农业机械中的传动齿轮精度为8~11级,精密测量仪器中的传动齿轮精度为2~5级。各种齿轮轮齿的表面粗糙度值一般为R_a3.2~1.6 μm。

2)齿轮孔或轴齿轮轴颈尺寸公差及表面粗糙度

齿轮孔或轴齿轮轴颈是加工、测量和装配时的基准面,它们对齿轮的加工精度影响很大,所以要有较高的加工精度和较小的表面粗糙度值。对于6级精度的齿轮,它的内孔精度一般为IT6,轴颈精度为IT5;对于7级精度的齿轮,内孔精度为IT7,轴颈精度为IT6。对基准孔和轴颈的尺寸公差和形状公差应遵循包容原则,其表面粗糙度为R_a0.8~0.4 μm。

3)端面圆跳动

带孔齿轮齿坯端面是切齿时的定位基准,端面对内孔在分度圆上的跳动量对齿轮加工精度有较大影响,因此,端面圆跳动量规定了较小的公差值。端面圆跳动量视齿轮精度和分度圆直径不同而异,对于6~7级精度的齿轮,规定为0.011~0.022 mm。基准面的表面粗糙度为$R_a0.8 \sim 0.4$ μm;非定位和非工作端面表面粗糙度为$R_a25 \sim 6.3$ μm。

4)齿轮外圆尺寸公差

当齿轮外圆不作为加工、测量的基准时,其尺寸公差一般为IT11;当作为定位、测量的基准时,其尺寸公差要求较严,一般为IT8。此外,还规定有外圆对孔或轴颈线的径向圆跳动的要求等。

(4)齿轮的材料、热处理及毛坯

1)齿轮的材料选择

齿轮材料的选择对齿轮的加工性能和使用寿命都有直接的影响。一般来讲,对于低速重载的传力齿轮,有冲击载荷的传力齿轮的齿面受压产生塑性变形或磨损,且轮齿容易折断,应选用机械强度、硬度等综合性能较好的材料,如20CrMnTi,经渗碳淬火,芯部具有良好的韧性,齿面硬度可达56~62HRC。线速度高的传力齿轮,齿面容易产生疲劳点蚀,所以齿面硬度要求高,可选用38CrMoAlA渗氮钢,该材料经渗氮处理后表面可得到一层硬度很高的渗氮层,而且热处理变形小。非传力齿轮可用非淬火钢、铸铁、夹布胶木或尼龙等材料。

2)齿轮的热处理

齿轮加工中,根据热处理目的不同,常安排两种热处理工序:毛坯热处理和齿面热处理。

毛坯热处理是在齿坯加工前后安排的正火或调质,其主要目的是消除齿坯锻造及粗加工引起的残余应力,改善材料的切削性能和提高综合力学性能。齿面热处理是在齿形加工后,为提高齿面的硬度和耐磨性,采用的渗碳淬火、高频感应加热淬火、碳氮共渗或渗氮等表面热处理。

3)齿轮的毛坯

齿轮毛坯形式主要有棒料、锻件和铸件。棒料用于小尺寸、结构简单且对强度要求低的齿轮。当齿轮强度要求高,耐磨性和耐冲击性要求较好时,多采用锻件齿坯。当齿轮的直径大于$\phi400 \sim \phi600$ mm时,常用铸造齿坯。为减少齿轮的机械加工量,对大尺寸、低精度齿轮,可直接铸出带轮齿的齿坯;对于小尺寸、形状复杂的齿轮,可采用精密铸造、压力铸造、精密锻造、粉末冶金、热轧和冷轧等新工艺制造出具有轮齿的齿坯,以提高生产率。

3.3.2　圆柱齿轮加工工艺过程及分析

齿轮加工的工艺路线是根据齿轮材质和热处理要求、齿轮结构及尺寸大小、精度要求、生产批量和生产条件而定。一般可归纳基本工艺过程为

齿坯制造—齿坯热处理—齿坯加工—齿形加工—齿圈热处理—
齿轮定位表面精加工—齿圈精加工

(1)定位基准选择

齿轮加工时的定位基准应尽可能与其设计基准一致,遵循“基准重合”原则,以避免由于基准不重合而产生的误差。同时,在整个齿轮加工过程中也应尽可能采用相同的定位基准,即遵循“基准统一”原则。

对于小直径的轴齿轮，可采用轴两端中心孔或锥体作为定位基准；对于大直径的轴齿轮，通常采用轴颈和一个较大的端面组合定位；对于带孔齿轮则以孔和一个端面组合定位。

(2)齿坯加工

齿形加工前的齿轮加工称为齿坯加工。齿坯的外圆、端面和孔常常作为齿形加工、测量和装配的基准，所以齿坯的精度对于整个齿轮的精度有重要影响。另外，齿坯加工在整个齿轮加工总工时中也占有较大的比例，因而齿坯加工在齿轮加工中具有重要的地位。

1)齿坯精度

齿轮在加工、检验和装配时的径向基准面和轴向基准面应尽量一致。多数情况下，常以齿轮孔和端面为齿形加工的基准面，所以齿坯精度中主要对齿轮孔的尺寸精度和形状精度、孔和端面的位置精度有较高的要求；当外圆作为测量基准或定位基准时，对齿坯外圆也有较高的要求。具体情况见表3.11、表3.12。

表3.11　齿坯尺寸和形状公差

齿轮精度等级	5	6	7	8
孔的尺寸和形状公差	IT5	IT6	IT7	
轴的尺寸和形状公差	IT5		IT6	
外圆直径尺寸和形状公差	IT7	IT8		

注:1. 当齿轮的3个公差组的精度等级不同时，按最高等级确定公差值。
2. 当外圆不作测量齿厚的基准面时，尺寸公差按IT11给定。
3. 当以外圆作基准面时，本表就指外圆的径向圆跳动。

表3.12　齿坯基准面径向和端面圆跳动公差

分度圆直径/mm	公差等级	
	IT5 和 IT6	IT7 和 IT8
~125	11	18
125 ~400	14	22
400 ~800	20	32

2)齿坯加工方案的选择

齿坯加工的主要内容包括齿坯的孔加工、端面和中心孔的加工(对于轴齿轮)以及齿圈外圆和端面的加工。对于轴类齿轮和套筒类齿轮的齿坯，其加工过程和一般轴类、套类基本相同，这里主要讨论盘类齿轮齿坯的加工方案。

齿坯的加工工艺方案应根据齿轮的轮体结构和生产类型确定。

①大批大量生产的齿坯加工

大批大量加工中等尺寸齿坯时，多采用“钻—拉—多刀车”的工艺方案。

a. 以齿坯外圆及端面定位进行钻孔或扩孔。

b. 以端面支承拉孔。

c. 以孔定位在多刀半自动车床上粗、精车外圆、端面、车槽及倒角。

由于这种工艺方案采用高效机床组成流水线或自动线生产，所以生产效率高。

②成批生产的齿坯加工

成批生产齿坯时,常采用"车—拉—车"的工艺方案。

a. 以齿坯外圆或轮毂定位,粗车外圆、端面和内孔。

b. 以端面支承拉孔(或花键孔)。

c. 以孔定位精车外圆及端面。

这种方案可由卧式车床或转塔车床及拉床实现。其特点是加工质量稳定,生产效率较高。当齿坯孔有台阶或端面有槽时,可以充分利用转塔车床上的转塔刀架进行多工位加工,在转塔车床上一次完成齿坯的全部加工。

③单件小批量生产齿坯加工

单件小批量生产齿坯时,一般齿坯的孔、端面及外圆的粗车、精车加工都在通用车床上经两次装夹完成,但必须注意将孔和基准端面的精加工在一次装夹中完成,以保证位置精度。

(3)齿形加工

齿圈上的齿形加工是整个齿轮加工的核心。齿轮加工过程由多道工序组成,整个加工过程都是围绕齿形加工工序服务的,以获得符合精度要求的齿轮。

齿形加工方法很多,按加工过程中有无切削,可分为无切削加工和有切削加工两大类。无切削加工包括热轧齿轮、冷轧齿轮、精锻齿轮、粉末冶金等新工艺;无切削加工具有生产效率高,材料消耗少,成本低的优点,目前越来越得到推广应用;但其加工精度较低,工艺不够稳定,特别是生产批量小时难以采用等缺点又限制了它的应用。有切削加工具有加工精度高,适用广泛的特点,是目前齿形加工的主要加工方法。

在有切削加工齿形的方法中,按照加工原理,可分为成形法和展成法两类。成形法加工齿形的特点是所用刀具切削刃形状与被切齿轮齿槽形状相同,如指状铣刀铣齿、盘形铣刀铣齿、齿轮拉刀拉内、外齿等;这种方法由于存在分度误差及刀具的安装误差,加工精度低,一般只能加工出9~10级精度的齿轮;此外,加工过程中需作多次不连续分齿,生产效率也很低;因此,该方法主要用于单件小批量生产中加工精度要求不高的齿轮。展成法加工齿形是应用齿轮啮合原理来进行加工的,用这种方法加工时,被加工齿形轮廓是刀具切削刃运动的包络线;齿数不同的齿轮,只要模数和齿形角相同,都可以用同一把刀具进行加工;用展成法加工齿形的方法主要有滚齿、插齿、剃齿、珩齿和磨齿等;由于展成法加工齿形的加工精度和生产效率都较高,刀具通用性好,所以目前仍然是齿形加工的主要方法。

齿形加工方案的选择,主要取决于齿轮的精度等级、结构形状、生产类型和齿轮的热处理方法以及生产现有条件,对于不同精度的齿轮,常用的齿形加工方案如下:

1)8级精度以下的齿轮

对于调质齿轮,用滚齿或插齿就能满足要求;对于淬硬齿轮,可采用"滚齿(插齿)—剃齿或冷挤—齿端加工—淬火—校正孔"的加工方案。根据不同的热处理方式,在淬火前齿形加工精度应提高1级以上。

2)6~7级精度的齿轮

对于淬硬齿面的齿轮,可采用"滚齿(插齿)—齿端加工—表面淬火—校正基准—磨齿的方案;也可采用滚齿(插齿)—齿端加工—剃齿或冷挤—表面淬火—校正基准—珩齿"的加工方案。

3)5 级精度以上的齿轮

一般采用“粗滚齿—精滚齿—齿端加工—表面淬火—校正基准—粗磨齿—精磨齿”的加工方案。大批大量生产时也可采用“齿端加工—粗磨齿—精磨齿—表面淬火—校正基准—磨削外珩自动线”的加工方案。磨齿是目前齿形加工中精度最高、表面粗糙度值最小的加工方法，最高精度可达 3 ~ 4 级。

选择圆柱齿轮齿形加工方案时可参考表 3.13 的内容。

表 3.13　圆柱齿轮齿形加工方法和加工精度

类　型	不淬火齿轮										淬火齿轮											
精度等级	3	4	5		6			7			3 ~ 4	5		6				7				
表面粗糙度 R_a 值/μm	0.2 ~ 0.1	0.4 ~ 0.2			0.8 ~ 0.4			1.6 ~ 0.8			0.4 ~ 0.1	0.4 ~ 0.2		0.8 ~ 0.4				1.6 ~ 0.8				
滚齿或插齿	●	●	●	●	●	●	●	●	●	●	●	●	●	●	●	●	●	●	●	●	●	●
剃齿				●		●				●			●		●			●				
挤齿							●		●							●			●			
珩齿															●	●		●	●	●		
粗磨齿	●	●	●		●	●	●	●			●	●		●			●				●	
精磨齿	●	●	●	●							●	●	●	●								

(4)齿端加工

齿轮的齿端加工方式有倒圆、倒尖、倒棱和去毛刺，如图 3.24 所示。经倒圆、倒尖、倒棱后的齿轮，在齿轮沿轴向移动时容易进入啮合。如图 3.25 所示为用指状铣刀倒圆的原理图。

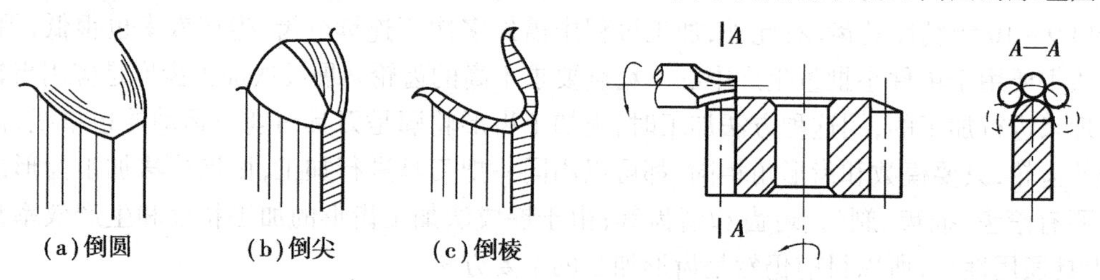

图 3.24　齿端形状　　图 3.25　齿端倒圆

(5)精基准的修整

齿轮经热处理(渗碳、淬火)后，齿面精度一般下降 1 级左右，其孔常发生变形，直径可缩小 0.01 ~ 0.05 mm。为确保齿形精加工质量，必须对基准孔予以修整。一般采用磨孔和推孔的修整方法。对于成批大量生产未淬硬的外径定心的花键孔及圆柱孔齿轮，常采用推孔。推孔生产率高，并可用加长推刀前导引部分来保证推孔的精度。对于以小孔定心的花键孔或已淬硬的齿轮，以磨孔为好，可稳定地保证精度。磨孔应以齿面定位，符合“互为基准”的原则。

3.3.3　典型齿轮加工工艺过程

(1)普通精度齿轮加工工艺分析

如图 3.26 所示为一双联齿轮，材料为 40Cr，精度为 7 级，其加工工艺过程如表 3.14 所示。

从表 3.14 可知，齿轮加工工艺过程大致要经过的阶段为

毛坯热处理—齿坯加工—齿形加工—齿端加工—齿面热处理—精基准修正—齿形精加工

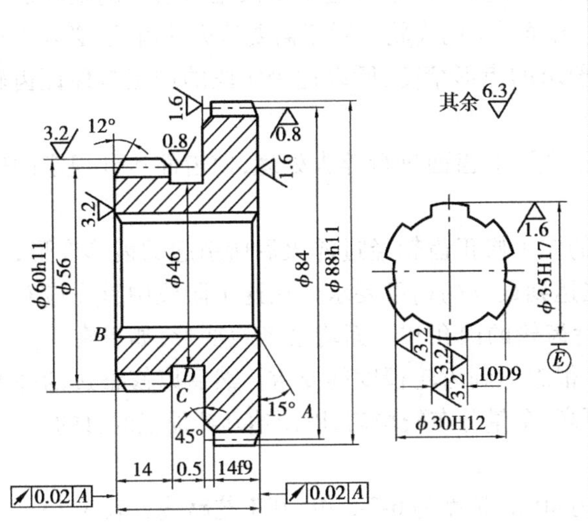

齿　号	Ⅰ	Ⅱ
模数	2	2
齿数	28	42
精度等级	7GK	7JL
公法线长度变动量	0.039	0.024
齿圈径向跳动	0.050	0.042
基节偏差	±0.016	±0.016
齿形公差	0.017	0.018
齿向公差	0.017	0.017
公法线平均长度	$21.36_{-0.05}^{0}$	$27.6_{-0.05}^{0}$
跨齿数	4	5

图 3.26　双联齿轮零件简图

表 3.14　双联齿轮加工工艺过程

序号	工序内容	定位基准
1	毛坯锻造	
2	正火	
3	粗车外圆及端面，留余量 1.5 ~ 2 mm，钻、镗花键底孔至尺寸 ϕ30H12	外圆及端面
4	拉花键孔	ϕ30H12 孔及 A 面
5	钳工去毛刺	
6	装心轴，精车外圆、端面及槽至要求	花键孔及 A 面
7	检验	
8	滚齿（$z=42$），留剃齿余量 0.07 ~ 0.10 mm	花键孔及 B 面
9	插齿（$z=28$），留剃齿余量 0.04 ~ 0.06 mm	花键孔及 A 面
10	倒角（Ⅰ，Ⅱ齿 12°牙角）	花键孔及端面
11	钳工去毛刺	
12	剃齿（$z=42$），公法线长度至尺寸上限	
13	剃齿（$z=28$），采用螺旋角度为 5°的剃齿刀，剃齿后公法线长度至尺寸上限	花键孔及 A 面
14	齿部高频淬火：G52	
15	推孔	花键孔及 A 面
16	珩齿	花键孔及 A 面
17	总检验	

从以上工艺过程可知，加工的第一阶段是齿坯加工。在该阶段中除加工出齿形加工时的定位基准外，对于齿形以外的次要表面的加工，也尽量在这一阶段的后期加以完成。齿形加工

时的定位基准直接影响齿形精度和齿距分布均匀性,最终影响齿轮传动精度,因此该阶段的加工是后续齿形加工的基础工作。

第二阶段是齿形加工。对于不需要淬火的齿轮,一般来说这个阶段也是齿轮的最终加工阶段,经过这个阶段就应当加工出完全符合图样要求的齿轮。对于需要淬火的齿轮,必须在这个阶段中加工出能满足齿形的最终加工所要求的齿形精度,所以这个阶段的加工是保证齿轮加工精度的关键。

第三阶段是热处理阶段。在这个阶段中主要对齿面进行淬火处理,使齿面达到规定的硬度要求。

最后阶段是齿形的精加工阶段。其目的在于修正齿轮经过淬火后所引起的齿形变形,进一步提高齿形精度和降低表面粗糙度,使之达到最终的精度要求。在这个阶段中首先应对定位基准面(孔和端面)进行修整,因淬火以后齿轮的内孔和端面均会产生变形,如果在淬火后直接采用变形的孔和端面进行齿形精加工,很难达到齿轮精度的要求。然后以修整过的基准面定位进行齿形精加工,可以使定位精度更高,余量分布较均匀,以便达到精加工的目的。

(2)高精度齿轮加工工艺及特点

如图 3.27 所示为一高精度齿轮,材料为 40Cr,精度为 6-5-5 级,其工艺路线见表 3.15。

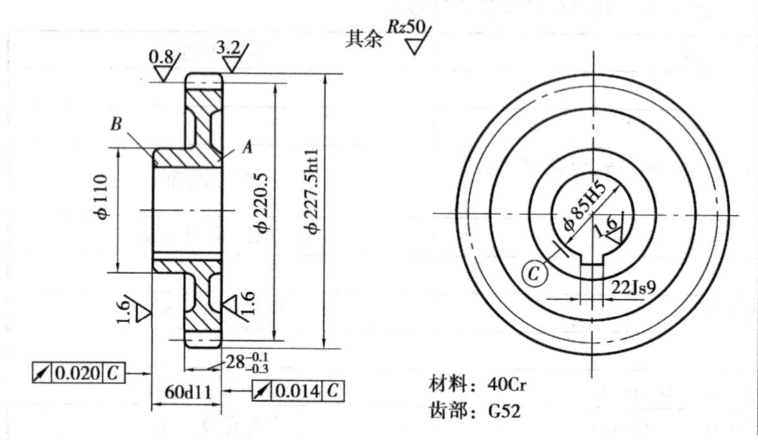

模　数	3.5
基节累积误差	0.045
齿向公差	0.007
齿数	63
基节极限偏差	±0.006 5
公法线平均长度	70.13～80.5
精度等级	655 KM
齿形公差	0.007
跨齿数	7

图 3.27　高精度齿轮加工工艺过程

表 3.15　高精度齿轮加工工艺过程

序号	工序内容	定位基准
1	毛坯锻造	
2	正火	
3	粗车各部分,留余量 1.5～2 mm	外圆及端面
4	精车各部分,内孔至 φ84.8H7,总长留加工余量 0.2 mm,其余至尺寸	外圆及端面
5	检验	
6	滚齿(齿厚留磨加工余量 0.10～0.15 mm)	内孔及 *A* 面
7	倒角	内孔及 *A* 面

续表

序号	工序内容	定位基准
8	钳工去毛刺	
9	齿部高频淬火:G52	
10	插键槽	内孔及端面
11	磨内孔至 ϕ85H5	分度圆和 A 面
12	靠磨大端 A 面	内孔
13	平面磨 B 面至总长度尺寸	A 面
14	磨齿	内孔及 A 面
15	总检验	

本章小结

本章主要介绍了轴类、箱体类和圆柱齿轮类3类典型零件的加工。

在轴类零件加工中,介绍了轴类零件的功用、结构特点、主要技术要求,轴类零件材料选择、毛坯制造及热处理方法,并对单件小批量和大批大量生产轴类零件的工艺过程进行了比较。轴类零件加工的典型工艺路线为“毛坯及其热处理—预加工—车削外圆—铣键槽—热处理—磨削”。以卧式车床主轴为例,介绍了机床主轴加工工艺过程,并对其工艺特点进行了分析。最后,介绍了丝杠的作用、技术要求、选材及热处理,结合实例介绍了典型丝杠加工工艺过程,分析了丝杠加工工艺特点。

在箱体类零件加工中,介绍了箱体类零件的功用及结构类型、箱体类零件材料及毛坯制造方法,并以某车床主轴箱为例,分析了箱体类零件的技术要求。为更好地体现箱体类零件加工特点,阐述了拟订箱体类零件机械加工工艺规程应遵循的原则,介绍了不同类型孔系加工的方法。最后,结合实例分别介绍了单件小批量生产、大批大量生产箱体零件以及分体式箱体的工艺过程,并作了工艺特点分析。

在圆柱齿轮类零件加工中,介绍了齿轮的功用及结构特点、齿轮的主要技术要求、材料的选择及热处理方法。在齿轮加工工艺分析中重点介绍了齿坯加工方案和齿形加工方案的选择。最后结合实例介绍了普通精度级齿轮和高精度级齿轮加工工艺。

习题与思考题

3.1　主轴的结构特点及技术要求有哪些?

3.2　空心类主轴的深孔加工方法有哪些?它们各适用于什么情况?

3.3　轴类零件的中心孔在零件加工过程中起何作用?当加工过程中中心孔由于深孔加

工而消失后工件又如何定位?

3.4 拟订 CA6140 车床主轴主要表面的加工顺序时,可以列出以下 4 种方案:

(1)钻通孔—外表面粗加工—锥孔粗加工—外表面精加工—锥孔精加工。

(2)外表面粗加工—钻深孔—外表面精加工—锥孔粗加工—锥孔精加工。

(3)外表面粗加工—钻深孔—锥孔粗加工—锥孔精加工—外表面精加工。

(4)外表面粗加工—钻深孔—锥孔粗加工—外表面精加工—锥孔精加工。

试分析比较上述各方案的特点,指出最佳方案并说明理由。

3.5 试分析主轴加工工艺过程中如何体现"基准统一""基准重合""互为基准""自为基准"原则?可结合书中例子说明。

3.6 编写如图 3.28 所示的组合机床动力头钻轴的机械加工工艺规程。生产类型属于小批生产,材料为 40Cr,并说明在所制订的过程中,采用什么方法来保证钻轴的技术要求?

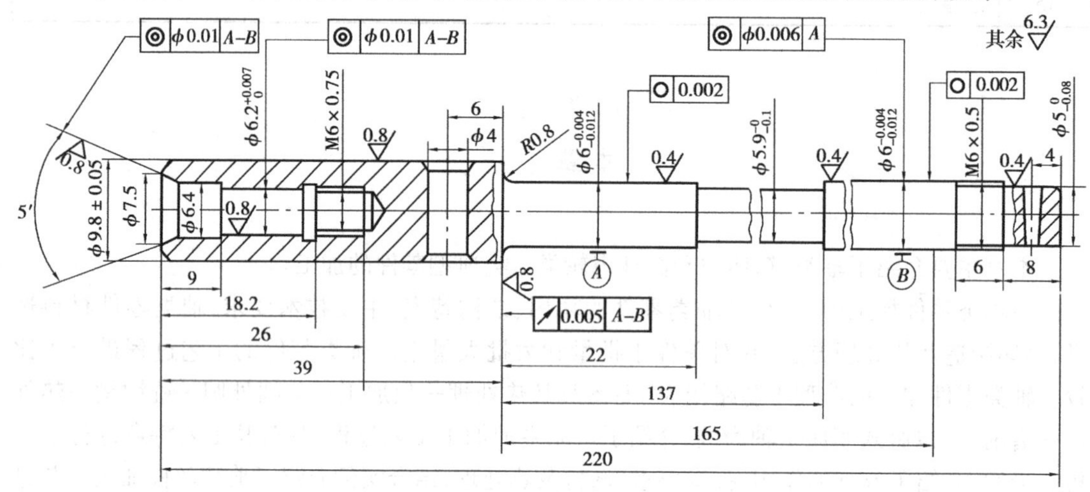

图 3.28 题 3.6 图

3.7 箱体类零件的主要技术要求包括哪些内容?

3.8 箱体加工顺序安排中应遵循哪些基本原则?为什么?箱体孔系加工有哪些方法?它们各有何特点?

3.9 在镗床上镗削直径较大的箱体孔时,影响孔在纵、横截面内形状精度的主要因素是什么?镗削长度较大的发动机汽缸体时,为什么粗镗采用双向加工曲轴孔和凸轮轴孔,而精镗时则采用单向加工?

3.10 试编制如图 3.29 所示的外圆磨床尾座体机械加工工艺规程。生产类型为中批生产,材料为 HT200。

3.11 齿轮的典型加工工艺过程由哪几个加工阶段组成?其中,毛坯热处理与齿面热处理各起什么作用?应安排在工艺过程的哪一阶段?

3.12 试为某机床齿轮的齿形加工选择加工方案,加工条件如下:生产类型:大批生产;工件材料:45 钢,要求高频淬火 52HRC;齿面加工要求:模数 $m=2.25$ mm,齿数 $z=56$,精度等级为 7-7-6 级,表面粗糙度 R_a 为 0.8 μm。

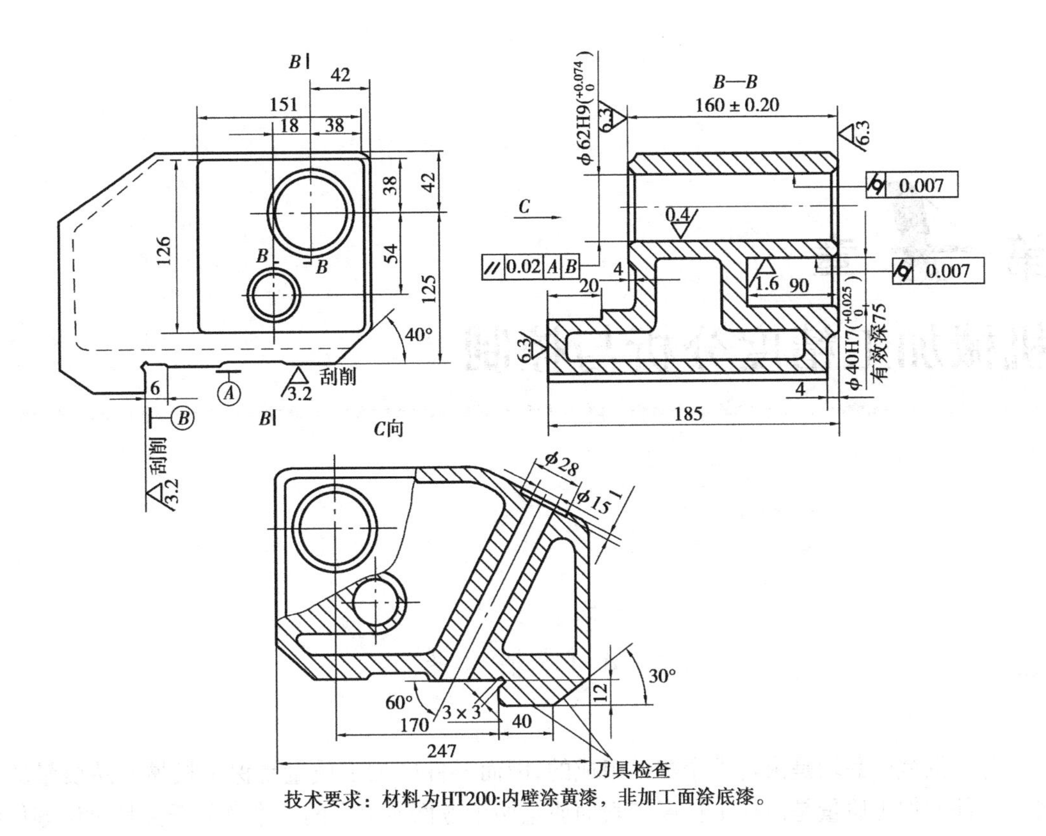
B—B
160 ± 0.20
C向
C
42
151
18
38
126
54
125
40°
6
刮削
3.2
6.3
0.4
1.6
0.007
0.02 A B
4
20
90
185
有效深75
φ28
φ15
30°
60°
3 × 3
170
40
247
12
刀具检查
技术要求：材料为HT200:内壁涂黄漆，非加工面涂底漆。

图3.29 题3.10图

第4章 机械加工精度分析与控制

4.1 概　述

各种机械产品均是由若干个零件组成的，因而零件的加工质量是保证机械产品质量的基础。零件的加工质量是由加工精度和表面质量两个方面所决定的。本章的任务是讨论零件的机械加工精度问题，其目的就是弄清工艺系统的各种原始误差对加工精度影响的规律，掌握控制加工误差的方法，以获得预期的加工精度，并能找出进一步提高加工精度的途径。机械加工精度是机械制造工艺学的重要研究问题之一。

4.1.1 加工精度与加工误差

任何一个零件都是通过不同的机械加工方法获得的。实际加工所获得的零件在尺寸、形状和表面间相互位置方面都不可能与理想零件绝对准确一致，也是没有必要的，它们之间总存在一定的差异。机械加工精度就是指零件加工后的实际几何参数（包括尺寸、形状和表面间相互位置）与理想几何参数的符合程度。符合程度越高，加工精度越高。相反，机械加工误差是指零件加工后的实际几何参数（包括尺寸、形状和表面间相互位置）与理想几何参数的偏离程度。偏离程度越大，加工误差越大。

这里需要说明的是，零件的加工精度和加工误差是从两个相反的方面来描述零件的加工情况的，加工精度越高，加工误差越小；反之，加工精度越低，加工误差越大。

零件的加工精度包括尺寸精度、形状精度和位置精度。同理，零件的加工误差也包括尺寸误差、形状误差和位置误差。尺寸精度用来限制加工表面与基准间的尺寸误差在一定的范围之内；形状精度用来限制加工表面宏观几何形状误差，如圆度、圆柱度、直线度等；位置精度用来限制加工表面与基准间的相互位置误差，如平行度、同轴度等。这三者之间是有联系的，通常零件的尺寸精度要求越高，其形状精度和位置精度的要求也越高。

值得注意的是，零件的加工精度并非越高越好。虽然加工精度越高越能满足零件的使用性能要求，但加工精度越高，所对应的生产成本也越高，生产效率就会越低。因此，对于加工精度的要求，应该以满足零件的使用性能为前提。

4.1.2　获得加工精度的方法

在机械加工中，根据零件的生产批量、加工要求和生产条件的不同有很多获得加工精度的方法。

(1)获得尺寸精度的方法

机械加工中获得零件尺寸精度的方法有试切法、定尺寸刀具法、调整法和自动控制法。

1)试切法

先在工件加工表面上试切一小部分，测量试切所达到的尺寸，按加工要求适当调整刀具相对工件加工表面的位置，再试切、再测量，如此反复。当试切尺寸达到最终要求时，按最后试切的位置切削整个待加工表面。该方法的特点是加工精度不稳定，生产率低，其加工精度主要取决于操作者的技术水平，通常只适用于单件小批量生产。

2)定尺寸刀具法

用具有一定尺寸精度的刀具来保证工件被加工部位的尺寸，如钻孔、铰孔、攻螺纹等加工。影响工件尺寸精度的因素有刀具的尺寸精度以及刀具与工件的位置精度。当工件尺寸精度要求较高时，常采用浮动刀具进行加工，就是为了消除刀具与工件的位置误差的影响。该方法通常用于零件内表面加工，该方法的特点是尺寸稳定，生产率高。

3)调整法

按工件规定的尺寸调整好刀具与工件在机床上的相对位置，并在一批零件的加工过程中保持这个相对位置不变。刀具与工件的相对位置多用机床定程机构和对刀装置等进行调整，如行程开关、定程挡块、样件、样板、对刀块等。该方法的特点是工件尺寸稳定性好，生产率高。

4)自动控制法

加工过程中，利用测量装置、进给装置和控制系统，对工件进行自动测量、进给、补偿，当工件的尺寸达到要求时，自动停止加工。该方法的特点是生产率高，工件尺寸精度易于保证，在自动加工机床和自动生产线上广泛应用。

(2)获得形状精度的方法

机械加工中获得零件几何形状精度的方法有轨迹法、成形法和展成法。

1)轨迹法

利用切削运动中刀具刀尖的运动轨迹以形成工件被加工表面的形状。如工件外圆车削加工中，工件作旋转主运动，刀具作轴向进给运动，刀尖相对工件的运动轨迹即为工件的外圆表面。

2)成形法

利用成形刀具切削刃的几何形状切削出工件加工表面的形状。如成形车削外曲面、车螺纹等。在这种加工方法中，工件的形状精度与切削刃的形状精度和刀具的安装精度有关。

3)展成法

利用刀具和工件作展成切削运动时，切削刃在被加工工件表面上的包络面形成工件的加工表面，如滚齿加工、插齿加工齿轮等。在这种加工方法中，工件的形状精度与机床展成运动中的传动链传动精度有关。

(3)获得位置精度的方法

机械加工中,零件表面的相互位置精度主要取决于工件的定位装夹方式。根据生产批量、加工精度要求和工件大小不同,工件的安装方式主要有两种:找正装夹法、专用机床夹具装夹法。一般单件小批量生产大型零件时用找正装夹法,大批大量生产中小零件时用专用夹具法。

4.1.3 机械加工误差的来源

在机械加工过程中,零件的尺寸、几何形状和表面间相互位置的形成,取决于工件与刀具在切削运动中的相互位置关系,而工件和刀具又安装在夹具和机床上,并受到夹具和机床的约束。机械加工中,把机床、夹具、刀具和工件组成的加工系统称为工艺系统。

工艺系统的各种误差,会在不同具体条件下,以不同程度和方式反映到工件的加工误差上来。因此,工艺系统的各种误差是引起零件加工误差的根源,可把工艺系统的各种误差称为原始误差。

在这些原始误差中,其中一部分与工艺系统的初始状态有关,如机床、夹具和刀具的制造误差,工件定位误差,采用近似成形方法进行加工而产生的原理误差等。这些误差在加工前就已经存在,一般称为工艺系统的几何误差。而另一部分是在加工过程中产生了切削力、切削热和摩擦,它们将会引起工艺系统的受力变形、受热变形和磨损,从而影响调整后获得的工件与刀具之间的相互位置,造成加工误差,该部分误差称为工艺系统的动误差。此外,在加工过程中因测量方法和量具而产生的测量误差,工件加工后因工件残余应力引起的工件变形而产生的误差也是原始误差,也近似地归纳到动误差中。

为清晰起见,现将加工过程中可能出现的各种原始误差归纳如下,如图 4.1 所示。

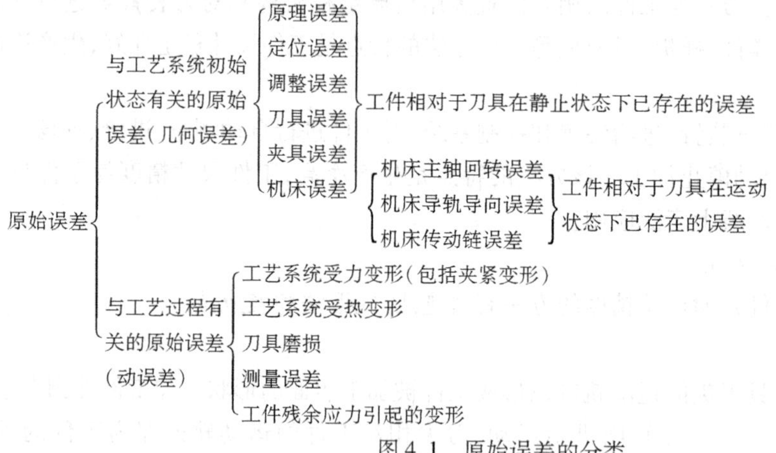

图 4.1 原始误差的分类

4.1.4 机械加工误差的性质

区分机械加工误差的性质是研究和解决加工精度问题的一个重要内容,因为不同性质的加工误差适用不同的分析方法。各种机械加工误差可以按它们在加工一批工件时出现的规律分为两大类:系统误差和随机误差。

(1)系统误差

在相同的工艺条件下,加工一批工件时产生大小和方向不变或按照加工顺序作规律性变化的加工误差,称为系统误差。前者称为常值系统误差,后者称为变值系统误差。

例如,加工原理误差、机床、夹具、刀具的制造误差及工艺系统受力变形误差等都是常值系统误差;机床、夹具、刀具等在热平衡前的热变形误差和刀具的磨损等就是变值系统误差。

(2)随机误差

在相同的工艺条件下,加工一批工件时产生大小和方向不同且无变化规律的加工误差,称为随机误差。

例如,毛坯误差(余量大小不一、硬度不均匀等)的复映、定位误差(基准面精度不一、间隙影响)、夹紧误差(夹紧力大小不一)、多次调整机床的调整误差、残余应力引起的变形误差等,都是随机误差。

随机误差从表面上看似乎没什么规律,但是应用数理统计的方法可以找出一批工件加工误差的总体规律,然后在工艺上采取措施加以控制。

应该指出,同一原始误差在不同场合下表现的误差性质也是不同的。例如,机床在一次调整中加工一批工件时,其调整误差是常值系统误差。但是,当多次调整机床时,每次调整时产生的调整误差就不可能是常值,变化也无一定规律,此时,调整误差又称为随机误差。

4.1.5 研究加工精度的方法

研究加工精度的方法有以下两种:

(1)单因素分析法

有时,为使分析问题简单方便,当研究某一确定因素对加工精度的影响时,可不考虑其他因素的影响,通过分析计算或测试、试验单一因素,得出该因素与加工误差间的关系。

(2)统计分析法

以生产一批工件的实测结果为基础,运用数理统计方法进行数据处理,用以控制工艺过程的正常进行。当发生质量问题时,可以从中判断误差的性质,找出误差出现的规律,帮助我们解决有关加工精度问题。统计分析法只适用于批量生产。

在实际生产中,这两种方法常常结合应用。一般先用统计分析法寻找误差出现的规律,初步判断产生加工误差的可能原因,然后运用单因素分析法进行分析、试验,以便迅速、有效地找出影响加工精度的主要原因。

4.2 工艺系统几何误差对加工精度的影响及其控制

4.2.1 加工原理误差

在机械加工方法中,任何一种加工方法都是按一定加工原理进行的,理论上就要求采用的刀具应当具有一定形状的切削刃,同时,要求机床的传动机构具有准确的运动联系,使工件与刀具保持准确的运动关系。但是,采用理论上完全正确的加工原理有时会使机床或刀具的结构极其复杂,致使机床或刀具制造困难。所以,在实际加工中,常采用近似的加工方法、近似形状的刀具、近似的传动比代替理论的加工方法、刀具、传动比进行加工。这样,从加工原理上就必然带来加工误差,故把它称为加工原理误差。

例如,在三坐标数控铣床上铣削复杂型面工件时,通常要用球头铣刀并采用"行切法"加工。所谓行切法,就是球头铣刀与工件轮廓的切点轨迹是一行一行的,而行间的距离 s 是按照工件加工要求确定的。从实质上看,这种方法就是将空间立体型面视为由众多的平面截线的集合组成,每次走刀加工出其中的一条截线,如图 4.2 所示。每两次走刀之间的行间距 s 可以按下式确定为

$$s=\sqrt{8Rh}$$

式中 R——球头铣刀的半径;

h——允许的表面不平度。

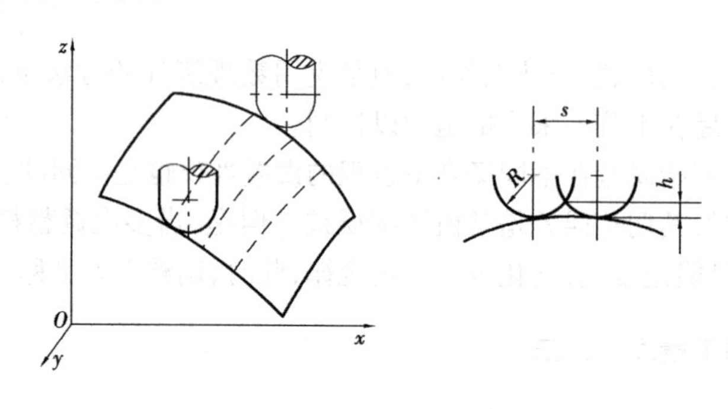

图 4.2 空间复杂曲面的数控加工

由于数控铣床一般只有空间直线插补功能,所以即便是加工一条平面曲线,也必须用许多很短的折线段去逼近它。当刀具连续地将这些小线段加工出来,也就得到所需要的曲线形状。逼近的精度可由每根线段的长度来控制。因此,就整个曲面而言,在三坐标联动的数控铣床上加工,实际上是一段一段的空间直线逼近空间曲面,或者说,整个曲面就是由大量加工出的小线段来逼近的,如图 4.3 所示。这也说明,在曲面的数控加工中,刀具相对于工件的成形运动是近似的。

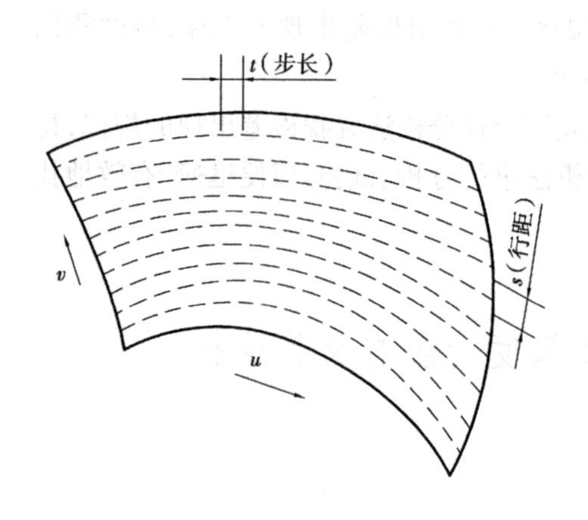

图 4.3 曲面数控加工的实质

又如,滚齿加工用的齿轮滚刀有两种误差:一是由于制造上的困难,常采用阿基米德基本蜗杆滚刀或法向直廓基本蜗杆滚刀代替理论上所需的渐开线基本蜗杆滚刀进行滚齿加工,即采用了近似切削刃刀具;二是由于滚刀刀齿数有限,实际上加工出的齿形是一条折线,与理论上的光滑渐开线也有差异,这些因素都会产生加工原理误差。再如,在车削螺纹时,如果螺纹螺距具有几位小数,而在选择机床挂轮时,因为挂轮的齿数是固定的,所以往往只能得到近似的螺距。

4.2.2 机床误差

在机械加工中,零件的加工精度很大程度上取决于机床的精度,影响机床精度的因素主要有机床的制造误差、安装误差及磨损。机床精度对工件加工精度影响较大的有主轴回转误差、导轨导向误差和传动链的传动误差。

(1)机床主轴的回转误差

1)主轴回转误差的基本概念

机床主轴是机床上用来装夹工件或刀具并传递主要切削运动的重要零件,它的回转精度是机床精度的一项非常重要的指标,主要影响零件加工表面的几何形状精度、位置精度和表面粗糙度。

理想状态下主轴回转时,其回转轴线的空间位置应该固定不变。但实际上,由于受主轴部件中轴承、主轴轴颈、轴承座孔等环节的制造误差和配合质量、润滑条件的影响,主轴瞬时回转轴线的空间位置始终是在周期性地变化。所谓机床主轴回转误差,就是指主轴实际回转轴线相对理想回转轴线的漂移。主轴理想回转轴线虽然客观存在,但却无法确定其位置,实际中往往以其平均回转轴线(即主轴各瞬时回转轴线的平均位置)来代替。

为讨论问题方便,把主轴回转误差分解为径向圆跳动、轴向圆跳动和倾角摆动3种基本形式,如图4.4所示。

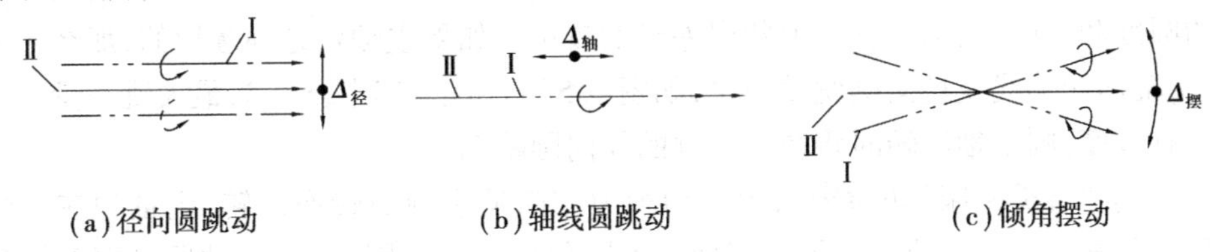

图4.4　主轴回转误差的基本形式

Ⅰ—主轴实际回转轴线;Ⅱ—主轴平均回转轴线

①径向圆跳动

它是主轴实际回转轴线相对于理想回转轴线在径向的变动量(见图4.4(a))。

②轴向圆跳动

它是主轴实际回转轴线沿理想回转轴线方向的变动量(见图4.4(b))。

③倾角摆动

它是主轴实际回转轴线相对理想回转轴线成一倾斜角度的运动(见图4.4(c))。

2)主轴回转误差对工件加工精度的影响

对于不同的加工方法,不同形式的主轴回转误差对工件加工精度的影响是不同的。

在加工外圆和内孔时,主轴的径向圆跳动会使工件产生圆度和圆柱度误差,对工件端面影响不大。但加工方法不同(如车削和镗削),影响程度也不完全相同。一般精密车床的主轴径向圆跳动误差应控制在5 μm以内。

主轴的轴向圆跳动对圆柱面的加工精度影响不大,但在加工端面时,会使加工出的端面与圆柱面不垂直;加工螺纹时,将使螺距产生周期误差。因此,一般对机床主轴的轴向圆跳动通常也提出严格的要求,如精密车床的主轴轴向圆跳动规定为2~3 μm。

主轴轴向的倾角摆动对加工精度的影响可分两种情况:一种是几何轴线相对理想轴线在空间成锥角α的圆锥轨迹。若沿与理想轴线垂直的各个截面来看,相当于几何轴心绕理想轴心作偏心运动,只是各截面的偏心量有所不同而已。因此,无论是车削还是镗削,都能获得一个正圆锥。另一种是几何轴线在某一平面内作角摆动,若其频率与主轴回转频率相一致,沿与理想轴线垂直的各个截面来看,车削表面是一个圆,以整体而论车削出来的工件是一个圆柱,其半径等于刀尖到理想轴线的距离;镗削内孔时,在垂直于主轴理想轴线的各个截面内都形成椭圆,就工件内表面整体而言,镗削出来的是一个椭圆柱。

应当指出的是,实际上主轴工作时其回转轴线的漂移运动是以上 3 种形式的运动的合成,故不同截面内轴心的运动轨迹既不相同,也不相似,它既影响所加工工件圆柱面的形状精度,又影响端面的形状精度。

3)影响主轴回转精度的主要因素

影响主轴回转精度的主要因素总的来说有主轴误差、轴承误差、轴承间隙、与轴承配合零件的误差以及主轴系统的径向不等刚度和热变形等。对于不同类型的机床,其影响因素也各不相同。

①轴承误差的影响

当主轴采用滑动轴承时,轴承误差主要是指主轴颈和轴承内孔的圆度误差和波度。

对于工件回转类机床(如车床、磨床),切削力的方向大体上是不变的,主轴在切削力作用下,主轴颈以不同部位与轴承内孔的某一固定部位相接触。因此,影响主轴回转精度的主要是主轴颈的圆度和波度,而轴承孔的形状误差影响较小。如果主轴颈是椭圆形的,那么主轴回转一周,则主轴回转轴线就径向圆跳动两次,如图 4.5(a)所示,其中,K_{max} 为最大跳动量。主轴轴颈表面如有波度,则主轴回转时将产生高频的径向圆跳动。

对于刀具回转类机床(如镗床),由于切削力方向随主轴回转而回转,主轴颈在切削力作用下总是以其某一固定部位与轴承内表面的不同部位接触。因此,对主轴回转精度影响较大的是轴承孔的圆度误差和波度。如果轴承孔是椭圆形的,则主轴每回转一周,就径向跳动一次,如图 4.5(b)所示。轴承内孔表面如有波度,则同样会使主轴产生高频径向圆跳动。

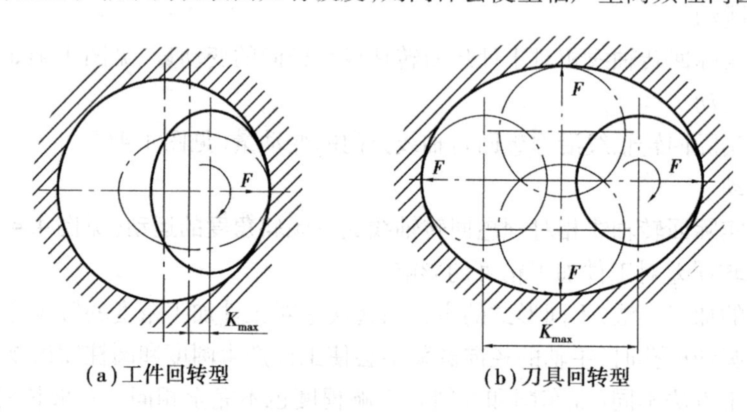

(a)工件回转型　(b)刀具回转型

图 4.5　采用滑动轴承时主轴的径向跳动

当主轴采用滚动轴承时,由于滚动轴承是由内圈、外圈和滚动体等组成,影响的因素会更多。

轴承内、外圈滚道的圆度误差和波度对主轴回转精度的影响,与前述滑动轴承的情况基本相似,分析时可视外圈滚道相当于轴承孔,内圈滚道相当于轴。滚动轴承的内圈、外圈滚道如有波度,则不管是工件回转类机床还是刀具回转类机床,主轴回转时都将产生高频径向圆跳动。

滚动轴承滚动体的尺寸误差会引起主轴回转的径向圆跳动。当最大滚动体通过承载区一次,就会使主轴回转轴线产生一次最大的径向圆跳动。回转轴线的跳动周期与保持架的转速有关。由于轴承保持架的转速近似为主轴转速的 1/2,故主轴每回转两周,主轴轴线就径向圆跳动一次。

②轴承间隙的影响

主轴轴承间隙对主轴回转精度也有影响。如轴承间隙过大，会是主轴工作时油膜厚度增大，油膜承载能力降低，当工作条件(载荷、转速等)变化时，油楔厚度变化较大，主轴轴线漂移量增大。

③与轴承配合的零件误差的影响

由于滚动轴承的内、外圈或滑动轴承的轴瓦都是薄壁零件，受力后容易变形，因此，与之相配合的轴颈或箱体支承孔的圆度误差，会使轴承圈或轴瓦发生变形而产生圆度误差，从而影响主轴的回转精度。提高与轴承相配合零件的制造精度和装配精度，对提高主轴回转精度有非常密切的关系。

④主轴转速的影响

由于主轴部件质量不平衡，机床各种随机振动以及回转轴线的不稳定随主轴转速增加而增加，使主轴在某个转速范围内的回转精度较高，超过这个范围时，误差较大。

⑤主轴系统的径向不等刚度和热变形的影响

主轴系统的刚度在不同方向上往往不等，当主轴上所受力方向随主轴回转而变化，就会因变形不一致而使主轴线漂移。另外，机床工作时，主轴系统的温度将升高，使主轴轴向膨胀和径向位移。由于轴承径向热变形不相等，前后轴承的热变形也不相等，在装卸工件和进行测量时主轴必须停车而使温度发生变化，这些都会引起主轴回转轴线的位置变化和漂移而影响主轴回转精度。

4)提高主轴回转精度的措施

①提高主轴部件的制造精度

首先应提高轴承的回转精度，如选用高精度的滚动轴承，或采用高精度的多油楔动压轴承和静压轴承；其次是提高箱体支承孔、主轴轴颈和与轴承相配合表面的加工精度。

②对滚动轴承进行预紧

对滚动轴承适当预紧以消除间隙，甚至产生微量过盈。这样，由于轴承内、外圈和滚动体弹性变形的相互制约，既增加了轴承刚度，又对轴承内、外圈滚道和滚动体的误差起均化作用，因而可提高主轴的回转精度。

此外，可采取措施使主轴的回转精度不反映到加工工件上去，避免主轴回转误差对工件的影响，这是保证工件形状精度最简单而有效的方法。例如，在外圆磨床上磨削外圆柱面时，为避免工件头架主轴回转误差的影响，工件采用两个固定顶尖支承，主轴只是起传动作用，如图 4.6 所示。此时，工件的回转精度完全取决于顶尖和中心孔的形状误差和同轴度误差，提高顶尖和中心孔的精度要比提高主轴部件的精度容易且经济得多。又如，在镗床上加工箱体类零件上的孔时，可采用前、后导向套的镗模，如图 4.7 所示。此时，刀杆与主轴浮动联接，因此，刀杆的回转精度与机床主轴回转精度也无关，仅由刀杆和导向套的配合质量决定。

(2)机床导轨导向误差

机床导轨副是实现机床直线运动的主要部件，其制造和装配精度是影响机床直线运动的主要因素，将直接影响工件的加工精度。机床导轨导向误差一般有以下 3 种形式：

1)导轨在水平面内的直线度误差

如图 4.8 所示，磨床导轨在水平面内(x 方向)存在直线度误差 Δ，当磨削外圆时工件沿砂轮法线方向产生位移,此时引起工件在半径方向上的尺寸误差 $\Delta R=\Delta$。当磨削长外圆时,会产生圆柱度误差。

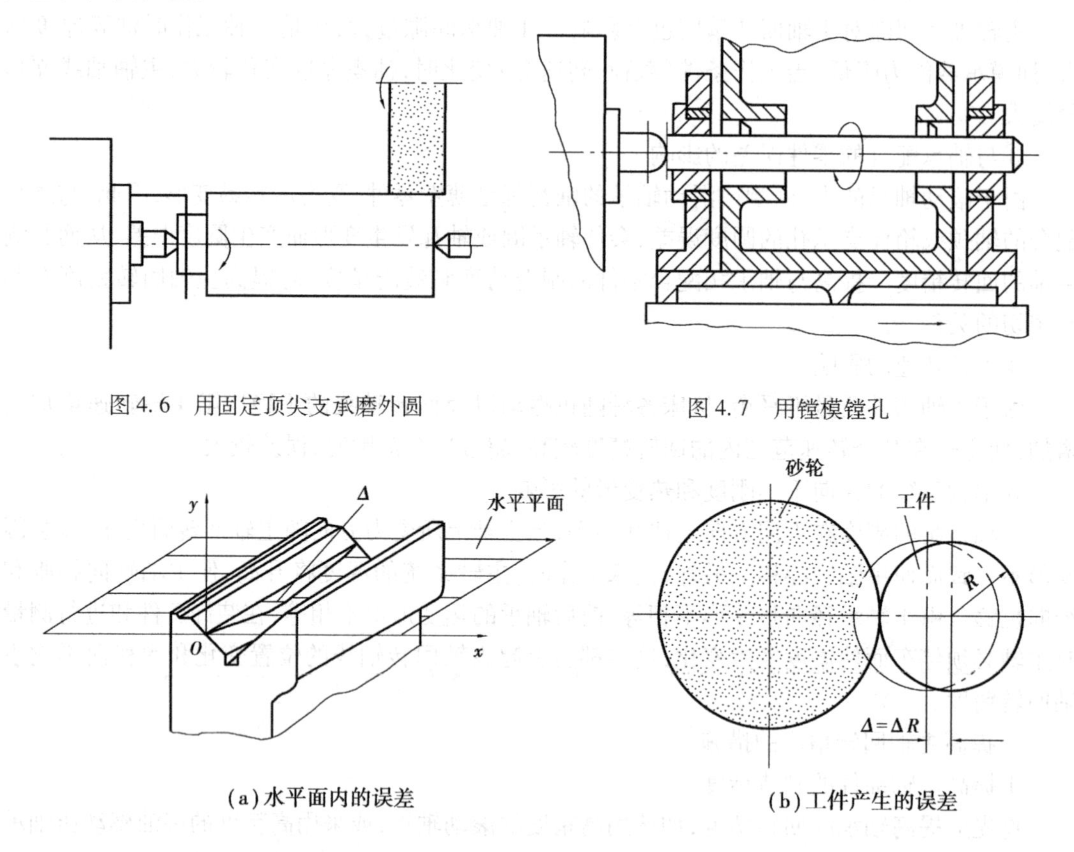

图 4.6 用固定顶尖支承磨外圆

图 4.7 用镗模镗孔

(a)水平面内的误差

(b)工件产生的误差

图 4.8 磨床导轨在水平面内的直线度误差

2)导轨在垂直面内的直线度误差

如图 4.9 所示,磨床导轨在垂直面内(y 方向)存在直线度误差 Δ,当磨削外圆时,工件沿砂轮切线方向产生位移,此时工件产生圆柱度误差,通过几何关系可求得其半径方向上的尺寸误差 $\Delta R\approx\Delta^2/2R$,误差值甚小,可忽略不计。

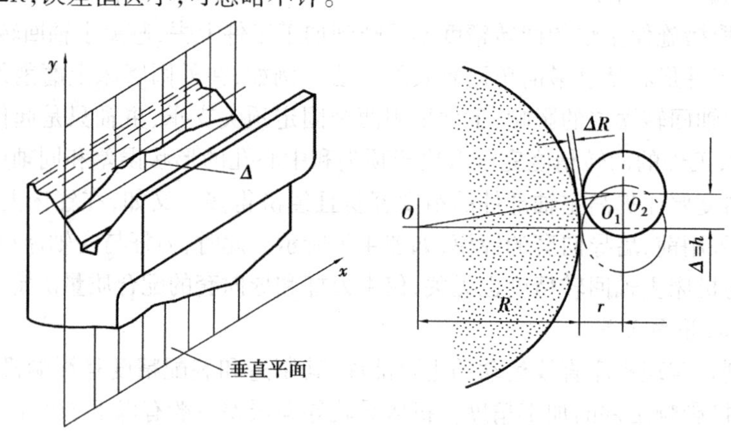

图 4.9 磨床导轨在垂直面内的直线度误差

从上述分析中可知，当工艺系统原始误差的方向为加工表面的法向时，引起工件加工误差为最大，原始误差将1∶1地反映到工件上去，成为工件的加工误差；当原始误差的方向为加工表面的切线方向时，引起工件加工误差为最小，通常可忽略不计。为便于分析工艺系统原始误差对工件加工精度的影响，把对工件加工精度影响最大的那个方向称为误差敏感方向。

3）导轨面间的平行度误差

如图4.10所示，车床两导轨的平行度误差（扭曲）使床鞍产生横向倾斜，刀具产生位移，因而引起工件形状误差。由几何关系可求得

$$\Delta y = \frac{H\Delta}{B}$$

式中　Δy——工件产生的半径误差；

H——主轴至导轨面的距离；

Δ——导轨在垂直方向的最大平行度误差；

B——导轨宽度。

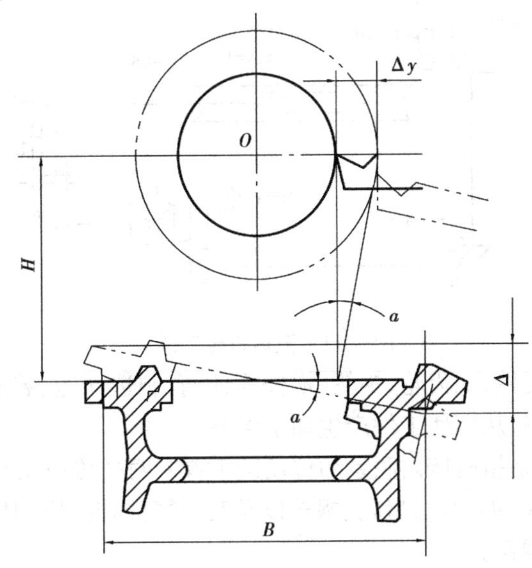

图4.10　车床导轨面的平行度误差

值得注意的是，机床安装不正确所引起的导轨误差，往往大于导轨本身的制造误差。特别是长度较大的龙门刨床、龙门铣床和导轨磨床等，它们的床身导轨是一种细长结构，刚性较差，在本身自重作用下容易变形。如果安装不正确，或地基不良，都会造成导轨弯曲变形。

导轨磨损是造成导轨误差的另一重要原因。由于使用程度不同及受力不均，机床使用一段时间后，导轨沿全长上各段的磨损量不等，并且在同一横截面上各导轨面的磨损量也不相等。导轨磨损会引起床鞍在水平面和垂直面内产生位移，且有倾斜，从而造成刀具切削刃位置误差。

为减小导轨导向误差对工件加工精度的影响，在机床设计与制造时，应从导轨结构、材料、润滑、防护装置等方面采取措施以提高和保持导轨导向精度；在机床安装时，应校正好水平和保证地基质量；在使用时，要注意调整导轨配合间隙，同时保证良好的润滑和维护。

（3）机床传动链的传动误差

1）传动链误差的概念

在螺纹加工或用展成法加工齿轮等工件时，必须保证工件与刀具之间有严格的运动关系，例如，在滚齿机上用单头滚刀加工直齿轮时，要求滚刀与工件之间具有严格的运动关系，即滚刀转一转，工件转过一个齿。这种运动关系是由刀具与工件间的传动链来保证的。对于如图4.11 所示的机床系统，其传动关系可表示为

$$\phi_n(\phi_g) = \phi_d \times \frac{64}{16} \times \frac{23}{23} \times \frac{23}{23} \times \frac{46}{46} i_c i_f \times \frac{1}{96}$$

式中 $\phi_n(\phi_g)$——工件转角；

ϕ_d——滚刀转角；

i_c——差动轮系的传动比，在滚切直齿时，$i_c = 1$；

i_f——分度挂轮传动比。

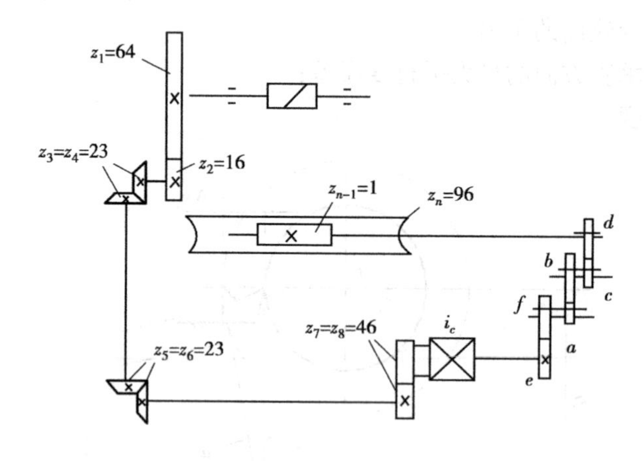

图 4.11 滚齿机传动链

传动链中的各传动元件，如齿轮、蜗轮、蜗杆等，因有制造误差、装配误差和磨损而破坏工件与刀具正确的运动关系，从而使工件产生加工误差。

所谓传动链误差，就是指机床内联系的传动链中首末两端传动元件之间相对运动的误差。它是按展成原理加工工件（如螺纹、齿轮、蜗轮以及其他零件）时，影响加工精度的主要因素。

2）传动链误差的传递系数

传动链误差一般可用传动链末端元件的转角误差来衡量。由于各传动件在传动链中所处的位置不同，它们对工件加工精度（即末端件的转角误差）的影响程度是不同的。当传动链是升速传动时，则传动元件的转角误差将被扩大；反之，则转角误差将被缩小。在图 4.11 中，假如滚刀轴均匀旋转，若齿轮 z_1 有转角误差 $\Delta\phi_1$，而其他各传动元件无误差，则传递到末端件（也即第 n 各传动件）上所产生的转角误差 $\Delta\phi_{1n}$ 为

$$\Delta\phi_{1n} = \Delta\phi_1 \times \frac{64}{16} \times \frac{23}{23} \times \frac{23}{23} \times \frac{46}{46} i_c i_f \times \frac{1}{96} = k_1 \Delta\phi_1$$

式中，k_1 为 z_1 到末端的传动比。由于它反映了 z_1 的转角误差对末端元件传动精度的影响，故称为误差传递系数。

同样，对于分度蜗轮有

$$\Delta\phi_{nn} = \Delta\phi_n \times 1 = k_n \Delta\phi_n$$

式中，k_1, k_n 即 $k_j (j = 1, 2, \cdots, n)$ 为第 j 个传动件的误差传递系数。

实际上，由于所有的传动件都存在误差，因此，各传动件对工件精度影响的总和 $\Delta\phi_\Sigma$ 为各

传动元件所引起末端元件转角误差的叠加,即

$$\Delta\phi_{\Sigma} = \sum_{j=1}^{n} \Delta\phi_{jn} = \sum_{j=1}^{n} k_j \Delta\phi_j \tag{4.1}$$

如果考虑到传动链中各传动元件的转角误差都是独立的随机变量,则传动链末端元件的总转角误差可用概率法进行估算,即

$$\Delta\phi_{\Sigma} = \sqrt{\sum_{j=1}^{n} k_j^2 \phi_j^2} \tag{4.2}$$

3)减小传动链传动误差的措施

①尽可能缩短传动链

当机床传动链越短,传动副越少,传动误差也越小。这是减小传动链传动误差最根本的途径。

②尽量采用降速传动

如果从传动链的中间轴往传动链两端传递的各传动副均为降速传动,则中间传动副的误差反映到末端元件的误差是缩小的;反之,则误差会扩大。

③提高传动元件精度

提高传动元件,特别是末端元件的制造和装配精度,可大大减小传动误差。由误差传递规律的分析可知,传动链中各传动副的精度对加工误差影响是不同的,中间传动副的误差在传递过程中都被缩小了,只有末端传动副的误差直接反映到执行元件上,对工件加工精度影响最大。

④采用校正装置

校正装置的实质是在原传动链中人为地加入一误差,其大小与传动链本身的误差相等而方向相反,从而使之相互抵消。

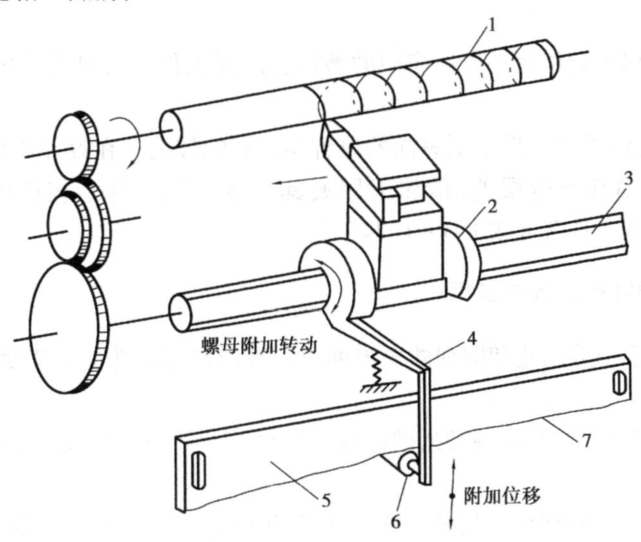

图4.12　丝杠加工误差校正装置

1—工件;2—螺母;3—母丝杠;4—杠杆;

5—校正尺;6—触头;7—校正曲线

例如,高精度螺纹加工机床常采用的机械式校正机构,其原理如图 4.12 所示。根据测量被加工工件 1 的导程误差,设计出校正尺 5 上的校正曲线 7。校正尺 5 固定在机床床身上。加工螺纹时,机床母丝杠带动螺母 2 及与其相固联的刀架和杠杆 4 移动,同时,校正尺 5 上的校正误差曲线 7 通过触头 6、杠杆 4 使螺母 2 产生一附加转动,从而使刀架得到一附加位移,以补偿传动误差。

需要说明的是,采用机械式校正装置只能校正机床静态的传动误差。如果要校正机床静态及动态传动误差,则需要采用计算机控制的传动误差补偿装置。

4.2.3 夹具的制造误差与磨损

在机械加工时,工件装夹在夹具上,而夹具则安装在机床主轴或工作台上,通过对刀使工件与刀具具有相对正确的位置,保证工件需要的尺寸精度和位置精度。但由于夹具存在制造误差、安装误差和磨损,工件相对刀具得不到正确位置,因而影响工件的加工精度。夹具误差主要表现在以下 4 个方面:

1)工件在夹具中的定位误差

当用调整法加工一批工件时,工件在夹具中的定位过程中,由于工件的定位基准与工件的工序基准不重合,以及工件的定位基准面与夹具的定位元件工作表面存在制造误差,因而引起工件的工序基准偏离理想位置,由此引起工序尺寸产生加工误差,称为定位误差。

2)对刀误差

由于夹具对刀和导向元件与定位元件之间的误差,以及夹具定位元件与夹具安装基面之间的位置误差,会使工件与刀具之间得不到准确位置而造成的工件加工误差,称为对刀误差。

3)夹具安装误差

夹具安装在机床上位置不准确而引起的误差称为安装误差。

4)夹具的磨损

夹具在使用过程中定位元件工作表面的磨损会改变工件与刀具的位置,从而造成工件加工误差。

一般来说,夹具误差对工件加工表面的位置误差影响较大。在设计夹具时,凡影响工件精度的尺寸应严格控制其制造误差,精加工用夹具一般可取工件上相应尺寸或位置公差的 1/10 ~ 1/5,粗加工用夹具则可取 1/3 ~ 1/2。

4.2.4 刀具的制造误差与磨损

刀具误差也包括制造误差和磨损两个方面。刀具误差对工件加工精度的影响因刀具的种类不同而有所不同。

①采用定尺寸刀具(如钻头、铰刀、键槽铣刀等)加工时,刀具的尺寸精度直接影响工件的尺寸精度。

②采用成形刀具(如成形车刀、成形铣刀、成形砂轮等)加工时,刀具的形状精度将直接影响工件的形状精度。

③采用展成刀具(如齿轮滚刀、花键滚刀、插齿刀等)加工时,刀具切削刃形状必须是加工表面的共轭曲线。因此,切削刃的形状误差会影响加工表面的形状精度。

④对于一般刀具(如车刀、镗刀、铣刀等),其制造精度对加工精度无直接影响,但这类刀

具的寿命较低,刀具容易磨损。

任何刀具在切削过程中都不可避免地要产生磨损,并由此引起工件尺寸和形状误差。在精加工过程中,刀具的磨损所引起的加工误差占总加工误差中很大比重。因此,应该十分重视刀具的磨损问题,特别是在加工表面的法向方向的磨损,这种磨损在误差敏感方向,通常称为尺寸磨损,即如图4.13所示的*NB*。

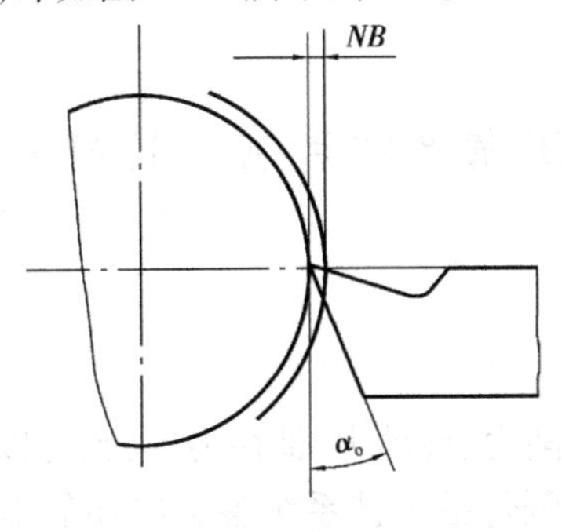

图4.13 后刀面磨损

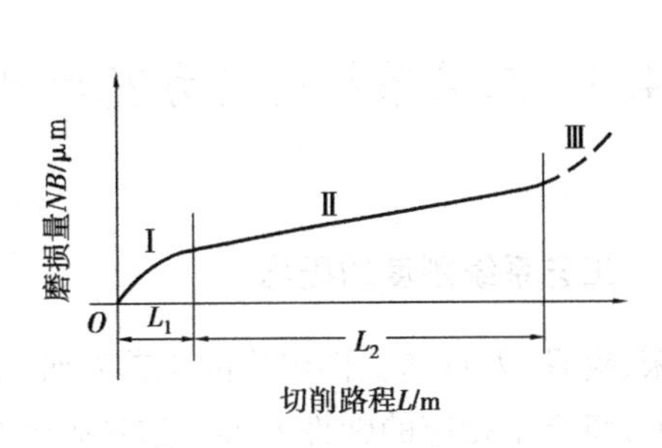

图4.14 刀具磨损与切削路程的关系

刀具的磨损有3个阶段,如图4.14所示。第一个阶段(Ⅰ)时间短,往往只有几分钟,磨损剧烈,切削路程不超过1 km,称初期磨损阶段。第二个阶段(Ⅱ)磨损量与切削路程成正比关系,切削路程可达30 km,称正常磨损阶段。刀具绝大部分工作是在这个阶段内进行的。第三个阶段(Ⅲ)刀具磨损迅速,刀刃在很短的时间内磨损坏,称急剧磨损阶段。

4.2.5 调整误差

在机械加工的每一道工序中,总是要对工艺系统进行相应的调整工作,由于调整不可能绝对准确,因而产生调整误差。

工艺系统的调整有如下两种基本方式,不同的调整方式有不同的误差来源。

(1)试切法调整

单件小批量生产中,通常采用试切法调整,如前所述,其方法是对工件进行试切—测量尺寸—调整刀具—再试切,直到达到要求的精度为止。这时,引起调整误差的主要因素如下:

1)测量误差

由于量具本身精度、测量方法不同及使用条件的差别,它们都会影响测量精度,因而产生加工误差。

2)进给机构的位移误差

在试切过程中,总是要微量调整刀具位置。在低速微量进给中,常会出现进给机构的“爬行”现象,其结果使刀具的实际位移与刻度盘上的数值不一致,造成加工误差。

3)试切时与正式切削时切削厚度不同的影响

精加工时,试切的最后一刀往往很薄,切削刃会在加工表面上打滑,起挤压作用而并没有起切削作用,但正式切削时的深度较大,切削刃不再打滑,切削的厚度比试切时大。因此,工件尺寸就与试切时不同,形成工件的尺寸误差。

(2)调整法调整

采用调整法对工艺系统进行调整时,也要以试切为依据。因此,上述影响试切法调整精度的因素,同样对调整法也有影响。此外,影响调整精度的因素还有用定程机构调整时,调整精度取决于行程挡块、靠模及凸轮等机构的制造精度和刚度，以及与其配合使用的离合器、控制阀等灵敏度；工艺系统初调好后，一般要试切几个工件，并以其平均尺寸作为判断调整是否准确的依据，由于试切加工的工件数量（称为样件数）不可能太多，不能完全反映整批工件切削过程的各种随机误差，故试切加工几个工件的平均尺寸与总体尺寸不能完全符合，也造成了加工误差。

4.3 工艺系统的受力变形对加工精度的影响及其控制

4.3.1 工艺系统刚度的概念

由机床、夹具、刀具和工件组成的工艺系统，在切削力、传动力、惯性力、夹紧力以及重力等外力作用下，将产生相应的弹性变形。这种弹性变形既包括工艺系统各组成环节本身的弹性变形，也包括各组成环节配合（或接合）处的位移。工艺系统受力变形，将破坏刀具切削刃与工件之间已调整好的正确位置关系，从而产生加工误差。例如，车削细长轴时，工件在切削力作用下的弯曲变形，加工后会产生鼓形圆柱度误差，如图 4.15（a）所示。又如，在内圆磨床上用横向切入磨孔时，磨出的孔会产生带有锥度的圆柱度误差，如图 4.15（b）所示。由此可见，工艺系统受力变形是加工中的一项很重要的原始误差。

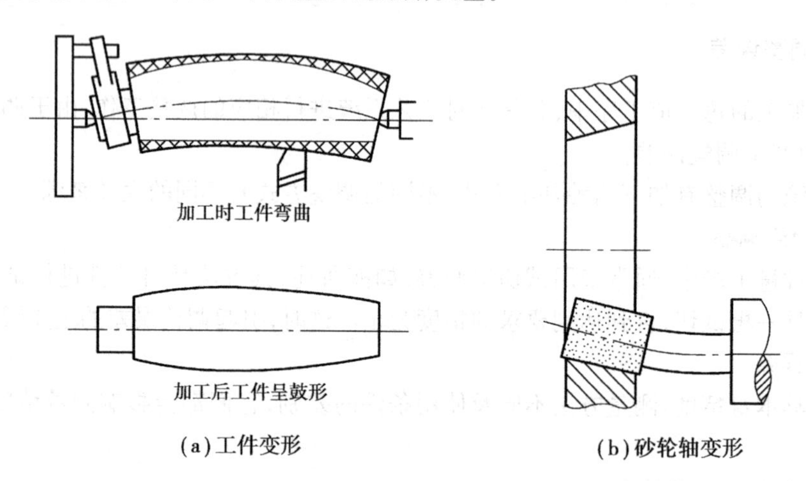

图 4.15 工艺系统受力变形引起的加工误差

工艺系统抵抗外力作用下弹性变形的能力越强，则加工精度越高。工艺系统抵抗弹性变形的能力可用工艺系统的刚度来描述。如果引起工艺系统弹性变形的作用力是静态力，则由此力和变形关系所确定的刚度称为静刚度；如果作用力是交变力（随时间变化的），则由该力和变形关系所确定的刚度称为动刚度。这里只研究静刚度。

应当指出的是，加工表面法向方向的变形对加工误差影响最大。因此，工艺系统刚度是指在切削力 F_x，F_y，F_z 的综合作用下，沿加工表面法向方向上的切削分力 F_y 与刀刃在此方向上相对工件的位移 y 的比值，即

$$k=\frac{F_y(\text{法向切削力})}{y(\text{在}F_x,F_y,F_z\text{综合作用下刀具相当于工件的法向位移})}$$

式中　k——工艺系统刚度,N/mm。

4.3.2　工艺系统刚度计算

工艺系统在某一处的法向总变形 y 是各个组成环节在同一处的法向变形的叠加,因此,工艺系统总的变形为

$$y_{xt}=y_{jc}+y_{jj}+y_{dj}+y_g \tag{4.3}$$

式中　y_{xt}——工艺系统总变形量,mm;

y_{jc}——机床变形量,mm;

y_{jj}——夹具变形量,mm;

y_{dj}——刀架变形量,mm;

y_g——工件变形量,mm。

由刚度定义可写出

$$k_{jc}=\frac{F_y}{Y_{jc}},k_{jj}=\frac{F_y}{Y_{jj}},k_{dj}=\frac{F_y}{Y_{dj}},k_g=\frac{F_y}{y_g}$$

把上式代入式(4.3),可得工艺系统刚度计算的一般式为

$$\frac{1}{k_{xt}}=\frac{1}{k_{jc}}+\frac{1}{k_{jj}}+\frac{1}{k_{dj}}+\frac{1}{k_g} \tag{4.4}$$

式中　k_{xt}——工艺系统总刚度,N/mm;

k_{jc}——机床刚度,N/mm;

k_{jj}——夹具刚度,N/mm;

k_{dj}——刀具刚度,N/mm;

k_g——工件刚度,N/mm。

因此,已知工艺系统的各个组成部分刚度,即可计算出工艺系统总刚度。

当工件、刀具的形状比较简单时,其刚度可以用材料力学中的有关公式进行计算,其结果和实际相差不大。例如,装夹在卡盘中的棒料以及夹紧在车刀架上的车刀,可按照悬臂梁公式计算其刚度,即

$$y_1=\frac{F_yL^3}{3EI}\quad k_1=\frac{3EI}{L^3}$$

又如,支承在两顶尖间加工的棒料,可以用简支梁的公式计算其刚度,即

$$y_2=\frac{F_yL^3}{48EI},k_2=\frac{48EI}{L^3}$$

式中　L——工件(刀具)长度,mm;

E——材料的弹性模量,N/mm^2;

I——工件(刀具)的截面惯性矩,mm^4;

y_1——外力作用在梁端点的最大位移,mm;

y_2——外力作用在梁中点的最大位移,mm。

由于机床部件和夹具是由若干个零件组成,刚度很难用纯粹的计算方法求出,一般其刚度

多采用实验方法测定。

应当指出的是,用刚度一般式求解某一系统刚度时,应针对具体情况进行具体分析,可作一些简化。例如,外圆车削时,车刀本身在切削力作用下的变形对加工误差影响很小,可忽略不计;再如,镗孔时,镗杆的受力变形严重影响加工精度,而工件(如箱体零件)的刚度一般较大,其受力变形很小,可忽略不计。

4.3.3 工艺系统刚度对加工精度的影响

(1)受力点位置变化引起的形状误差

1)在车床顶尖间车削粗而短的光轴

如图4.16(a)所示,由于车刀和工件变形极小,故可忽略不计。此时,工艺系统的总变形完全取决于机床主轴箱、尾座(包括顶尖)和刀架的变形。

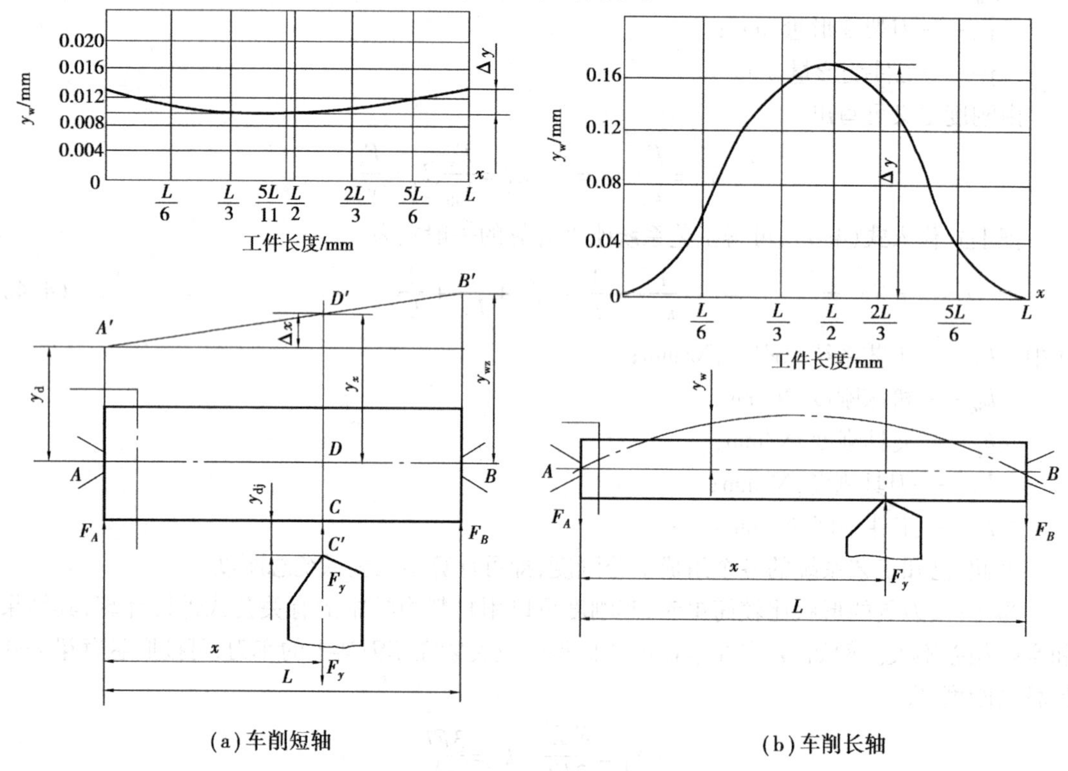

(a)车削短轴

(b)车削长轴

图4.16 工艺系统变形随受力点变化而变化

当加工中车刀处于图4.16(a)所示位置时,在切削分力 F_y 的作用下,主轴箱由 A 点位移到 A',尾座由 B 点位移到 B',刀架由 C 点位移到 C',它们的位移量分别用 y_{tj},y_{wz},y_{dj} 表示。而工件轴线 AB 位移到 $A'B'$,刀具切削点处工件轴线的位移 y_x 为

$$y_x = y_{tj} + \Delta x$$

由几何关系可得

$$y_x = y_{tj} + (y_{wz} - y_{tj})\frac{X}{L} \tag{4.5}$$

设 F_A,F_B 为 F_y 所引起的主轴箱、尾座处的作用力,则

$$y_{tj} = \frac{F_A}{F_{tj}} = \frac{F_y}{k_{tj}}\left(\frac{L-x}{L}\right) \tag{4.6}$$

$$y_{wz} = \frac{F_B}{k_{wz}} = \frac{F_y}{k_{wz}}\frac{x}{L} \tag{4.7}$$

将式(4.6)和式(4.7)代入式(4.5),得

$$y_x = \frac{F_y}{k_{jt}}\left(\frac{L-x}{L}\right) + \frac{F_y}{K_{wz}}\left(\frac{x}{L}\right)^2$$

工艺系统的总位移为

$$y_{xt} = y_x + y_{dj} = F_y\left[\frac{1}{k_{dj}} + \frac{1}{k_{tj}}\left(\frac{L-x}{L}\right)^2 + \frac{1}{k_{wz}}\left(\frac{x}{L}\right)^2\right] \tag{4.8}$$

由式(4.8)可知,工艺系统刚度是随受力点位置"x"变化而变化。当按上述条件车削时,即不考虑工件、刀具、夹具的刚度,此时,工艺系统刚度实为机床刚度。在以下几个特殊位置处,工艺系统的总位移分别如下:

当 $x=0$ 时,
$$y_{xt} = y_{jc} = \left(\frac{1}{k_{dj}} + \frac{1}{k_{tj}}\right)F_y \tag{4.9}$$

当 $x=L$ 时,
$$y_{xt} = y_{jc} = \left(\frac{1}{k_{dj}} + \frac{1}{k_{wz}}\right)F_y \tag{4.10}$$

当 $x=\frac{L}{2}$ 时,
$$y_{xt} = y_{jc} = \left[\frac{1}{k_{dj}} + \frac{1}{4}\left(\frac{1}{k_{tj}} + \frac{1}{k_{wz}}\right)\right]F_y \tag{4.11}$$

另外,还可用极值的方法,当求出 $x=\frac{k_{wz}}{k_{tj}+k_{wz}}L$ 时,工艺系统(机床)刚度最大,变形量最小,即

$$y_{xtmin} = y_{jcmin} = \left(\frac{1}{k_{dj}} + \frac{1}{k_{tj}+k_{wz}}\right)F_y \tag{4.12}$$

当求出对应上述各位置变形量中最大值与最小值之差时,就可得车削时的圆柱度误差。

例4.1　设 $k_{tj}=6\times10^4\ \text{N/mm}$,$k_{wz}=5\times10^4\ \text{N/mm}$,$k_{dj}=4\times10^4\ \text{N/mm}$,$F_y=300\ \text{N}$,工件长度 $L=600\ \text{mm}$。根据式(4.8)可计算得沿工件长度上系统各处的位移如表4.1所示。根据表中数据,即可作如图4.16(a)上方所示的变形曲线。

表4.1　沿工件长度的变形

x	0(主轴箱处)	$\frac{1}{6}L$	$\frac{1}{3}L$	$\frac{5}{11}L$	$\frac{1}{2}L$(中点)	$\frac{2}{3}L$	$\frac{5}{6}L$	L(尾座处)
y_{xt}	0.012 5	0.011 1	0.010 4	0.010 2	0.010 3	0.010 7	0.011 8	0.013 5

工件的圆柱度误差为(0.013 5 − 0.010 2)mm = 0.003 3 mm。

2)在两顶尖间车削细长轴

如图4.16(b)所示,由于工件细长,刚度小,在切削力作用下其变形大大超过机床、夹具和刀具所产生的变形。因此,机床、夹具和刀具的受力变形可忽略不计,工艺系统的变形完全取决于工件的变形。加工中车刀处于图示位置时,工件的轴线产生弯曲变形。根据材料力学的计算公式,其切削点的变形量为

$$y_w = \frac{F_y}{3EI}\frac{(L-x)^2x^2}{L}$$

例4.2　设 $F_y=300\ \text{N}$,工件尺寸为 $\phi30\ \text{mm}\times600\ \text{mm}$,$E=2\times10^5\ \text{N/mm}^2$,则沿工件长度

上的变形见表4.2。根据表中数据,即可作出如图4.16(b)上方所示的变形曲线。

表4.2 沿工件长度的变形

x	0(主轴箱处)	$\frac{1}{6}L$	$\frac{1}{3}L$	$\frac{1}{2}L$(中点)	$\frac{2}{3}L$	$\frac{5}{6}L$	L(尾座处)
y_{xt}	0	0.052	0.132	0.17	0.132	0.052	0

故工件的圆柱度误差为(0.17 - 0)mm = 0.17 mm。

工艺系统刚度随受力点位置变化而异的例子很多,例如,立式车床、龙门刨床、龙门铣床等的横梁及刀架,大型铣镗床滑枕内的轴等,其刚度均随刀架位置或滑枕伸出长度不同而异,其分析方法基本与上述例子相同。

(2)切削力大小变化引起的加工误差

在车床上加工短轴,工艺系统刚度变化不大,可以近似地作为常数。这时,由于工件被加工表面的形状误差或材料硬度不均匀而引起切削力变化,使受力变形不一致而产生加工误差。

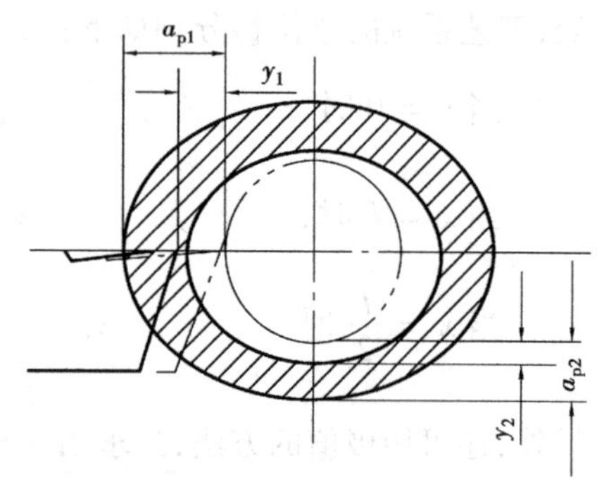

图4.17 零件形状误差的复映

现以车削为例进行讨论,如图4.17所示。工件由于毛坯的圆度误差(如椭圆),车削时使切削深度在 a_{p1} 与 a_{p2} 之间变化。因此,切削分力 F_y 也随切削深度 a_p 的变化由最大 F_{ymax} 变到最小 F_{ymin}。工艺系统将产生相应的变形,即由 y_1 变到 y_2(刀尖相对工件在法线方向的位移变化),工件就形成圆度误差,即椭圆毛坯经加工后仍然是椭圆的。故把这种现象称为“误差复映”。

误差复映的大小可用刚度计算公式进行以下计算:

工件直径上的误差 Δ_w 为 $$\Delta_m = y_1 - y_2 = \frac{F_{y1}}{K_{xt}} - \frac{F_{y2}}{K_{xt}} \tag{4.13}$$

式中 y_1, y_2——切削深度为 a_{p1}, a_{p2} 时工艺系统的弹性位移;

F_{y1}, F_{y2}——切削深度为 a_{p1}, a_{p2} 时工件法向切削分力。

根据切削原理,法向切削分力 F_y 与切向切削分力 F_z 有如下关系,即

$$F_y = \lambda F_z$$

而 $$F_z = C_{Fz} a_p f^{0.75}$$

式中 λ——主要与刀具几何角度有关的系数,一般取0.4;

f——进给量;

a_p——切削深度;

C_{Fz}——与工件材料、刀具几何形状等有关的系数。

将 F_y 值代入式(4.13)得

$$\Delta_w = \frac{\lambda F_{z1}}{k_{xt}} - \frac{\lambda F_{z2}}{k_{xt}} = \frac{\lambda}{k_{xt}}(C_{Fz} f^{0.75} a_{p1} - C_{Fz} f^{0.75} a_{p2})$$

$$= \frac{\lambda}{k_{xt}} C_{Fz} f^{0.75} (a_{p1} - a_{p2})$$

$$= \frac{\lambda}{k_{xt}} C_{Fz} f^{0.75} \Delta_m$$

$$= \frac{A}{k_{xt}} \Delta_m \tag{4.14}$$

式中　k_{xt}——工艺系统刚度；

A——径向切削力系数；

Δ_m——毛坯直径误差。

从式(4.14)可知，当毛坯的形状误差一定时，工艺系统刚度越大，加工后工件的形状误差越小，即加工精度越高。为了表示工件加工后精度提高的程度，引用误差复映系数的概念，以 ε 表示，即

$$\varepsilon = \frac{\Delta_w}{\Delta_m} = \frac{\lambda}{k_{xt}} C_{Fz} f^{0.75} = \frac{A}{k_{xt}} \tag{4.15}$$

ε 值越小，表示加工后工件的精度越高。

当该表面分几次进行加工时，第一次加工的复映系数为 ε_1，第二次加工的复映系数为 ε_2，……，则该表面总的误差复映系数为

$$\varepsilon = \varepsilon_1 \varepsilon_2 \varepsilon_3 \cdots \varepsilon_n$$

因每个复映系数均小于 1，故总的复映系数 ε 将是一个很小的数值。这样经过多次加工后工件的误差比毛坯的误差小了很多，可达到允许的工程范围，从而得到所要求的精度。因此，精度要求很高的表面，要经过粗加工、精加工和光整加工等多道工序，才能达到加工要求。

现将式(4.14)写成如下形式，即

$$k_{xt} = \lambda C_{Fz} f^{0.75} \frac{\Delta_m}{\Delta_w} = \frac{\Delta F_y}{\Delta_w} \tag{4.16}$$

因此，只要测量出毛坯加工前后的误差，从切削用量手册中查出 C_{Fz}；或通过电测仪器测出 ΔF_y，则工艺系统刚度就可确定。如果加工的工件刚性很好（工件变形可不考虑），则式(4.16)所得即为机床刚度。

(3) *夹紧力和重力引起的加工误差*

工件在装夹时，由于工件刚度较低或夹紧力夹紧点不当，都会引起工件产生相应的变形，造成加工误差。如图 4.18 所示为用三爪卡盘夹持薄壁套筒的夹紧变形误差，假定毛坯件是正圆形，夹紧后毛坯呈三棱形，虽然镗出的孔为正圆形，但松开夹具后，套筒弹性恢复后使孔又变成三棱形。为了减小加工误差，应使夹紧力均匀分布，可采用开口过渡环或采用专用卡爪夹紧。

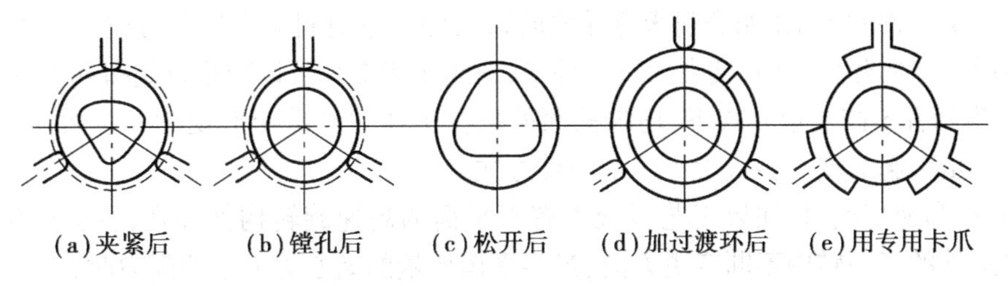

图 4.18　三爪卡盘夹紧薄壁套筒的夹紧变形误差

又如，磨削薄片工件时，假定毛坯翘曲，当它被电磁工作台吸紧时，会产生弹性变形，磨削后取下工件，工件恢复弹性变形，使已磨平的表面又产生翘曲，如图 4.19 所示。改进办法是在

工件与磁力吸盘之间垫入一层薄橡胶垫，使工件变形减小，翘曲部分就被磨去。如此进行，正反面轮番多次磨削后，就可得到较平的平面。

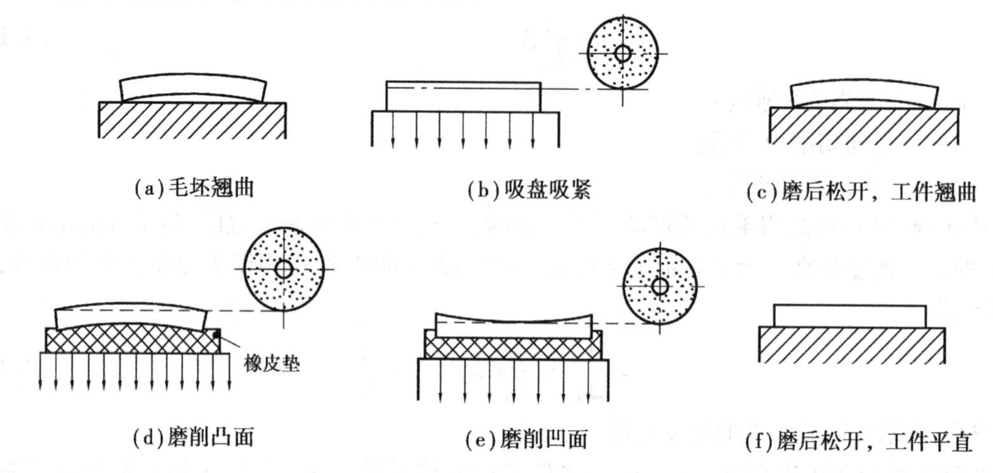

图 4.19　薄壁工件的磨削

再如，如图 4.20 所示为加工发动机连杆大头孔时的装夹示意图，由于夹紧力作用点不当，造成加工后两孔中心线与定位端面不垂直。

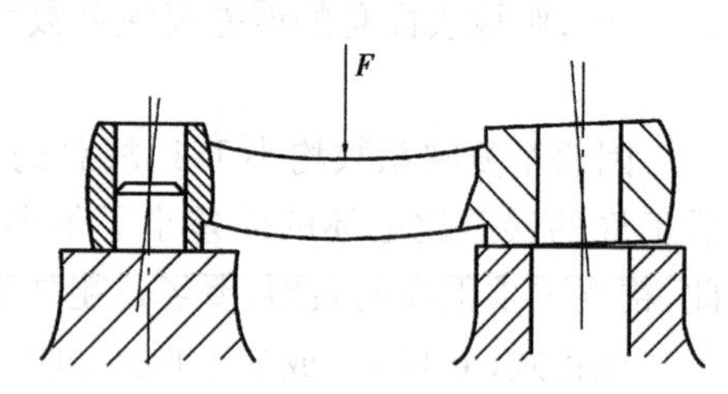

图 4.20　作用点不当引起的加工误差图

工艺系统有关零部件自重力所引起的相应变形也会造成加大误差。如图 4.21 所示大型立式车床在刀架的自重下引起了横梁变形，造成了工件端面的平面度误差及外圆上的精度误差。工件的直径越大，加工误差也越大。

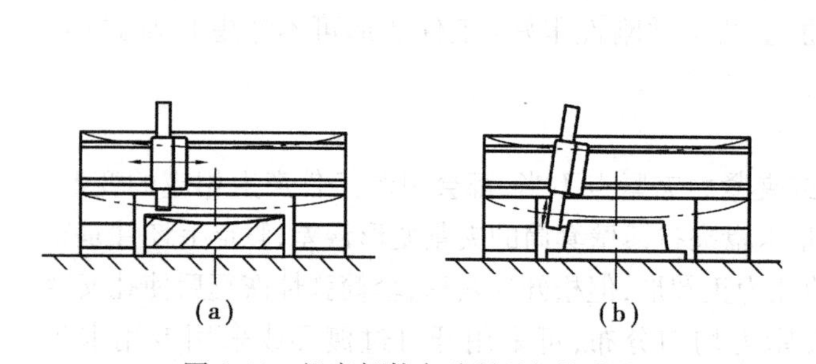

图 4.21　机床部件自重所引起的误差

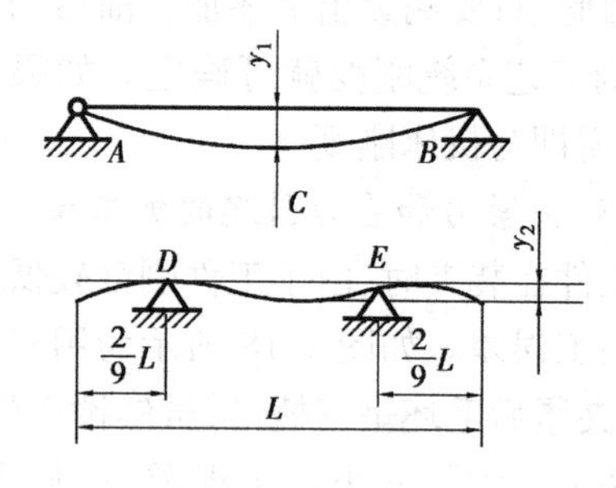

图 4.22　工件自重所造成的误差

对于大型工件的加工（如磨削床身导轨面），工件自重引起的变形有时成为产生加工误差的主要原因。在实际生产中，装夹大型工件时，适当布置支承可以减小自重引起的变形。如图 4.22 所示为两种不同支承方式下，均匀截面的挠性工件的自重变形规律。显然，第二种支承方式工件质量引起的变形要大大小于第一种方式。

此外，在高速切削时，如果工艺系统中有不平衡的高速旋转构件存在，就会产生离心力。离心力在工件的每一转中不断变更方向，当不平衡质量的离心力大于切削力时，机床主轴轴颈和轴套内孔表面的接触点就会不停地变化，轴套孔的圆度误差将传给工件的回转轴心，从而引起加工误差。

4.3.4　机床部件刚度

(1)机床部件刚度的测定

1)单向静载荷测定法

简单零件的刚度可用材料力学公式进行估算,但是对于一个由许多零件组成的机床部件而言,它的刚度计算问题非常复杂,一般不能通过简单计算方法求得,而是用试验方法来测定。

单向静载荷测定法是在机床静止状态下,模拟切削时的主要作用力,对机床部件施加静载荷并测定其变形量,通过计算求出机床部件的静刚度。如图 4.23 所示,在车床顶尖间装夹一根刚性很大的短轴 2,在刀架上装一个螺旋加力器 5,其间装上测力环 4。当转动加力器的螺钉时,刀架与轴之间便产生作用力,力的大小由测力环中的百分表 7 读出(测力环预先在测力试验机上标定)。若螺旋加力器位于轴的中点,则主轴箱与尾座各受到力 $F_{y/2}$,而刀架受到总的作用力 F_y。主轴箱、尾座和刀架的变形可分别从百分表 1,3,6 读出。试验时,可连续进行加载,再逐渐减小。

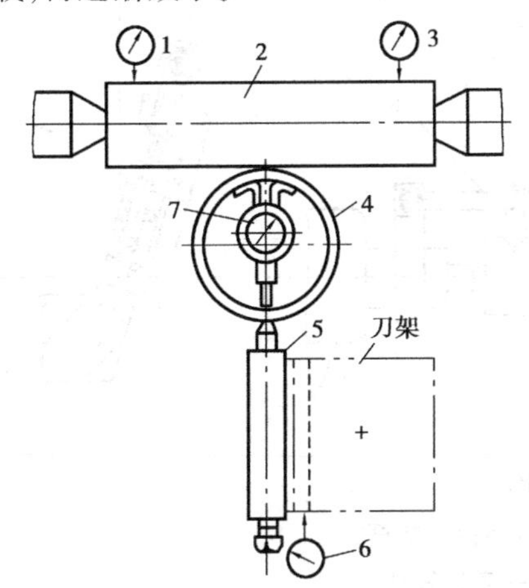

图 4.23　单向静载荷测定法

1,3,6,7—百分表;2—短轴;4—测力环;5—螺旋加力器

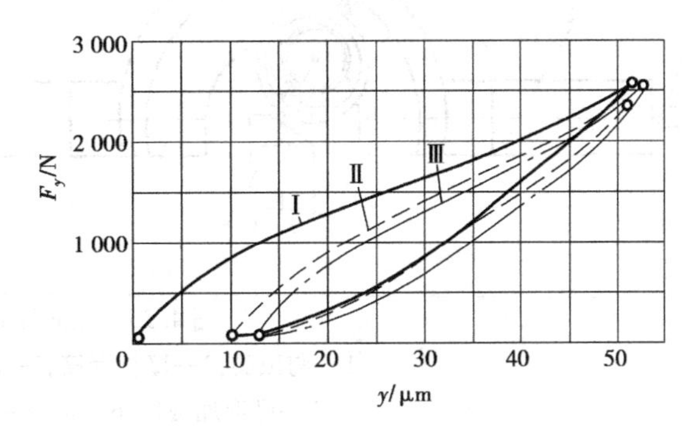

图 4.24　车刀刀架的静刚度特性曲线

Ⅰ—1 次加载;Ⅱ—2 次加载;Ⅲ—3 次加载

如图 4.24 所示为一台中心高 200 mm 车床的刀架部件刚度实测曲线。试验中进行了 3 次加载-卸载循环。从图中可以看出,机床部件的刚度曲线有以下特点:

①变形与作用力不是线性关系,说明刀架变形不是纯粹的弹性变形。

②加载与卸载曲线不重合,两曲线间包容的面积代表了加载-卸载循环中所损失的能量,也就是消耗在克服部件内零件间的摩擦和接触塑性变形所做的功。

③卸载后曲线不能回到原点,说明有残留变形。在反复加载-卸载后,残留变形逐渐接近于零。

④部件的实际刚度曲线远比按实体所估算的小。

由于机床部件的刚度不是线性的,其刚度就不是常数。通常所说的部件刚度是指它的平均刚度——曲线两端点连线的斜率。对于本例中,刀架的平均刚度为

$$k = \frac{2\ 400}{0.52}\text{N/mm} = 4\ 600\ \text{N/mm}$$

单向静载荷测定法的特点是结构简单易行，但与机床加工时的受力状况出入较大，故一般只用来比较机床部件刚度的高低。

2）三向静载测定法

此法进一步模拟实际车床受力 F_x，F_y 及 F_z 的比值，从 x，y 及 z 3 个方向加载，这样测定的刚度比较接近实际。

如图 4.25 所示为三向静载测定装置，在弓形加载器 5 上，每隔 15°有一螺孔。依照实际加工时切削分力 F_x 和 F_y 的比例，把螺杆 4 旋入相应的螺孔。螺杆 4 与模拟车刀 7 之间放置测力环 3；再按照所模拟的 F_z 和 F_y 的比例，将测力装置旋转到相应的位置；然后连续施加载荷并由主轴箱、尾座及刀架上的 3 个百分表分别测出相应的变形量，绘制出各有关部件的刚度曲线。

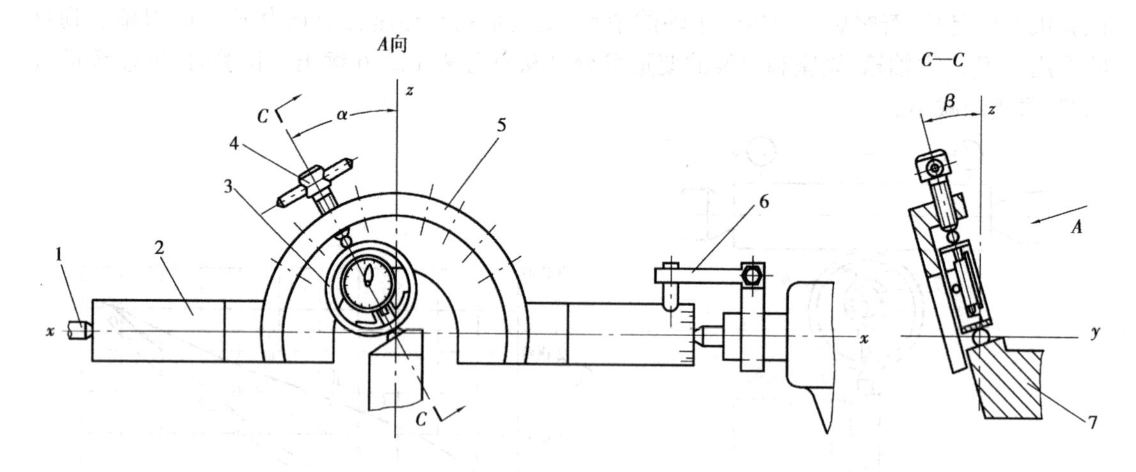

图 4.25　三向静载测定

1—前顶尖；2—接长套筒；3—测力环；4—螺杆；

5—弓形加载器；6—定位杆；7—模拟车刀

3）工作状态测定法

静态测定法测定机床刚度，只是近似地模拟切削时的切削力，与实际加工条件毕竟不完全相同，测定出的变形量也只是近似值。采用工作状态测定法就比较接近实际。

工作状态测定法的依据是误差复映规律。如图 4.26 所示，在车床顶尖间安装一个刚度极高的心轴，心轴靠近前顶尖、后顶尖及中间 3 处各预先车出 3 个台阶，各台阶的尺寸分别为 R_{11}，R_{12}，R_{21}，R_{22}，R_{31}，R_{32}。经过一次进给后测量台阶高度分别为 h_{11}，h_{12}，h_{21}，h_{22}，$_h31$，h_{32}，按下列计算式可求出左、中、右台阶处的复映系数为

$$\varepsilon_1 = \frac{h_{11} - h_{12}}{R_{11} - R_{12}}, \varepsilon_2 = \frac{h_{21} - h_{22}}{R_{21} - R_{22}}, \varepsilon_3 = \frac{h_{31} - h_{32}}{R_{31} - R_{32}}$$

工件 3 处的系统刚度为

$$k_{xt1} = \frac{A}{\varepsilon_1}, k_{xt2} = \frac{A}{\varepsilon_2}, k_{xt3} = \frac{A}{\varepsilon_3}$$

由于心轴刚度很大，其变形可忽略，车刀的变形也可忽略，故上面算得的 3 处系统刚度就是 3 处的机床刚度。

列出方程组

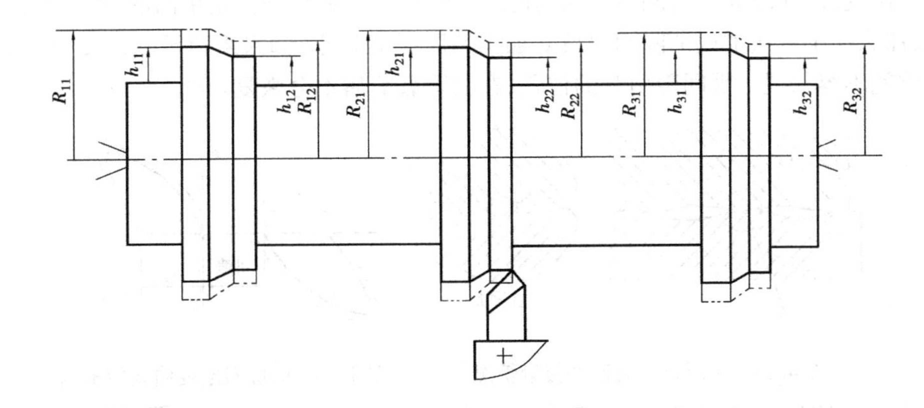

图4.26 车床刚度工作状态测量法

$$\frac{1}{k_{xt1}} = \frac{1}{k_{dj}} + \frac{1}{k_{tj}}$$

$$\frac{1}{k_{xt2}} = \frac{1}{k_{dj}} + \frac{1}{4k_{tj}} + \frac{1}{4k_{wz}}$$

$$\frac{1}{k_{xt3}} = \frac{1}{k_{dj}} + \frac{1}{k_{wz}}$$

求解上述方程组,即可得车床主轴箱、尾座和刀架的刚度分别为

$$\frac{1}{k_{tj}} = \frac{1}{k_{xt1}} - \frac{1}{k_{dj}}$$

$$\frac{1}{k_{wz}} = \frac{1}{k_{xt3}} - \frac{1}{k_{dj}}$$

$$\frac{1}{k_{dj}} = \frac{2}{k_{xt2}} - \frac{1}{2}\left(\frac{1}{k_{xt1}} + \frac{1}{k_{xt2}}\right)$$

工作状态测定法的不足之处是不能得出完整的刚度特性曲线,而且由于材料不均匀等所引起的切削力变化和切削过程中的其他随机因素,都会给测定的刚度值带来一定的误差。

(2)影响机床部件刚度的因素

1)联接表面间的接触变形的影响

由于零件表面存在宏观的几何形状误差和微观的表面粗糙度,因此,零件间联接表面的实际接触面积只是名义接触面积的一小部分,如图4.27所示。在外力作用下,这些接触处将产生较大的接触应力而引起接触变形。在这类接触变形中,既有表面层的弹性变形,又有局部的塑性变形。经过多次加载-卸载循环作用之后,弹性变形成分越来越大,塑性变形成分越来越小,接触状态趋于稳定。塑性变形的结果,造成零件之间的间隙增大。

鉴于以上现象,可引入接触刚度的概念来描述其接触变形的情况,所谓接触刚度,就是用接触表面间的名义压强的增量与接触变形的增量之比值。零件表面越粗糙,形状误差越大,材料硬度越低,其接触刚度越小。

2)零件间的间隙和摩擦力的影响

零件配合面间的间隙的影响,主要反映在载荷常变化的铣镗床、铣床上。当载荷方向改变时,间隙引起配合零件间的位移,表现为刚度很低。间隙消除后,相应表面接触,才开始有接触变形和弹性变形,此时表现为刚度较大,如图4.28所示。如果载荷是单向的,机床部件始终靠在一面,那么在第一次加载消除间隙后对加工精度影响较小;如果载荷不断改变方向,那么间隙的影响就不容忽视。因间隙引起的位移,在去除载荷后不会恢复。

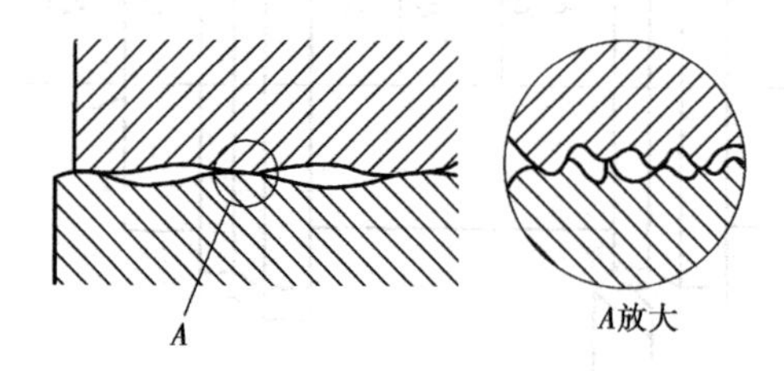

图4.27　两零件接触面的接触情况

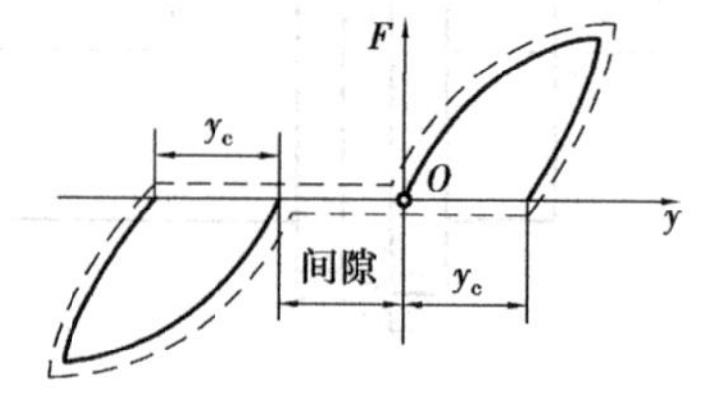

图4.28　间隙对刚度曲线的影响

摩擦力对接触刚度的影响表现为当加载时,摩擦力阻止变形增加;而卸载时,摩擦力又阻止变形减小。因此,卸载曲线与加载曲线不重合。

3)部件中薄弱零件的影响

如果部件中有某些刚度很低的零件,受力后这些零件会产生很大的变形,使整个部件的刚度降低。如图4.29所示,床鞍部件中的楔铁块细长,刚性差,不易加工平整,致使接触不良,故在外力作用下极易变形。

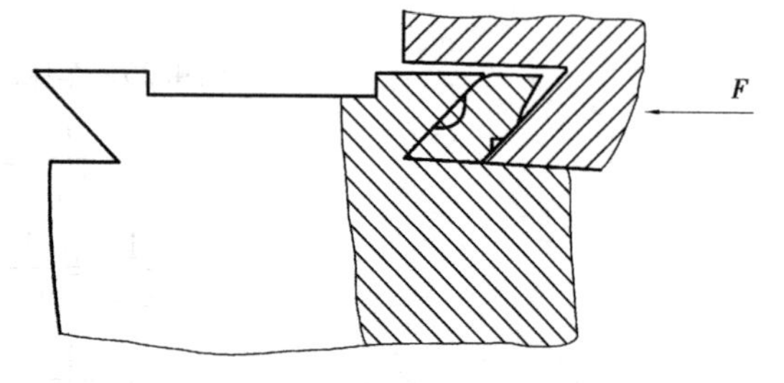

图4.29　机床部件中刚度薄弱环节

4.3.5　减小工艺系统受力变形对加工精度影响的措施

减小工艺系统受力变形是机械加工中保证产品质量和提高生产率的主要途径之一,根据生产的实际情况,可采取以下5个方面的措施:

(1)提高机床部件接触刚度

由于部件的接触刚度大大低于实体零件本身的刚度,所以提高接触刚度是提高工艺系统刚度的关键。常用的方法是改善工艺系统主要零件接触表面的配合质量,如机床导轨副、锥体与锥孔、顶尖与中心孔等配合面采用研刮与研磨,以提高配合表面的形状精度,减小表面粗糙度值,使实际接触面增加,提高有效接触面积,从而提高接触刚度。提高接触刚度的另一措施是在接触面间预加载荷,消除配合面间的间隙,增加接触面积,减小受力变形量。

(2)提高工件刚度

在有些加工中,由于工件本身(特别是叉架类、细长轴类等零件)的刚度较低,容易变形。在这种情况下,提高工件本身的刚度是提高加工精度的关键。其主要措施是缩小切削力的作用点到支承之间的距离,以增大工件在切削时的刚度。如图4.30(a)所示是车削较长工件时采用中心架增加支承,如图4.30(b)所示为车削细长轴时采用跟刀架增加支承。以上措施都是提高工件的刚度。

(3)提高机床部件的刚度

在切削加工中,由于机床部件刚度低而产生变形和振动时,可采取一定的措施提高机床部件的刚度。如图4.31(a)所示是在转塔车床上采用固定导向支承套,如图4.31(b)所示为采用转动导向支承套,用加强杆和导向支承套提高部件刚度。

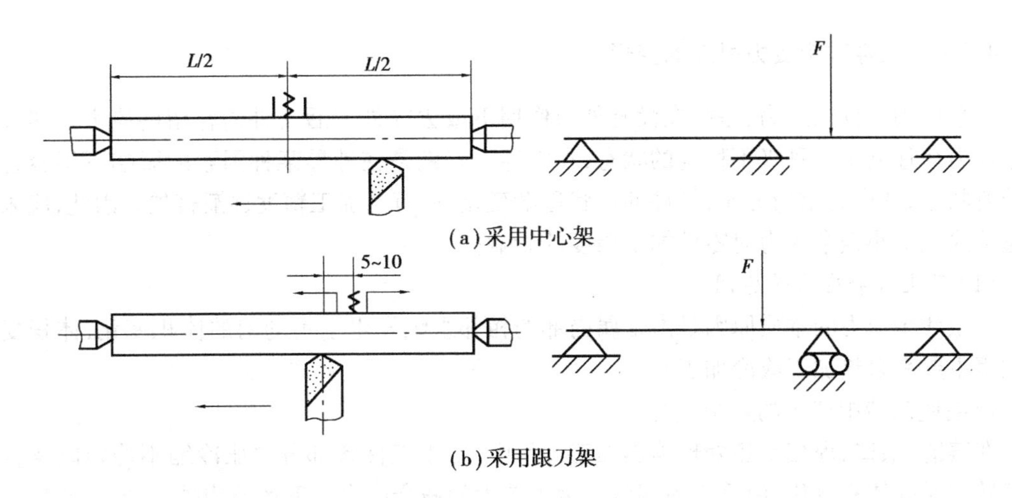

(a)采用中心架

(b)采用跟刀架

图4.30　增加支承以提高工件的刚度

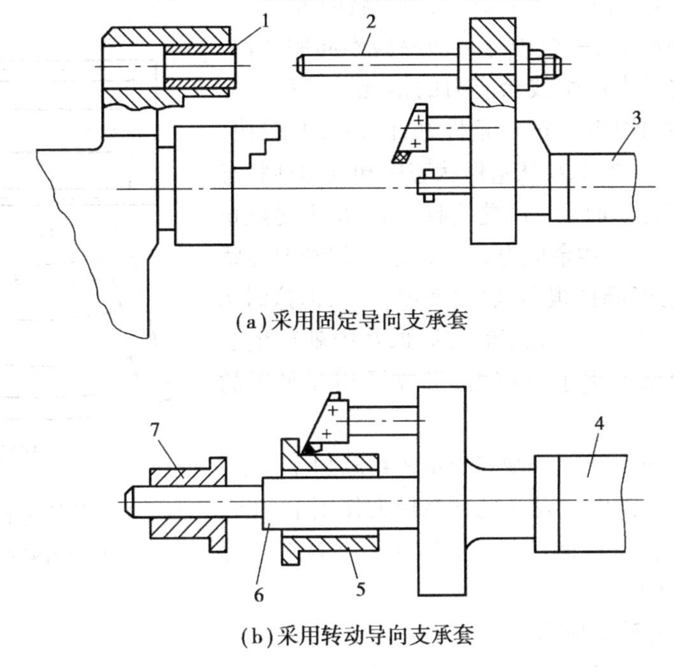

(a)采用固定导向支承套

(b)采用转动导向支承套

图4.31　提高机床部件刚度的装置

1—固定导向支承套;2,6—加强杆;3,4—六角刀架;

5—工件;7—转动导向支承套

(4)合理装夹工件以减小夹紧变形

如前所述,对于薄壁工件加工时,工件的装夹方式直接影响其刚度。此时,应采用一定的措施合理布置工件的夹紧点,提高工件的刚度。

(5)减小载荷及其变化

采用适当的工艺措施减小加工中的切削力,就可减小工艺系统的受力变形及其变化,如合理选择刀具几何参数。又如,将毛坯分组加工,使一次调整中加工的毛坯余量比较均匀,减小切削力变化,从而减小误差复映误差。

4.3.6 工件残余应力引起的变形

残余应力也称内应力，是指在没有外力作用下或去除外力后工件内存留的应力。零件中残余应力往往处于一种极不稳定的状态，在常温下特别是在外界某种因素的影响下很容易失去原有状态，使应力重新分布，零件的形状逐渐变化，原有的加工精度逐渐丧失。因此，应采取措施消除或减小残余应力对零件加工精度的影响。

(1)产生残余应力的原因

产生残余应力的本质原因是由金属内部的相邻组织发生了不均匀的体积变化，体积变化的因素主要来自热加工或冷加工。

1)毛坯制造中产生的残余应力

在铸造、锻造、焊接及热处理等热加工过程中，由于工件各部分热胀冷缩不均匀以及金相组织转变时的体积变化，使毛坯内部就产生了较大的残余应力。毛坯结构越复杂，壁厚越不均匀，散热条件越差，毛坯内部产生的残余应力就越大。

如图4.32(a)所示为一个内外截面厚薄不同的铸件，在浇注后的冷却过程中产生残余应力的情况。当铸件冷却时，由于壁 A 和 C 比较薄，散热条件好，因而冷却较快；壁 B 较厚，冷却较慢。当 A，C 从塑性状态冷却到弹性状态时，B 还处于塑性状态，所以 A，C 继续收缩时，B 不起阻止变形的作用，故不会产生残余应力。当 B 也冷却到弹性状态时，A，C 的温度已经降低很多，收缩速度变慢，但这时 B 收缩较快，因而受到了 A，C 的阻碍。这样，B 内就产生了拉应力，而 A，C 内就产生了压应力，形成了相互平衡的状态。

如果在铸件 C 处切开一个缺口，如图4.32(b)所示，则 C 的压应力消失。铸件在 B，A 的残余应力作用下，B 收缩，A 伸长，铸件产生了弯曲变形，直至残余应力重新分布，达到新的平衡为止。

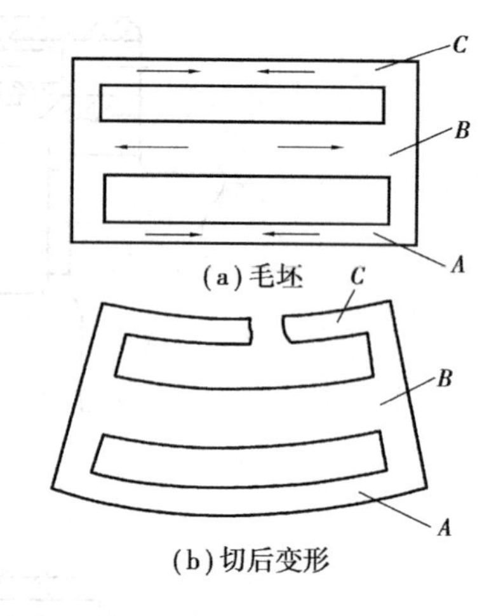

图4.32 铸件残余应力引起的变形
A，C—薄壁；B—厚壁

2)冷校直引起的残余应力

冷校直是在常温下将已有变形的零件，在变形相反方向施加外力，使工件反向弯曲，产生塑性变形，以达到校直的目的，如图4.33(a)所示。

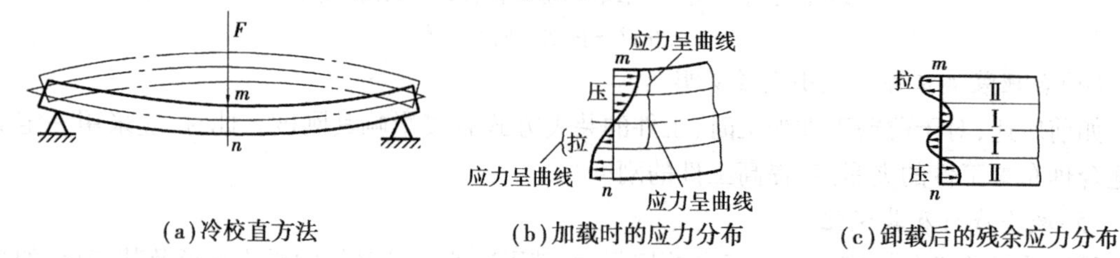

图4.33 冷校直引起的残余应力

当工件外层应力超过屈服强度时，其内层应力还未超过弹性极限，故其应力分布情况如图4.33(b)所示。去除外力后，由于下部外层已产生拉伸的塑性变形，上部外层已产生压缩的塑性变形,故里层的弹性变形恢复受到阻碍。结果上部外层产生残余拉应力,上部里层产生残余压应力;下部外层产生残余压应力,下部里层产生残余拉应力,如图4.33(c)所示。

冷校直后工件虽然减小了弯曲,但内部组织处于不稳定状态,如再进行加工,又会产生新的弯曲,故重要、精密的零件不允许进行冷校直。

此外,切削过程中产生的力和热也会使工件表面层产生残余应力。

(2)减小或消除残余应力的措施

1)合理设计零件的结构

在机器零件的结构设计时,应尽量简化其结构,增大零件的刚度,并使零件壁厚均匀,这些措施都可减小残余应力。

2)对工件进行热处理和时效处理

例如,对铸件、锻件、焊接件进行退火或回火,工件淬火后进行回火,对精度要求高的零件,如床身、丝杠、箱体、精密主轴等,在粗加工后进行时效处理。

3)合理安排工艺过程

例如,粗、精加工分开在不同工序中进行,使粗加工后有一定的时间让残余应力重新分布,在工件充分变形的情况下再进行精加工,以减小对精加工的影响。在加工大型工件时,粗、精加工往往在一个工序中完成,这时应在粗加工后松开工件,让工件充分变形,然后再用较小的夹紧力夹紧工件后进行精加工。

4.4 工艺系统的受热变形对加工精度的影响及其控制

4.4.1 概述

在机械加工的过程中,工艺系统在各种热源的影响下会产生复杂的变形,故把这种变形称为热变形。热变形会破坏工件与刀具的相对正确位置,从而产生加工误差。特别是在精密加工中,热变形引起的加工误差约占总误差的40% ~70%。因此,热变形引起的加工误差是一个不可忽视的主要因素。

(1)工艺系统的热源

引起工艺系统热变形的热源可分为内部热源和外部热源两大类。内部热源包括切削热、摩擦热,它们产生于工艺系统内部,其热量主要以热传导的形式传递。外部热源主要指工艺系统外部的、以对流传递为主要形式的环境温度和各种辐射热(包括阳光、照明、暖气设备等发出的辐射热)。

切削热是由切削过程中切削层金属的弹性、塑形变形及刀具与工件、切屑间的摩擦所产生的,是切削加工过程中最主要的热源,对工件加工精度的影响最为直接。切削热由工件、刀具、夹具、机床、切屑、切削液及周围介质传出,不同的加工方法工艺系统中各部分传导的热量不同。例如,在车削加工中,切屑所带走的热量最多,可达50% ~80%,传给工件的热量次之,约占30%,而传给刀具的热量则很少,一般不超过5%;对于铣削加工,传给工件的热量一般在总切削热的30%以下;对于钻削和镗孔加工,传给工件的热量就比车削加工时要高,往往超过50%;磨削加工时,磨屑带走的热量很少,大部分传入工件,约80%,致使磨削表面温度高达

800～1 000 ℃，因此，磨削热既影响工件的加工精度，又影响工件的表面质量。

工艺系统中的摩擦热主要是由机床和液压系统中的运动部件产生的，如电动机、轴承、齿轮、丝杠副、导轨副、液压泵和阀等各运动部分产生的摩擦热。摩擦热是机床热变形的主要热源，虽然摩擦热比切削热少，但摩擦热在工艺系统中局部发热，会引起局部温升和变形，破坏了系统原有的几何精度，对加工精度也会带来严重影响。

工艺系统的外部热源对加工精度的影响有时也不可忽视，特别是对加工大型工件和精密加工中更是如此。

(2)工艺系统的热平衡和温度场

工艺系统在各种热源的作用下，温度会逐渐升高，同时它们也通过各种传热方式向周围的介质散发热量。当工件、刀具和机床的温度达到某一数值时，单位时间内发出的热量与热源传入的热量趋于相等时，工艺系统就会达到热平衡状态。在此状态下，工艺系统各部分的温度就会保持在一相对固定的数值上，并趋于稳定。

由于作用在工艺系统各部分热源的发热量、位置和作用时间各不相同，又因各部分的热容量、散热条件也不同，因此各部分的温升是不等的。即使是同一物体，处于不同空间位置上的各点在不同时间其温度也是不等的。这里，把物体中各点温度的分布称为温度场。当物体未达到热平衡时，各点温度不仅是空间坐标位置的函数，也是时间的函数。这种温度场称为不稳定温度场。当物体达到热平衡后，各点温度不再随时间变化，而只是空间坐标位置的函数，这种温度场则称为稳定温度场。稳定温度场有利于工件的加工精度。

4.4.2 机床热变形对加工精度的影响

由于热源分布不均匀和机床结构的复杂性，当机床受热源的影响时，各部分的温升发生不均匀的变化，导致机床各部分将发生不同程度的热变形，破坏了机床原有的几何精度，从而降低了机床的加工精度。当然，不同类型的机床热变形情况是不同的。

车床、铣床、钻床、镗床类机床，主轴箱中的齿轮、轴承摩擦发热以及润滑油发热是其主要的热源，这些热源的发热使主轴箱及与之相联部分(如床身或立柱)的温度升高而产生较大变形。例如，车床主轴发热使主轴箱在垂直面内和水平面内发生偏移和倾斜，如图4.34(a)所示。在垂直平面内，主轴箱的温升使主轴抬高，又因主轴前端轴承的发热量大于后端轴承的发热量，因而主轴前端要比后端高。此外，由于主轴箱的热量传给床身，床身导轨将向上凸起，也加剧了主轴的倾斜。

车床主轴温升、位移随运转时间变化的测量结果如图4.34(b)所示。图中测量曲线表明，主轴在水平方向的位移 Δy 为17 μm左右，而在垂直方向的位移 Δz 为105～200 μm。虽然垂直方向的位移较大，但在非误差敏感方向，对加工精度影响不大，而水平方向是误差敏感方向，因而对加工精度影响较大。

对于不仅在水平方向上装有刀具，在垂直方向和其他方向上也都可能装有刀具的自动车床、转塔车床，其主轴热变形造成的位移，无论在垂直方向还是在水平方向，都会造成较大的加工误差。因此，在分析机床热变形对加工精度的影响时，还应注意分析位移方向与误差敏感方向的相对角位置关系。对处于误差敏感方向的热变形，需要特别注意控制。

为减小机床热变形的影响，一般在工作前让机床空转一段时间，让机床达到热平衡，其热变形稳定后再工作。有的精密机床，如坐标镗床要置于恒温室内工作，室内温度保持在(20±0.5)℃。

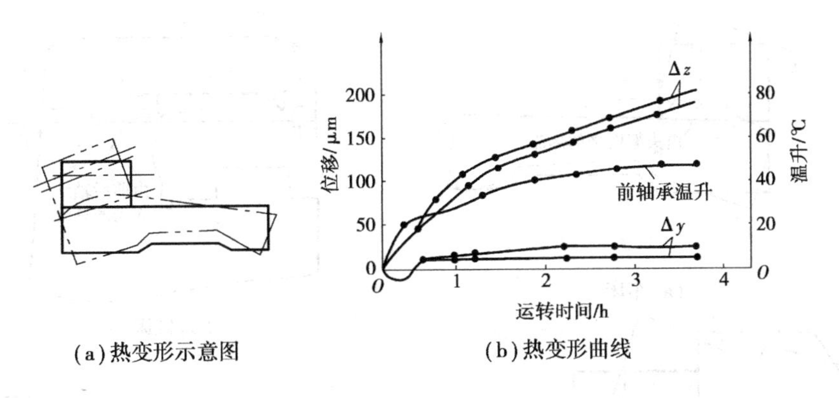

(a)热变形示意图　(b)热变形曲线

图4.34　车床主轴热变形

如图4.35所示为外圆磨床温度分布和热变形的测量结果。当采用切入式定程磨削时，被磨工件直径的变化Δd达到0.1 mm，如图4.35(b)所示。由此可知，影响加工尺寸一致性的主要因素是机床的热变形。

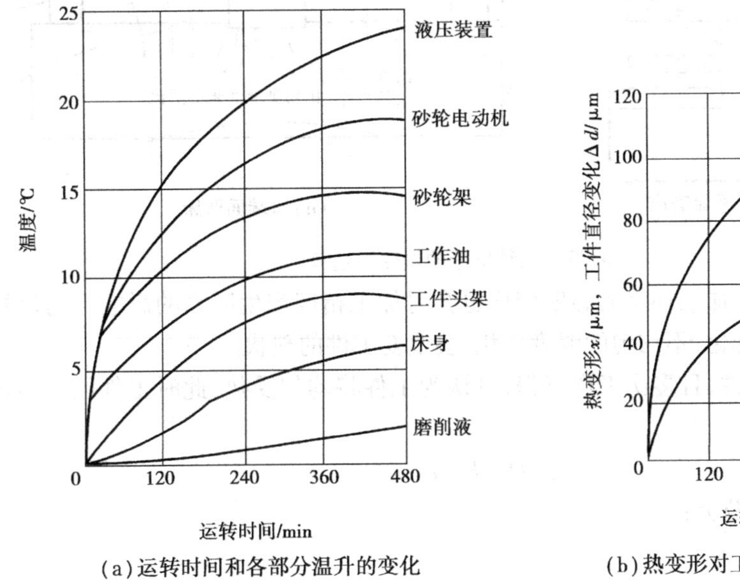

(a)运转时间和各部分温升的变化　(b)热变形对工件加工误差的影响

图4.35　外圆磨床的温升和热变形

对于大型机床，如导轨磨床、外圆磨床、龙门铣床等的长床身部件，其温差的影响也是很显著的。一般由于床身上表面比床身底面温度高，形成温差，因此床身将产生弯曲变形，表面呈中凸状，如图3.36所示。另外，立柱和床鞍也因床身的热变形而产生相应的位置变化。常见几种机床的热变形趋势如图4.37所示。

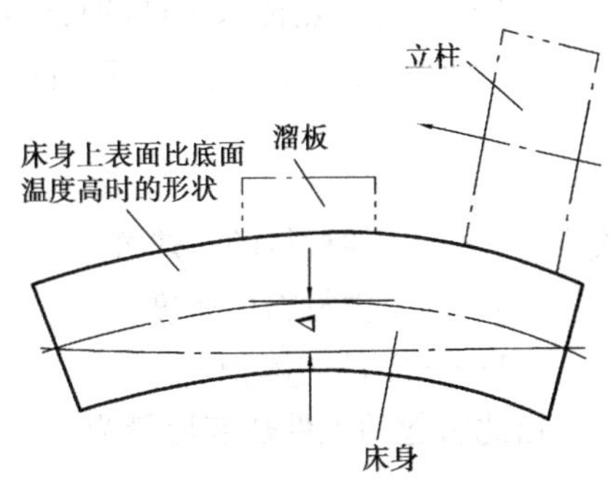

图4.36　床身纵向温差热效应的影响

4.4.3　工件热变形对加工精度的影响

使工件产生热变形的热源主要是切削热，但加工

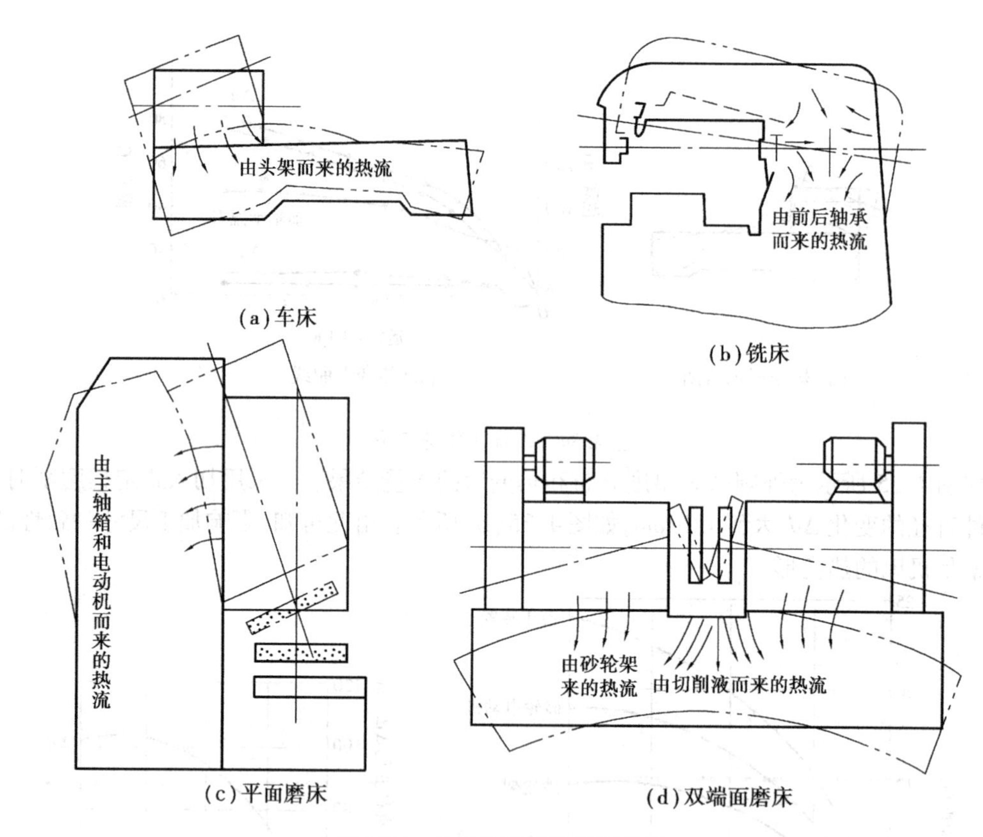

图4.37 几种机床的热变形趋势

精密零件或薄壁零件时,加工环境的温度变化也会对加工精度产生明显的影响。均匀的温度变化,将使工件的尺寸变化;不均匀的温度变化,会改变工件的现状。

如多刀车削轴类工件,且多次工作行程,可认为工件将均匀受热,此时工件的切削热量 Q 可粗略计算为

$$Q = F_z vtK$$

式中 F_z——切向切削分力;

v——切削速度;

t——切削时间;

K——切削热传入工件的百分比。

工件因传入热量引起的温度升高为

$$\Delta t = \frac{Q}{c\rho V}$$

式中 c——工件材料的比热容;

ρ——工件材料的密度;

V——工件的体积。

由此引起的工件热变形量为

$$\Delta L = \alpha_t L \Delta t$$

式中 α_t——工件材料的线膨胀系数。

单面加工薄片类工件时,容易引起不均匀的温度变化,从而使工件产生形状误差。如图

4.38(a)所示薄片工件长 L、厚 δ，磨削加工时上下温度差 $\Delta t = t_1 - t_2$。由于工件上下表面温差，工件将向上凸起，如图4.38(b)所示。工件中间的变形量为

$$x = \frac{L}{2}\tan\frac{\varphi}{4}$$

考虑到 φ 很小，可近似地取

$$x \approx \frac{L\varphi}{8}$$

薄片上面的膨胀量

$$BE = \alpha_t \Delta t L$$

则

$$\varphi = \frac{\alpha_t \Delta t L}{\delta}$$

代入上式得

$$x = \alpha_t \Delta t \frac{L^2}{8\delta}$$

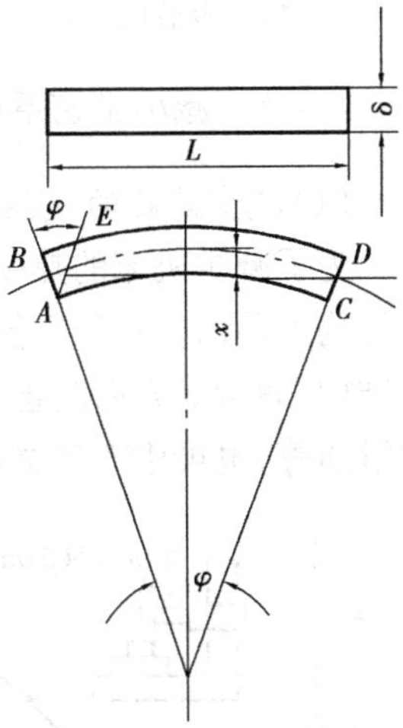

图4.38　不均匀受热引起的形状变化

从上式可知，热变形随工件长度的增加而迅速增大。

为了减小工件热变形，主要采取如下措施：

①采取强烈冷却。

②提高切削速度，使工件大部分切削热来不及传至工件而随切屑带走。

③夹紧工件时，要考虑它们线性热变形的补偿，如在磨床、多刀车床上采用弹簧后顶尖、液压后顶尖或气动后顶尖等。

4.4.4　刀具热变形对加工精度的影响

刀具的热源主要来自切削热，虽然切削热传给刀具的比例较小，但由于刀具体积小，因而刀面上的温度还是比较高的。以车削为例，车刀的刀头受热后伸长，工件被加工的直径就随之减小。如图4.39所示为车刀的热变形曲线，它的热变形规律与机床相似，也是按指数曲线上升和降低，只是刀体热容量小，达到热平衡的时间短得多，一般连续工作行程16~20 min就达到了。达到热平衡时，车刀热变形一般在0.03~0.05 mm。实际工作中，常不可能连续工作行程16 min以上，而是有停歇的间断切削情况，这时刀具的热变形就要小些。

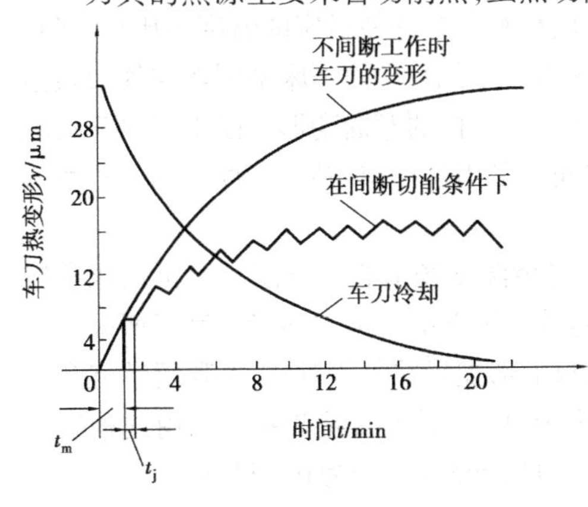

图4.39　车刀的热变形曲线

车刀的热变形与下列因素有关：

①提高切削用量中的任何一项，都能使车刀的热伸长量增加。

②车刀热伸长量与刀杆横截面尺寸近似地成反比。

③硬质合金刀片越厚，车刀的热伸长量越小。

④车刀的热伸长量与被加工材料的强度极限近似成正比。

⑤有冷却液时,车刀的热伸长量可大大减小。

4.4.5 减小工艺系统热变形对加工精度影响的措施

(1)减少热源的发热

为了减少机床的热变形,凡是可能分离出去的热源,如电动机、变速箱、液压系统、冷却系统等均可移出。对于不能分离的热源,如主轴轴承、丝杠螺母副、高速运动的导轨副等,则可以从结构、润滑等方面改善其摩擦特性,减少发热。例如,采用静压轴承、静压导轨,改用低黏度润滑油等,也可用隔热材料将发热部件和机床大件(如床身、立柱等)隔离开来。

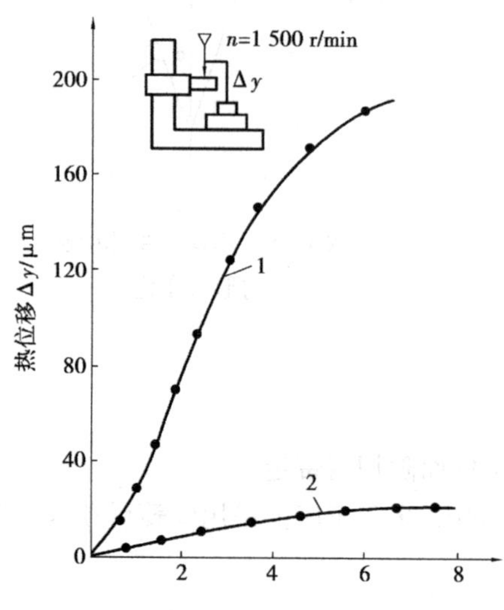

图 4.40 采用强制冷却的试验曲线

对发热量大的热源,如果既不能从机床内移出,也不便隔热,则可采用有效冷却的措施,如增加散热面积或使用强制式的风冷、水冷、循环润滑等措施。例如,如图 4.40 所示为一台坐标镗床的主轴箱用恒温喷油循环强制冷却的试验结果。曲线 1 为没有采用强制冷却的试验结果,机床工作 6 h 后,主轴中心线到工作台的距离产生了 0.19 mm(垂直方向)的热变形,且尚未达到热平衡;当采用强制冷却后,上述热变形减小到 0.015 mm,如曲线 2,且工作不到 2 h,机床就达到热平衡,可见强制冷却的明显效果。

目前,大型数控机床、加工中心普遍采用冷冻机,对润滑油、切削液进行强制冷却,以提高冷却效果。在精密丝杠磨床的母丝杠中通以冷却液,以减少热变形。

(2)用热补偿方法减少热变形

单纯地减少温升有时不能收到满意的效果,可采用热补偿方法使机床的温度场比较均匀,从而使机床产生不影响加工精度的均匀热变形。如图 4.41 所示,平面磨床采用热空气加热温升较低的立柱后壁,以减小立柱前后壁的温度差,从而减少立柱的弯曲变形。图中热空气从电动机风扇排除,通过特设的管道引向防护罩和后壁空间。采用这种措施后,工件的加工直线度误差可降低为原来的 1/4 ~ 1/3。

如图 4.42 所示为 M7150A 型平面磨床所采用的均衡温度场措施示意图。该机床床身较长,加工时工作台纵向运动速度较高,所以床身上部温升高于下部。为了均衡温度场所采取的措施是将油池 1 搬出主机制成一个独立的油箱,在床身下部配置热补偿油沟 2,利用带有余热的回油流经床身下部,使床身的下部温度升高,以减小床身上、下部的温度差。采用这种措施后,床身上、下部温度差降 1 ~ 2 ℃,导轨中凸量由原来的 0.265 mm 降为 0.052 mm。

(3)采用合理的机床结构减少热变形

在机床部件中(如变速箱等),可采用热对称结构,将轴、齿轮、轴承尽量对称布置,可使箱壁温升均匀,从而减少箱体变形。

合理选择机床部件的装配基准也是一种减少机床热变形的有效途径。如图 4.43 所示为车床主轴箱在床身上的两种不同定位方式。从图中可以看出,因主轴的位置不同,主轴箱热变形对主轴影响也不同,图中 $L_2 > L_1$,当主轴与箱体产生热变形时,可见在误差敏感方向的热变

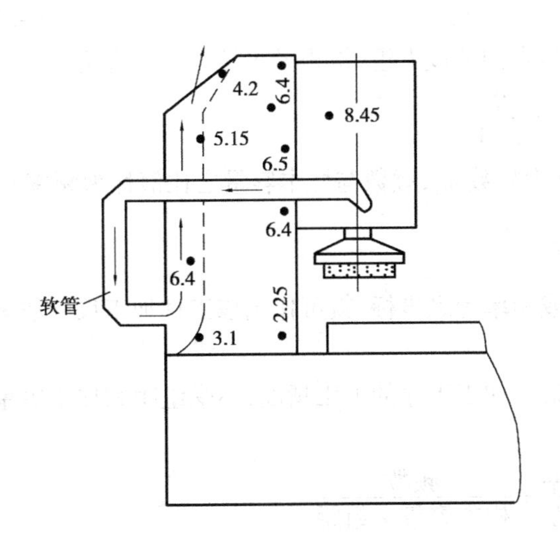

图4.41　均衡立柱前后壁的温度场

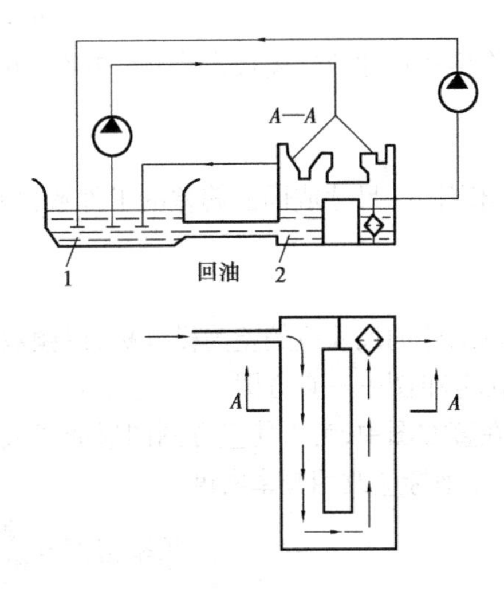

图4.42　M7150A型磨床的热补偿油沟

形 $\Delta L_2 > \Delta L_1$，因此，选择如图4.43(a)所示的定位方案比较合理。

(4)加速达到工艺系统的热平衡状态

对于精密机床，特别是大型机床，达到热平衡的时间较长，为了缩短这个时间，可预先高速空转机床或设置控制热源，人为地给机床加热，使之较快达到热平衡状态，然后进行加工。基于同样的原因，精密加工机床应尽量避免中途停车。

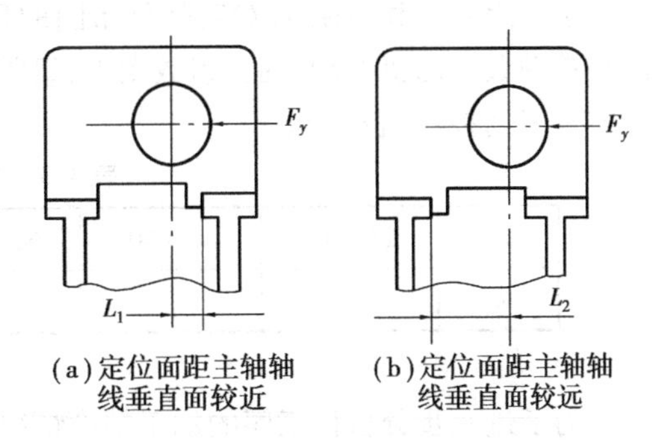

图4.43　定位面位置对热变形的影响

4.5　加工误差的统计分析及综合分析

如前所述，机械加工误差分析方法有单因素分析法和统计分析法，以上几节介绍的误差分析方法都是属于单因素分析法。在实际生产中，影响加工精度的因素往往是错综复杂的，有时很难用单因素分析法来分析计算某一工序的加工误差。此时，可用统计分析法，对生产现场中加工出的一批工件进行测量，运用数理统计的方法加以处理和分析，从中发现误差出现的规律，寻找解决加工精度的途径。统计分析法具体有分布图分析法和点图分析法两种。

4.5.1　分布图分析法

(1)实际分布图——直方图

成批加工某种工件，分析某道工序加工误差时抽取其中一定数量的工件进行测量，抽取的工件称为样本，其件数 n 称为样本容量。由于存在各种误差的影响，加工尺寸或偏差总是在一定的范围内变动，称为尺寸分散。该尺寸范围内任一尺寸或偏差，即随机变量，用 x 表示。样本尺寸或偏差的最大值 $x_{\max}$ 与最小值 $x_{\min}$ 之差，称为极差 R，即

$$R = x_{max} - x_{min} \tag{4.17}$$

将样本尺寸或偏差按大小顺序排列，并将它们分成 k 组，组距 d 可按下式计算为

$$d = \frac{R}{k-1}$$

出现同一尺寸或同一偏差的工件数目称为频数 m_i，频数与样本容量之比值称为频率 f_i，即

$$f_i = \frac{m_i}{n}$$

以工件的尺寸或偏差为横坐标，以频数或频率为纵坐标，就可作出该工件加工尺寸或偏差的实际分布图——直方图。

在直方图中，为了使直方图图形能代表某一加工工序的加工精度，不受组距和样本容量的影响，纵坐标应改用频率密度。

$$\text{频率密度} = \frac{\text{频率}}{\text{组距}} = \frac{\text{频数}}{\text{样本容量} \times \text{组距}}$$

由于所有各组频率之和等于100%，故直方图上全部矩形面积之和等于1。

选择组数 k 和组距 d，对实际分布图的显示好坏有直接影响。组数过多，组距太小，分布图会被频数的随机波动歪曲；组数太少，组距太大，分布特征将被掩盖。组数 k 一般应根据样本容量来选择，见表4.3。

表4.3　分组数 k 的选定

n	25 ~ 40	40 ~ 60	60 ~ 100	100	100 ~ 160	160 ~ 250
k	6	7	8	10	11	12

为了进一步分析该工序的加工精度情况，可在直方图上标注出该工序的加工尺寸公差带位置，并计算该样本的统计数字特征：平均值 $\bar{x}$ 和标准偏差 σ。

样本的平均值 $\bar{x}$ 表示该样本的尺寸分散中心，它主要取决于调整尺寸的大小和常值系统误差，即

$$\bar{x} = \frac{1}{n}\sum_{i=1}^{n} x_i \tag{4.18}$$

式中　x_i——各工件的尺寸。

样本的标准偏差 σ 反映了该批工件的尺寸分散程度，它是由变值系统误差和随机误差决定的，误差越大，σ 越大；误差越小，σ 也越小。即

$$\sigma = \sqrt{\frac{1}{n-1}\sum_{i=1}^{n}(x_i - \bar{x})^2} \tag{4.19}$$

下面通过一实例来说明直方图的作图步骤。

例4.3　磨削一批轴颈 $\phi 60^{+0.06}_{+0.01}$ mm 的工件，轴颈尺寸实测值见表4.4。表中数值为实测尺寸与基本尺寸之差。试作出工件加工尺寸的直方图。

解　1）收集数据

在从总体中抽取样本时，如前所述，注意样本容量，通常取样本容量 $n = 50 \sim 200$。本例中取样本容量 $n = 100$。实测数据见表4.4。找出最大值 $x_{max} = 54$ μm，最小值 $x_{min} = 16$ μm。

表 4.4　轴颈尺寸实测值/μm

44	20	46	32	20	40	52	33	40	25	43	38	40	41	30	36	49	51	38	34
22	46	38	30	42	38	27	49	45	45	38	32	45	48	28	36	52	32	42	38
40	42	38	52	38	36	37	43	28	45	36	50	46	33	30	40	44	34	42	47
22	28	34	30	36	32	35	22	40	35	36	42	46	42	50	40	36	20	16	53
32	46	20	28	46	28	54	18	32	33	26	45	47	36	38	30	49	18	38	38

2)确定分组数 k、组距 d、各组组界和组中值

组数按表 4.3 选取,取 $k=9$。

组距为

$$d=\frac{R}{k-1}=\frac{x_{\max}-x_{\min}}{k-1}=\left(\frac{54-16}{8}\right)\mu\text{m}=4.75\ \mu\text{m}$$

取 $d=5\ \mu\text{m}$

各组组界为

$$x_{\min}+(j-1)d\pm\frac{d}{2}\qquad j=1,2,3,\cdots,k$$

例如,第一组下界值为

$$x_{\min}-\frac{d}{2}=\left(16-\frac{5}{2}\right)\ \mu\text{m}=13.5\ \mu\text{m}$$

第一组上界值为

$$x_{\min}+\frac{d}{2}=\left(16-\frac{5}{2}\right)\ \mu\text{m}=18.5\ \mu\text{m}$$

其余类推。

各组组中值为

$$x_{\min}+(j-1)d$$

例如,第一组组中值为

$$x_{\min}+(j-1)d=16\ \mu\text{m}$$

3)记录各组数据,并整理成频数分布表(见表 4.5)

表 4.5　频数分布表

组　号	组界/μm	中心值 x_i	频数 m_i	频率 f_i/%	频率密度/[μm^{-1}(%)]
1	13.5~18.5	16	3	3	0.6
2	18.5~23.5	21	7	7	1.4
3	23.5~28.5	26	8	8	1.6
4	28.5~33.5	31	13	13	2.6
5	33.5~38.5	36	26	26	5.2
6	38.5~43.5	41	16	16	3.2
7	43.5~48.5	46	16	16	3.2

续表

组号	组界/μm	中心值 x_i	频数 m_i	频率 f_i/%	频率密度/[μm^{-1}(%)]
8	48.5~53.5	51	10	10	2
9	53.5~58.5	56	1	1	0.2

4)根据表4.5中数据画出直方图(见图4.44)

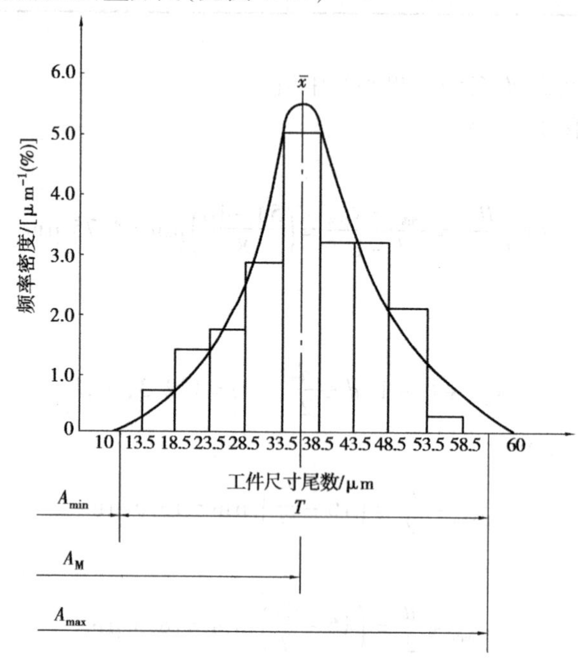

图4.44　直方图

5)作直方图和计算

在直方图上作出最大极限尺寸 $A_{max}=60.06$ mm 及最小极限尺寸 $A_{min}=60.01$ mm 的标志线,并计算平均值 $\bar{x}$ 和标准偏差 σ,即

$$\bar{x}=37.3\ \mu m \quad \sigma=8.93\ \mu m$$

由直方图可直观地看出工件尺寸或误差的分布情况如下:

该批工件的尺寸分散范围($6\sigma=53.58$ μm)略大于公差值($T=50$ μm),说明本工序的加工精度稍显不足;分散中心 $\bar{x}$ 与公差带中心 A_M 基本重合,表明机床调整误差(常值系统误差)很小。

(2)理论分布曲线

1)正态分布曲线

大量的实验、统计和理论分析表明,当一批工件总数极多,加工中的误差是由许多相互独立的随机因素引起的,而且这些误差因素中又都没有任何优势的倾向时,则其分布是服从正态分布的。此时的分布曲线称为正态分布曲线。

正态分布曲线的形状如图4.45所示。其概率密度函数表达式为

$$y=\frac{1}{\sigma\sqrt{2\pi}}e^{-\frac{1}{2}\left(\frac{x-\mu}{\sigma}\right)^2} \qquad -\infty<x<+\infty,\sigma>0 \tag{4.20}$$

式中 y——分布的概率密度；

x——随机变量；

μ——正态分布随机变量总体的算术平均值(分散中心)；

σ——正态分布随机变量的标准偏差。

由式(4.20)和图4.45可知，当 $x=\mu$ 时，概率密度值为最大，曲线左右对称，即

$$y_{\max}=\frac{1}{\sigma\sqrt{2\pi}} \tag{4.21}$$

正态分布总体的 μ 值和 σ 值通常是不知道的，但可以通过它的样本平均值 $\bar{x}$ 和样本标准偏差 σ 来估算，用样本的 $\bar{x}$ 代替总体的 μ 值，用样本的 σ 代替总体的 σ。这样，成批加工一批工件，抽查其中一部分，即可判断整批工件的加工精度。

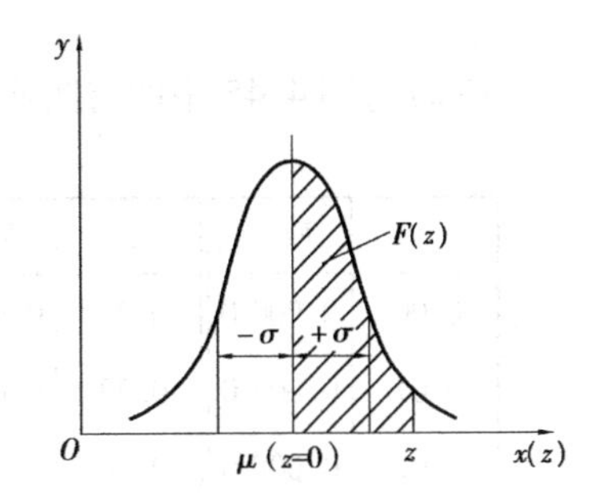

图4.45 正态分布曲线

从正态分布曲线可以看出下列特征：

①曲线以 $x=\mu$ 直线为左右对称，靠近 μ 的工件尺寸出现的概率较大，远离 μ 的工件尺寸概率较小。

②对 μ 的正偏差和负偏差，其概率相等。

③分布曲线与横坐标所围成的面积包括了全部零件数(即100%)，故面积等于1；其中 $x-\mu=\pm3\sigma$(即在 $\mu\pm3\sigma$)范围内的面积占了99.7%，仅有0.27%的工件在范围之外，可忽略不计。因此，一般取正态分布曲线的分布范围为 $\pm3\sigma$。

$\pm3\sigma$(或 6σ)的概念在研究加工误差时应用较广，是一个重要的概念。6σ 的大小代表了某一加工方法在一定条件下所能达到的加工精度，因此在一般情况下，应该使所选择的加工方法的标准偏差 σ 与公差带宽度 T 之间具有下列关系，即

$$6\sigma\leqslant T$$

但考虑到系统性误差及其他因素的影响，应当使 6σ 小于公差带宽度 T，即可保证加工精度。

如果改变参数 μ 的值(σ 保持不变)，则曲线沿 x 轴平移而不改变形状，如图4.46(a)所示，这说明 μ 是表征分布曲线位置的特征参数。如果 μ 值保持不变，当 σ 值减小时，则曲线形状陡峭；当 σ 值增大时，曲线形状平坦，如图4.46(b)所示，这说明 σ 是表征分布曲线形状的特征参数。

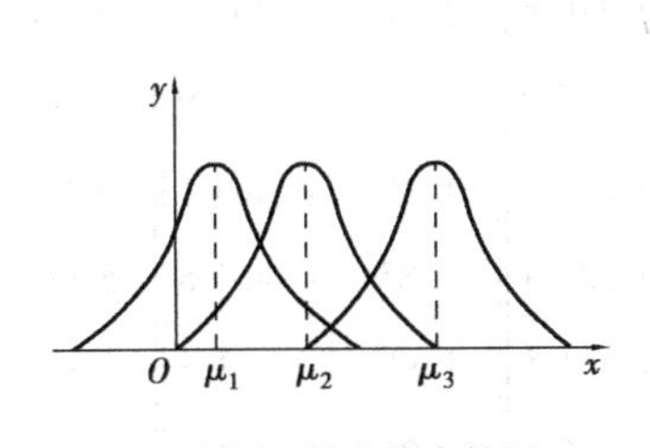

(a)改变 μ 值的分布情况

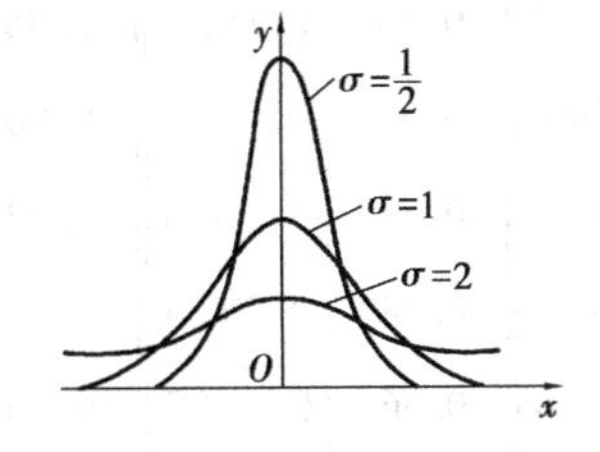

(b)改变 σ 值的分布情况

图4.46 μ 值及 σ 值对正态分布曲线的影响

总体平均值 $\mu=0$、总体标准偏差 $\sigma=1$ 的正态分布称为标准正态分布。任何不同的 μ 与 σ 的正态分布都可以通过坐标变换 $z=\dfrac{x-u}{\sigma}$，变成标准正态分布，故可利用标准正态分布的函数值，求得各种正态分布的函数值。

由分布函数的定义可知,正态分布函数是正态分布概率密度函数的积分,即

$$F(x) = \frac{1}{\sigma\sqrt{2\pi}}\int_{-\infty}^{x} e^{-\frac{1}{2}\left(\frac{x-\mu}{\sigma}\right)^2} dx \tag{4.22}$$

从式(4.22)可知,$F(x)$为正态分布曲线上下积分区间包含的面积,它表征了随机变量 x 落在区间$(-\infty, x)$上的概率。令 $z=\frac{x-\mu}{\sigma}$,则有

$$F(z) = \frac{1}{\sqrt{2\pi}}\int_{0}^{z} e^{-\frac{z^2}{2}} dz \tag{4.23}$$

$F(z)$为图4.45中的有阴影部分的面积。对于不同的 z 值求得 $F(z)$,可由表4.6查出。

表4.6 $F(z)$的值

z	$F(z)$	z	$F(z)$	z	$F(z)$	z	$F(z)$	z	$F(z)$
0.00	0.000 0	0.20	0.079 3	0.60	0.225 7	1.00	0.341 3	2.00	0.477 2
0.01	0.004 0	0.22	0.087 1	0.62	0.232 4	1.05	0.353 1	2.10	0.482 1
0.02	0.008 0	0.24	0.094 8	0.64	0.238 9	1.10	0.364 3	2.20	0.486 1
0.03	0.012 0	0.26	0.102 3	0.66	0.245 4	1.15	0.374 9	2.30	0.489 3
0.04	0.016 0	0.28	0.110 3	0.68	0.251 7	1.20	0.384 9	2.40	0.491 8
0.05	0.019 9	0.30	0.117 9	0.70	0.258 0	1.25	0.394 4	2.50	0.493 8
0.06	0.023 9	0.32	0.125 5	0.72	0.264 2	1.30	0.403 2	2.60	0.495 3
0.07	0.027 9	0.34	0.133 1	0.74	0.270 3	1.35	0.411 5	2.70	0.496 5
0.08	0.031 9	0.36	0.140 6	0.76	0.276 4	1.40	0.419 2	2.80	0.497 4
0.09	0.035 9	0.38	0.148 0	0.78	0.282 3	1.45	0.426 5	2.90	0.498 1
0.10	0.039 8	0.40	0.155 4	0.80	0.288 1	1.50	0.433 2	3.00	0.498 65
0.11	0.043 8	0.42	0.162 8	0.82	0.203 9	1.55	0.439 4	3.20	0.499 31
0.12	0.047 8	0.44	0.170 0	0.84	0.299 5	1.60	0.445 2	3.40	0.499 66
0.13	0.051 7	0.46	0.177 2	0.86	0.305 1	1.65	0.450 5	3.60	0.499 841
0.14	0.055 7	0.48	0.181 4	0.88	0.310 6	1.70	0.455 4	3.80	0.499 928
0.15	0.059 6	0.50	0.191 5	0.90	0.315 9	1.75	0.459 9	4.00	0.499 968
0.16	0.063 6	0.52	0.198 5	0.92	0.321 2	1.80	0.464 1	4.50	0.499 997
0.17	0.067 5	0.54	0.200 4	0.94	0.326 4	1.85	0.467 8	5.00	0.499 999 97
0.18	0.071 4	0.56	0.212 3	0.96	0.331 5	1.90	0.471 3	—	—
0.19	0.075 3	0.58	0.219 0	0.98	0.336 5	1.95	0.474 4	—	—

2)非正态分布曲线

工件尺寸的实际分布,有时并不近似于正态分布。例如,将两次调整机床下的加工工件混在一起,由于每次调整时的常值系统误差是不同的,当常值系统误差大于2.2σ时,就会得到双峰曲线,如图4.47(a)所示;假如把两台机床加工的工件混在一起,此时不仅调整时的常值

系统误差不等,机床精度也不同,那么曲线的两个峰高也不同。

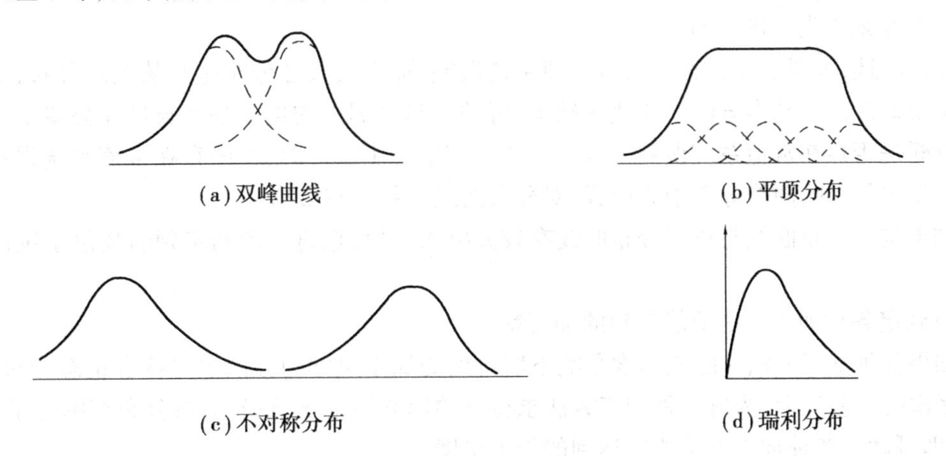

图 4.47　非正态分布曲线

如果加工中刀具或砂轮的尺寸磨损比较显著,所得一批工件的尺寸分布如图 4.47(b)所示。尽管在加工的每一瞬间,工件的尺寸呈正态分布,但是随着刀具或砂轮的磨损,不同瞬间尺寸分布的算术平均值是逐渐移动的,因此分布曲线为平顶。

当工艺系统存在显著的热变形时,分布曲线往往不对称,例如,刀具热变形严重,加工轴时曲线凸峰偏左,加工孔时曲线凸峰偏右,如图 4.47(c)所示。

对于端面圆跳动和径向圆跳动一类误差,一般不考虑正负号,所以接近零的误差值较多,远离零的误差值较少,其分布也是不对称的,如图 4.47(d)所示。

对于非正态分布曲线的分散范围就不能认为是 6σ,而必须除以相对分布系数 k,即非正态分布的分散范围为

$$T = 6\frac{\sigma}{k}$$

k 值的大小与分布图的形状有关,具体数值见表 4.7。表中的 e 为相对不对称系数,它是总体算术平均值坐标点与总体分散范围中心的距离与一半分散范围($T/2$)的比值。因此,分布中心偏移量 Δ 为

$$\Delta = e\frac{T}{2}$$

表 4.7　不同分布曲线的 e,k 值

分布特征	正态分布	三角分布	均匀分布	瑞利分布	偏态分布	
					外尺寸	内尺寸
分布曲线	-3σ　3σ			$\frac{eT}{2}$	$\frac{eT}{2}$	$\frac{eT}{2}$
e	0	0	0	−0.28	0.26	−0.26
k	1	1.22	1.73	1.14	1.17	1.17

(3)分布图分析法的应用

1)判断加工误差的性质

如前所述,如果加工过程中没有变值系统误差,那么其尺寸分布应服从正态分布,这是判断加工误差性质的基本方法。在此基础上,可进一步根据平均值 $\bar{x}$ 是否与尺寸公差带中心重合来判断是否存在常值系统误差。当 $\bar{x}$ 与公差带中心不重合时,说明存在常值系统误差。常值系统误差仅影响曲线分布中心位置,对分布曲线形状没有影响。

如果实际分布曲线与正态分布曲线有较大出入,可根据直方图初步判断变值系统误差的性质。

2)确定各种加工方法所能达到的加工精度

如果各种加工方法在随机因素影响下所得到的加工尺寸的分散规律符合正态分布,因而可在多次统计基础上,为每一种加工方法求得它的标准偏差 σ 值;然后按分布范围等于 6σ 的规律,即可确定各种加工方法所能达到的加工精度。

3)确定工序能力及其等级

所谓工序能力,是指工序处于稳定状态时,加工误差正常波动的幅度。由于加工误差超出分散范围的概率极小(仅0.27%),因此,可用该工序的尺寸分散范围来表示工艺能力。当加工尺寸服从正态分布时,工序能力为 6σ。

工序能力等级是以工序能力系数来表示的,它代表了工序能满足加工精度要求的程度。当工序处于稳定状态时,工序能力系数 C_p 按下式计算为

$$C_p = \frac{T}{6}\sigma$$

式中 T——工件尺寸公差。

根据工序能力系数 C_p 的大小,可将工序能力分为5级,见表4.8。

表4.8 工序能力等级

工序能力系数	工序等级	说 明
$C_p > 1.67$	特级	工艺能力过高,可以允许有异常波动,不一定经济
$1.67 \geqslant C_p > 1.33$	1级	工艺能力足够,可以允许有一定的异常波动
$1.33 \geqslant C_p > 1.00$	2级	工艺能力勉强,必须密切注意
$1.00 \geqslant C_p > 0.67$	3级	工艺能力不足,可能出现少量不合格品
$0.67 \geqslant C_p$	4级	工艺能力很差,必须加以改进

一般情况下,工序能力不应低于2级,即 $C_p > 1.00$。

必须指出,$C_p > 1.00$,只是说明该工序的工序能力勉强,加工中是否会出现不合格品,还要看调整得是否正确,即能否保证尺寸分散中心与公差带中心重合。如果加工中有常值系统误差,μ 就与公差带中心位置 A_M 不重合,那么只有当 $C_p > 1.00$,并且 $T \geqslant 6\sigma + 2|\mu - A_M|$ 时才不会出现不合格品。如果 $C_p < 1.00$,那么不论怎么调整,出现不合格品总是不可避免的。

4)估算合格品率或不合格品率

不合格品率包括废品率和可返修的不合格品率,它可通过分布曲线进行估算。

下面可通过一具体实例说明分布图分析法的应用。

例4.4 在无心磨床上磨削销轴外圆，要求外径 $d=\phi12_{-0.043}^{-0.016}$ mm，抽取一批工件进行测量，并计算得到 $\bar{x}=11.974$ mm，$\sigma=0.005$ mm，其尺寸分布符合正态分布。试分析该工序的加工质量。

解 1）根据所计算的 $\bar{x}$ 和 6σ 绘出分布图（见图4.48）

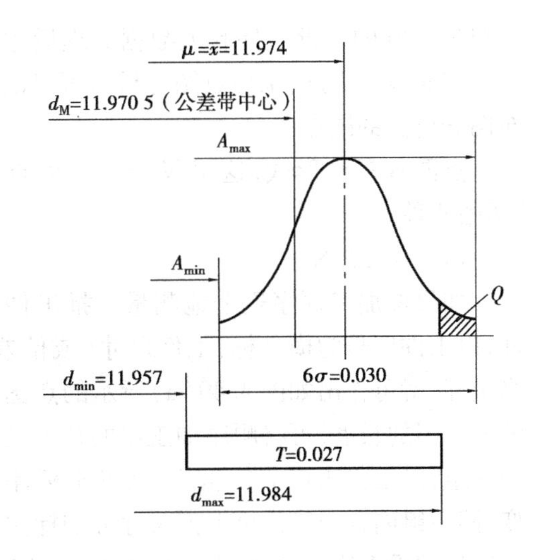

图4.48 圆销直径尺寸分布图

2）计算工序能力系数 C_p

$$C_p=\frac{T}{6\sigma}=\frac{-0.016-(-0.043)}{6\times0.005}=0.9<1$$

工序能力系数 $C_p<1$，表明该工序工序能力不足，产生不合格品是不可避免的。

3）计算不合格品率 Q

工件要求最小尺寸 $d_{min}=11.957$ mm，最大尺寸 $d_{max}=11.984$ mm。工件可能出现的极限尺寸为

$$A_{min}=\bar{x}-3\sigma=(11.974-0.015)\text{mm}=11.959\text{ mm}>d_{min}$$

故不会产生不可修复的废品。

$$A_{max}=\bar{x}+3\sigma=(11.974+0.015)\text{mm}=11.989\text{ mm}>d_{max}$$

故将产生可修复的废品。

废品率为

$$Q=0.5-F(z)$$

$$z=\frac{x-\bar{x}}{\sigma}=\frac{11.984-11.974}{0.005}=2$$

查表4.6，当 $z=2$ 时，$F(z)=0.477\ 2$，则

$$Q=0.5-F(z)=0.5-0.477\ 2=2.28\%$$

4）改进措施

重新调整机床，使尺寸分散中心 $\bar{x}$ 与公差带中心 d_M 重合，则可减少不合格品率。其调整量为

$$\Delta=(11.974-11.970\ 5)\text{mm}=0.003\ 5\text{ mm}$$

具体操作时，使砂轮向前进刀 $\Delta/2$ 的磨削深度即可。

用分布图分析加工误差虽然有以上几点用途，但也有不足之处，主要表现在两个方面：一方面，加工中随机误差和系统误差同时存在，由于分析时没有考虑到工件的加工顺序，故很难把随机误差与变值系统误差区分开来；另一方面，由于必须等一批工件加工完毕后才能作出分布图，因此不能在加工过程中及时提供控制误差的信息。

4.5.2 点图分析法

用点图分析法来分析工艺过程稳定性采用的是顺序样本，样本是由工艺系统在一次调整中，按顺序加工的工件组成。这样的样本可以得到在时间上与工艺过程运行同步的有关信息，反映加工误差随时间变化的趋势；而分布图分析法采用的是随机样本，不考虑加工顺序，而且

是对加工好的一批工件有关数据处理后才能作出分布曲线。因此,采用点图分析法可以消除分布图分析法的缺点。

点图有多种形式,这里仅介绍单值点图和 $\bar{x}$-R图两种。

(1)单值点图

如果按加工顺序逐个地测量一批工件的尺寸,以工件序号为横坐标,工件尺寸(或偏差)为纵坐标,就可作出如图4.49(a)所示的点图。为缩短点图的长度,可将顺序加工出的几个工件编为一组,以工件组序为横坐标,而纵坐标保持不变,同一组内各个工件可根据尺寸分别标注在同一组号的垂直线上,就可得到如图4.49(b)所示的点图。

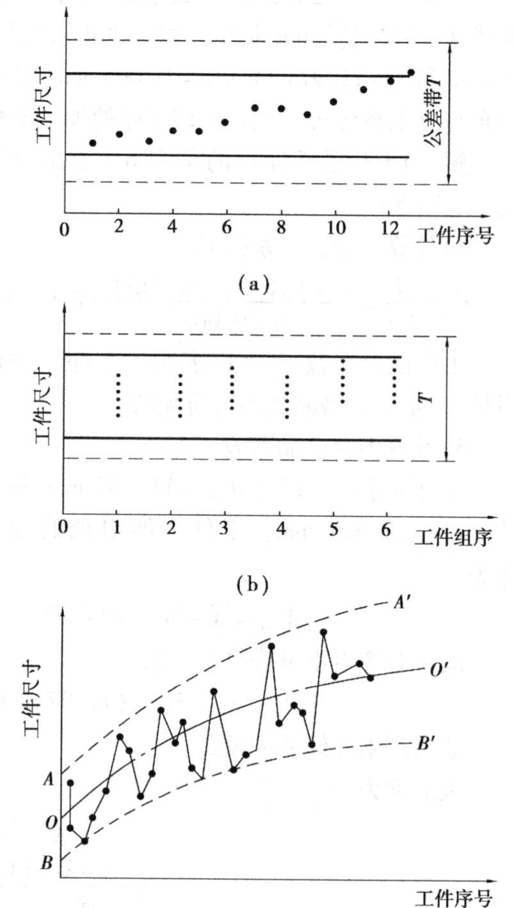

图4.49　单值点图

上述点图反映了每个工件尺寸(或偏差)与加工时间的关系,故称为单值点图。

假如把点图的上下极限点包络成两根平滑的曲线,并作出这两根曲线的平均值曲线,如图4.49(c)所示,则能较清楚地反映出加工误差性质及其变化趋势。平均值曲线$\overline{OO'}$表示每一瞬时的分散中心,其变化情况反映了变值系统误差随时间变化的规律,其起点O则可认为是常值系统误差;上下限曲线AA'和BB'间的宽度表示每一瞬时的尺寸分散范围,也就是反映了随机误差的影响。

单值点图上画出了上下两条控制界限(图4.49中用实线表示)和两极限尺寸线(图4.49中用虚线表示),作为控制不合格品的参考界限。

(2)$\bar{x}$-R 图

为了能直接反映加工中系统误差和随机误差随加工时间的变化趋势,实际生产中常用样组点图来代替单值点图。样组点图的种类很多,目前最常用的样组点图是$\bar{x}$-R点图。$\bar{x}$-R点图是每一样组的平均值$\bar{x}$控制图和极差R控制图联合使用时的统称。其中,$\bar{x}$为各样组的平均值;R为各样组的极差。前者控制工艺过程质量指标的分布中心,后者控制工艺过程质量指标的分散程度。

绘制$\bar{x}$-R点图是以小样本顺序随机抽样为基础。在工艺过程进行中,每隔一定时间抽取容量$n=2\sim10$件的一个小样本,求出小样本的平均值$\bar{x}$和极差R。经过若干时间后,就可取得若干组(如k组,通常取$k=25$)小样本。这样,以样组序号为横坐标,分别以$\bar{x}$和R为纵坐标,就可分别作出$\bar{x}$点图和R点图。

设以顺序加工的n个工件为一组,那么每一样组的平均值$\bar{x}$和极差R即为

$$\bar{x}=\frac{1}{n}\sum_{i=1}^{n}x_i$$

$$R=x_{max}-x_{min}$$

式中　x_{max},x_{min}——同一组内工件的最大尺寸和最小尺寸。

由于$\bar{x}$在一定程度上代表了瞬时的尺寸分散中心,故$\bar{x}$点图可反映系统误差及其变化趋势。R在一定程度上代表了瞬时的尺寸分散范围,故R点图可反映随机误差及其变化趋势。

任何一批工件的加工尺寸都有波动性,因此各样组的平均值$\bar{x}$和极差R也都有波动性。假如加工误差主要是随机误差,且系统误差的影响很小时,那么这种波动属于正常波动,加工工艺就是稳定的。假如加工中存在着影响较大的变值系统误差,或随机误差的大小有明显的变化,那么这种波动属于异常波动,加工工艺就被认为是不稳定的。

$\bar{x}$-R图的横坐标是按时间先后采集的小样本的组序号,纵坐标是各小样组的平均值$\bar{x}$和极差R。在$\bar{x}$-R图中有3根线,即中心线和上下控制线。

$\bar{x}$点图的中心线、上控制线和下控制线可分别按下式计算为

$$\bar{\bar{x}}=\frac{1}{k}\sum_{i=1}^{k}\bar{x}_i$$

$$\bar{x}_s=\bar{\bar{x}}+A\bar{R}$$

$$\bar{x}_x=\bar{\bar{x}}-A\bar{R}$$

R点图的中心线、上控制线和下控制线可分别按下式计算为

$$\bar{R}=\frac{1}{k}\sum_{i=1}^{k}R_i$$

$$R_s=D_1\bar{R}$$

$$R_x=D_2\bar{R}$$

上面各式系数A,D_1,D_2的值见表4.9。

表4.9　系数A,D_1,D_2的数值

n	2	3	4	5	6	7	8	9	10
A	1.880 6	1.023 1	0.728 5	0.576 8	0.483 3	0.419 3	0.372 6	0.336 7	0.308 2
D_1	3.268 1	2.574 2	2.281 9	2.114 5	2.003 9	1.924 2	1.864 1	1.816 2	1.776 8
D_2	0	0	0	0	0	0.075 8	0.135 9	0.183 8	0.223 2

(3)点图分析法的应用

点图分析法是全面质量管理中用以控制产品加工质量的主要方法之一,在生产实际中应用很广。它主要用于工艺验证、分析加工误差和加工过程的质量控制。工艺验证的目的是判断某工艺是否稳定地满足产品的加工质量要求。其主要内容是通过抽样调查,确定其工艺能力和工艺能力系数,并判别工艺过程是否稳定。

在点图上作出平均线和控制线后,就可根据图中点的情况来判别工艺过程是否稳定,即波动是否属于正常,表4.10表示判别正常波动与异常波动的标志。

应当指出的是,工艺过程稳定性与是否出现废品是两个不同的概念。工艺过程的稳定性用$\bar{x}$-R点图判断,而工件是否合格则用公差衡量,两者之间没有必然的联系。

表 4.10　正常波动与异常波动标志

正常波动	异常波动
1. 没有点子超出控制线 2. 大部分点子在中心线上下波动，小部分在控制线附近 3. 点子没有明显的规律性	1. 有点子超出控制线 2. 点子密集分布在中心线上下附近 3. 点子密集分布在控制线附近 4. 连续 7 点以上出现在中心线一侧 5. 连续 11 点中有 10 点以上出现在中心线一侧 6. 连续 14 点中有 12 点以上出现在中心线一侧 7. 连续 17 点中有 14 点以上出现在中心线一侧 8. 连续 20 点中有 16 点以上出现在中心线一侧 9. 点子有上升或下降的趋势 10. 点子有周期性波动

下面以一实例说明点图的应用。

例 4.5　磨削一批轴颈为 $\phi 50_{0.01}^{+0.06}$ mm 的工件，作出 $\bar{x}$-R 点图，并进行工艺分析。

解　1）抽样并测量

按照加工顺序和一定的时间间隔随机地抽取并测量工件，4 件为一组，共抽取 25 组，测量的数据列入表 4.11 中。

表 4.11　$\bar{x}$-R 点图数据表/μm

序号	x_1	x_2	x_3	x_4	$\bar{x}$	R
1	44	43	22	38	36.8	22
2	40	36	22	36	33.5	18
3	35	53	33	38	39.8	20
4	32	26	20	38	29.0	18
5	46	32	42	50	42.5	18
6	28	42	46	46	40.5	18
7	46	40	38	45	42.3	8
8	38	46	34	46	41.0	12
9	20	47	32	41	35.0	27
10	30	48	52	38	42.0	22
11	30	42	28	36	34.0	14
12	20	30	42	28	30.0	22
13	38	30	36	50	38.5	20
14	46	38	40	36	40.0	10

续表

序号	x_1	x_2	x_3	x_4	$\bar{x}$	R
15	38	36	36	40	37.5	4
16	32	40	28	30	32.5	12
17	52	49	27	52	45.0	25
18	37	44	35	36	38.0	9
19	54	49	33	51	46.8	21
20	49	32	43	34	39.5	17
21	22	20	18	18	19.5	4
22	40	38	45	42	41.3	7
23	28	42	40	16	31.5	26
24	32	38	45	47	40.5	15
25	25	34	45	38	35.5	20
总计					932.5	409
平均					$\bar{\bar{x}}=37.3$	$\bar{R}=16.36$

注：表内数据均为实测尺寸与基本尺寸之差。

2）画出 $\bar{x}$-R 点图

先计算出各样组的平均值 $\bar{x}$ 和极差 R，然后计算出 $\bar{x}$ 的平均值 $\bar{\bar{x}}$，R 的平均值 $\bar{R}$，再计算 $\bar{x}$ 点图和 R 点图的上、下控制线位置。本例中，$\bar{\bar{x}}=37.3\ \mu m$，$\bar{x}_s=49.24\ \mu m$，$\bar{x}_x=25.36\ \mu m$；$\bar{R}=16.36\ \mu m$，$R_s=37.3\ \mu m$，$R_x=0$。根据这些数据画出 $\bar{x}$-R 图，如图4.50所示。

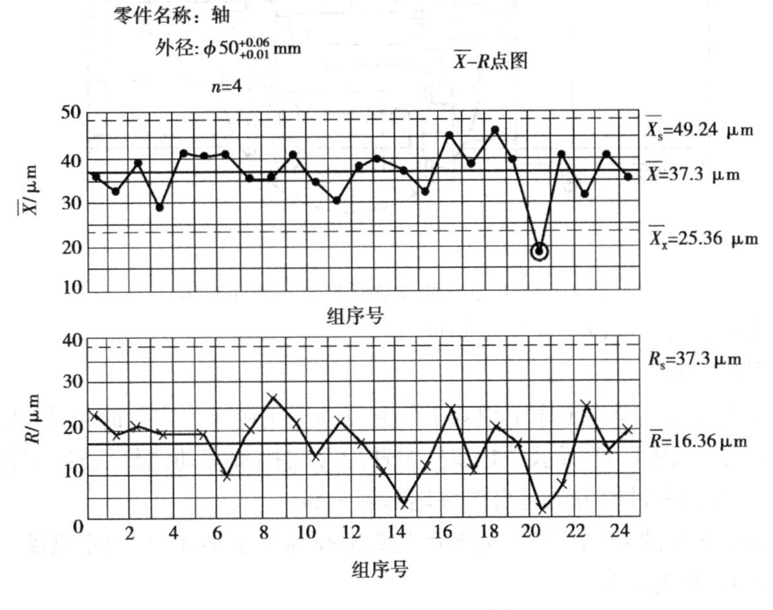

图4.50　$\bar{x}$-R 点图实例

3)计算工序能力系数及确定工艺等级

本例 $T=50\ \mu m$, $\sigma=8.93\ \mu m$,故

$$C_p=\frac{50}{6\times 8.93}=0.933$$

属于3级工艺。

4)分析总结

由于 $\bar{x}$ 图中第21组的点子超过下控制线,说明工艺过程发生了异常变化,可能有不合格品出现,从工序能力系数看也小于1,也说明本道工序的加工质量不能满足零件的加工精度要求,因此应查明原因,采用措施,消除异常变化。

4.5.3 加工误差综合分析实例

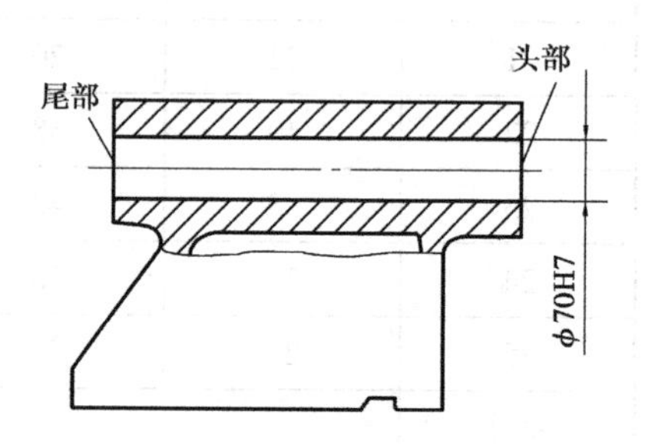

图4.51 尾座体简图

机械加工中的精度问题是一个综合性问题,解决问题的关键在于能否在具体条件下判断出影响加工精度的主要因素。这就要对具体情况作深入细致的调查,运用前面所学的知识进行理论分析,提出解决问题的措施。下面将通过一实例来作说明。

例4.6 某厂加工车床尾座体,如图4.51所示。其工艺路线如下:①粗、精加工底面。②粗镗、半精镗、精镗 ϕ70H7 孔。③加工横孔。④珩磨 ϕ70H7 孔。现发现精镗 ϕ70H7 孔后有较大圆柱度误差(锥度)的质量问题,以致不得不加大珩磨的余量,不仅降低了生产率,而且有部分工件珩磨后因锥度超差而报废。

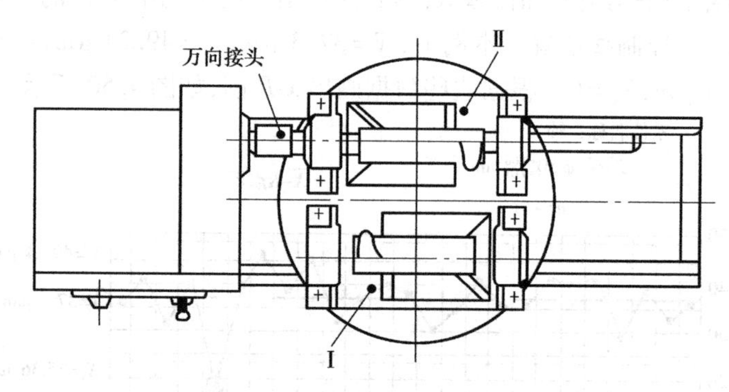

图4.52 加工尾座体 ϕ70H7 孔的专用镗床

解 分析及解决问题按以下4个步骤进行:

1)误差情况的调查

①半精镗和精镗是在同一工序中用双工位夹具在专用镗床上进行的,如图4.52所示。精镗时采用双刃镗刀,如图4.53所示,加工时,主轴用万向接头带动镗杆旋转,工作台连同镗模夹具作进给运动,镗刀的进给方向是由工件尾部到头部。

②测量了顺序加工的43个工件,全部都是头部孔径大于尾部(称为正锥度),测量数据和频数分布见表4.12和表4.13。

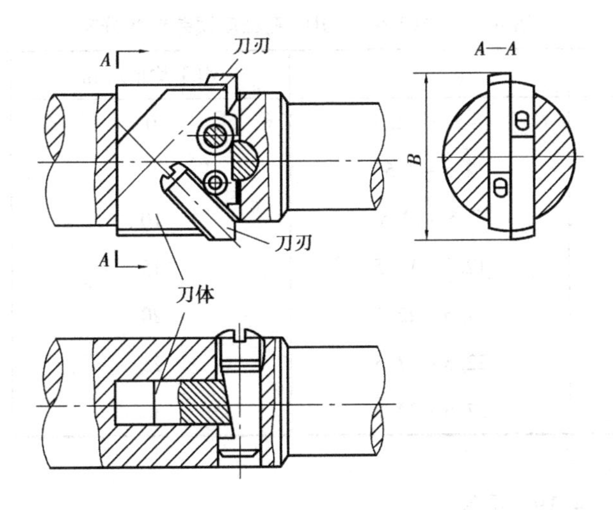

图 4.53　双刃镗刀

表 4.12　尾座体 ϕ70H7 孔的锥度误差/μm

组　号	测　定　值				平均值 $\bar{x}$	极差 R
	x_1	x_2	x_3	x_4		
1	5	16	17	15	13.25	12
2	21	19	8	13	15.25	13
3	15	19	2	24	15	22
4	7	10	17	6	10	11
5	0	19	22	26	16.75	26
6	20	10	20	19	17.25	10
7	17	9	0	19	11.25	19
8	21	17	11	11	15	10
9	12	19	22	14	16.75	10
10	12	17	15	23	16.75	11
11	29	14	12	—	18.33	17
$\bar{x}$ 图上、下控制线 $\bar{x}_s = 15.05 + 0.7258 \times 14.6 = 25.7$ $\bar{x}_x = 15.05 - 0.7258 \times 14.6 = 4.4$					$\bar{\bar{x}} = 15.05$	$\bar{R} = 14.6$
R 图上、下控制线 $R_s = 14.6 \times 2.2819 = 33.3$ $R_x = 0$						

表 4.13　尾座体 ϕ70H7 孔锥度误差频数分布

组　号	组界/μm	组平均值/μm	频　数
1	-2.5 ~ 2.5	0	3
2	2.5 ~ 7.5	5	3
3	7.5 ~ 12.5	10	9
4	12.5 ~ 17.5	15	12
5	17.5 ~ 22.5	20	12
6	22.5 ~ 27.5	25	3
7	27.5 ~ 32.5	30	1

由式(4.18)和式(4.19)可得

$$\bar{x} = 15, \sigma = 6.85$$

从表 4.12 可知，$x_{max} = 29$ μm，$x_{min} = 0$ μm；由于样本容量为 43，故分组数 $k = 7$。组距为

$$d = \frac{x_{max} - x_{min}}{k-1} = \frac{29-0}{6} = 482 \approx 5$$

③半精镗后工件孔也带有 0.13 ~ 0.16 mm 的正锥度。

④精镗工序采用现行工艺已多年，开始时工件孔锥度很小，误差是逐渐增大的。

2）分析

根据测量数据和频数分布作直方图和 $\bar{x}$-R 点图，如图 4.54 所示。从直方图可知，误差近似于正态分布；从 $\bar{x}$-R 点图来看，也没有异常波动，但样本平均值 $\bar{x}$ 达 15 μm，说明存在较大的常值系统误差。

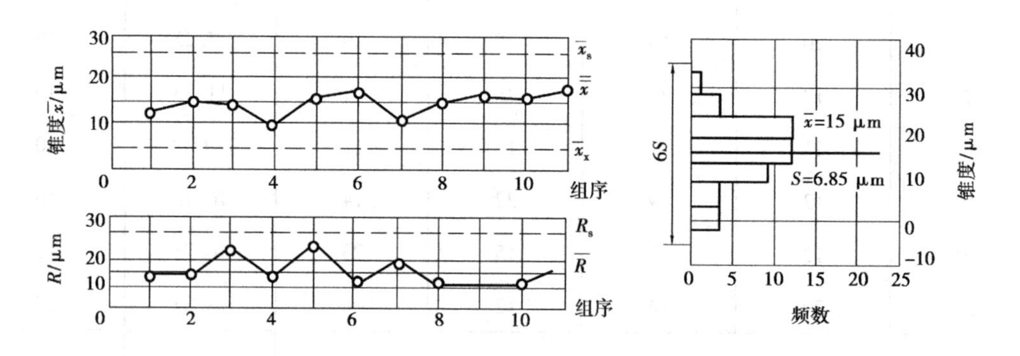

图 4.54　尾座体孔锥度的直方图和 $\bar{x}$-R 点图

产生这项误差的可能原因分析如下：

①刀具尺寸磨损。由于精镗时是从孔尾部镗向孔头部，刀具尺寸磨损应使头部孔径小于尾部，这与实际情况恰好相反，故这个误差因素可以排除。

②刀具热伸长。刀具热伸长将使头部孔径大于尾部，与工件的误差情况一致，因此，对刀具热伸长这一因素有必要研究。

③工件热变形。如前所述，可以将该误差因素作为常值系统误差对待，但产生锥度的方向

却与实际误差情况相反。因为开始镗孔尾部时工件没有温升,其孔径以后也不会变化,在镗孔到头部时工件温升最高,加工后孔径还会缩小,结果将是头部孔径小于尾部,这与实际误差情况也不符合。

④毛坯误差的复映。半精镗后有较大的锥度误差,方向也与工件实际误差方向一致,因此加工误差似乎可能是该因素引起的。不过误差复映原因是根据单刃刀具加工情况推导而得的规律,而这里所用的是定尺寸(可调)双刃镗刀,镗刀和工件的径向刚度均很大,因此对象孔的尺寸、圆度、圆柱度等一类毛坯误差基本上是不会产生误差复映的。但为慎重起见,还是打算再用实验确认。

⑤工艺系统的几何误差。由于存在常值系统误差,而且在开始采用该工艺时加工质量是能满足要求的,因此有必要从机床、夹具、刀具的几何误差中去寻找原因。本例镗杆是用万向接头与主轴浮动联接的,精度主要由镗模夹具保证而与机床精度关系不大。如镗模的回转式导套有偏心或镗杆有振动,都会引起工件孔径扩大而产生锥度误差,故必须对夹具和镗杆进行检查。

为便于分析,最后作出因果分析图,如图4.55所示。

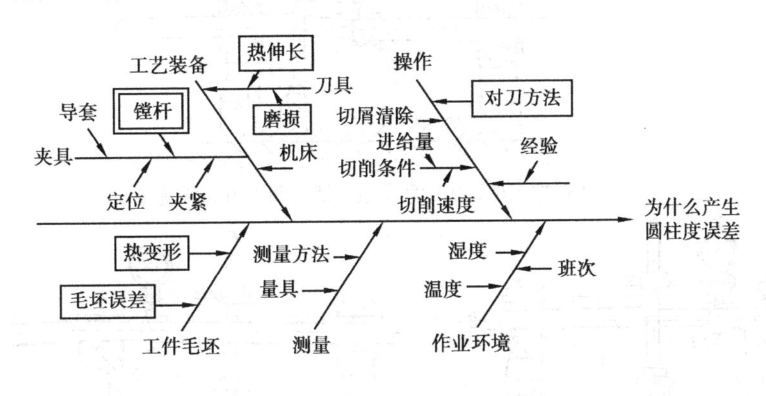

图4.55　因果分析图

3)论证

①测试刀具热伸长。用半导体点温计测量刀具的平均温升仅5°,所以刀具的热伸长为

$$\Delta D = a_t D \Delta t = 1.1 \times 10^{-5} \times 70 \times 5 \text{ mm} = 0.003\,85 \text{ mm} = 3.85\ \mu\text{m}$$

再用千分尺直接测量镗刀块在加工每一个工件前后的尺寸,也无明显变化,故可判断刀具热伸长不是主要的误差因素。

②测试毛坯误差复映。选取了4个半精镗后的工件,其中两个工件的锥度为0.15 mm,另外两个工件的锥度仅为0.04～0.05 mm。精镗后发现4个工件的锥度均在0.02 mm左右,也无明显差别。这证实了初步分析时的结论,即毛坯误差的复映也不是主要影响因素。

③测试夹具和镗杆。对镗模的回转式导套内孔检查,未发现有明显径向圆跳动;但对镗杆在用V形架支撑后检查,发现其前端有较大弯曲,如图4.56所示,其最大跳动量为0.1 mm。

为了检查镗杆弯曲对加工精度的影响,进行了如下进一步测试:

首先借助千分表将双刃镗刀块宽度B调整到与工件所需孔径相等。然后将镗刀块插入镗杆,并按加工时的对刀方法,移动工作台,使镗刀块处于工件孔的中间位置,用千分表测量两刀刃,使两刀刃对镗杆回转中心对称并固紧,如图4.57(a)所示。对好刀后,将镗刀块先后分

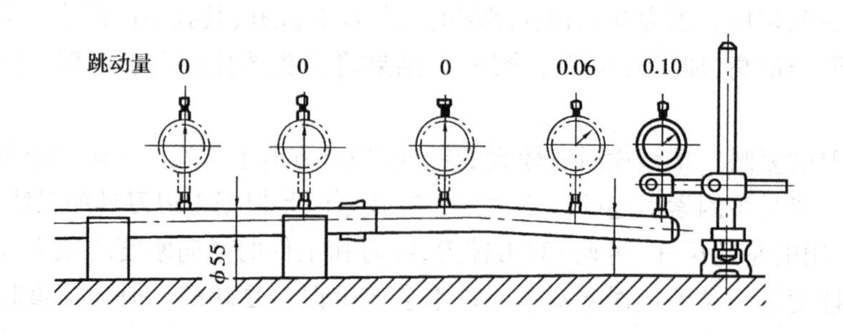

图 4.56　镗杆弯曲检查

别移到镗孔尾部和镗孔头部位置，如图 4.57(b)、图 4.57(c)所示，再测量两刀刃的高低差。结果发现，在孔尾部，两刀刃高低相差 5 μm；而在孔头部，却相差 30 μm。这样显然会造成工件头部的孔径大于尾部。下面进一步说明为什么镗杆弯曲会造成镗刀两刀刃高低差。

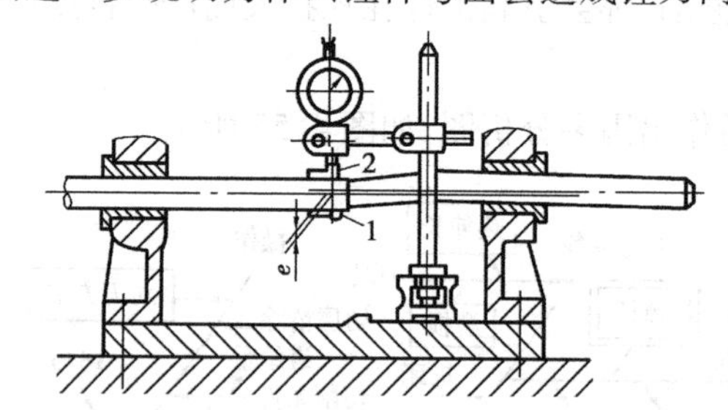

(a)在工件孔的中间位置检测，两刀刃高低差=0 μm

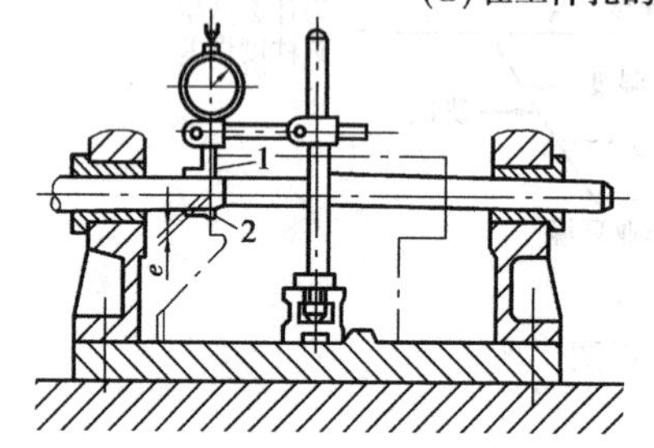

(b)在工件孔的尾端检测，两刀刃高低差=5 μm

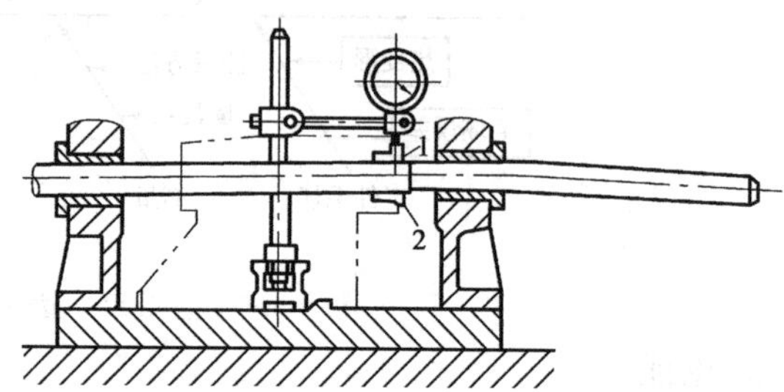

(c)在工件孔的头部检测，两刀刃高低差=30 μm

图 4.57　检查镗杆弯曲对加工精度影响的方法

1—镗刀块刀刃之一；2—镗刀块刀刃之二

当镗杆有了弯曲时，在图 4.57(a)的位置上，装镗刀块处的镗杆几何中心就偏离了其回转中心，设偏移量为 e。如上所述，刀刃的调整正是在这一位置上进行的。既然调整时是使两刀刃对镗杆回转中心相对称，那么两刀刃对镗杆的几何中心必然不对称，即有 $2e$ 的高低差。

由于镗杆主要是在前端弯曲，因此在镗孔的头部时(见图 4.57(c))，镗杆的弯曲部分已经伸出右方导套之外，此时两个导套之间的镗杆已无弯曲，镗杆的几何中心也就与回转中心重合。但是如前所述，两刀刃对镗杆几何中心是有 $2e$ 的高低差的，因此这时两刀刃对镗杆回转中心也就产生了 $2e$ 的高低差。这就是所测得的两刀刃高度差为 30 μm 的原因。

镗削工件孔尾部时，镗杆弯曲仍在两个导套之间，因而其影响仍然存在，只是其影响大小略有变化，即此处两刀刃对镗杆回转中心的高低差为 5 μm。

因此，由于镗杆弯曲引起的尾座体孔锥度误差(实际上是两端孔径差)为

$$(30-5)=25\ \mu m$$

在实际加工中，由于两刀刃不对称，切削力也不等，因而引起镗杆变形，故两端孔径差将小于25 μm。

4）验证

要证实上述分析判断是否符合实际情况，需要重新制造一根镗杆。在新镗杆制造好以前，也可用改进调整镗刀的方法来减少误差。假如在调整时（此时镗刀块在两导套间大致正中位置），把镗刀的几何中心调整到O'点，如图4.58所示，那么就可使镗刀块在3个位置时两刀刃高低差绝对值的差值最小。这样，在镗工件孔头部和尾部时，两刀刃高低差均为17.5 μm；在镗孔中部位置时，两刀刃高低差为12.5 μm，差值仅为5 μm。而能直接测量得到的两端孔径，理论上没有差值。按上述方法调整镗刀块后加工一批工件，其结果见表4.14。从表中可知，两端孔径差的平均值只有1.13 μm，说明常值系统误差基本上已消除。

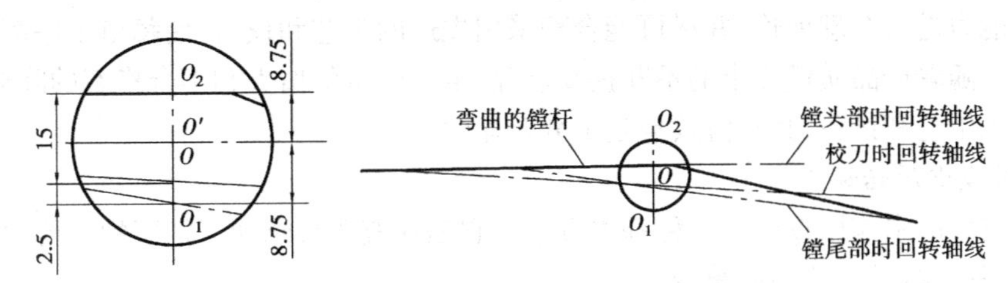

图4.58 改进镗刀调整

O—原校刀时的中心；O_1—镗工件孔尾端时的中心；O_2—镗工件孔头部时的中心；
O'—改进调刀方法后的镗刀中心

表4.14 重新调整后的加工误差

工件序号	1	2	3	4	5	6	7	8
两端孔径差/μm	+5	−5	+5	+10	−6.5	0	−2	+5
工件序号	9	10	11	12	13	14	15	平均值
两端孔径差/μm	−20	+2.5	+5	+12.5	−6	+6.5	+5	+1.13

注："+"表示头部端孔径大于尾部端，"−"表示尾部端孔径大于头部端。

4.6 保证和提高加工精度的途径

为了保证和提高机械加工精度，必须找出造成加工误差的主要原因，即原始误差，然后采取相应的工艺技术措施来控制或减少加工误差。前面有关章节已对提高加工精度的具体方法进行了介绍，本节将以总结的形式集中进行讨论，以便对提高加工精度的途径有一个全面的了解。

生产实际中尽管有许多减少误差的方法和措施，但从误差减少的技术方法上来讲，可将这些方法和措施归纳成两大类：误差预防和误差补偿。

误差预防是指减少原始误差或减少原始误差的影响，即减少误差源或改变误差源至加工误差之间的数量关系。实践与分析表明，当加工精度要求高于某一程度后，利用误差预防技术来提高加工精度所花费的成本将按指数规律增长。

误差补偿是指在现存的原始误差条件下，通过分析、测量，进而建立数学模型，并以这些信息为依据，人为地在工艺系统中引入一个附加的误差源，使之与系统中现存的原始误差相抵消，以减少或消除零件的加工误差。在现有工艺条件下，误差补偿技术是一种有效而积极的方法，特别是借助计算机辅助技术，可达到很好的效果。

4.6.1 误差预防技术

生产实际中常用的误差预防技术归纳起来有6种。

(1)合理采用先进工艺与设备

这是保证加工精度最基本的方法。因此，在制订零件加工工艺规程时，应对零件每道加工工序的工艺能力进行合理评价，并尽可能合理采用先进的工艺和设备，使每道工序都具备足够的工艺能力。随着产品质量要求的不断提高、产品生产数量的增大和不合格率的降低，证明采用先进的加工工艺和设备，其经济效益是十分明显的。

(2)直接减少原始误差

这也是在生产中应用较广的一种基本方法。它是在查明影响加工精度的主要原始误差因素后，设法对其直接进行消除或减少。

例如，细长轴车削时，为避免工件受力和受热的影响而产生弯曲变形，现采用了“大进给反向切削法”，再辅之以弹簧后顶尖，可减少工件因受力和受热影响而产生的加工误差。又如，薄环形工件在磨削中由于采用了树脂接合剂黏合以加强工件刚度的方法，使工件在自由状态下得到固定，解决了薄环形工件两端面的平行度问题。其具体方法是将薄环形工件下面黏合到一块平板上，再将平板放到磁力工作台上磨平工件的上端面；然后将工件从平板上取下(使接合剂热化)，再以磨平的一面作为定位基准磨另一面，以保证其平行度。

(3)原始误差转移

误差转移法是把影响加工精度的原始误差转移到不影响加工精度的方向或其他零部件上去。例如，在转塔车床上车削工件时，转塔刀架在工作时需要经常旋转，因而要长期保持它的转位精度是比较困难的。假如转塔刀架上外圆车刀的切削基面也像卧式车床那样在水平面内，如图4.59(a)所示，那么转塔刀架的转位误差处在误差敏感方向，将严重影响加工精度。因此，生产中都采用“立刀”安装法，把刀刃的切削基面放在垂直平面内，如图4.59(b)所示，这样就把刀架的转位误差转移到了误差非敏感方向，刀架的转位误差引起的加工误差也就减少到可以忽略不计的程度。

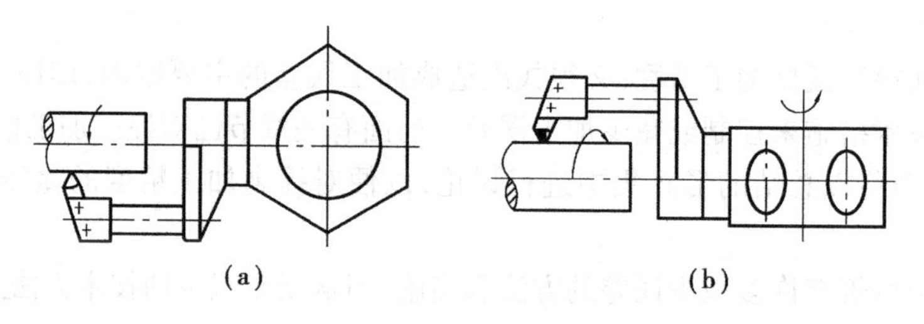

图4.59　转塔车床刀架转位误差的转移

(4)均分原始误差

在生产实际中,针对毛坯或上道工序的误差引起本道工序误差较大的现象,可将毛坯或上道工序工件按误差大小进行分组调整,即均分误差。具体方法是把毛坯或上道工序工件按误差大小分为 n 组,这样,每组毛坯或工件的误差就缩小到原来的 $1/n$ 倍;然后在本道工序中按各组分别调整刀具与工件的相对位置或选用合适的定位元件,就可大大缩小整批工件的尺寸分散范围。这个方法比起单纯提高毛坯或上道工序工件加工精度往往要简单易行得多。

例如,某厂在剃削 Y7520W 型齿轮磨床的交换齿轮时,出现了齿轮孔径($\phi 25^{+0.013}_{0}$ mm)和心轴(其实际直径为 ϕ25.002 mm)配合间隙过大,造成较大定位误差的问题。为了保证工件与心轴有更高的同轴度,必须限制配合间隙,但工件孔的精度已经是 IT6 级,再要提高,势必大大增加成本。因此,采用均分原始误差的方法,对工件孔进行分组,并用多挡尺寸的心轴和工件孔配对,这样减少了由于间隙而产生的定位误差,提高了本道工序的加工精度。数据分组情况如下:

心轴尺寸	第一组	ϕ25.002 mm	配工件孔	ϕ25.000 ~ ϕ25.004mm
	第二组	ϕ25.006 mm		ϕ25.004 ~ ϕ25.008 mm
	第三组	ϕ25.011 mm		ϕ25.008 ~ ϕ25.013 mm

配合间隙　±0.002 mm

±0.002 mm

+0.002 ~ −0.003 mm

(5)均化原始误差法

加工过程中,机床、刀具等的误差总是要传递到工件上去,这些误差(如机床导轨的直线度误差、机床传动链的传动误差等)只是根据局部地方的最大误差值来判定的。利用有密切联系的表面之间的相互比较、相互修正,或者利用互为基准进行加工,就能让这些局部较大的误差比较均匀地影响到整个加工表面,从而使传递到工件表面的加工误差较为均匀,工件的加工精度相应也得到提高。

例如,研磨时,研具的精度并不高,分布在研具上的磨料粒度大小也不一样,但由于研磨时工件和研具之间有复杂的相对运动轨迹,使工件上各点均有机会与研具的各点相互接触并受到均匀的微量切削,同时工件和研具相互修正,精度也逐步共同提高,进一步使误差均化,因而就可获得精度高于研具原始精度的加工表面。

(6)就地加工法

在机械加工和装配过程中,有些精度问题涉及很多零部件的相互关系,如果单纯依赖提高零部件精度来满足设计要求,有时不仅困难,甚至不可能。采用就地加工方法可解决这些难题。例如,在转塔车床制造中,转塔上的 6 个安装刀架的大孔轴线必须保证与机床主轴回转轴线重合,各大孔的端面又必须与主轴回转轴线垂直。如果把转塔作为单独零件加工出这些表面,那么在装配后要达到上述两项要求是十分困难的。采用就地加工方法,把转塔装配到转塔车床后,在车床主轴上装镗杆和径向进给小刀架进行最终精加工,就很容易保证上述两项精度要求。

就地加工法的本质是要保证部件间有什么位置关系,就在这样的位置关系上利用一个部件装上刀具去加工另一个部件。

4.6.2 误差补偿技术

用误差补偿的方法来消除或减小常值系统误差一般说来是比较容易的,因为用于抵消常值系统误差的补偿量是固定不变的。对于变值系统误差的补偿不是一种固定的补偿量所能解决的,于是生产中就发展了所谓的积极控制补偿方法,具体讲有3种形式。

(1)在线检测法

这种方法是在加工过程中随时测量出工件的实际尺寸(形状、位置精度),随时给刀具以附加的补偿量,适时地控制刀具与工件间的相对位置。这样,工件尺寸的变动范围始终在自动控制之中。例如,在大量生产汽车发动机曲轴零件时,曲轴主轴颈的磨削就是在数控磨床上采用在线检测、自动补偿的方法进行的。当磨削到要求的尺寸时,磨床自动停止加工。

(2)偶件自动配磨法

这种方法是将相配件中的一个零件作为基准,去控制另一个零件的加工精度。在加工过程中自动测量工件的实际尺寸,并与基准件的尺寸进行比较,直到达到规定的差值时机床就自动停止加工,从而保证精密偶件间要求很高的配合间隙。

例如,柴油机高压油泵柱塞的自动配磨采用的就是这种形式的积极控制法。高压燃油泵柱塞副是一对很精密的偶件,如图4.60所示。柱塞和柱塞套本身的几何精度在0.000 5 mm以内,而轴与孔的配合间隙为0.001 5~0.003 mm。过去在生产中一直采用放大尺寸公差,然后再分级选配和互研的方法来达到配对要求。

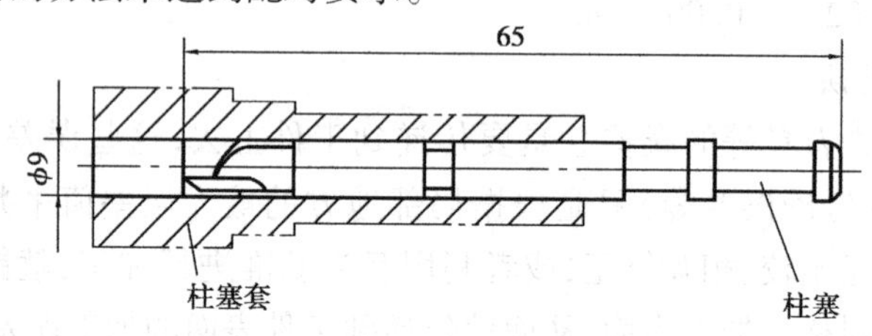

图4.60 油泵柱塞副

现在研究制造了一种自动配磨装置。它以自动测量出柱塞套的孔径基准去控制柱塞外径的磨削。该装置除了能够连续测量工件尺寸和自动操纵机床动作外,还能够按照偶件预先规定的间隙,自动决定磨削的进给量,在粗磨到一定尺寸后自动变换为精磨,磨削到尺寸后自动停机。

自动配磨装置的原理如图4.61所示。当测孔仪和测轴仪进行测量时,测头的机械位移就改变了电容发送器的电容量,孔与轴的尺寸之差转化成电容量变化之差,使电桥2的输入桥臂的电参数发生变化,在电桥的输出端形成一个输出电压。该电压经过放大器和交直流转换以后,控制磨床的动作和指示灯的明灭。

(3)积极控制起决定作用的误差因素法

在某些复杂精密零件的加工中,当无法对主要精度参数直接进行在线测量和控制时,就应该设法控制起决定作用的误差因素,并把它掌握在很小的变动范围以内。精密螺纹磨床的自动恒温控制就是这种控制方法的一个典型例子,这里不再赘述。

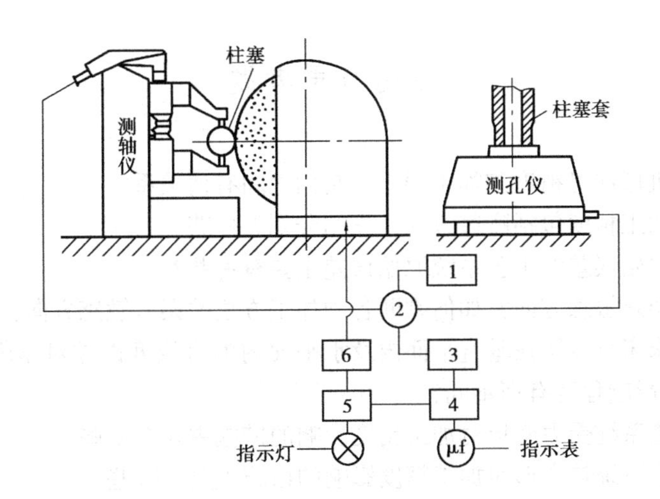

图4.61　高压油泵偶件自动配磨原理框图
1—高频振荡发生器;2—电桥;3—三级放大器;
4—相敏检波;5—直流放大器;6—执行机构

本章小结

本章阐述了机械加工精度和加工误差的概念,阐述了加工误差的来源及性质,系统分析了各种影响加工精度的主要因素及其控制方法,系统介绍了加工误差统计分析方法,并提出了保证和提高加工精度的主要措施。

机械加工精度是指零件加工后的实际几何参数(尺寸、形状和表面间相互位置)与理想几何参数的符合程度;机械加工误差是指零件加工后的实际几何参数(尺寸、形状和表面间相互位置)与理想几何参数的偏离程度。机械加工误差的主要来源是工艺系统的原始误差,这些原始误差一部分是在工艺系统加工前就存在的,称为工艺系统的几何误差;一部分是在加工过程中才产生的,称为工艺系统的动误差。工艺系统的原始误差在加工过程中反映到工件上来,形成了工件的加工误差。根据这些误差的性质,加工误差可分为系统误差及随机误差两大类。

影响机械加工精度的因素有很多方面,主要包括原理误差、工艺系统的几何误差、工艺系统的受力变形及工艺系统的热变形等。原理误差是指采用了近似的成形运动或者近似的切削刃刀具而产生的误差。工艺系统的几何误差主要反映在机床误差、夹具误差、刀具误差和调整误差等方面。工艺系统受力变形、受热变形及工件残余应力变形是工艺系统动误差的主要形式,反映工艺系统抵抗受力变形能力的参数是工艺系统的刚度。工艺系统的刚度由机床刚度、夹具刚度、刀具刚度和工件刚度决定,不同的加工条件下起决定的因素不同。

对于难以用单因素分析法分析加工误差的问题,可采用数理统计分析的方法来进行加工误差的分析。

误差预防和误差补偿是两种常用的保证和提高加工精度的途径。

习题与思考题

4.1　什么是机械加工精度和加工误差？它们之间有何关系？

4.2　零件的加工精度包括哪些方面？它们分别怎样获得？

4.3　什么是原始误差？工艺系统原始误差主要有哪些？

4.4　什么的误差敏感方向？如何判断各种加工方法的误差敏感方向？

4.5　立式车床床身导轨在垂直平面内及水平面内的直线度误差对车削圆柱类零件的加工误差有何影响？影响程度有何不同？

4.6　减少工艺系统受力变形对加工精度影响的措施主要有哪些？

4.7　减少工艺系统热变形对加工精度影响的措施主要有哪些？

4.8　分布图分析法与点图分析法各有何特点？

4.9　保证和提高加工精度的主要途径有哪些？

4.10　在卧式车床上用两顶尖装夹工件车削细长轴时，试分析出现如图4.62所示加工误差的原因是什么？应采用什么措施来减少或消除？

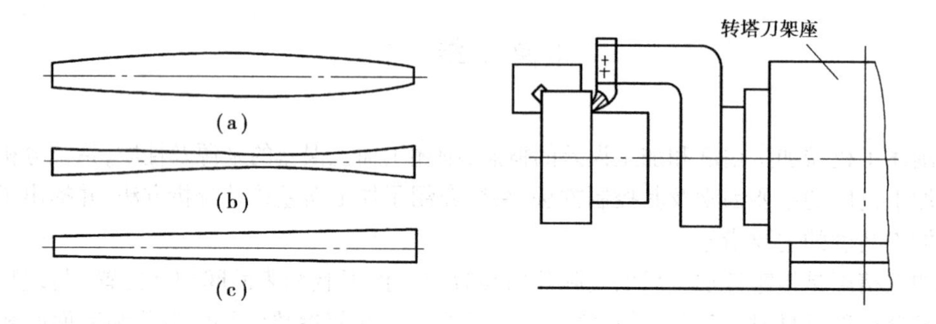

图4.62　题4.10图　　图4.63　题4.11图

4.11　试分析在转塔车床上将车刀垂直安装加工外圆时（见图4.63），导轨在垂直面内和水平面内的弯曲哪个影响较大？与卧式车床比较有何不同？为什么？

4.12　在镗床上镗孔，镗床主轴与工作台面有平行度误差 α，如图4.64所示。试分析当工作台作进给运动时，所加工的孔将产生何种误差？其值为多大？当主轴作进给运动时，该孔又将产生何种误差？其值为多大？

4.13　如图4.65所示，在外圆磨床上磨削一根带有键槽的细长轴，已知机床的几何精度很高，且机床主轴、尾座的刚度不等，$k_{tj} > k_{wz}$。试分析在只考虑工艺系统受力变形的影响下，往复磨削一次后，被磨轴颈在轴向和径向将产生何种形状误差？采取什么措施可提高加工后的形状精度？

4.14　设已知工艺系统的误差复映系数为0.25，工件在本道工序前有圆度误差0.45 mm，若本道工序形状误差规定允差为0.01 mm。试问本道工序至少要进给几次才能使形状精度合格？

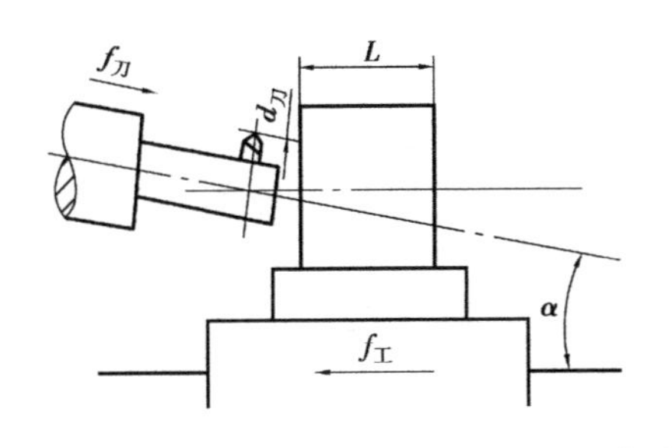

图4.64 题4.12图

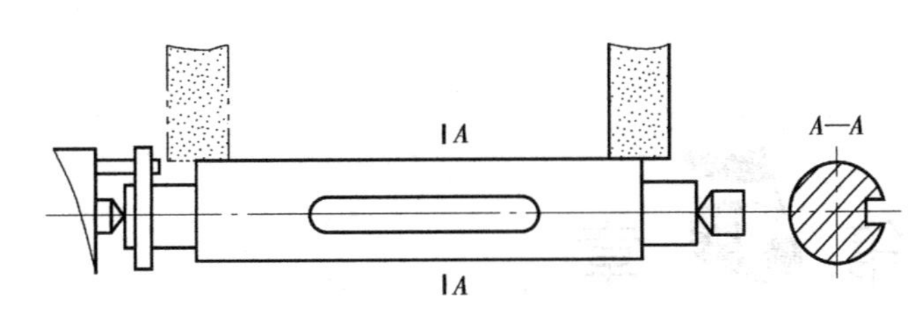

图4.65 题4.13图

4.15 如果被加工齿轮分度圆直径 $D=100$ mm，滚齿机滚切传动链中最后一个交换齿轮的分度圆直径 $d=200$ mm，分度蜗杆副的降速比为1∶96，若此交换齿轮的齿距累积误差 $\Delta F=0.12$ mm。试求由此引起的工件的齿距偏差是多少？

4.16 在车床上加工一长度为800 mm、直径为60 mm的45钢光轴，工件采用两顶尖装夹。现已知机床各部件的刚度为 $k_{tj}=9\ 000$ N/mm，$k_{wz}=5\ 000$ N/mm，$k_{dj}=4\ 000$ N/mm，加工时的切削力 $F_z=600$ N，$F_y=0.4F_z$。试分析计算一次进给后工件的轴向形状误差。

4.17 在车床上加工丝杠，工件总长为2 650 mm，螺纹部分的长度 $L=2\ 000$ mm，工件材料和母丝杠材料都是45钢，加工时室温为20 ℃，加工后工件温升至45 ℃，母丝杠温升至30 ℃。试求工件全长上由于热变形引起的螺距累积误差。

4.18 有一批小轴，其直径尺寸为 $\phi18^{0}_{-0.035}$ mm，加工后尺寸属于正态分布，测量计算一批工件直径的算术平均值 $\bar{x}=17.975$ mm，标准偏差 $\sigma=0.01$ mm。试计算合格品率及废品率，分析废品产生的原因，指出减少废品率的措施。

4.19 加工一批零件，其外径尺寸为 $\phi(28\pm0.6)$ mm，已知加工该批零件的尺寸见表4.15，并知从前在相同工艺条件下加工同类零件的标准偏差 σ 为0.14 mm。试绘制加工该批零件的 $\bar{x}$-R 点图，并分析该工序的工艺稳定性。

表4.15 一批零件加工尺寸结果

试件号	尺寸/mm	试件号	尺寸/mm	试件号	尺寸/mm	试件号	尺寸/mm	试件号	尺寸/mm
1	28.10	6	28.10	11	28.20	16	28.00	21	28.10
2	27.90	7	27.80	12	28.38	17	28.10	22	28.12
3	27.70	8	28.10	13	28.43	18	27.90	23	27.90
4	28.00	9	27.95	14	27.90	19	28.04	24	28.06
5	28.20	10	28.26	15	27.84	20	27.86	25	27.80

第5章

机械加工表面质量分析与控制

零件的机械加工质量不仅指加工精度，还有表面质量。产品的工作性能，尤其是它的可靠性、耐久性等，在很大程度上取决于其主要零件的表面质量。深入探讨和研究机械加工表面质量，掌握机械加工中各种工艺因素对表面质量影响的规律，并应用这些规律控制加工过程，对提高表面质量，保证产品质量具有重要意义。近年来，表面质量研究的内涵在不断扩大，并称为表面完整性。

5.1 概 述

5.1.1 机械加工表面质量的概念

任何机械加工方法所获得的加工表面，实际上都不可能是绝对理想的表面。对机械加工所获得表面的测试和分析说明，零件表面加工后存在着表面粗糙度、表面波度等微观几何形状误差以及划痕、裂纹等缺陷。此外，零件表面层在加工过程中也会产生物理、机械性能的变化，在某些情况下还会产生化学性质的变化。如图5.1(a)所示为零件加工表面层沿深度方向的变化情况。在最外层生成有氧化膜或其他化合物，并吸收渗进了某些气体、液体和固体粒子，称吸附层，其厚度一般不超过8×10^{-3} μm。在吸附层下而是压缩区，其厚度为几十微米至几百微米，随加工方法不同而变化，它是由切削力造成的表面塑性变形区。由于压缩区内不同深度所受作用力不同，其塑性变形程度不同，压缩区最上层与刀具之间产生强烈摩擦使晶粒拉长，甚至破碎形成纤维层。由于压缩区产生塑性变形，同时还受到切削热的作用，如同淬火、回火一样会使表面层的金属材料产生金相组织和晶粒大小的变化，最终使零件加工表面层的物理机械性能与零件基体有所差异，并产生了如图5.1(b)所示的显微硬度变化和残余应力。

综上所述，机械加工表面质量概念归纳为机械加工表面形成的几何结构和加工时物理力学性能影响所及，并与基体金属性能有所变异的表面状态。它包含以下两个方面的内容：

(1)表面的几何特征

如图5.2所示为加工表面的几何特征，主要由以下4部分组成：

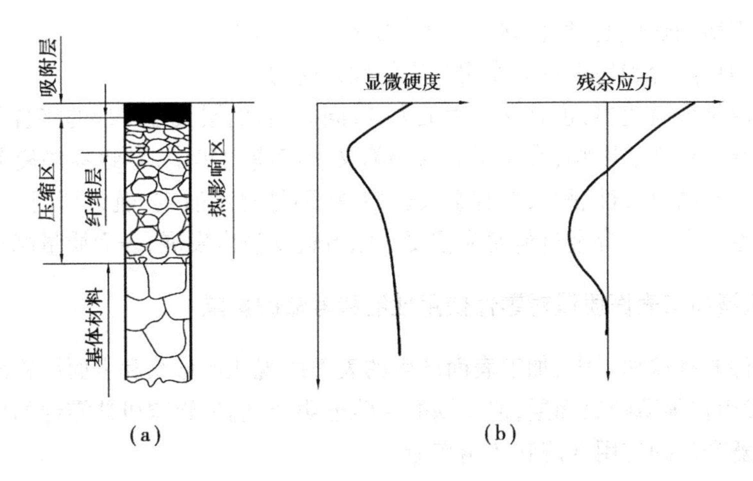

图 5.1　加工表面层沿深度变化示意图

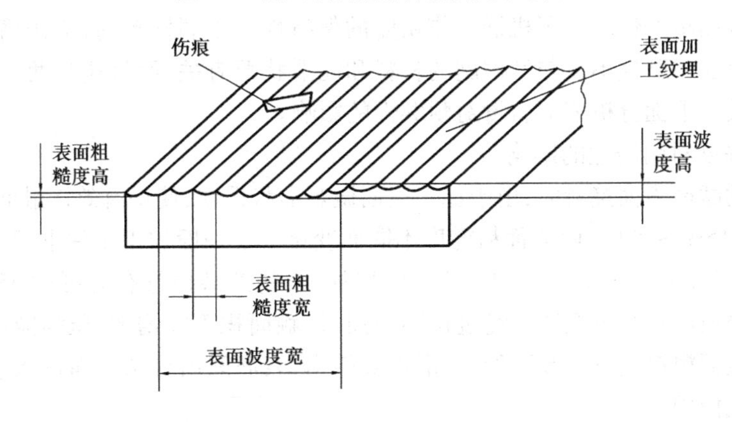

图 5.2　机械加工表面几何特征

1）表面粗糙度

表面粗糙度是加工表面上具有较小间距和峰谷所组成的微观几何形状特征。它主要是由机械加工中切削刀具的运动轨迹和塑性变形所形成，其大小是以表面轮廓的算术平均偏差 R_a 或微观不平度的平均高度 R_z 表示的，其波高与波长比值一般大于 1∶50。

2）表面波度

表面波度是介于宏观几何形状误差与表面粗糙度之间的几何形状误差。它主要是由切削刀具的振动造成，其大小用波高与波宽（波长）的比值表示，一般为 1∶50 至 1∶1 000。

3）表面加工纹理

表面加工纹理是表面微观结构的主要方向，取决于表面形成所采用的机械加工方法，即主运动和进给运动的关系。

4）伤痕

伤痕是在加工表面上一些个别位置上出现的缺陷。它们大多数是随机分布的，如砂眼、气孔、裂纹和划痕等。

(2)表面层的物理机械性能变化

表面层物理机械性能变化主要有以下 3 方面内容：

①表面层因塑性变形产生的冷作硬化。

②表面层因切削热(包括磨削热)引起的金相组织的改变。

③表面层因切削力和切削热的作用产生的残余应力。

由于表面层是金属边界,也是受应力最大处,同时,表面层又是零件的接合面,其特性对接触刚度和磨损有决定性的影响;表面层上的缺陷又引起应力集中,导致零件疲劳破坏。因此,表面层的特性对产品可靠性、耐久性有重大影响,特别是对于航空、航天部门广泛采用高强度钢、耐热钢、高温合金和钛合金材料尤为重要。随着科学技术发展,表面质量越来越受到重视。

5.1.2 机械加工表面质量对零件使用性能和寿命的影响

在机械零件的机械加工中,加工表面产生的表面微观几何形状和表面层物理、力学性能的变化,虽然只发生在很薄的表面层,但长期的实践证明,它们都影响机器零件的使用性能,从而进一步影响机器产品的使用性能和使用寿命。

(1)表面质量对零件耐磨性的影响

零件工作表面耐磨性决定了机器工作精度的保持性。耐磨性越高,工作精度的保持性越好。零件工作表面耐磨性不仅与摩擦副的材料和润滑状况有关,而且还与两个相互运动零件的表面质量有关。下面分析表面质量对耐磨性的影响。

1)表面粗糙度对耐磨性的影响

两个零件的摩擦表面接触时,由于加工表面微观形状误差,使得有效接触面积比名义接触面积小,一般为15% ~90%,随表面粗糙度不同而变化。在一般加工条件下,互相运动的零件开始接触时,由于接触面积小,压强大,从而磨损加大,初期磨损量有时可达65% ~75%。如图5.3所示为磨损过程基本规律。经过初期磨损,接触面积不断增大,压强减小,进入正常磨损阶段。随着表面粗糙度进一步降低,润滑油被挤出,表面间出现亲合而进入急剧磨损阶段,此时零件已不能使用。

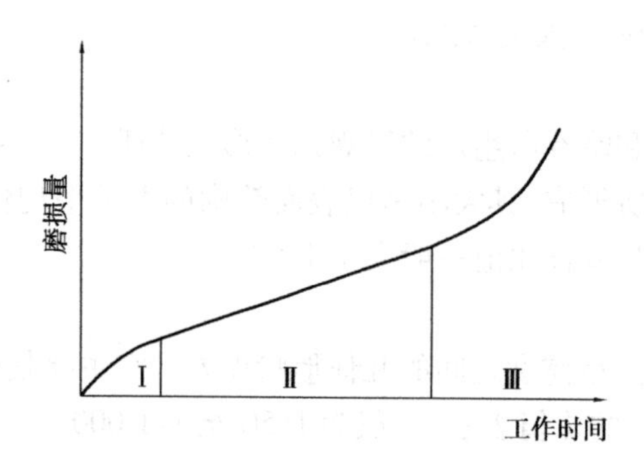

图5.3 磨损过程基本规律

Ⅰ—初期磨损;Ⅱ—正常磨损;Ⅲ—急剧磨损

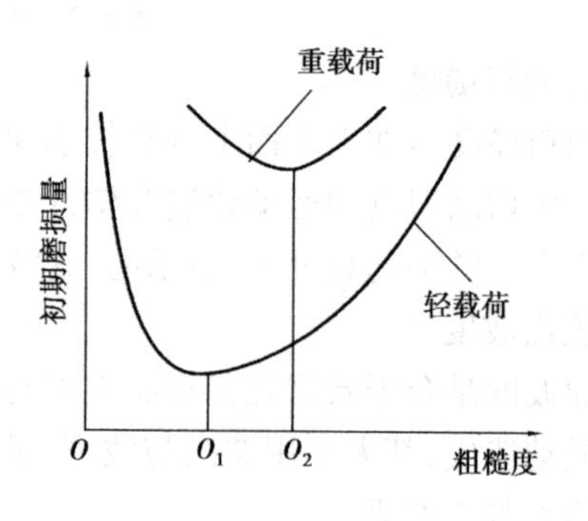

图5.4 初期磨损量与粗糙度的关系

表面粗糙度影响有效接触面积,也影响润滑油的存储,所以在一定条件下,在某一粗糙度时,运动副表面应有最小磨损量。如图5.4所示为初期磨损量与粗糙度关系曲线。图5.4表明,轻载荷与重载荷作用下,曲线都有最佳粗糙度值。由于承受载荷不同,所对应的最佳粗糙度值和磨损量不同。尽管如此,两条磨损曲线都有相同的磨损规律,即在最佳粗糙度 O_1(O_2)左边,随粗糙度减小,润滑恶化,初期磨损加剧;在最佳粗糙度右边,随粗糙度增加,由于有效接触面积减小,初期磨损加剧。在零件使用过程中,其表面粗糙度都会趋于最佳粗糙度,但在这个过程中会改变运动副的间隙状态。

2）刀纹方向对耐磨性的影响

运动副表面刀纹方向对磨损也有一定影响。当运动副表面刀纹方向与运动方向一致时，耐磨性最好；当两者的刀纹方向与运动方向垂直时，耐磨性最差；两者刀纹方向相互垂直，其与运动方向一致时，耐磨性居中。

3）冷作硬化对耐磨性的影响

表面冷作硬化后，硬度提高，增加耐磨性；同时塑性降低，分子亲合力减小，因此也会减少磨损。但是过度硬化，会加剧磨损，甚至产生剥落，所以硬化必须控制在一定范围内。

4）表面金相组织的影响

表面金相组织的变化，也会改变表面层的原有硬度而影响表面的耐磨性。例如，淬硬钢工件在磨削时产生表面回火，使其表面硬度下降而明显降低耐磨性。

（2）表面质量对零件疲劳强度的影响

1）表面粗糙度的影响

在交变载荷作用下，零件在表面有裂纹、缺口等缺陷处产生应力集中，形成疲劳裂纹。加工表面粗糙度越小，表面缺陷越少，则抗疲劳性能越好。另外，表面粗糙度与加工方法有关，加工方法所形成的刀纹方向与受力方向的关系对疲劳强度也有较大影响。加工刀纹平行于受力方向时，疲劳强度是垂直于受力方向时的1.5倍左右。不同材料对应力集中的敏感程度不同，一般说来，钢的极限强度越高，对应力集中敏感程度越大，表面粗糙度对疲劳强度影响程度也越严重。

2）冷作硬化的影响

加工表面层的冷作硬化能阻碍裂纹生长，从而减轻表面粗糙度和表面缺陷的影响，因而会提高疲劳强度。但是过度冷作硬化，会使表面产生裂纹而使疲劳强度降低。对于铝镁合金和低强度金属，有时硬化对提高疲劳强度起主要作用。对于某些材料，表面硬化只是在一定的硬化程度和深度情况下才会对提高疲劳强度有利。

3）残余应力的影响

残余应力对疲劳强度影响很大。表面层的残余压应力能部分抵消交变载荷施加的拉应力，妨碍和延缓疲劳裂纹的产生和扩展，从而提高疲劳强度。若表面层存在残余拉应力会加速疲劳裂纹的产生与扩展，使疲劳强度大大降低。在高温下工作的零件，塑性变形产生恢复软化，会消除残余应力，降低冷作硬化程度，残余应力对零件疲劳强度影响不大。一般情况下，采用喷丸、滚压、挤压等表面强化工艺可提高零件疲劳强度。

（3）表面质量对耐蚀性的影响

1）表面粗糙度对耐蚀性的影响

零件表面产生腐蚀现象，根据其腐蚀原因可分为两种腐蚀：一种是零件在潮湿空气中或在有腐蚀性介质中工作，在加工表面的凹谷处易于积聚腐蚀性介质而产生化学反应，这种腐蚀称为化学腐蚀；另一种是电化学腐蚀，它是两种材料的零件表面相接触时，在表面粗糙度顶峰间产生电化学作用而被腐蚀。表面越粗糙，这两种腐蚀就越严重。

2）表面残余应力的影响

表面存在残余压应力时，有助于表面微小裂纹闭合，阻碍腐蚀介质的侵入，增加了表面耐蚀性；表面残余拉应力则会降低耐蚀性，特别是受燃气侵蚀的条件下，工作的零件更容易出现这种称之为应力腐蚀的现象。

3)表面金相组织的影响

在机械加工中,金相组织发生变化也会影响耐蚀性。高强度钢的表面层产生回火马氏体组织时会降低耐蚀性。所以,在加工时,一般均采用锐利刀具进行切削,以避免产生相变。

(4)表面质量对配合性能的影响

相配零件间的配合关系是用过盈量或间隙值来表示的。对间隙配合而言,表面粗糙度值太大,会使配合表面很快磨损而增大配合间隙,改变配合性质,降低配合精度。对过盈配合而言,装配时配合表面的波峰被挤平,减小了实际过盈量,降低了联接强度,影响配合的可靠性。

表面残余应力会引起零件变形,使零件形状和尺寸发生变化,因此对配合性质也有一定的影响。

5.2 表面粗糙度的形成及其影响因素

5.2.1 切削加工的表面粗糙度

在用金属切削刀具对零件表面进行加工时,造成加工表面粗糙度的因素有几何因素、物理因素和工艺系统振动3个方面。

(1)几何因素

在切削加工中,由于刀具主偏角 κ_r,副偏角 κ_r'、刀尖圆弧半径 r_ε 的存在,刀具以进给量 S 进给的过程中,留在已加工表面的残留面积 Δabc(见图5.5)高度就构成了横向粗糙度的主体,其值可由如图5.5所示的几何关系推导出。这一因素产生的粗糙度常称为几何因素。

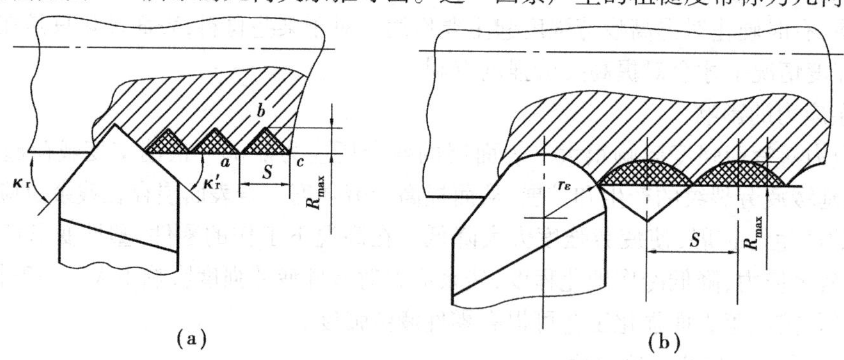

图5.5 车削加工的残留面积

由如图5.5(a)所示,得

$$R_{\max} \approx \frac{S}{\cot \kappa_r + \cot \kappa_r} \tag{5.1}$$

此时,刀尖圆弧半径 $r_\varepsilon \approx 0$。

如图5.5(b)所示为用刀尖圆弧半径 $r_\varepsilon > 0$ 的车刀纵车外圆时,每完成一单位进给量 S 后,留在已加工表面上的残留面积,其高度 R_{max} 由图5.5(b)中可推得,即

$$R_{\max} = r_\varepsilon\left(1 - \cos\frac{a}{2}\right) = 2r_\varepsilon \sin^2\frac{\alpha}{4} \tag{5.2}$$

当中心角 α 甚小时，可用 $\frac{1}{2}\sin\frac{\alpha}{2}$ 代替 $\sin\frac{\alpha}{4}$，且 $\sin\frac{\alpha}{2}=\frac{S}{2r_\varepsilon}$，故

$$R_{\max}\approx 2r_\varepsilon\left(\frac{S}{4r_\varepsilon}\right)^2=\frac{S}{8r_\varepsilon} \tag{5.3}$$

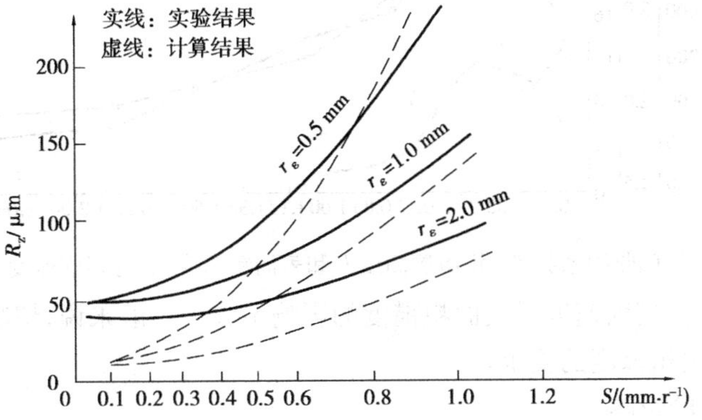

图 5.6　R_z 与 r_ε，S 的关系曲线

如图 5.6 所示为 R_z 与 r_ε，S 的关系曲线。图 5.6 中实线是实际加工所得结果，虚线是根据式(5.3)计算的结果。两者在数值上的差别说明，表面粗糙度不仅仅由残留面积影响，还有其他因素作用。在进给量小，切屑薄及金属塑性较大的情况下，这个差别就越大。

对于其他加工方法(如铣、钻削加工)，也可按几何关系推导出类似的关系式，找出影响表面粗糙度的几何因素。需要指出的是，当用带有修光刃的刀具车削时，进给量对加工表面粗糙度的影响较小。

为减小或消除几何因素对加工表面粗糙度的影响，可采取选用合理的刀具几何角度，减小进给量和选用具有修光刃的刀具。

(2)物理因素

切削加工后表面的实际轮廓与纯几何因素所形成的理想轮廓往往都有较大差别，这主要是因为在加工过程中还有塑性变形等物理因素的影响。这些物理因素的影响一般比较复杂，它与切削原理中所叙述的加工表面形成过程有关，如在加工过程中产生的积屑瘤、鳞刺和振动等对加工表面的粗糙度均有很大影响。现对影响加工表面粗糙度的物理因素分别加以分析。

1)切削用量的影响

①进给量 f 的影响

在粗加工和半精加工中，当 $f>0.15$ mm/r 时，对表面粗糙度 R_z 的影响很大，符合前述的几何因素的影响关系。当 $f<0.15$ mm/r 时，则 f 的进一步减少就不能引起 R_z 明显的降低。$f<0.02$ mm/r时，就不再使 R_z 降低，这时加工表面粗糙度主要取决于被加工表面的金属塑性变形程度。

②切削速度 v 的影响

加工塑性材料时，切削速度对表面粗糙度的影响较大。切削速度 v 越高，切削过程中切屑和加工表面层的塑性变形程度越轻，加工后表面粗糙度也就越低(见图 5.7 中的 R_z 曲线)。

当切削速度较低时，刀刃上易出现积屑瘤，它将使加工表面的粗糙度提高。实验证明，当切削速度 v 下降到某一临界值以下时，R_z 将明显提高(见图 5.7 中的 R_z 曲线)。产生积屑瘤的临界速度将随加工材料、冷却润滑及刀具状况等条件的不同而不同。

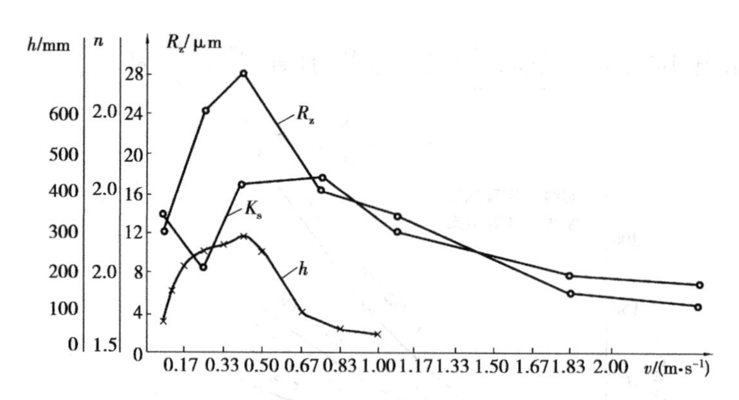

图 5.7　切削收缩系数 K_s、积屑瘤高度 h 和表面粗糙度 R_z 与切削速度 v 的关系

加工脆性材料时，切削速度对表面粗糙度的影响不大。一般来说，切削脆性材料比切削塑性材料容易达到表面粗糙度的要求。

③切削深度 a_p 的影响

进给量、切削速度和切削深度三者的总称为切削用量。一般来说，切削深度 a_p 对加工表面粗糙度的影响是不明显的。但当 a_p 小到一定数值以下时，由于刀刃不可能刃磨得绝对尖锐，而是具有一定的刃口半径 ρ，这时正常切削就不能维持，常出现挤压、打滑和周期性地切入加工表面等现象，从而使表面粗糙度提高。为降低加工表面粗糙度，应根据刀具刃口刃磨的锋利情况选取相应的切削深度值。

2）工件材料性能的影响

工件材料的韧性和塑性变形倾向越大，切削加工后的表面粗糙度越高。如低碳钢的工件，加工后的表面粗糙度就高于中碳钢工件。由于黑色金属材料中的铁素体的韧性好，塑性变形大，若能将铁素体-珠光体组织转变为索氏体或屈氏体-马氏体组织，就可降低加工后的表面粗糙度。

3）刀具材料的影响

不同的刀具材料，由于化学成分的不同，在加工时其前后刀面硬度及粗糙度的保持性、刀具材料与被加工材料金属分子的亲合程度以及刀具前后刀面与切屑和加工表面间的摩擦因数等均有所不同。实验证明，在相同的切削条件下，用硬质合金刀具加工所获得的表面粗糙度要比用高速钢刀具加工所获得的低。

4）冷却液的影响

冷却润滑液的冷却和润滑作用均对降低加工表面粗糙度有利，其中更直接的是润滑作用。当冷却液中含有表面活性物质，如硫、氯等化合物时，润滑增强，使切削区金属材料的塑性变形程度下降，从而降低加工表面粗糙度。当润滑作用成为主要需要时，应选油基冷却润滑液。当以降低切削温度为主要需要时，应选水基冷却液。水基冷却液更能充分渗入切削区，有时润滑效果也很好。

（3）工艺系统振动

工艺系统的低频振动，一般在工件的已加工表面上产生表面波度，而工艺系统的高频振动将对已加工表面的粗糙度产生影响。为降低加工表面的粗糙度，则必须采取相应措施以防止加工过程中高频振动的产生。

在上述影响加工表面粗糙度的几何因素和物理因素中，究竟哪个为主，这要根据不同情况而定。一般来说,对脆性金属材料的加工是以几何因素为主,而对塑性金属材料的加工,特别是韧性大的材料则是以物理因素为主。此外,还要考虑具体的加工方法和加工条件,如对切削截面很小和切削速度很高的高速细铰加工,其加工表面的粗糙度主要是由几何因素引起的。对切削截面宽而薄的铰孔加工,由于刀刃很直很长,切削加工时从几何因素分析不应产生任何表面粗糙度,因此主要是物理因素引起的。

5.2.2　磨削加工的表面粗糙度

工件表面的磨削加工是由在砂轮表面上几何角度不同且不规则分布的砂粒进行的。这些砂粒的分布情况还与砂轮的修整及磨削加工中的自励情况有关。由于在砂轮外圆表面上每个砂粒所处位置的高低、切削刃口方向和切削角度的不同,在磨削过程中将产生滑擦、刻划或切削作用。在滑擦作用下,被加工表面只有弹性变形,根本不产生切屑;在刻划作用下,砂粒在工件表面上刻划出一条沟痕,工件材料被挤向两旁产生隆起,此时虽产生塑性变形但仍没有切屑产生,只是在多次刻划作用下才会因疲劳而断裂和脱落;只有在产生切削作用时,才能形成正常的切屑。磨削加工表面粗糙度的形成,也与加工过程中的几何因素、物理因素和工艺系统振动等有关。

(1)几何因素

磨削表面是由砂轮上大量的磨粒刻划出的无数极细的沟槽形成的。单纯从几何因素考虑,可以认为在单位面积上刻划越多,即通过单位面积的磨粒数越多,刻痕的等高性越好,则磨削表面的粗糙度值越小。

1)磨削用量对表面粗糙度值的影响

砂轮的速度越高,单位时间内通过被磨表面的磨粒数越多,因而工件表面的粗糙度值就越小。

工件速度对表面粗糙度的影响刚好与砂轮速度的影响相反,增大工件速度时,单位时间内通过被磨表面的磨粒数减少,表面粗糙度值将增大。

砂轮的纵向进给减少,工件表面的每个部位被砂轮重复磨削的次数增加,被磨表面的粗糙度值将减小。

2)砂轮粒度和砂轮修整对表面粗糙度的影响

砂轮的粒度不仅表示磨粒的大小而且还表示磨粒之间的距离。表5.1列出5号组织,不同粒度的砂轮的磨粒尺寸和磨粒之间的距离。磨削金属时,参与磨削的每一颗磨粒都会在加工表面上刻出跟它的大小和形状相同的一道小沟。在相同的磨削条件下,砂轮的粒度号越大,参加磨削的磨粒越多,表面粗糙度值就越小。

表5.1　磨粒尺寸和磨粒之间的距离

砂轮粒度	磨粒的尺寸范围/μm	磨粒间的平均距离/μm
36#	500~600	0.475
46#	355~425	0.369
60#	250~300	0.255
80#	180~212	0.228

(2)表面层金属的塑性变形——物理因素

砂轮的磨削速度远比一般切削加工的速度高得多,且磨粒大多为负前角,磨削比压大,磨削区温度很高,工件表层温度有时可达900 ℃,工作表层金属容易产生相变而烧伤。因此,磨削过程的塑性变形要比一般切削过程大得多。

由于塑性变形的缘故,被磨表面的几何形状与单纯根据几何因素所得到的原始形状大不相同。在力因素和热因素的综合作用下,被磨工件层金属的晶粒在横向上被拉长了,有时还产生细微的裂口和局部的金属堆积现象。影响磨削表层金属塑性变形的因素,往往是影响表面粗糙度的决定因素。

5.3 表面层物理机械性能的变化及其影响因素

5.3.1 加工表面的冷作硬化

(1)加工硬化的产生及衡量指标

机械加工过程中,工件表面层金属受切削力的作用,产生强烈的塑性变形,使金属的晶格扭曲,晶粒被拉长、纤维化甚至破碎而引起的表面层的强度和硬度增加,塑性降低,物理性能(如密度、导电性、导热性等)也有所变化,这种现象称为加工硬化,又称为冷作硬化或强化。另一方面,已加工表面除了受力变形外,还受到机械加工中产生的切削热的影响,切削热在一定条件下会使金属在塑性变形中产生回复现象,使金属失去加工硬化中所得到的物理力学性能,这种现象称为软化。因此,金属在加工过程中最后的加工硬化,取决于硬化速度与软化速度的比率。

衡量加工硬化的指标有下列3项:

①表面层的显微硬度HV_0。

②硬化层深度h_0。

③硬化程度N。

硬化程度为

$$N = \frac{HV - HV_0}{HV_0} \times 100\% \tag{5.4}$$

式中 HV_0——金属原来的显微硬度。

(2)影响加工硬化的因素

1)刀具几何角度

刀具前角减小,切削力增大,塑性变形增加,硬化程度和硬化层深度也增加。刀具的刃口圆角和后刀面磨损对表面层的冷作硬化有很大影响,刀具的刃口圆角和后刀面的磨损量越大,塑性变形越大,冷硬层深度和硬化程度也随之增大。

2)切削用量影响

随着切削速度增大,表面层冷作硬化程度和深度都明显减弱,一方面是由于切削速度增大,变形速度增大,塑性变形不充分;另一方面是由于切削温度增高,有助于冷作硬化的恢复;切削时进给量增大,切削力增大,则塑性变形程度增大,硬化程度增大;而磨削时加大磨削深度

a_p 和纵向进给速度,都会使磨削力增大,从而使塑性变形加剧,表面冷硬趋向增大。

3)被加工材料

被加工材料的硬度低、塑性好,则切削时塑性变形越大,冷硬现象就越严重。

5.3.2　表面层金相组织的变化

(1)机械加工表面金相组织的变化

机械加工过程中,在工件的加工区及其附近的区域,温度会急剧升高,当温度升高到超过工件材料金相组织变化的临界点时,就会发生金相组织变化。对于一般的切削加工方法不至于严重到如此程度。但磨削加工不仅磨削比压特别大,且磨削速度也特别高,切除金属功率消耗远大于其他加工方法。而加工所消耗能量的绝大部分都要转化为热,这些热量中的大部分(约80%)将传给被加工表面,使工件表面具有很高的温度。对于已淬火的钢件,很高的磨削温度往往会使表层金属的金相组织产生变化,使表层金属硬度下降,使工件表面呈现氧化膜颜色,这种现象称为磨削烧伤。磨削加工是一种典型的容易产生加工表面金相组织变化的加工方法,在磨削加工中若出现磨削烧伤现象,将会严重影响零件的使用性能。磨削淬火钢时,在工件表面层形成的瞬时高温将使表层金属产生以下3种金相组织变化:

1)淬火烧伤

磨削时,如果磨削区温度超过相变临界温度时,马氏体转变为奥氏体。若此时有充分的冷却液,工件最外层金属会出现二次淬火马氏体组织,其硬度比原来回火马氏体高,但很薄,只有几微米厚,其下为硬度较低的回火索氏体和屈氏体。这种现象称为淬火烧伤。

2)回火烧伤

磨削时,如果磨削区温度超过马氏体转变温度,而未达到相变临界温度,工件表面马氏体组织将转化成回火屈氏体或索氏体组织,使表面层硬度低于磨削前的硬度,这种现象称为回火烧伤。

3)退火烧伤

当磨削区温度超过相变的临界温度,马氏体转变为奥氏体,在无冷却液情况下,表面层由于空气缓慢冷却而形成退火组织,表面硬度急剧下降。这种现象称为退火烧伤。干磨时容易产生这种现象。

(2)影响磨削烧伤的因素及其改善措施

磨削热是造成磨削烧伤的根源,故改善磨削烧伤有两个途径:一是尽可能减少磨削热的产生,二是改善冷却条件,尽量使产生的热量少传入工件。现将有关问题分述如下:

1)合理选择磨削用量

以外圆磨为例,分析磨削用量对烧伤的影响。磨削深度增加时,表面及表面下不同深度的温度升高,烧伤会增加。增大砂轮速度,会加重零件表面烧伤的程度。

工件纵向进给量越大,砂轮与工件表面接触时间相对减少,因而热的作用时间减少,散热条件得到改善,工件表面和表层面各深度的温度均下降,故可减轻烧伤。增加工件速度时,磨削区表面温度增高,但热源作用时间减少,因而可减轻烧伤。因此,为了减轻烧伤而同时又能保持高的生产率,一般选用较大的工件速度和较小的磨削深度。同时,为了弥补工件速度增大造成表面粗糙度值增大的缺陷,可以提高砂轮速度。实践证明,同时提高砂轮速度和工件速度,可以避免烧伤。

2)工件材料

工件材料对磨削区温度的影响主要取决于它的硬度、强度、韧性和热导率。硬度、强度越高,韧性越大,磨削热量越多;导热性差的材料,如耐热钢、轴承钢、不锈钢等,在磨削时易产生烧伤。

3)砂轮的选择

对于硬度太高的砂轮,钝化砂粒不易脱落,容易产生烧伤,因此用软砂轮较好。砂轮接合剂最好采用具有一定弹性的材料,如树脂、橡胶等。一般来说,选用粗粒度砂轮磨削,不容易产生烧伤。

4)冷却条件

磨削时磨削液若能直接进入磨削区,对磨削区进行充分冷却,能有效地防止烧伤现象的产生。然而,目前通用的冷却方法(见图5.8)效果很差,实际上没有多少磨削液能够真正进入磨削区。因此,须采取切实可行的措施,改善冷却条件,防止烧伤现象产生。

内冷却是一种较为有效的冷却方法。如图5.9所示,其工作原理是经过严格过滤的冷却液通过中空主轴法兰套引入砂轮的中心腔3内,由于离心力的作用,这些冷却液就会通过砂轮内部的孔隙向砂轮四周的边缘洒出,因此冷却水就有可能直接注入磨削区。目前,内冷却装置尚未得到广泛应用,其主要原因是使用内冷却装置时,磨床附近有大量水雾,操作工人劳动条件差。精磨加工时无法通过观察火花试磨对刀。

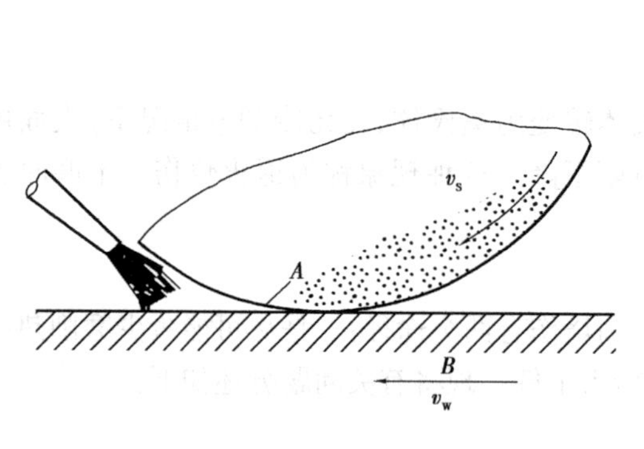

图5.8　目前通用的冷却方法

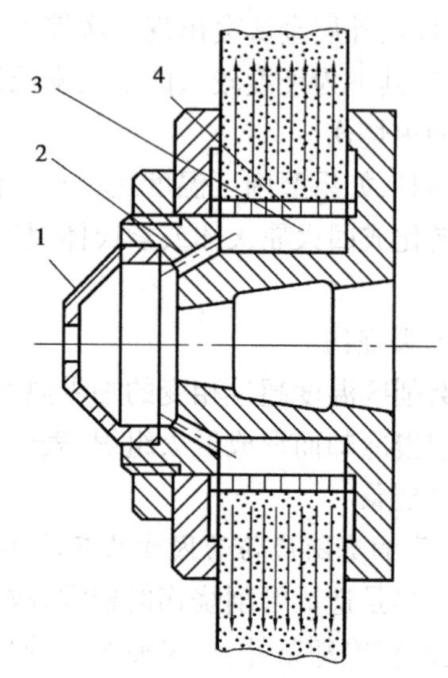

图5.9　内冷却装置

1—锥形盖;2—通道孔;

3—砂轮的中心腔;4—带孔的薄膜套

5.3.3　表面层残余应力

(1)表面层残余应力产生的原因

外部载荷去除后,工件表面层及其基体材料的交界处残存的互相平衡的应力称为表面层残余应力。表面层残余应力的产生有以下3种原因:

1)冷态塑性变形引起的残余应力

机械加工时在加工表面层内有塑性变形产生,使表层金属的比容增大。由于塑性变形只在表面层中产生,而表面层金属的比容增大和体积膨胀不可避免地要受到与它相连的里层金属的阻碍,这样就在表面层内产生压缩残余应力,而在里层金属中产生拉伸残余应力。当刀具从被加工表面上切除金属时,表层金属的纤维被拉长,刀具后刀面与已加工表面的摩擦又加大了这种拉伸作用。刀具切离之后,拉伸弹性变形将逐渐恢复,而拉伸塑性变形则不能恢复。表面层金属的拉伸塑性变形受到与它相连的里层未发生塑性变形金属的阻碍,因此就在表层金属中产生压缩残余应力,而在里层金属中产生拉伸残余应力。

2)热态塑性变形引起的残余应力

工件已加工表面在切削热作用下产生热膨胀,此时金属基体温度较低,因此表层产生热压应力。当切削过程结束时,表面温度下降,由于表层已产生热塑性变形要收缩并受到基体的限制,故而产生残余拉应力。磨削温度越高,热塑性变形越大,残余拉应力也越大,有时甚至产生裂纹。

3)金相组织变化引起的残余应力

不同的金相组织具有不同的密度($\gamma_{马氏体}=7.75\ t/m^3$,$\gamma_{奥氏体}=7.96\ t/m^3$,$\gamma_{铁素体}=7.78\ t/m^3$,$\gamma_{珠光体}=7.78\ t/m^3$),也就会具有不同的比容。如果在机械加工中,表层金属产生了金相组织的变化,表层金属的比容将随之发生变化。而表层金属的这种比容变化必然会受到与之相连的基体金属阻碍,因此就会有残余应力产生。如果金相组织的变化引起表层金属的比容增大,则表层金属将产生压缩残余应力,而里层金属产生拉伸残余应力;若金相组织的变化引起表层金属的比容减小,则表层金属产生拉伸残余应力,而里层金属产生压缩残余应力。

(2)影响表面层残余应力的因素

表面残余拉应力对工件使用性能影响极大,严重时产生磨削裂纹。即使表面产生压应力,对精密零件也会因应力再平衡引起变形而影响使用性能。因此,必须对表面残余应力加以控制。

1)切削加工表面残余应力主要影响因素

如图5.10所示为车削18CrNiMoA钢在不同切削速度下、不同车刀前角车削时,应力沿表

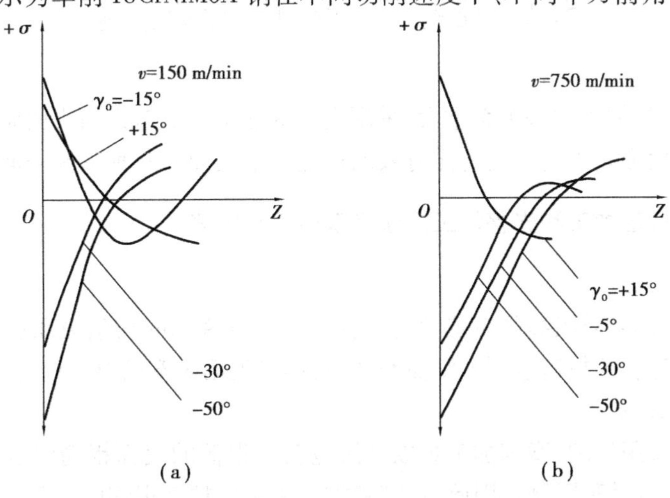

图5.10　切削速度、刀具前角对表面残余应力的影响

面深度分布曲线。在如图5.10(a)所示中,当 $v=150$ m/min 时,前角为 $\gamma_o=-15°$时,表面仍产生拉应力。在如图5.10(b)所示中,当 $v=750$ m/min 时,前角为 $\gamma_o=-5°$时,表面层已产生压应力。这是因为由于切削速度增加,变形程度下降,加之传给工件的热量减少,使表面层比容变化占主导地位,故表面容易产生压应力。

刀具前角影响加工区的变形程度,如图5.10所示。随着前角减小,拉应力逐渐转变为压应力,前角越小,压应力越大。这是因为,随着前角减小,垂直于加工表面方向上作用力使表面层区域变大的因素越占主导地位,加之比容变化增加,使表面层产生压应力。

刀具磨损后对表面残余应力有很大影响,由于磨损,后刀面与工件摩擦加剧,使表面残余应力变化。

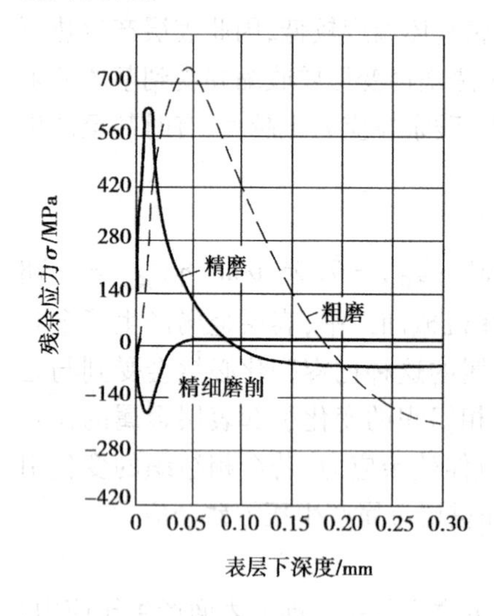

图5.11　磨削时表面层残余应力的分布

2)磨削时影响残余应力的主要因素

磨削用量是影响磨削裂纹的首要因素。如图5.11所示为3类磨削条件下产生的表面层残余应力的情况。精细磨削(轻磨削)时,产生浅而小的残余压应力,因为这时温度影响很小,更没有金相组织变化,主要是冷态塑性变形的影响起作用;精磨(中等磨削)时,表面产生极浅的残余拉应力,这是因为热塑性变形起了主导作用的结果;粗磨(重磨削)时,表面产生极浅的残余压应力,接着就是较深且较大的残余拉应力,这说明表面产生了一薄层二次淬火层,下层是回火组织。

其次,磨削裂纹的产生与工件材料及热处理规范有很大关系。磨削碳钢时,含碳量越高,越容易产生裂纹。当碳的质量分数小于0.6%~0.7%时,几乎不产生裂纹。淬火钢晶界脆弱,渗碳、渗氮钢受温度影响,易在晶界面上析出脆性碳化物和氮化物,故磨削时易产生裂纹。

5.4　控制加工表面质量的措施

加工表面质量与加工方法关系重大,采用先进的加工方法对提高表面质量有决定性意义。除此之外,采用表面强化工艺也是行之有效的途径。下面简介几种提高表面质量的加工方法。

5.4.1　采用精密加工和光整加工方法降低表面粗糙度

(1)精密加工方法

这类加工方法都要求极高的系统刚度、定位精度、极锐利的切削刃和良好的环境,常用的有金刚石超精密切削、超精密磨削和镜面磨削,具体参见第8章的有关内容。

(2)光整加工方法

在一般情况下,用切削、磨削加工难以经济地获得很低的表面粗糙度值,此外应用这些方法时对工件形状也有种种限制。因此,在精密加工中常用粒度很细的油石、磨料等作为工具对工件表面进行微量切削、挤压和抛光,以有效地减小加工表面的粗糙度值。这类加工方法统称为光整加工。

光整加工不要求机床有很精确的成形运动，故对所用设备和工具的要求较低。在加工过程中，磨具与工件间的相对运动相当复杂，工件加工表面上的高点比低点受到磨料更多、更强烈的作用，从而使各点的高度误差逐步均化，并获得很低的表面粗糙度值。

光整加工方法包括超精加工、珩磨、研磨和抛光。这些加工方法加工的表面粗糙度值 R_a 一般可达 0.01 μm，甚至更小。由于加工过程中很少产生切削热，不会产生表面热损伤，并具有残余压应力。除抛光外，其他 3 种光整加工方法均可提高形状精度。

1）超精加工

超精加工又称超精研加工。用细粒度的磨条为磨具，并将其以一定的压力压在工件表面上。这种加工方法可以加工轴类零件，也能加工平面、锥面、孔和球面。

如图 5.12 所示，当加工外圆时，工件作回转运动，砂条在加工表面上沿工件轴向作低频往复运动。若工件比砂条长，则砂条还需沿轴向作进给运动。超精加工后可使表面粗糙度值 R_a 不大于 0.08 μm，表面加工纹路为相互交叉的波纹曲线。这样的表面纹路有利于形成油膜，提高润滑效果，且轻微的冷塑性变形使加工表面呈现残余压应力，提高了抗磨损能力。

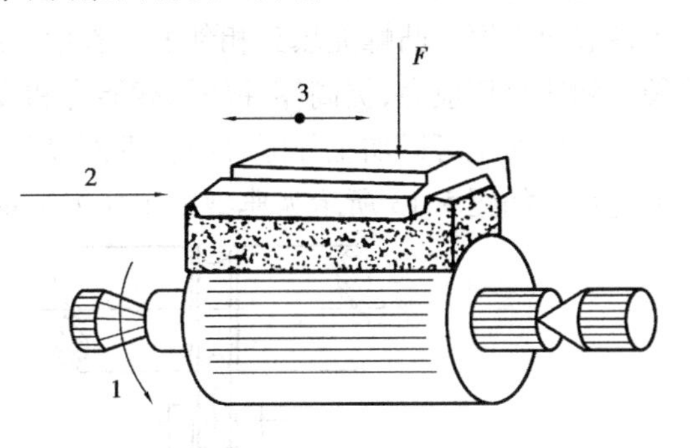

图 5.12　超精加工外圆

1—工件旋转运动；2—磨具的进给运动；3—磨料的低频往复运动

2）珩磨

珩磨的加工原理与超精加工相似。运动方式一般为工件静止，珩磨头相对于工件既作旋转运动又作往复运动。珩磨是最常用的孔光整加工方法，也可以加工外圆。

珩磨条一般较长，多根磨条与孔表面接触面积较大，加工效率较高。珩磨头本身制造精度较高，珩磨时多根磨条的径向切削力彼此平衡，加工时刚度较好。因此，珩磨对尺寸精度和形状精度也有较好的修正效果。加工精度可以达到 IT6—IT5 级精度，表面粗糙度值 R_a 为 0.01 ~ 0.16 μm，孔的椭圆度和锥度修正到 3 ~ 5 μm 内。珩磨头与机床浮动联接，故不能提高位置精度。

3）研磨

研磨是用研磨工具和研磨剂从工件上研去一层极薄表面层的精加工方法。研磨剂一般由极细粒度的磨料、研磨液和辅助材料组成。研具与工件在一定压力下作复杂的相对运动，磨粒以复杂的轨迹滚动或滑动，对工件表面起切削、刮擦和挤压作用，也可能兼有物理化学作用，去除加工面上极薄一层金属。

在采用精密的定型研具的情况下，可以达到很高的尺寸精度和形状精度，表面粗糙度 R_a 可达 0.006 ~ 0.025 μm。研磨多用于精密偶件、精密量规和精密量块的最终加工。

4）抛光

抛光是在毡轮、布轮、皮带轮等软研具上涂上抛光膏，利用抛光膏的机械作用和化学作用，去掉工件表面粗糙度峰顶，使表面达到光泽镜面的加工方法。

抛光过程去除的余量很小，不容易保证均匀地去除余量，因此，只能减小粗糙度值，不能改善零件的精度。抛光轮弹性较大，故可抛光形状较复杂的表面。

5.4.2 采用表面强化工艺改善表面层物理机械性能

表面强化工艺可以使材料表面层的硬度、组织和残余应力得到改善,有效地提高零件的物理机械性能。常用的方法有表面机械强化、化学热处理及加镀金属等,其中机械强化方法还可以同时降低表面粗糙度值。

(1)机械强化

机械表面强化是通过机械冲击、冷压等方法,使表面层产生冷塑性变形,以提高硬度,减小粗糙度,消除残余拉应力并产生残余压应力。

1)滚压加工

这种方法是利用淬硬的滚轮、滚珠或硬质合金对工件表面施加压力,使其产生塑性变形,工件表面上原有凸峰充填到相邻的凹谷中,使金属表面晶格畸变,硬度增加,并使表面产生冷硬层和残余压应力,提高零件的承载能力和疲劳强度。

滚压加工可以加工外圆、内孔、平面以及成形表面,通常在普通车床、转塔车床或自动车床上进行。如图5.13所示为典型滚压加工示意图。

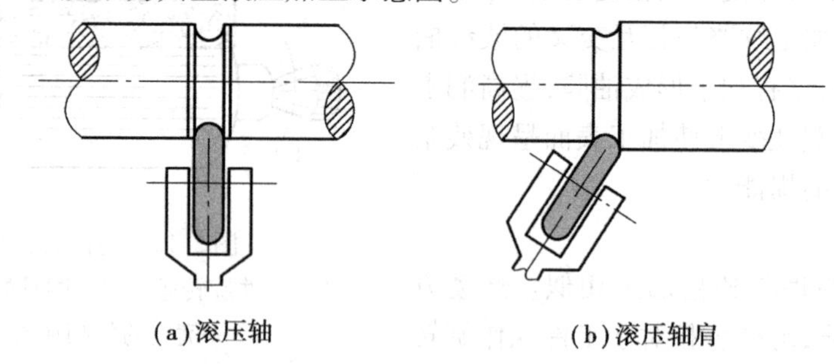

图5.13 典型滚压加工示意图

滚压在精车或精磨后进行,适用于加工外圆、平面及直径大于 $\phi30$ 的孔。滚压加工可使表面粗糙度从 $R_a1.25\sim10$ μm 降到 $R_a0.08\sim0.63$ μm,表面硬化层深度可达0.2~1.5 mm,硬化程度达10%~40%。

2)金刚石压光

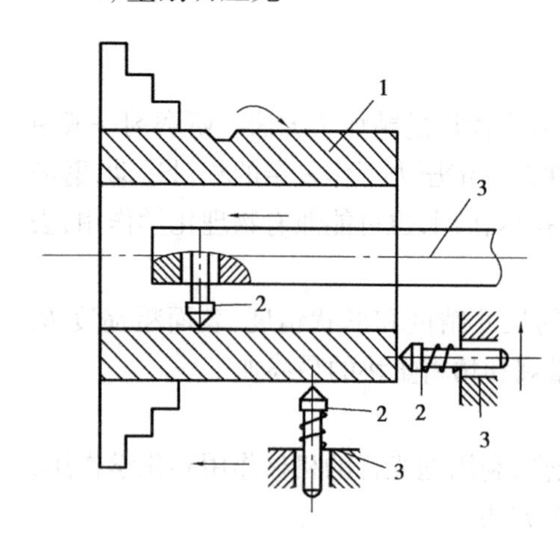

图5.14 金刚石压光
1—工件;2—压光头;3—心轴

用金刚石工具挤压加工表面,其运动关系与滚压不同的是工具与加工面之间不是滚动。

如图5.14所示为金刚石压光内孔的示意图。金刚石压光头修整成半径为1~3 mm、表面粗糙度小于 $R_a0.02$ μm 的球面或圆柱面,由压光器内的弹簧压力压在工件表面上,可利用弹簧调节压力。金刚石压光头消耗的功率和能量小,生产率高。压光后表面粗糙度可达 $R_a0.02\sim0.32$ μm。一般压光前、后尺寸差别极小,在1 μm以内,表面波度可能略有增加,物理机械性能显著提高。

3)喷丸强化

利用压缩空气或离心力将大量直径为0.4~2 mm的钢丸或玻璃丸以35~50 m/s的高速向零件表

面喷射,使表面层产生很大的塑性变形,改变表层金属结晶颗粒的形状和方向,从而引起表层冷作硬化,产生残余压应力。

喷丸强化可以加工形状复杂的零件。硬化深度可达0.7 mm,表面粗糙度可从R_a2.5 ~5μm减小到R_a0.32 ~0.63 μm。若要求更小的粗糙度值,则可在喷丸后再进行小余量磨削,但要注意磨削温度,以免影响喷丸的强化效果。

4)液体磨料喷射加工

利用液体和磨料的混合物来强化零件表面。工作时将磨料在液体中形成的磨料悬浮液用泵或喷射器的负压吸入喷头,与压缩空气混合并经喷嘴高速喷向工件表面。

液体在工件表面上形成一层稳定的薄膜。露在薄膜外面的表面粗糙度凸峰容易受到磨料的冲击和微小的切削作用而除去,凹谷则在薄膜下变化较小。加工后的表面是由大量微小凹坑组成的无光泽表面,粗糙度可达R_a 0.01 ~0.02 μm,表层有厚约数十微米的塑性变形层,具有残余压应力,可提高零件的使用性能。

(2)化学热处理

常用渗碳、渗氮或渗铬等方法,使表层变为密度较小,即比容较大的金相组织,从而产生残余压应力。其中渗铬后,工件表层出现较大的残余压应力时,一般大于300 MPa;表层下一定深度出现残余拉应力时,通常不超过20 ~50 MPa。渗铬表面强化性能好,是目前用途最为广泛的一种化学强化工艺方法。

5.5　机械加工中的振动

5.5.1　机械加工中的振动现象及分类

机械加工过程中,工件和刀具之间常常产生振动。产生振动时,工艺系统的正常切削过程便受到干扰和破坏,从而使零件加工表面出现振纹,降低了零件的加过工精度和表面质量。强烈的振动会使切削过程无法进行,甚至造成刀具“崩刃”。振动影响刀具的耐用度和机床的使用寿命,还会发出刺耳的噪声,恶化了工作环境,影响工人的健康。现代工业所需的精密零件对于加工精度和表面质量的要求越来越高。在切削过程中哪怕出现极其微小的振动,也会导致被加工零件无法达到设计的质量要求。因此,研究机械加工过程中产生振动的机理,掌握振动发生和变化的规律,探讨如何加强工艺系统的抗振性和消除振动的措施,使机械加工过程既能保证较高的生产率,又可以保证零件的加工精度和表面质量,乃是在机械加工方面应用研究的一个重要课题。

机械加工过程中产生的振动,按其产生的原因来分,与所有的机械振动一样,也分为自由振动、强迫振动和自激振动3大类。

(1)自由振动

系统受到初始干扰力作用而破坏了其平衡状态后,系统仅靠弹性恢复力来维持的振动称为自由振动,振动的频率就是系统的固有频率。由于系统中总存在阻尼,所以自由振动将逐渐衰弱。在切削过程中,如材料硬度不均或工件表面有缺陷,都会引起自由振动,但由于阻尼作用,振动将迅速减弱,因而对机械加工影响不大。

(2)强迫振动

由外界周期性激振力引起和维持的振动称为强迫振动。强迫振动时外界干扰力的含义很广,“外界”既可指工艺系统以外,也可指工艺系统内部由刀具和工件组成的切削系统,但总的都是指振动系统(通常只由质量、弹簧和阻尼构成)以外。

(3)自激振动

在一定条件下,由振动系统本身产生的交变力激发和维持的一种稳定的周期性振动称为自激振动。

5.5.2 机械加工中的强迫振动

(1)强迫振动产生的原因

机械加工中的强迫振动是由于机床外部和内部振源的激振力所引发的振动。

1)系统外部的周期性激振力

如机床附近有振动源——某台机床或机器的振动,通过地基传给正在进行加工的机床,激起的工艺系统振动。

2)高速回转零件的质量不平衡引起的振动

如砂轮、齿轮、电动机转子、带轮、联轴器等旋转不平衡产生的离心力而引起的强迫振动。

3)传动机构的缺陷和往复运动部件的惯性力引起的振动

如齿轮啮合时的冲击、带传动中的带厚不均或接头不良、滚动轴承滚动体误差、液压系统中的冲击现象以及往复运动部件换向时的惯性力等,都会引起强迫振动。

4)切削过程的间歇性

有些加工方法如铣削、拉削及滚齿等,由于切削的不连续,导致切削力的周期性变化,引起的强迫振动。

(2)强迫振动的特性

机械加工中的强迫振动与一般机械振动中的强迫振动没有本质上的区别,其主要特征如下:

①强迫振动是在外界周期性干扰力的作用下产生的,但振动本身并不能引起干扰力的变化。

②不管振动系统本身的固有频率如何,强迫振动的频率总是与外界干扰力的频率相同或是它的整数倍。

③强迫振动的振幅大小在很大程度上取决于干扰力的频率与系统固有频率的比值。当这一比值等于或接近于1时,振幅将达到最大值,这种现象通常称为“共振”。

④强迫振动的振幅大小还与干扰力、系统刚度及其阻尼系数有关。干扰力越大,刚度及阻尼系数越小,则振幅越大。

5.5.3 机械加工中的自激振动

切削加工时,在没有周期性外力作用的情况下,有时刀具与工件之间也可能产生强烈的相对振动,并在工件的加工表面上残留下明显的、有规律的振纹。这种由振动系统本身产生的交变力激发和维持的振动称为自激振动,通常也称为颤振。

实际切削过程中,工艺系统受到干扰力作用产生自由振动后,必然要引起刀具与工件相对位置的变化，这一变化若又引起切削力的波动，则使工艺系统产生振动，因此通常将自激振动看成是由振动系统（工艺系统）和调节系统（切削过程）两个环节组成的一个闭环系统。如图5.15所示，自激振动系统是一个闭环反馈自控系统，调节系统把持续工作用的能源能量转变为交变力对振动系统进行激振，振动系统的振动又控制切削过程产生激振力，以反馈制约进入振动系统的能量。由此可知，自激振动不同于强迫振动，它具有下列特性：

①自激振动的频率等于或接近系统的固有频率，即由系统本身的参数所决定。

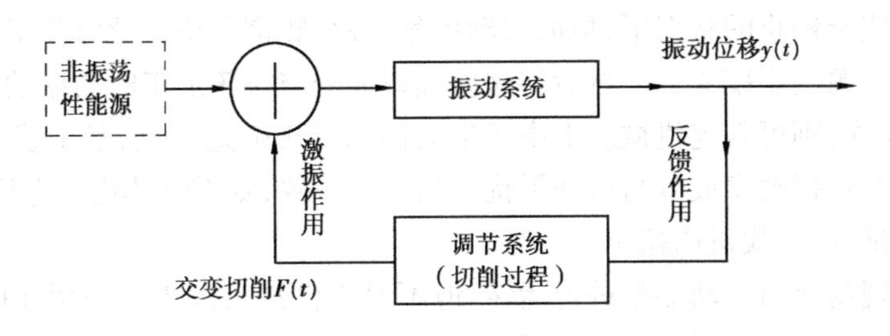

图5.15　自激振动系统的组成

②自激振动是由外部激振力的偶然触发而产生的一种不衰减运动，但维持振动所需的交变力是由振动过程本身产生的，在切削过程中，停止切削运动，交变力也随之消失，自激振动也就停止。

③自激振动能否产生和维持取决于每个振动周期内输入和消耗的能量，自激振动系统维持稳定振动的条件是在一个振动周期内，从能源输入系统的能量（E^+）等于系统阻尼所消耗的能量（E^-）。如果吸收能量大于消耗能量，则振动会不断加强；如果吸收能量小于消耗能量，则振动将不断衰减而被抑制。

5.5.4　机械加工中振动的诊断技术

机械加工振动的诊断主要包括两个方面的内容：一是首先要判定机械加工振动的类别，要明确指出哪些频率成分的振动属强迫振动及哪些频率成分的振动属自激振动；二是如果已知某个（或几个）频率成分的振动是自激振动，还要进一步判定它是属于哪一种类型的自激振动。研究自激振动类别诊断技术的关键在于确定诊断参数。所确定的诊断参数必须是能够充分反映并仅仅只是反映该类振动最本质、最核心的参数，同时还必须考虑实际测量的可能性。

（1）强迫振动的诊断

强迫振动的诊断任务首先是判别机械加工中所发生的振动是否为强迫振动。若是强迫振动，尚需查明振源，以便采取措施加以消除。

1）强迫振动的诊断依据

从强迫振动的产生原因和特征可知，强迫振动的频率与外界干扰力的频率相同（或是它的整倍数）。强迫振动与外界干扰力在频率方面的对应关系是诊断机械加工振动是否属于强迫振动的主要依据。可采用频率分析方法，对实际加工中的振动频率成分逐一进行诊断与判别。

2）强迫振动的诊断方法和诊断步骤

①采集现场加工振动信号

在加工部位振动敏感方向，用传感器（加速度计、力传感器等）拾取机械加工过程的振动响应信号,经放大和 A/D 转换后输入计算机。

②频谱分析处理

对所拾得的振动响应信号作自功率谱密度函数处理,自谱图上各峰值点的频率即为机械加工的振动频率。自谱图上较为明显的峰值点有多少个,机械加工系统中的振动频率就有多少个;谱峰值最大的振动频率成分就是机械加工系统的主振频率成分。

③做环境试验、查找机外振源

在机床处于完全停止的状态下,拾取振动信号、进行频谱分析。此时所得到的振动频率成分均为机外干扰力源的频率成分。然后将这些频率成分与机床加工时的振动频率成分进行对比,如两者完全相同,则可判定机械加工中产生的振动属于强迫振动,且干扰力源在机外环境中。如现场加工的主振频率成分与机外干扰力频率不一致,则需继续进行空运转试验。

④做空运转试验、查找机内振源

机床按加工现场所用运动参数进行运转,但不对工件进行加工。采用相同的办法拾取振动信号,进行频谱分析,确定干扰力源的频率成分,并与机床加工时的振动频率成分进行对比。除已查明的机外干扰力源的频率成分之外,如两者完全相同,则可判定现场加工中产生的振动属受迫振动,且干扰力源在机床内部。如两者不完全相同,则可判断在现场加工的所有振动频率中,除去强迫振动的频率成分外,其余频率成分有可能是自激振动。

⑤查找干扰力源

如果干扰力源在机床内部,还应查找其具体位置。可采用分别单独驱动机床各运动部件,进行空运转试验,查找振源的具体位置。但有些机床无法做到这一点,比如车床除可单独驱动电动机外,其余运动部件一般无法单独驱动,此时则需对所有可能成为振源的运动部件,根据运动参数(如传动系统中各轴的转速、齿轮齿数等)计算频率,并与机内振源的频率相对照,以确定机内振源位置。

(2)再生型颤振的诊断

1)再生型颤振的诊断参数

再生型颤振是由切削厚度变化效应产生的动态切削力激起的,而切削厚度的变化则主要是由切削过程中被加工表面前、后两转(次)切削振纹相位上不同步引起的,相位差 φ 的存在是引起再生型颤振的根本原因。

2)相位差 φ 的测量与计算

由于颤振信号通常都是混频信号,且一般来说遗留在工件表面上的振痕并不是刀具、工件间相对振动的简单再现,因而要想直接测量工件表面上前后两转(次)切削振纹的相位差 φ 是不可能的。相位差 φ 可通过测量颤振频率 f(Hz)及工件转速 n(r/min)间接求得。

以车削为例,车削时工件每转一转的切削振痕数 J 为

$$J = \frac{60f}{n} = J_z + J_\omega \tag{5.5}$$

式中 J_z——J 中的整数部分;

J_ω——J 中的小数部分。

相位差 φ 可通过 J_ω 间接求得

$$\varphi = 360° \times (1 - J_\omega) \tag{5.6}$$

对式(5.6)进行全微分、增量代换及取绝对值,可得相位差 φ 的测量误差为

$$|\Delta\varphi| \leqslant \frac{21\ 600^\circ}{n^2}(f|\Delta n| + n|\Delta f|) \tag{5.7}$$

式中　Δn——工件转速的测量误差；

Δf——颤振频率的测量误差。

如果测量误差 $\Delta\varphi$ 的要求一定，由式(5.7)可计算确定转速 n 和颤振频率 f 的测量精度；如是测量误差 Δn 及 Δf 已确定，也可通过该式来估计相位差 φ 的测量误差。

一般来说，较高的转速测量精度比较容易获得，但采用通常的频谱分析技术，其频率分辨率是无法达到0.02 Hz的。为获得较高的频率分辨率，在再生型颤振的诊断中，须采用频率细化技术。

在诊断过程中，振动信号的拾取与工件转速的测量应同步进行。由经频率细化处理所得颤振频率 f 和切削时实际测得的工件转速 n，通过式(5.5)和式(5.6)即可求得相位差 φ。

3)再生型颤振的诊断要领

如果加工过程中发生了强烈振动，可设法测得被加工工件前、后两转(次)振纹的相位差 φ。若相位差 φ 位于Ⅰ，Ⅱ象限内，即 $0^\circ < \varphi < 180^\circ$，则可判定加工过程中有再生型颤振产生；若相位差 φ 位于Ⅲ，Ⅳ象限内，即 $180^\circ < \varphi < 360^\circ$，则可判定加工过程中产生的振动不是再生型颤振。

(3)振型耦合型颤振的诊断

1)振型耦合型颤振的诊断参数

当相位差 φ 位于Ⅰ，Ⅱ象限时，加工系统是稳定的，加工系统不会有振型耦合型颤振产生；当相位差 φ 位于Ⅲ，Ⅳ象限时，加工系统是不稳定的，加工系统有振型耦合型颤振产生。既然相位差 φ 与振型耦合型颤振是否发生有如此明显的对应关系，因此，可用 z 向振动相对于 y 向振动的相位差 φ 作为振型耦合型颤振的诊断参数。

2)振型耦合型颤振的诊断要领

如果切削过程中发生了强烈颤振，可设法测得 z 向振动 $z(t)$ 相对于 y 向振动 $y(t)$ 在主振频率处的相位差 φ，φ 可通过求取振动信号 $y(t)$ 与 $z(t)$ 的互功率谱密度函数 $S_{yz}(\omega)$ 在主振频率成分上的相位值获取。若相位差 φ 位于Ⅲ，Ⅳ象限，则可判断加工过程有振型耦合型颤振产生；若相位差 φ 位于Ⅰ，Ⅱ象限，则可判断加工过程中产生的振动不是振型耦合型颤振。

5.5.5　消减机械加工中振动的途径

消减振动的途径主要有3个方面：消除或减弱产生机械加工振动的条件；改善工艺系统的动态特性，提高工艺系统的稳定性；采用各种消振减振装置。

(1)消除或减弱产生受迫振动的条件

1)减小激振力

对于机床上转速在600 r/min以上的零件，如砂轮、卡盘、电动机转子及刀盘等，必须进行平衡以减小和消除激振力；提高带传动、链传动、齿轮传动及其他传功装置的稳定性，如采用完善的带接头、以斜齿轮或人字形齿轮代替直齿轮等；使动力源与机床本体放在两个分离的基础上。

2)调整振源频率

在选择转速时，尽可能使引起受迫振动的振源的频率避开共振区，使工艺系统部件在准静态区或惯性区运行,以免发生共振。

3)采取隔振措施

隔振有两种方式:一种是阻止机床振源通过地基外传的主动隔振;另一种是阻止外干扰力通过地基传给机床的被动隔振。不论哪种方式,都是用弹性隔振装置将需防振的机床或部件与振源之间分开,使大部分振动被吸收,从而达到减小振源危害的目的,常用的隔振材料有橡皮、金属弹簧、泡沫、乳胶、软木、矿渣棉、木屑等。

(2)消除或减弱产生自激振动的条件

1)合理选择切削用量

如图5.16所示为切削速度与振幅的关系曲线,由图5.16可知,在低速或高速切削时,振动较小。如图5.17和图5.18所示为切削进给量和切削深度与振幅的关系曲线。它们表明,选较大的进给量和较小的切削深度有利于减小振动。

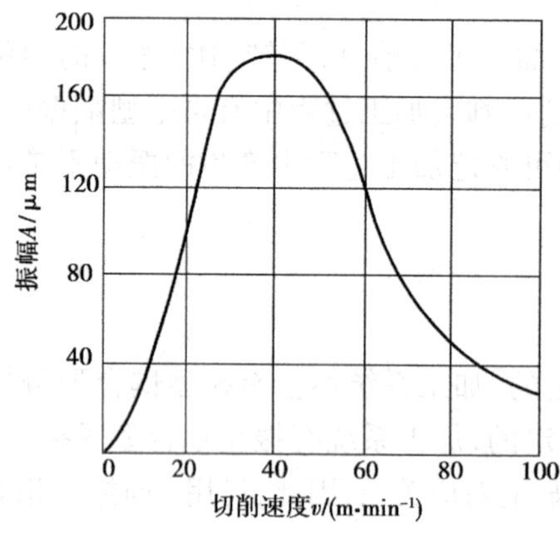

图5.16 切削速度与振幅的关系

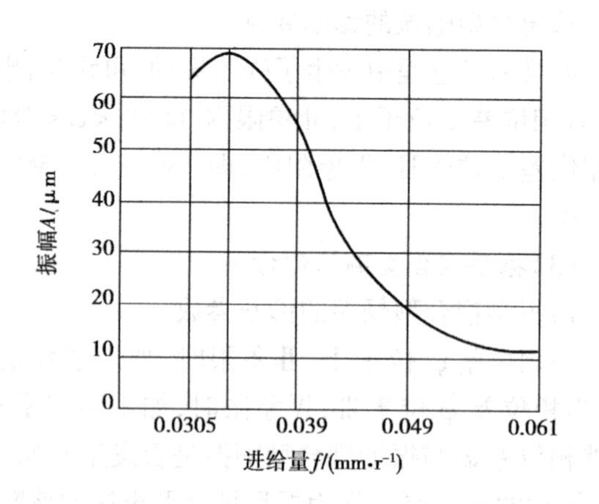

图5.17 进给量与振幅的关系

2)合理选择刀具几何参数

刀具几何参数中振动影响最大的是主偏角 κ_r 和前角 γ_o。主偏角 κ_r 增大,则垂直于加工表面方向的切削分力 F_y 减小,实际切削宽度减小,故不易产生自振。如图5.19所示,$\kappa_r=90°$ 时,振幅最小,$\kappa_r>90°$,振幅增大;前角 γ_o 越大,切削力越小,振幅也小,如图5.20所示。

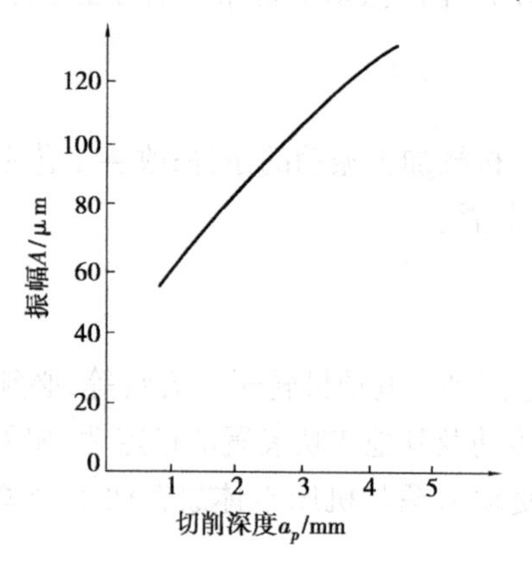

图5.18 切削深度与振幅的关系

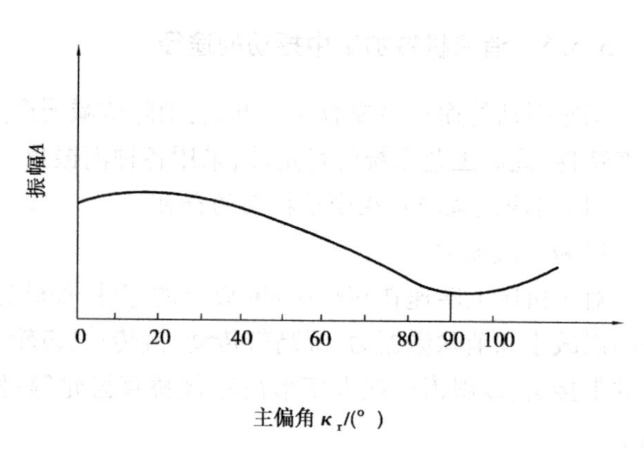

图5.19 主偏角 κ_r 对振幅的影响

3）增加切削阻尼

适当减小刀具后角（$\alpha_o = 2° \sim 3°$），可增大工件与刀具后刀面之间的摩擦阻尼；还可以在后刀面上磨出带有负角的消振棱，如图 5.21 所示。

(3）增强工艺系统抗振性和稳定性的措施

1）提高工艺系统的刚度

提高工艺系统的刚度可以有效地改善工艺系统的抗振性和稳定性。在增强工艺系统刚度的同时，应尽量减小构件自身的质量。应把“以最轻的质量获得最大的刚度”作为结构设计的一个重要原则。

2）增大系统的阻尼

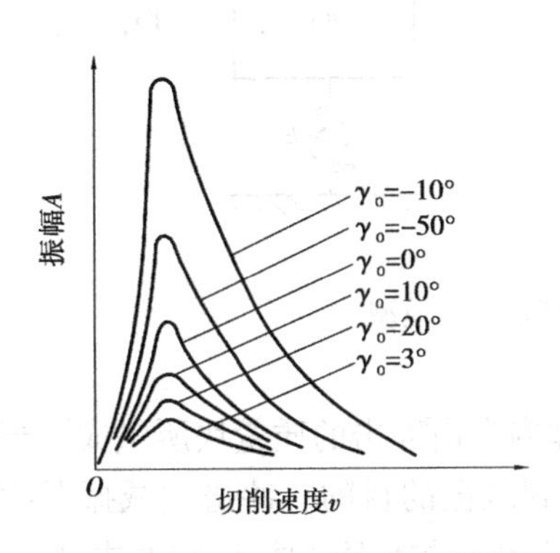

图 5.20　前角 γ_o 对振幅的影响

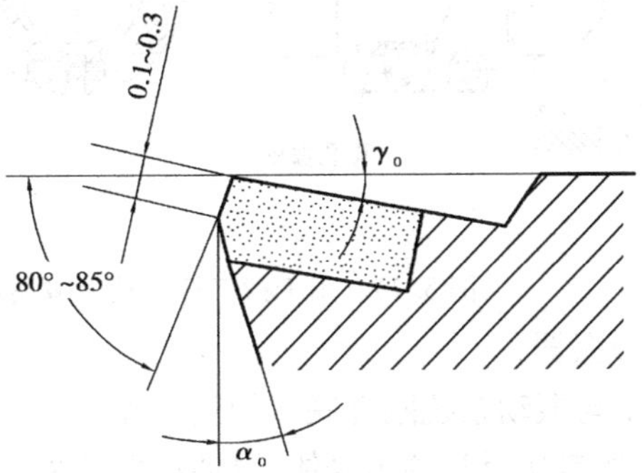

图 5.21　车刀消振棱

工艺系统的阻尼主要来自零部件材料的内阻尼、接合面上的摩擦阻尼以及其他附加阻尼。要增大系统的阻尼，可选用阻尼比大的材料制造零件；还可把高阻尼的材料加到零件上去，可提高抗振性。其次是增加摩擦阻尼，机床阻尼大多来自零部件接合面间的摩擦阻尼，有时可占到总阻尼的 90%。对于机床的活动接合面，要注意间隙调整，必要时施加预紧力增大摩擦；对于固定接合面，选用合理的加工方法、表面粗糙度等级、接合面上的比压以及固定方式等来增加摩擦阻尼。

(4）采用各种消振减振措施

如果不能从根本上消除产生机械振动的条件，又不能有效地提高工艺系统的动态特性，为保证加工质量和生产率，就要采用消振减振装置。按工作原理的不同，常用的减振装置分为以下 3 类：

1）摩擦式减振器

它是利用固体或液体的摩擦阻尼来消耗振动的能量的。在机床主轴系统中附加阻尼减振器，如图 5.22 所示。它相当于一个间隙很大的滑动轴承，通过阻尼套和主轴间隙中的黏性油的阻尼作用来减振。

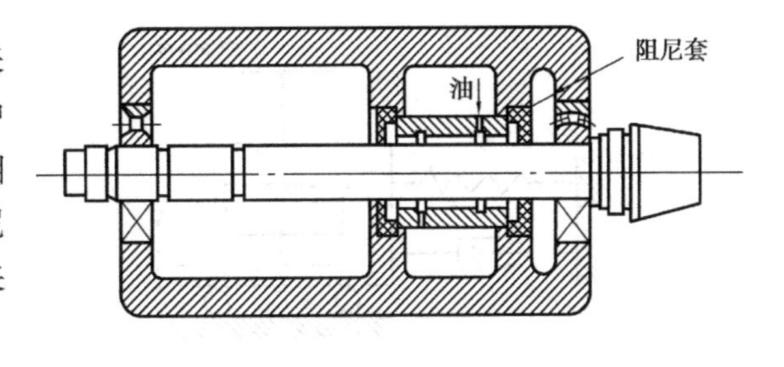

图 5.22　主轴系统液体摩擦阻尼减振器

2）动力式减振器

它是用弹性元件把一个附加质量块

联接到振动系统中，利用附加质量的动力作用，使弹性元件加在系统上的力与系统的激振力相抵消。

如图5.23所示为用于消除镗杆振动的动力减振器及其动力学模型，在振动系统中的m_1上增加了附加系统m_2后，则变为两自由度系统；只要参数m_2，δ_2，k_2选取得合适，原系统的m_1将不再振动，只有附加系统（减振器）m_2在振动，从而达到减振的目的。

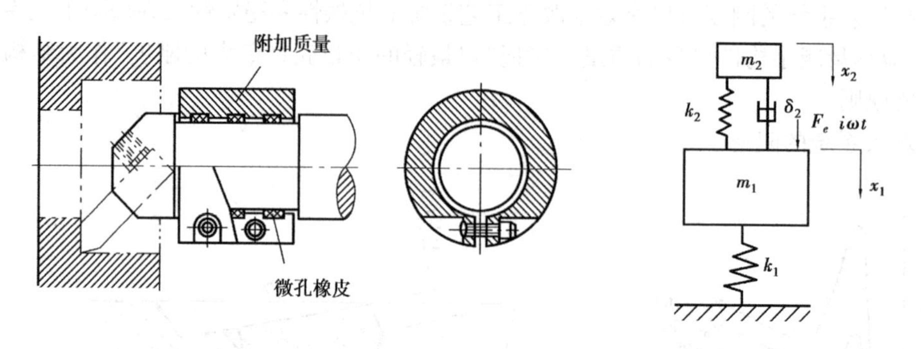

图5.23　用于镗刀杆的动力减振器及其动力学模型

3）冲击式减振器

它是由一个与振动系统刚性联接的壳体和一个在壳体内自由冲击的质量块所组成。当系统振动时，自由质量块反复冲击壳体，以消耗振动能量，达到减振的目的。冲击式减振器的典型结构及动力学模型如图5.24所示。为了获得最佳碰撞条件，希望振动体M和冲击块m都以最大的速度运动时碰撞，这样会造成最大的能量损失。为达到减振的最佳效果，应保证质量

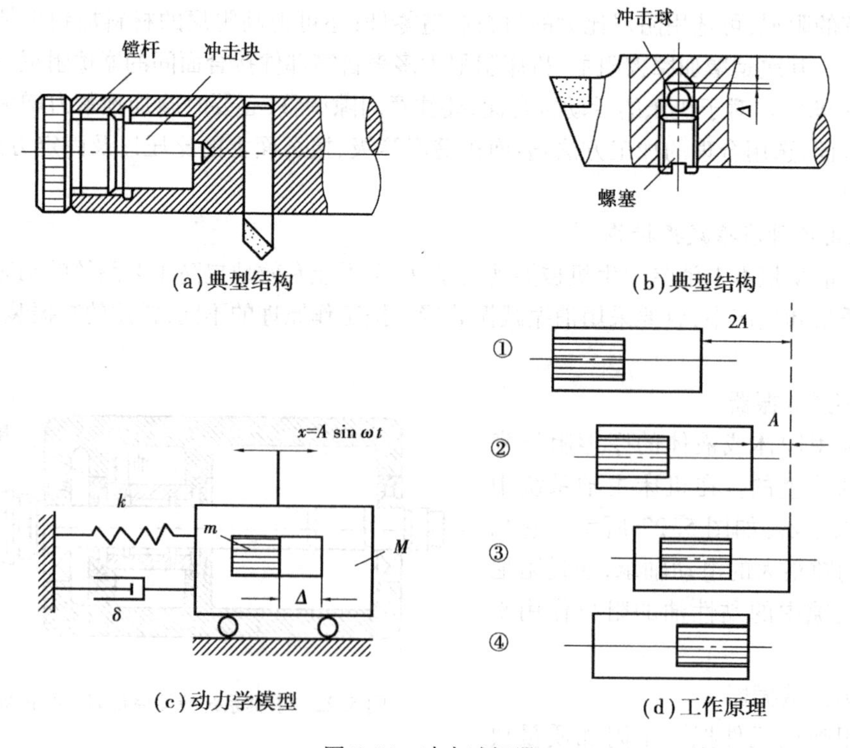

图5.24　冲击减振器

块在壳体内的间隙 $\Delta = \pi A$(A 为振动体 M 的振幅)。另外,冲击的材料要选密度大、弹性恢复系数大的材料制造。

冲击式减振器虽有因碰撞产生噪声的缺点,但由于具有结构简单、质量轻、体积小以及在较大的频率范围内都适用的优点,所以应用较广。

本章小结

本章围绕机械加工中各种工艺因素对加工表面质量影响的规律进行了系统的阐述,并在此基础上介绍了控制机械加工表面质量的对应措施和常用方法。

用来描述机械加工表面质量的指标主要包括加工表面的几何形状误差和表面层材料的物理机械性能。前者又包括表面粗糙度、波度、纹理方向和表面缺陷等;后者又包括表面层冷作硬化、表面层金相组织变化、表面残余应力等。表面质量对零件的耐磨性、耐疲劳性、耐腐性、零件配合质量及其他使用性能有很大的影响。

表面粗糙度是机械加工过程中所产生的,影响加工表面粗糙度的工艺因素主要有几何因素和物理因素两个方面。不同的加工方式,影响加工表面粗糙度的工艺因素各不相同。

引起表面层物理机械性能变化的因素较多,在车削加工和磨削加工中的因素也有所不同。针对具体的因素可采取相对应的措施进行控制。

常用的控制加工表面质量的措施包括采用精密加工和光整加工方法降低表面粗糙度以及采用表面强化工艺改善表面层物理机械性能等。

机械加工中的振动对工件的表面质量有多方面的影响,根据振动的性质可分为自由振动、强迫振动和自激振动 3 种类型,其中对加工过程影响更大的是后两者。强迫振动和自激振动都有其各自的产生原因和特点。自激振动的产生需要一定的条件。为了有效地控制振动,需要对机械加工中的振动进行正确的诊断。消减振动的途径主要有 3 个方面:消除或减弱产生机械加工振动的条件;改善工艺系统的动态特性,提高工艺系统的稳定性;采用各种消振减振装置。

习题与思考题

5.1　机械加工表面质量包括哪些具体内容?它们对机器使用性能有哪些影响?

5.2　影响表面粗糙度的因素是什么?如何解释当砂轮速度 v_s 从 30 m/s 提高到 60 m/s 时,表面粗糙度 R_a 从 1 μm 减小到 0.2 μm 的试验结果?

5.3　为什么机器上许多静止联接的接触表面往往要求较小的表面粗糙度值,而有相对运动的表面又不能对表面粗糙度值要求过小?

5.4　采用粒度为 30 号的砂轮磨削钢件外圆,其表面粗糙度 R_a 为 1.6 μm;在相同条件下,采用粒度为 60 号的砂轮可使 R_a 降低为 0.2 μm,这是为什么?

5.5　什么是加工硬化?影响加工硬化的因素有哪些?

5.6　什么是回火烧伤、淬火烧伤和退火烧伤?

5.7 为什么会产生磨削烧伤？减少磨削烧伤的方法有哪些？

5.8 为什么同时提高砂轮速度和工件速度可以避免产生磨削烧伤，减小表面粗糙度值并能提高生产率？

5.9 试述加工表面产生压缩残余应力和拉伸残余应力的原因。

5.10 试述产生磨削裂纹的原因。

5.11 为什么要注意选择机械零件加工的最终工序的加工方法？

5.12 表面强化工艺为什么能改善工件表面质量？生产中常用的各种表面强化工艺方法有哪些？

5.13 如何进行强迫振动的诊断？

5.14 何谓自激振动？它有何特性？与强迫振动有何区别？

5.15 在导轨磨床上加工中型导轨，机床的主轴是滚动轴承，工作台由液压传动。试分析有哪些因素会影响工件表面的波度。

5.16 自激振动产生的条件是什么？消除自激振动的措施有哪些？

5.17 试讨论在现有机床的条件下如何提高工艺系统的抗振性。

5.18 简述振型耦合自振原理。

5.19 为什么在车床上采用弹簧车刀较之用刚性车刀切削抗振性好？为什么在刨床上采用弯头刨刀较之用直头刨刀切削抗振性好？

第6章 机械装配基础

6.1 概　述

机器的质量是以机器的工作性能、使用效果、可靠性和寿命等综合指标来评定的。这些指标除与产品结构设计的正确性有关外，还取决于零件的制造质量和机器的装配工艺及装配精度。装配是机械制造过程中的最后一个阶段，机器的质量最终要通过装配工艺来保证。若装配不当，即使零件的制造质量都合格，也不一定能够装配出合格的产品。反之，当零件的质量不好，只要在装配中采取合适的工艺措施，也能使产品达到规定的要求。因此，装配工艺及装配精度对保证机器的质量起到十分重要的作用。

另外，通过机器的装配，可以发现机器设计上的错误（如不合理的结构和尺寸）和零件加工工艺中存在的质量问题，并加以改进。因此，装配工艺过程又是机器生产的最终检验环节。

在多数工厂中，装配工作大多靠手工劳动完成，自动化程度和劳动生产率远不如机械加工。所以研究装配工艺，选择合适的装配方法，制订合理的装配工艺规程，不仅是保证机器装配质量的手段，也是提高产品生产效率，降低制造成本的有力措施。

6.1.1 机械装配的概念

任何机器都是由零件、套件、组件、部件等组成的。根据规定的技术要求，将零件组合成组件和部件，并进一步将零件、组件和部件组合成机器的过程称为装配。为保证有效地进行装配工作，通常将机器划分为若干能进行独立装配的部分，称为装配单元。

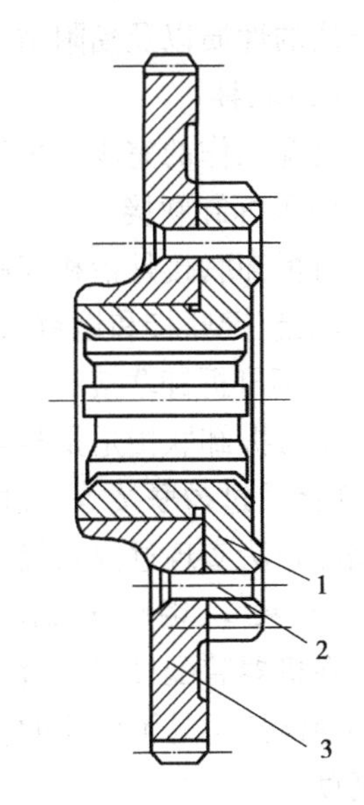

图6.1　套件——装配式齿轮
1—基准齿轮；2—铆钉；
3—齿轮

零件是组成机器的最小单元。它是由整块金属或其他材料制成的。零件一般都预先装成套件、组件、部件后才安装到机器上,直接装入机器的零件并不太多。

套件是在一个基准零件上,装上一个或若干个零件构成的。它是最小的装配单元。如装配式齿轮(见图6.1),由于制造工艺的原因,分成两个零件,在基准零件1上套装齿轮3并用铆钉2固定。为此进行的装配工作称为套装。

组件是在一个基准零件上,装上若干套件及零件而构成的。如机床主轴箱中的主轴,在基准轴件上装上齿轮、套、垫片、键及轴承的组合件称为组件。为此而进行的装配工作称为组装。

部件是在一个基准零件上,装上若干组件、套件和零件构成的。部件在机器中能完成一定的、完整的功用。把零件装配成为部件的过程,称为部装配。例如,车床的主轴箱装配就是部装,主轴箱箱体为部装的基准零件。

在一个基准零件上,装上若干部件、组件、套件和零件就成为整个机器,把零件和部件装配成最终产品的过程,称为总装配。例如,卧式车床就是以床身为基准零件,装上主轴箱、进给箱、溜板箱等部件及其他组件、套件、零件所组成。

6.1.2 机械装配工作的基本内容

机器的装配是整个机器制造过程中的最后一个阶段,为了使产品达到规定的技术要求,装配不只是将合格零件、部件简单地联接起来,而是根据规定的技术要求,通过校正、调整、平衡、配作以及反复的检验等一系列工作来保证产品质量的一个复杂的过程。常见的装配工作内容有如下5项:

(1)清洗

经检验合格的零件,装配前要经过认真的清洗。其目的是去除黏附在零件上的灰尘、切屑和油污。清洗后的零件通常还具有一定的中间防锈能力。清洗的方法、清洗液、清洗工艺参数(如温度、压力和时间)以及清洗次数的选择,应根据零件的清洁度要求、材质、批量、油污和机械杂质的性质以及黏附情况等因素来确定。

(2)联接

装配工作的完成要依靠大量的联接,联接方式一般有以下两种:

1)可拆卸联接

可拆卸联接是指相互联接的零件拆卸时不受任何损坏,而且拆卸后还能重新装在一起,如螺纹联接、键联接和销钉联接等,其中以螺纹联接的应用最为广泛。

2)不可拆卸联接

不可拆卸联接是指相互联接的零件在使用过程中不拆卸,若拆卸将损坏某些零件,如焊接、铆接及过盈联接等。过盈联接大多应用于轴、孔的配合,可使用压入配合法、热胀配合法和冷缩配合法实现过盈联接。

(3)校正、调整与配作

在机器装配过程中,特别是单件小批生产条件下,完全靠零件互换法去保证装配精度往往是不经济甚至是不可能的。因此,常常需要进行一些校正、调整和配作工作来保证部装和总装的精度。

校正是指产品中相关零部件相互位置的找正、找平及相应的调整工作,在产品总装和大型机械的基体件装配中应用较多。例如,在卧式车床总装过程中,床身安装水平及导轨扭曲的校正,主轴箱主轴中心与尾座套筒中心等高的校正,溜板移动对主轴轴线平行度的校正以及丝杠两轴承轴线和开合螺母轴线对床身导轨等距的校正等。常用的校正工具有平尺、角尺、水平仪、光学准直仪及相应检具(如检棒和过桥)等。

调整指相关零部件相互位置的具体调节工作。它除了配合校正工作去调节零部件的位置精度以外,为了保证机器中运动零部件的运动精度,还用于调节运动副间的间隙,如轴承间隙、导轨副的间隙及齿轮与齿条的啮合间隙等。

配作通常指配钻、配铰、配刮和配磨等,这是装配中附加的一些钳工和机械加工工作,并应与校正调整工作结合起来进行,因为只有经过校正调整以后,才能进行配作。其中配刮是零部件接合表面的一种钳工工作,多用于运动副配合表面的精加工,配刮后可取得良好的接触精度和运动精度。例如,根据导轨副的要求,按床身导轨配刮工作台或溜板的导轨面;根据轴与滑动轴承的配合要求,按轴去配刮轴瓦等。此外,为保证零部件间的相互位置精度和提高固定接合面的接触刚度,对一些重要的固定联接表面也常采用配刮。但配刮的生产效率较低,工人的劳动强度较大,为此,机器装配中广泛采用以磨代刮的方式,即以配磨代替配刮。配钻和配铰多用于固定联接,是以联接件之一已有的孔为基准,去加工另一件上相应的孔。配钻用于螺纹联接,配铰多用于定位销孔的加工。

(4)平衡

为了防止运转平稳性要求较高的机器在使用中出现振动,在其装配过程中需对有关旋转零部件(有时包括整机)进行平衡作业。部件和整机的平衡均以旋转体零件的平衡为基础。

在生产中常用静平衡法和动平衡法来消除由于质量分布不均匀所造成的旋转体的不平衡。对于直径较大且长度较小的零件(如飞轮和带轮等),一般采用静平衡法消除静力不平衡。而对于长度较大的零件(如电动机转子和机床主轴等),为消除质量分布不匀所引起的力偶不平衡和可能共存的静力不平衡,则需采用动平衡法。

对旋转体内的不平衡可采用以下方法进行校正:

①用补焊、铆接、胶接或螺纹联接等方法加配质量。

②用钻、铣、磨或锉等方法去除质量。

③在预制的平衡槽内改变平衡块的位置和数量(如砂轮静平衡即常用此方法)。

(5)验收试验

机器装配工作完成以后,出厂前还要根据有关技术标准和规定,对其进行比较全面的检验和试验。各类产品的验收内容及方法有着很大差别,以下简要介绍金属切削机床验收试验工作的主要内容。

首先按机床精度标准全面检查机床的几何精度,包括相对运动精度(如溜板在导轨上的移动精度、溜板移动对主轴轴线的平行度等)和相互位置精度(如距离精度、同轴度、平行度、垂直度等)两个方面,而相对运动精度的保证又是以相互位置精度为基础的。

几何精度检验合格后进行空运转试验,即在不加负荷的情况下,使机床完成设计规定的各种运动。对变速运动需逐级或选择低、中、高3级转速进行运转,在运转中检验各种运动及各种机构工作的准确性和可靠性,检验机床的振动、噪声、温升及其电气、液压、气动、冷却润滑系统的工作情况等。

然后进行机床负荷试验,即在规定的切削力、扭矩及功率的条件下使机床运转,在运转中所有机构应工作正常。

最后要进行机床工作精度试验,如对车床检查所车螺纹的螺距精度、外圆的圆度及圆柱度以及所车端面的平面度等。

6.1.3 机械装配精度

装配精度是产品设计时根据使用性能要求规定的、装配时必须保证的质量指标。产品质量标准，通常是用技术指标表示的，其中包括几何方面和物理方面的参数。物理方面的有转速、质量、平衡、密封、摩擦等；几何方面的参数，即装配精度，它是指装配后产品实际能达到的精度。产品的装配精度一般包括零部件间的距离精度、相互位置精度、相对运动精度、相互配合精度、传动精度、噪声及振动等。这些精度要求又有动态和静态之分。各类装配精度之间有着密切的关系：相互位置精度是相互运动精度的基础，相互配合精度对距离精度和相互位置精度及相互运动精度的实现有一定的影响。为确保产品的可靠性和精度保持性，一般装配精度要稍高于精度标准的规定。

(1)装配的距离精度

距离精度是指保证一定间隙、配合质量和尺寸精度要求的相关零件、部件间的距离尺寸的准确程度，它还包括间隙、过盈等配合要求。例如，卧式车床主轴中心线与尾座套筒中心线之间的等高度，即属装配距离精度，如图 6.2 所示。

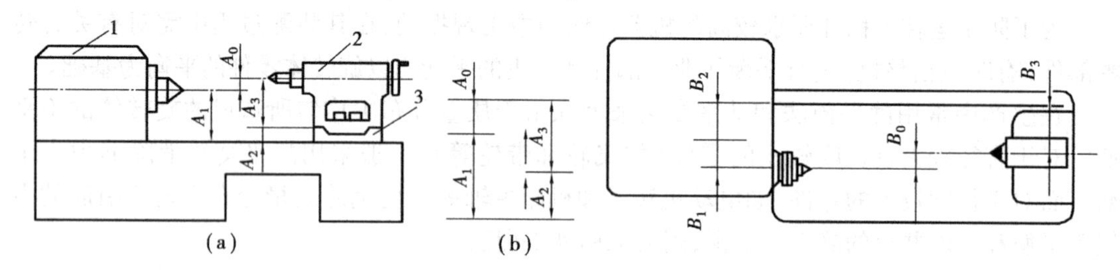

图 6.2 卧式车床主轴中心线与尾座套筒中心线等高示意图

1—主轴箱；2—尾座；3—底板

图 6.2 中，A_0 和 B_0 是装配尺寸的垂直和水平方向的精度；A_1——主轴箱前项尖的高度尺寸；A_2——尾座底板的高度尺寸；A_3——尾座后顶尖的高度尺寸；B_1，B_2，B_3 为床头和床尾水平方向有关尺寸。

由图 6.2 中可知，影响装配精度(A_0 和 B_0)的是有关尺寸 A_1，A_2，A_3，B_1，B_2，B_3，也即装配距离精度反映各有关零件的尺寸与装配尺寸的关系。

(2)装配的相互位置精度

产品装配中的相互位置精度是指产品中相关零件间的平行度、垂直度、同轴度及各种跳动等。如图 6.3 所示为发动机装配的相互位置精度。其中，装配的相互位置精度是活塞外圆的中心线与缸体孔的中心线的平行度。

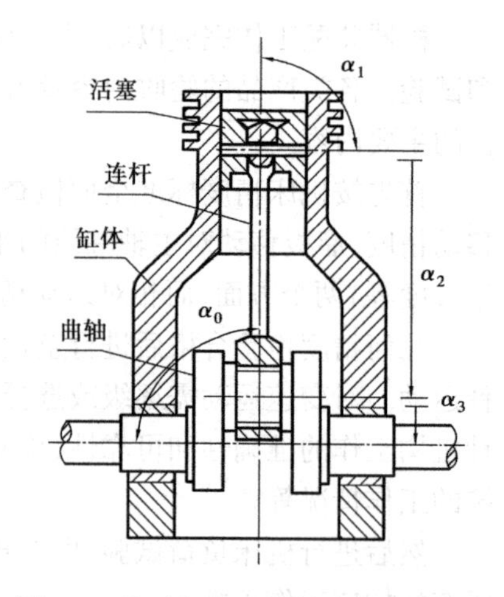

图 6.3 发动机装配的相互位置精度

图 6.3 中：

α_1——活塞外圆中心线与其销孔中心线的垂直度；

α_2——曲轴的连杆颈中心与其大头孔中心线的平行度；

α_3——曲轴的连杆轴颈中心线与其主轴轴颈中心线的平行度；

α_0——缸体中心线与其曲轴孔中心线的垂直度。

由图6.3可知，影响装配相互位置精度的是$\alpha_1,\alpha_2,\alpha_3,\alpha_0$，即装配相互位置精度反映各零件有关相互位置与装配相互位置的关系。

(3)装配的相对运动精度

相对运动精度是指产品中相对运动的零部件间在运动方向和相对运动速度上的精度，主要包括主轴的圆跳动、轴向窜动、转动精度以及传动精度等。它主要与主轴轴颈处的精度、轴承精度、箱体轴孔精度、传动元件自身的精度和它们之间的配合精度有关。

(4)装配的接触精度

接触精度是指相互配合表面、接触表面达到规定接触面积的大小与接触点分布情况，它影响接触刚度和配合质量的稳定性。如齿轮啮合、锥体与锥孔配合以及导轨副之间均有接触精度要求。

上述各种装配精度之间存在一定的关系。接触精度和配合精度是距离精度和位置精度的基础，而位置精度又是相对运动精度的基础。

影响装配精度的主要原因是零件的加工精度。一般来说，零件的精度越高，装配精度就越容易得到保证。但在生产实际中，并不能单靠提高零件的加工精度去达到高的装配精度。因为零件的加工精度不但在工艺上受到加工条件的限制，而且还受到经济因素的制约。如有的机械产品的组成零件较多，而最终装配精度要求又较高时，即使把经济性置之度外，结果往往还是无济于事。因此要达到所要求的装配精度，不能简单地按照装配精度要求来加工，在装配时应采取一定的工艺措施，即合理选择装配方法也是保证装配精度的重要手段。在单件小批生产及装配精度要求很高时装配方法的合理选择尤为重要。如图6.2所示的卧式车床主轴中心线与尾座套筒中心线在垂直方向的等高度A_0的精度要求是很高的，如果靠控制尺寸A_1,A_2,A_3的精度来达到A_0的精度是很不经济的。实际生产中常按经济精度来制造相关零部件尺寸A_1,A_2,A_3，装配时则采用修配底板3的工艺措施来保证等高度A_0的精度。

人们在长期的装配实践中，根据不同的机器、不同的生产类型和条件，创造了许多巧妙的装配方法。在不同的装配方法中，零件的加工精度与装配精度间具有不同的相互关系。为了定量地分析这种关系，常将尺寸链的基本理论应用于装配过程中，即建立装配尺寸链，通过解算装配尺寸链，最后确定零件精度与装配精度之间的定量关系。因此，装配尺寸链计算是机械产品装配中保证装配精度的重要手段。

此外，影响装配精度的因素还有零件的表面接触质量、力、热、内应力等所引起的零件变形以及旋转零件的不平衡等，因此，这些影响因素在装配过程中也应加以重视。

6.2 保证机械装配精度的工艺方法

机械产品的精度要求最终是靠装配来实现的。为此，就要根据产品的性能要求、结构特点、生产纲领、生产技术条件等诸因素制订具体的装配工艺。装配工艺就是要解决以什么装配方法获得规定的装配精度，如何以较低的零件加工精度达到较高的装配精度，以及怎样以最少的装配劳动量获得装配精度的问题。保证产品装配精度的方法一般有4类：互换法、选配法、修配法和调整法。

6.2.1 互换装配法

互换装配法是在装配过程中从制造合格的同种零件中任取一个进行装配，均能达到装配精度要求的装配方法。产品采用互换装配法时，装配精度主要取决于零件的加工精度，装配时不经任何调整和修配，就可以达到装配精度。互换法的实质就是用控制零件的加工误差来保证产品的装配精度。

根据零件的互换程度不同，互换法又可分为完全互换法和大数互换法。

(1)完全互换法

在全部产品中，装配时各组成环不需要挑选或改变其大小或位置，装入后即能达到封闭环的公差要求，这种方法称为完全互换法。

完全互换法的优点是装配工作比较简单、生产率高，有利于组织流水作业，易于实现装配机械化和自动化，便于进行零部件的协作加工和专业化生产，有利于产品的维护和零部件的更换。其缺点是当装配精度较高，尤其是组成环数目较多时，零件难以按加工经济精度加工。因此，完全互换法常用于高精度、少环尺寸链或低精度、多环尺寸链的大批量机器装配中。

采用完全互换法时，装配尺寸链采用极值公差公式进行解算。

(2)不完全互换法

完全互换法采用极值法求解装配尺寸链，但所有零件同时出现极限尺寸的概率是很小的，而各增环与减环尺寸都出现极值并达“最坏组合”的机会就更小。因此，对于环数较多的尺寸链，可以不考虑出现极值的情况，认为绝大多数零件的尺寸是在其制造公差带的中间部分。因此，可将组成环的公差适当放大，使零件的制造容易一些。这样虽在装配时可能出现不能完全互换的情况，但在绝大多数产品中，装配时不需要对各组成环零件进行挑选或改变其大小和位置，直接装入后就能满足封闭环的尺寸要求。这种装配方法称为不完全互换法，也称大数互换法或部分互换法。这种装配方法适用于大批量生产时，组成环较多而装配精度要求又较高的场合。

采用不完全互换法时，需用概率法公式来计算装配尺寸链。

6.2.2 选择装配法

选择装配法是将尺寸链中组成环的公差放大到经济可行的程度，然后选择合适的零件进行装配，使之满足装配精度要求。这种方法常用于装配精度很高而组成环较少的成批或大量生产中。

选配法主要有直接选配法、分组装配法(分组互换法)和复合选配法3种形式。

(1)直接选配法

直接选配是由装配工人从许多待装配的零件中，凭经验挑选合适的零件装配在一起的装配方法。装配时工人选择零件的时间长短不易准确控制，而且装配质量在很大程度上取决于工人的技术水平。

(2)分组装配法

分组装配是将组成环公差按完全互换极值解法所得的数值放大数倍，使其能按加工经济精度制造，然后将零件的有关尺寸进行测量和分组，再按对应组分别进行装配，以满足原定装配精度要求的装配方法。由于同组内各零件可以互换，故又称分组互换法。分组装配法是在大批量生产中常用的方法。

例如，汽车拖拉机发动机活塞销孔与活塞销的配合要求；活塞销与连杆小头孔的配合要求（见图 6.4）；滚动轴承的内环、外环和滚动体间的配合要求；还有某些精密机床中轴与孔的精密配合要求等，都是用分组装配法来达到的。

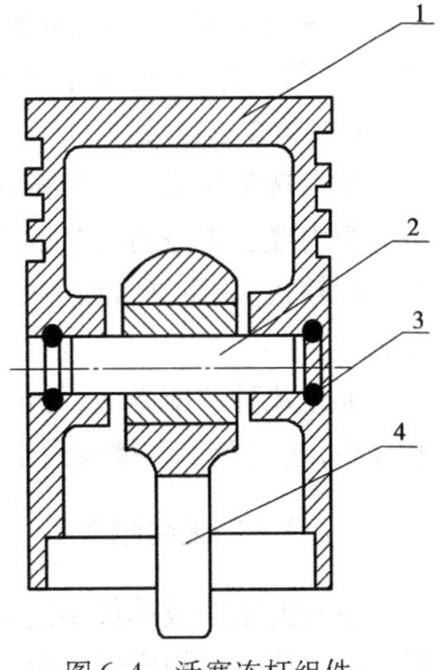

图 6.4　活塞连杆组件
1—活塞；2—活塞销；
3—挡圈；4—连杆

现分析如图 6.4 所示的发动机活塞销与连杆小头孔的装配关系。装配要求两者的配合间隙为 0.000 5 ~ 0.005 5 mm，若用完全互换法装配，则要求活塞销的外径为 $\phi25_{-0.0125}^{-0.0100}$ mm，连杆小头孔的孔径为 $\phi25_{-0.0095}^{-0.007}$ mm。显然，加工这样高精度的销和销孔，既困难又不经济。因此，在生产中采用了分组装配法，将活塞销与连杆小头孔的公差在相同的方向上扩大 4 倍，即销的外径为 $\phi25_{-0.0125}^{-0.0025}$ mm；小头孔的孔径为 $\phi25_{-0.0095}^{+0.0005}$ mm。这样，活塞销的外圆可用无心磨，连杆小头孔可用金刚镗等方法来加工。加工后，用精密量具对它们进行测量，并按尺寸大小分为 4 个组别，涂以不同的色记，以便进行分组装配。具体分组情况见表 6.1。

表 6.1　活塞销和连杆小头孔的分组尺寸/mm

组别	标志颜色	活塞销直径 $d=\phi25_{-0.0125}^{-0.0025}$ mm	连杆小头孔直径 $D=\phi25_{-0.0095}^{+0.0005}$ mm	配合情况	
				最大间隙	最小间隙
Ⅰ	白	24.997 5 ~ 24.995 0	25.000 5 ~ 24.998 0	0.005 5	0.000 5
Ⅱ	绿	24.995 0 ~ 24.992 5	24.998 0 ~ 24.995 5		
Ⅲ	黄	24.992 5 ~ 24.990 0	24.995 5 ~ 24.993 0		
Ⅳ	红	24.990 0 ~ 24.987 5	24.993 0 ~ 24.990 5		

分组装配的要求如下：

①为保证分组后各配合件的配合性质及精度不改变，配合件的公差范围应相等，公差增大时要同方向增大，增大的倍数就是以后的分组数。

从上例中发动机活塞销与连杆小头孔的配合来看，它们原来的公差相等，即 $T_{销}=T_{孔}=T=0.0025$ mm。采用分组装配法后，销与孔的公差同时在相同方向上扩大 $n=4$ 倍，即 $T_{销}=T_{孔}=nT=0.01$ mm，加工后再将它们按尺寸大小分为 4 组，每组的公差仍为 0.002 5 mm。装配时大尺寸组的销配大尺寸组的孔，小尺寸组的销配小尺寸组的孔，这样就可保证各组内配合件的装配精度要求与原设计相同。

当配合件公差要求不等时，采用分组装配法将会改变配合性质，因此在生产上应用不多。

②要保证零件分组后在装配时各组的数量相匹配，应使配合件的尺寸分布为相同的对称分布（如正态分布）。若分布曲线不同或为不对称分布曲线，将产生各组相配零件的数量不等，从而造成一些零件的积压浪费，这在实际生产中往往是很难避免的。为此，只能在聚积相当数量的不配套零件后，通过为其专门加工一批与剩余零件相配的零件的办法，解决零件的配套问题。

③分组数不宜太多,只要使尺寸公差放大到加工经济精度即可,以免增加零件的测量、分组、保管等工作量,而使生产组织工作过于复杂。

(3)复合选配法

复合选配法是分组装配法与直接选配法的复合,即零件加工后先检测分组,装配时,在各对应组内经工人进行适当的选配的装配方法。该装配方法的特点是配合件公差可以不等,装配速度较快、质量高、能满足一定生产节拍的要求,如发动机汽缸与活塞的装配多采用此种方法。

上述几种装配方法,无论是直接选配法、分组装配法,还是复合选配法,其特点都是零件能够互换,这点对于大批大量生产的装配来说,是非常重要的。

6.2.3 修配装配法

在成批生产或单件小批生产中,对于装配精度要求较高、组成环数目较多的部件,常用修配法来保证装配精度的要求。这种方法在装配时根据封闭环的实际测量结果,改变尺寸链中某一预定组成环(这个环称修配环或补偿环)的尺寸,或者就地配制这个环,使封闭环达到规定的精度。采用修配法时,各组成环尺寸均按加工经济精度制造。若直接装配,封闭环有可能超差。因此,需要对修配环进行修配,才能使装配精度达到规定的要求。

修配法的实质是扩大组成环的制造公差,在装配时利用逐个修配来达到装配精度,所以装配后这些零件是不能互换的;采用修配法时,在装配过程中有时需要进行初装配,然后拆开进行修配,所以装配劳动量增大。作为修配环的零件称修配件,一般应选择便于装拆、形状比较简单、易于修配加工,并对其他装配尺寸链没有影响(即不为公共环)的零件为修配件。

利用修配法达到装配要求时,通常采用极值公差公式计算。这种解法的主要任务是确定修配环在制造时的实际尺寸,使修配时有足够的而又是最小的修配量。修配环在修配时,对封闭环尺寸的影响有两种情况:一种是使封闭环尺寸变小;另一种是使封闭环尺寸变大。因此,用修配法解尺寸链时,可以根据这两种不同情况分别进行。

(1)修配环被修时使封闭环尺寸变小的情况

如图6.5(a)所示尺寸链,选增环 A_2 为修配环。当修配 A_2 时,封闭环 A_0 变小,由于各组成环尺寸是按加工经济精度制造的,因此,装配后所得的封闭环的实际公差 T'_{0A} 一定大于规定

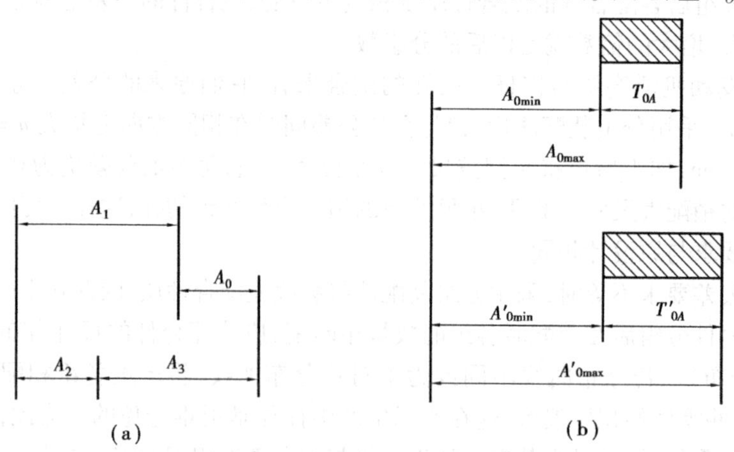

图6.5 修配环被修时使封闭环尺寸变小的装配尺寸链

的公差 T_{OA}(见图6.5(b))。若初装后 $A'_{0\max}>A_{0\max}$,就可通过修配环的修配使封闭环尺寸变小,直到达到封闭环所规定的精度要求。当初装后出现 $A'_{0\min}>A_{0\min}$ 的情况,若再修配修配环,只能使封闭环的尺寸变得更小,故而是无法达到装配精度的。同时,为使修配的劳动量最小,随修配环被修配而封闭环变小时的极限尺寸关系式应为

$$A'_{0\min}=\sum_{i=1}^{n}\overrightarrow{A}_{i\min}-\sum_{i=n+1}^{m}\overleftarrow{A}_{i\max}=A_{0\min} \tag{6.1}$$

用极限偏差计算时的关系式为

$$EI'_0=EI_0 \text{ 或 } ei'_0=ei_0 \tag{6.2}$$

在利用修配法装配时,往往还需验算一下最大修配量是否超过修配加工方法所允许的合理值(此值可由生产经验而定,也可参考工艺手册确定),若超过,则可通过修改组成环的公差值来修改调整修配量的大小。

(2)修配环被修时使封闭环尺寸变大的情况

这种情况下,为使装配过程中能通过修配环来满足装配精度要求,就必须使装配后所得封闭环的实际尺寸 $A'_{0\max}$ 在任何情况下都不大于规定的封闭环的最大尺寸 $A_{0\max}$。为使修配量最少,应使 $A'_{0\max}=A_{0\max}$,因此,修配环的计算关系式为

$$A'_{0\max}=\sum_{i=1}^{n}\overrightarrow{A}_{i\max}-\sum_{i=n+1}^{m}\overleftarrow{A}_{i\min}=A_{0\max} \tag{6.3}$$

用极限偏差计算时的关系式为

$$ES'_0=ES_0 \text{ 或 } es'_0=es_0 \tag{6.4}$$

(3)修配的方法

实际生产中,通过修配来达到装配精度的方法有以下3种:

1)单件修配法

所谓单件修配法,就是在多环装配尺寸链中选定某一固定的零件作为修配件,装配时进行修配,以保证装配精度。如前双联齿轮装配中修配垫片;车床尾座和床头箱装配中修配尾座底板等。这种修配方法在生产中应用较广。

2)合并加工修配法

这种方法是将两个或多个零件合并在一起再进行加工修配。将合并后的尺寸作为一个组成环,从而减少了装配尺才链中组成环的环数,并可相应减少修配劳动量。如前面讨论的尾座装配,将尾座和尾座底板合并加工修配就是一例。

合并加工修配法是将一些零件合并后再加工和装配,会给组织装配生产带来很多不便,因此多用于单件小批生产中。

3)自身加工修配法

机床的装配精度一般都要求较高,若只靠限制各零件的加工误差来保证,往往对零件的加工精度要求也很高,甚至无法加工,而且不易选择适当的修配件。在这种情况下,可采用“自己加工自己”的方法来保证装配精度。这种修配法称为自身加工法。例如,牛头刨床总装后,用自刨的方法加工工作台表面,可以较容易地保证滑枕运动方向与工作台面平行的要求;又如,在车床上对三爪卡盘进行自加工,可保证三爪的中心与机床主轴的同轴度;如图6.6所示的转塔车床,常不用修刮 A_3 的方法来保证主轴中心线与转塔上各孔中心线的等高要求,而是在装配后,在车床主轴上安装一把镗刀,转塔作纵向进给运动,依次镗削转塔上的6个孔,这种

自身加工方法可以方便地保证主轴中心线与转塔上的6个孔中心线的等高性。此外,平面磨床用本身的砂轮磨削机床上工作台面也属于这种修配方法。

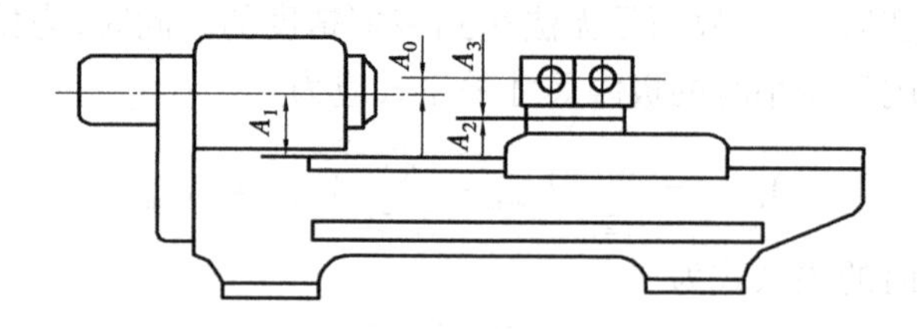

图6.6　转塔车床的自身加工

6.2.4　调整装配法

对于装配精度要求高而且组成环数又较多的机器或部件,在不能用互换法装配时,除了可用修配法外,还可采用调整法来保证装配精度要求。

调整法与修配法实质上是相同的,即各零件仍可按加工经济精度加工,并以某一零件为调整件(也称补偿件)。与修配法不同的是装配时不是去除调整件上的金属层,而是采用改变调整件的位置或更换不同尺寸调整件的方法,以补偿装配时由于各组成环公差扩大后产生的累积误差,以最终保证装配精度。调节调整件相对位置的方法有可动调整法、固定调整法和误差抵消调整法3种。分述如下:

(1)可动调整法

采用改变调整件的位置(通过移动、旋转等)来保证装配精度的方法称为可动调整法。

如图6.7所示为一些可动调整法的实例。其中,如图6.7(a)所示为靠转动螺钉来调整轴承内外环的相对位置,以取得合适的间隙或过盈,从而保证轴承既有足够的刚性,又不至于过分发热;如图6.7(b)所示为丝杠螺母副间隙调整的结构,当发现丝杠螺母副间隙不合适时,可转动中间螺钉,通过斜楔的上下移动来改变间隙的大小;如图6.7(c)所示为燕尾导轨副的结构,通过调整螺钉来调节镶条的位置,以保证导轨副的配合间隙。

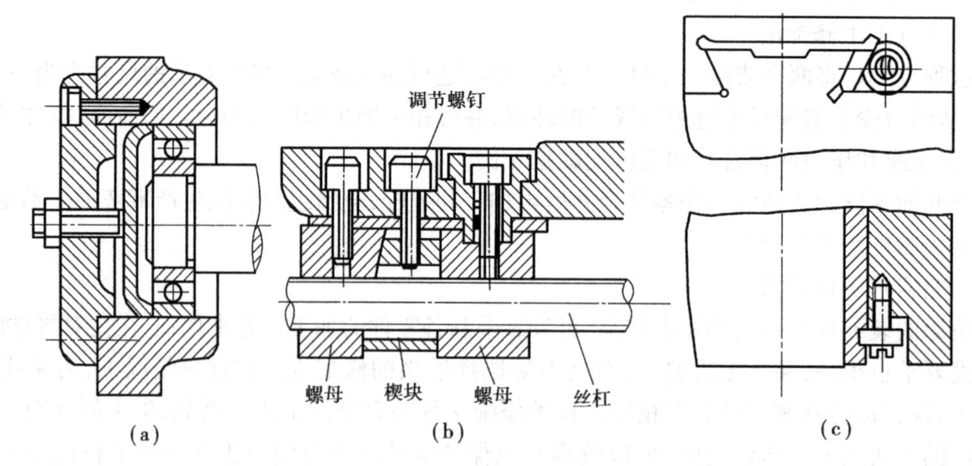

图6.7　可动调整法实例

调整法有很多优点:除了能按经济加工精度加工零件外,而且装配方便,可获得比较高的装配精度;在使用期间,可通过调整件来补偿由于磨损、热变形所引起的误差,使设备恢复原来的精度要求。它的缺点是增加了一定的零件数及要求较高的调整技术。但是由于调整法优点突出,因而使用较为广泛。

(2)固定调整法

在装配尺寸链中选择某一零件为调整件,作为调整环的零件是按一定尺寸级别制成的一组零件,通常是垫圈、垫片、轴套等。装配时,根据各组成环形成累积误差的大小更换不同尺寸的调整件,以保证装配精度要求,这种方法称为固定调整法。

采用固定调整装配法,各组成环的公差是按加工经济精度确定的。需解决的问题是选择调整范围,确定调整件的分组数和确定每组调整件的尺寸。

固定调整法装配多用于大批大量生产中。在产量大精度高的装配中,固定调整件可用不同厚度的薄金属片冲出,如0.01,0.02,0.05 mm等,再加上一定厚度的垫片,如1,2,5 mm等,用来组合成各种不同的尺寸,以满足装配精度的要求。这种方法在汽车、拖拉机等生产中应用很广。

(3)误差抵消调整法

可动调整法的进一步发展,产生了"误差抵消法"。这种方法是在装配时通过调整有关零件的相互位置,使各零件的加工误差相互抵消一部分,以提高装配的精度。该方法在机床装配时应用较多。例如,为提高机床主轴回转精度,通过调整前后轴承偏心量(向量误差)的相互位置(相位角),可控制主轴的径向跳动;在滚齿机工作台分度蜗轮装配中,可采用调整二者偏心方向的方法来抵消误差,以提高其同轴度。

6.2.5　装配方法的选择

(1)装配方法的选择原则

上述4种装配方法各有特色,其中,有些方法对组成环的加工要求较松,但装配时就要求较严格;相反,有些方法对组成环的加工要求较严,而在装配时就比较简单。选择适当装配方法的目的是使产品制造的全过程达到最佳效果。具体考虑的因素有封闭环公差要求(装配精度)、结构特点(组成环环数等)、生产类型及具体生产条件。

一般来说,只要组成环的加工比较经济可行时,就要求优先采用完全互换装配法。成批生产、组成环又较多时,可考虑采用大数互换装配法。

当封闭环公差要求较严时,采用完全互换装配法将使组成环加工比较困难或不经济时,就采用其他方法。大量生产时,环数少的尺寸链采用分组装配法;环数多的尺寸链采用调整装配法。单件小批生产时,则常用修配法。成批生产时可灵活应用调整法、修配法和分组装配法(后者在环数少时采用)。

一种产品究竟采用何种装配方法来保证装配精度,通常在设计阶段即应确定。因为只有在装配方法确定后,才能通过尺寸链的解算,合理地确定各个零、部件在加工和装配中的技术要求。但是,同一种产品的同一装配精度要求,在不同的生产类型和生产条件下,可能采用不同的装配方法。例如,在大量生产时采用完全互换法或调整法保证的装配精度,在小批生产时可用修配法。因此,工艺人员特别是主管产品的工艺人员必须熟悉各种装配方法的特点及其装配尺寸链的解算方法,以便在制订产品的装配工艺规程和确定装配工序的具体内容时,或在现场解决装配质量问题时,根据具体工艺条件审查或确定装配方法。

(2)装配方法的选择实例

例 6.1　普通车床溜板箱小齿轮与齿条啮合的装配尺寸链如图 6.8 所示。溜板的纵向移动是通过溜板箱内小齿轮与床身下面的齿条的啮合传动来实现的。为了保证正常的啮合传动,齿轮与齿条间应有一定的啮合间隙,因此,在装配溜板箱与齿条时就应保证这一要求。

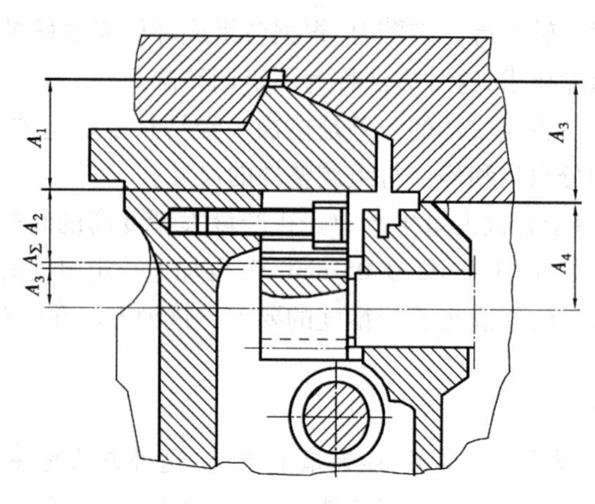

图 6.8　车床溜板箱小齿轮与齿条啮合的装配尺寸链

由图 6.8 可知。A_Σ 为装配尺寸链的封闭环,是齿轮与齿条的啮合间隙在垂直平面内的折算值。影响此封闭环的组成环如下:

A_1——床身棱形导轨顶线至其与齿条接触面间的尺寸;

A_2——齿条节线至其底面间的尺寸;

A_3——小齿轮的节圆半径;

A_4——溜板箱齿轮孔轴心线至其与溜板接触面间的尺寸;

A_5——溜板棱形导轨顶线至其与溜板箱接触面间的尺寸。

需要指出的是,上述装配尺寸链是经过简化的,忽略了齿轮节圆与其支承轴颈间的同轴度误差以及支承轴颈与溜板箱齿轮孔配合间隙所引起的偏移量。

设封闭环 $A_\Sigma = 0.17_{\ 0}^{-0.11}$ mm,如果选择完全互换法进行装配,则各组成环的平均公差为

$$\phi 28 \text{ mm } T_M = \frac{0.11}{5} = 0.022 \text{ mm}$$

由于齿轮、齿条的加工要达到这样小的公差比较困难,不宜采用完全互换法。机床生产一般属于中小批生产,而此装配尺寸链的环数又较多,零件的几何形状较复杂,装配精度要求又较高,也不宜采用选择装配法。因此,根据装配结构采用修配法较为合适。

由于齿条尺寸 A_2 装配时便于修配,因此选择 A_2 作为修配环,并取其底面为修配表面。这样,其余零件的公差可以按照经济精度进行制造,使其加工容易而经济。

6.3　机械装配工艺规程的制订

产品装配过程中,必须按照机械装配工艺规程规定的内容来进行。按规定的技术要求,将零件和部件进行配合和联接,使之成为成品或半成品的工艺过程,称为机械装配工艺过程。它

是规定产品或零、部件装配工艺过程和操作方法的工艺文件，是指导机械装配工作的技术文件，是制订机械装配生产计划、进行技术准备的主要依据，也是作为新建或扩建厂房的基本技术文件之一。它对保证装配质量，提高装配生产效率、缩短装配周期、减轻工人劳动强度、缩小装配占地面积、降低生产成本等都有着极其重要的影响。

装配工艺规程的主要内容如下：

①分析产品图样，划分装配单元，确定装配方法。

②拟订装配顺序，划分装配工序。

③计算装配时间定额。

④确定各工序装配技术要求、质量检查方法和检查工具。

⑤确定装配时零、部件的输送方法及所需要的设备和工具。

⑥选择和设计装配过程中所需的工具、夹具和专用设备。

6.3.1 制订装配工艺规程的原则

①保证产品装配精度和装配质量，并力求提高质量，以延长机器的使用寿命。

②应在合理的装配成本下。

③钳工装配工作量尽可能少，以减轻劳动强度，提高装配效率、缩短装配周期。

④应按产品生产纲领给定的装配周期，但还应考虑留有适当的余地。

⑤尽可能少占地，不破坏环境，不污染环境。

6.3.2 制订机械装配工艺规程的原始资料

(1)产品的机械装配图及验收技术标准

产品的装配图应包括总装图和部件装配图，并能清楚地表示出所有零件相互联接的结构视图和必要的剖视图；零件的编号；装配时应保证的尺寸；配合件的配合性质及精度等级；装配的技术要求；零件的明细表等。为了在装配时对某些零件进行补充机械加工和核算装配尺寸链，必要时，还应能调用零件图。

产品验收技术条件、产品检验的内容和方法也是制订装配工艺规程的重要依据。

(2)产品的生产纲领

产品的生产纲领就是其年生产量。生产纲领决定了产品的生产类型。生产类型不同，致使装配的生产组织形式、工艺方法、工艺过程的划分、工艺装备的多少、手工劳动的比例均有很大不同。

大批大量生产的产品应尽量选择专用的装配设备和工具，采用流水装配方法；现代装配生产中则大量采用机器人，组成自动装配线。对于成批生产、单件小批生产，则多采用固定装配方式，手工操作比重大。在现代柔性装配系统中，已开始采用机器人装配单件小批产品。

(3)现有的生产条件

在制订装配工艺规程时，应充分考虑现有的生产条件，如装配工艺设备、工人技术水平和装配车间面积等。如果是新建厂，则应适当选择先进的装备和工艺方法。

6.3.3 装配的组织形式

装配组织形式是为装配工作规定工艺方面的组织条件。与零件制造不同，装配有其特殊性,在一个零件被装配时还可能进行与此平行的加工。装配工作可以是手工的、机械化的和自动进行的。装配的组织形式主要取决于产品的结构特点(包括尺寸、质量和复杂程度等)、生产纲领和现有生产条件,一般分为固定式和移动式两种。

(1)固定式装配

固定式装配是全部装配工作在同一固定的地点完成,其特点是装配周期长,装配面积利用率低,并且需要技术水平较高的操作工人,多用于单件小批生产或质量大、体积大的批量生产之中。固定式装配也可组织工人专业分工,按装配顺序轮流到各产品点进行装配工作,这种形式称为固定流水装配,固定流水装配用于成批生产中结构较复杂、工序数量较多的产品,如机床、汽轮机的装配。

(2)移动式装配

移动式装配是将零、部件用输送带或小车按照装配顺序从一个装配作业位置有节奏移到下一个装配作业位置,进行流水式装配。各装配地点分别完成其中的一部分装配工作,全部装配地点工作的总和就是产品的全部装配工作。这种装配组织形式多用于产品的大批量生产中,以便组成流水线和自动线装配。根据零、部件移动的方式不同,又可分为连续移动式、间歇移动式和变节奏移动式3种。

6.3.4 制订装配工艺规程的步骤

根据制订装配工艺规程的基本原则和原始资料,装配工艺规程可按下列步骤来制订:

(1)进行产品分析

①审查产品装配图纸的完整性和正确性,如发现问题提出解决方法。

②对产品的装配结构工艺性进行分析,明确各零件、部件的装配关系。

③研究设计人员确定的达到装配精度的方法,并进行相关的计算和分析。

④审核产品装配的技术要求和检查验收的方法,制订出相应的技术措施。

(2)确定装配方法和组织形式

产品设计阶段已经初步确定了产品各部分的装配方法,并据此制订了有关零件的制造公差,但是装配方法是随生产纲领和现有条件而变化的。因此,制订装配工艺规程时,应在充分研究已定装配方法的基础上,根据产品的结构特点(如质量、尺寸、复杂程度等)、生产纲领和现有的生产条件,确定装配的组织形式。表6.2列举了各种装配方法的主要适用范围和部分典型应用举例。

表6.2 各种装配方法的适用范围和应用举例

装配方法	适用范围	应用举例
完全互换法	适用于零件数较少、批量很大、零件可用经济精度加工时	汽车、拖拉机、中小型柴油机、缝纫机及小型电机的部分部件
不完全互换法	适用于零件数稍多、批量大、零件加工精度需适当放宽时	机床、仪器仪表中某些部件
分组法	适用于成批或大量生产中,装配精度很高,零件数很少,又不便采用调整装配时	中小型柴油机的活塞与缸套、活塞与活塞销、滚动轴承的内外圈与滚子

续表

装配方法	适用范围	应用举例
修配法	单件小批生产中,装配精度要求高且零件数较多的场合	车床尾座垫板、滚齿机分度蜗轮与工作台装配后精加工齿形、平面磨床砂轮(架)对工作台台面自磨
调整法	除必须采用分组法选配的精密配件外,调整法可用于各种装配场合	机床导轨的棱形镶条、内燃机气门间隙的调整螺钉,滚动轴承调整间隙的间隔套、垫圈,锥齿轮调整间隙的垫片

(3)划分装配单元,确定装配顺序

1)划分装配单元

任何产品都是由零件、套件、组件和部件组成的,将产品分解成可以独立进行装配的单元,以便组织装配工作。一般可划分为零件、套件、组件、部件和产品5级装配单元,同一级的装配单元在进行总装之前互不相关,故可同时独立进行装配,实现平行作业。在总装时,则以某一零件或部件为基础,其余零、部件相继就位,实现流水线或自动线作业。这样可缩短装配周期,便于装配作业计划安排和提高专业化程度。

2)选择装配基准件

无论哪一种装配单元,都要选择某一零件或比它低一级的装配单元作为装配基准件,以便考虑装配顺序。装配基准件通常应是产品的基体和主干零、部件。

选择装配基准件的原则如下:

①基准件的体积和质量应较大,有足够的支承面保证装配时的稳定性。

②基准件的补充加工量应最少,尽可能不再有后续加工工序。

③基准件的选择应有利于装配过程中的检测、工序间的传递运输和翻转等作业。

3)确定装配顺序,绘制装配系统图

划分好装配单元、选定装配基准件之后就可以根据具体结构和装配技术要求,考虑其他零件或装配单元的装配顺序。

安排装配顺序的原则是“先下后上,先内后外,先难后易,先重大后轻小,先精密后一般”。装配顺序的安排,可以用装配系统图的形式表示出来。所谓装配系统图,是指在装配工艺规程制订过程中,表明产品零、部件间相互装配关系及装配流程的示意图。它以产品装配图为依据,同时考虑装配工艺要求。对于结构比较简单,零部件较少的产品,可以只绘制产品装配系统图。对于结构复杂、零部件很多的产品,则还需绘制各装配单元的装配系统图。装配系统图有多种形式,如图6.9所示为较常见的一种,图中每个零件、组件、部件都用长方格表示,在长方格中注明它们的名称、编号及数量。

(4)划分装配工序,设计工序内容

装配顺序确定之后,根据工序集中与分散的程度将装配工艺过程划分为若干个工序,并进行工序内容的设计,其主要工作如下;

①确定工序集中与分散的程度。

②划分装配工序,确定各工序的内容。

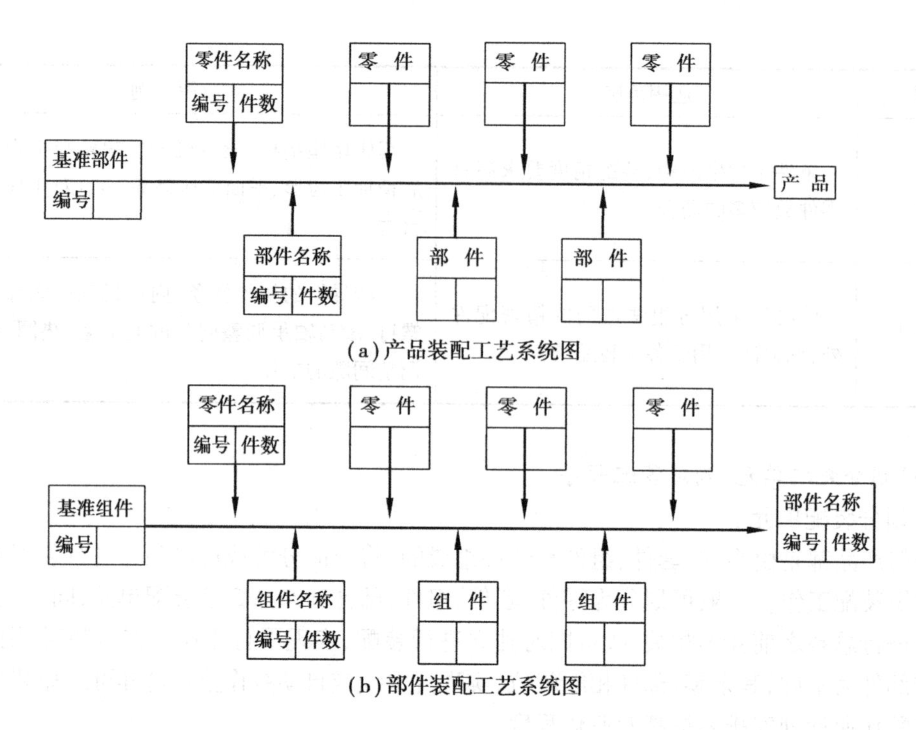

图6.9 装配工艺系统图

③确定各工序所需的设备和工具,如需专用设备与夹具,则应拟订出设计任务书。

④制订各工序的装配操作规范。例如,过盈配合的压入力,变温装配的装配温度,紧固螺栓联接的旋紧扭矩以及装配环境要求等。

⑤制订各工序装配质量要求、检测方法及检测项目。

(5)确定各工序的时间定额

装配工作的时间定额一般按车间实测值来合理制订,以便均衡生产和实现流水生产。

(6)整理和编写装配工艺文件

主要包括填写装配工艺过程卡片和装配工序卡片。

单件、小批生产时,通常不需要制订装配工艺过程卡片,装配时,按产品装配图及装配系统图进行装配工作。

中批生产时,通常制订部件及总装配的机械装配工艺过程卡片,可不制订机械装配工序卡片。在工艺卡片上要写明以下内容:产品型号、产品名称、部件图号、部件名称、工序号、工序名称、工序内容、装配部门、设备及工艺装备、辅助材料、工时定额等。

大批量生产中,不仅要制订机械装配工艺过程卡片,而且要制订机械装配工序卡片,以直接指导工人进行装配。机械装配工艺过程卡片的内容同上,机械装配工序卡片的主要内容有工序号、工序名称、工序实施地点(车间、工段)、机械装配工艺装备、工序时间等,此外,工序卡片还须填写本工序所有工步的有关内容:工步号、工步装配工作内容、工步所需工艺装备、工序的消耗材料等。

(7)制订产品检测与试验规范

产品装配完毕后,在出厂之前制订产品检测与试验规范应包括以下项目:

①检测和试验的项目及检验质量指标。

②检测和试验的方法、条件与环境要求。

③检测和试验所需要工装的选择与设计。

④检测和试验的程序和操作规程。

⑤质量问题的分析方法和处理措施。

一般产品都是按上述步骤制订装配工艺规程,完成整个装配工作,获得所需的装配质量。

6.4 装配自动化

6.4.1 概述

在机械制造工业中,20%左右的工作量是装配,有些产品的装配工作量可达70%左右。但装配又是在机械制造生产过程中采用手工劳动较多的工序。由于装配技术上的复杂性和多样性,因此,装配过程不易实现自动化,近年来,在大批大量生产中,加工过程自动化获得了较快的发展,大量零件自动化高速生产出来后,如果仍由手工装配,则劳动强度大、效率低、质量也不能保证,因此,迫切需要发展装配过程的自动化。

随着现代科技的发展,目前已出现了很多自动化装配流水线。如图6.10所示为向心球轴承自动装配线的工艺流程图。滚动轴承一般采用分组装配法,轴承内外套圈在检测工位进行内、外径测量后,送入选配合套工位,合套后的内外套圈一同送到装球机装入钢球和保持架,然后在点焊工位把保持架焊好,再通过退磁、清洗、外观检视和振动检测等,最后涂油包装送出。整个过程除外观检视外,全部自动进行。

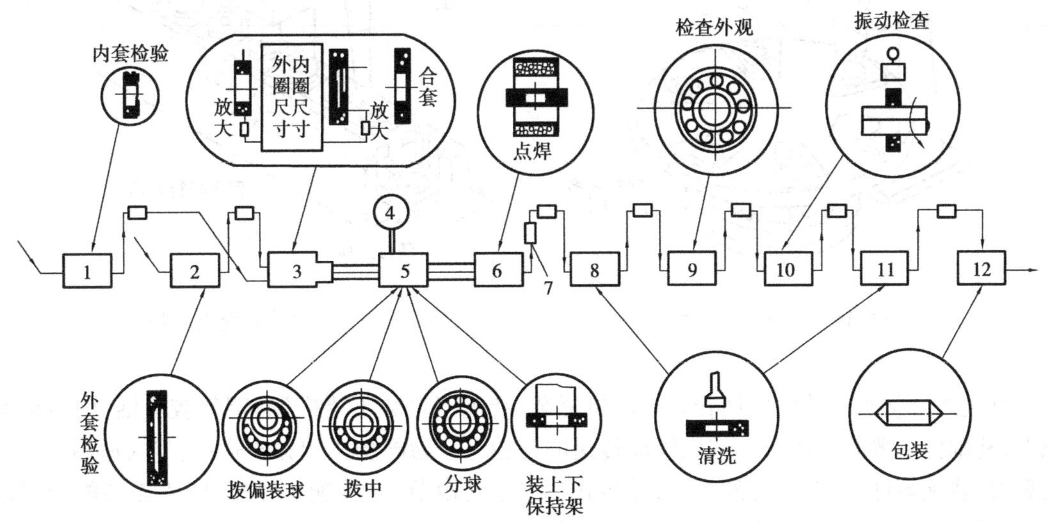

图6.10 向心球轴承装配工艺流程

1—内套圈尺寸检验;2—外套圈尺寸检验;3—选配合套;4—钢球料仓;
5—装球(内套拨偏、装球、拨中、装上下保持架);6—点焊保持架;7—退磁;8—清洗;
9—外观检查;10—振动检查;11—清洗;12—包装

在自动化装配过程中,常采用机械手或工业机器人进行装配。一般机械手只从事简单的工作,如从某一位置拿起,移到另一个新位置等;复杂一些的工作,如拧螺钉、锁紧等可以通过计算机控制的工业机械人来完成。自动化装配的最新发展趋势是采用带有“触觉”传感器的智能型机械人代替人来进行各种复杂的装配工作,使自动装配的柔性大大提高,以适应多品种产品的装配要求。

6.4.2 装配自动化的基本内容

机械装配自动化主要包括传送自动化,零件定位和定向自动化,清洗、平衡、分选、装入、联接和检测自动化,自动控制等几个方面。

(1)传送自动化

传送自动化技术目前比较成熟,可以采用自动化加工中的各种技术。按照基础件在装配工位间的传送方式不同,装配机(线)的结构可分为回转式(见图6.11)和直进式(见图6.12)两大类。

1)回转式装配机(线)

回转式结构较简单,定位精度易于保证,装配工位少,适用于装配零件数量少的中小型部件和产品的装配。基础件可连续传送或间歇传送,间歇传送时,在基础件停止传送时进行装配作业。生产中间歇传送应用较广泛。

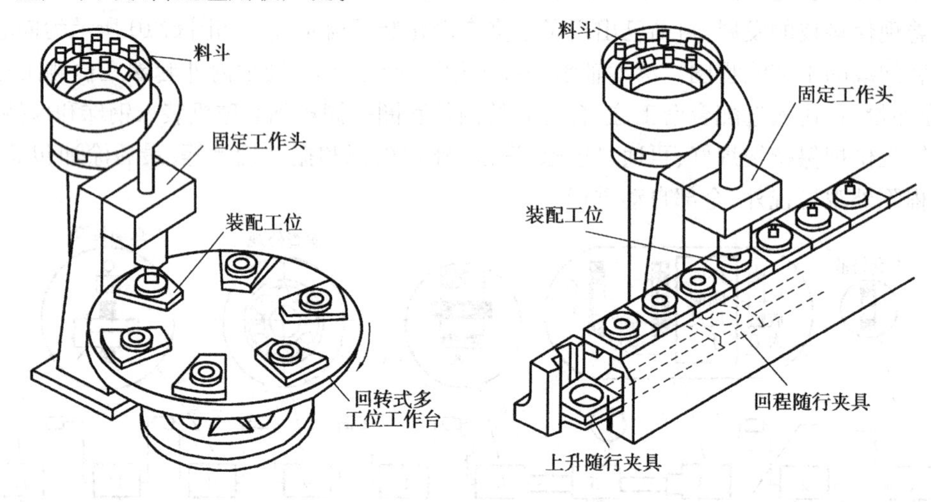

图6.11　回转式装配机(线)　　图6.12　直进式装配机(线)

2)直进式装配机(线)

直进式装配机的结构比回转式装配机复杂,装配工位数不受限制,调整较灵活,但占地面积大,基础件一般间歇传送。按照间歇传送的节拍又分为同步式和异步式:同步式适用于生产批量大、装配零件少、节拍短的场合;异步式适用于自由节拍、装配工序复杂、手工装配与自动装配相结合的装配线上。传送装置主要有回转工作台、链式传送装置和异步的夹具式链传送装置等,各种传送装置可供基础件直接定位或用随行夹具定位。

(2)零件定位和定向自动化

零件的定位和定向自动化实现的难度比较大,除在设计中采用易于定位定向的结构(插入倒角、定向平面、槽等)外,在装配系统中还应设置相应的柔性机构,以补偿被装配零件错位带来的“干涉”现象。有时,系统还应配备视觉传感器、触觉传感器和力传感器,用来实现零件之间的正确定位。

在机器能够实现的装配作业中，最常见的有两类：轴孔装配和螺钉螺孔装配。

1）轴孔类零件的自动装配

轴孔类零件装配的主要矛盾是装配时轴孔的对中性要好，既不能有较大的偏移量，又不能有较大的偏倾角。当偏倾角大时，会产生“卡住”现象，影响装配的顺利实现。这种现象已有很多学者进行过研究。如图6.13所示为轴孔偏歪对自动装配的影响。

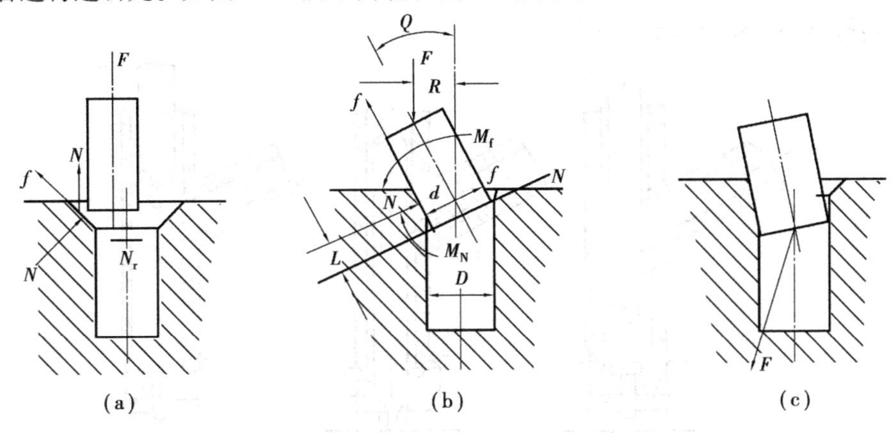

图6.13　轴孔偏斜对自动装配的影响

如图6.13(a)所示为装配时零件有较大的中心偏移量，为了保证轴能顺利地插入孔中，采用了大倒角结构。如图6.13(b)所示为由于中心偏移量而带来轴相对于孔的偏斜（装配机械手具有柔性机构来补偿这种偏斜）以及各个力的分布情况。如图6.13(c)所示为“卡住”时的情况。很容易得出能顺利装配的条件为

$$\frac{L}{2R} > \mu \tag{6.5}$$

式中　μ——摩擦系数；

L,R——如图6.13(b)所示。

可见，为保证顺利装配，可减小摩擦系数，但除了使用润滑剂外，轴孔的表面粗糙度由功能所决定，减小表面粗糙度会带来制造成本的大幅度提高；也可采用更大的倒角，但会减少配合面，结构上往往不允许；最好的办法是减少轴孔的偏移量，有如下4种办法：

①提高装配机械系统的精度，特别是定位精度。

②采用视觉和触觉检测反馈校正系统，这种系统在工作时，首先使两个工件接近或接触，通过视觉检测或触觉检测，求出位置偏差量，然后进行反馈校正，使轴孔处于可以顺利装配的位置。这种方法又称为主动逼近法。

③采用柔性机构，即在系统中增加弹性环节，当轴产生偏斜时，系统产生弹性变形，使轴孔中心处于平行状态。这种方法又称为被动逼近法。

④采用导向装置，即采用导向装置保持轴孔相对位置，常用于大批量生产。

2）螺纹联接件的自动装配

螺纹联接件的装配在整个装配作业中占的比例很大，而且劳动强度也大。因此，实现螺纹联接件装配的自动化具有重要的意义。

螺纹联接件装配的特点是螺钉、螺母和垫圈均属小件，易于实现上料自动化（如振动式送

料和料仓上料装置)。与轴孔装配相同的是,螺纹联接中的装配也存在着零件间的自动找正问题。因此,前面轴孔装配中有关自动找正的各种方法都适用于螺纹联接件的装配。另外,螺纹联接件的装配还需要一个拧紧螺钉的回转运动,这种回转运动可用专门的装置来完成。常见的自动拧紧装置有电动拧紧装置、气动拧紧装置和液动拧紧装置。这3种自动拧紧装置各有优缺点,共同的特点是转速不能太高,并应具有扭矩控制功能。典型的自动拧紧螺钉装置及动作过程如图6.14所示,这是个供料和拧紧一体化的结构,动作循环为送料→螺丝刀进给→螺丝刀旋转拧紧→螺丝刀退出→送料。

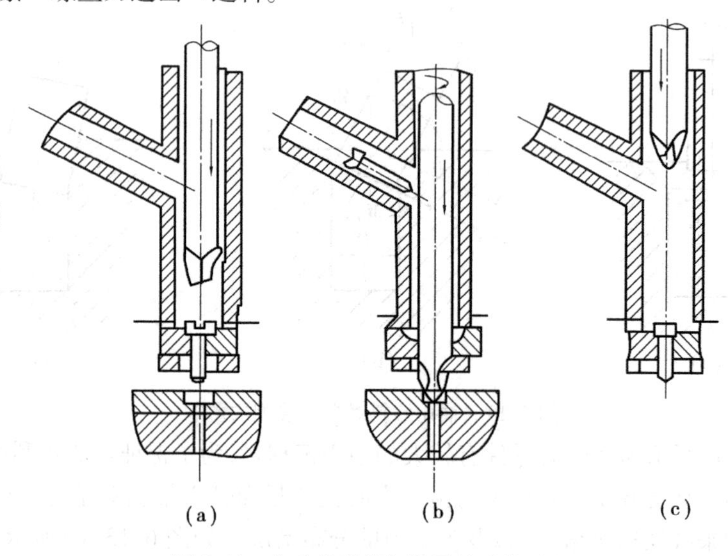

图6.14　自动拧紧螺钉装置及动作过程

(3)清洗、平衡、分选、装入、联接和检测自动化

①清洗自动化是将零件自动输送到清洗机内,按规定程序自动完成清洗作业,然后输送到下一工序。

②平衡自动化的特点是在测出不平衡量的大小与相位后,用自动去重或配重的方法求得平衡。常用的去重方法是通过钻削或铣削将不平衡量去除;对于小型的精密零件(如陀螺仪转子等)不平衡量很小,可用激光汽化方法去除。自动配重是根据不平衡量的大小自动选取相应质量级别的平衡块,用焊接或胶接方法固定在被平衡零件的相应位置上。

③分选自动化是通过自动测量测出零件的配合尺寸,并按规定的几组公差带将零件自动分组,使各对应组内相互配合的零件实现互换装配。自动分选是采用选配法装配之前的必要工序,在自动分选机上进行。

④装入是自动装配作业中最基本的工序,有重力装入、机械推入和机动夹入3种方式,可根据具体情况选择。采用较多的是机械推入和机动夹入,先将零件夹持,保持正确定向,在基础件上对准,再由装入工作头缓慢进给,将其装入基础件的内部。

⑤螺纹联接的自动化操作常采用螺钉或螺母的自动装配工作头,一般包括抓取、对准、拧入和拧紧等动作,通常需要有扭矩控制装置,以保证达到要求的紧固程度。

⑥检测自动化是装配自动化的重要组成部分。常见的检测项目:装配过程中的检测,如检查是否缺件,零件方向和位置是否正确及夹持是否可靠等;装配后的部件或产品的性能检测,如轴的振动、回转运动精度、传动装置的间隙、启动和回转扭矩、振动、噪声以及温升等,将实测

结果与检测的标准相对比,以决定合格与否。装配过程中出现不合格情况时,便自动停止装配,并发出信号。有关产品性能的实测数据常由自动打印机输出备查。

(4)控制自动化

自动装配中各种传送、给料和装配作业的程序以及其相互协调必须依靠控制系统。常用的是由凸轮、杠杆、弹簧和挡块等机构组成的固定程序的控制系统,但当装配的部件或产品的结构有较大的改变时便不能适应。这种情况下如采用数字控制系统,在装配件改变时则容易调整工序。特别是微处理机或电子计算器,具有记忆和逻辑运算功能,可存储各种工作程序,供随时调用,这种控制系统适用于中小批量的多品种自动装配。

6.4.3 装配机器人及柔性装配系统

制造系统主要发展方向是多品种、小批量的自动化生产。因此,面向多品种、小批量的装配自动化系统就成为制造自动化的主要研究方向。为适应产品的频繁更换(由于批量小,不适合采用流水作业的装配工艺),要求这种系统应具有足够大的柔性,常称为柔性装配系统。其主要装备是计算机控制、并可以方便修改装配动作的装配机器人。

装配机器人事实上是用计算机控制的机械手臂,手臂可以灵活地在空间作各种运动。不但要求手臂动作灵活,装配机器人还应具有一定的活动空间以及一定的负荷量的能力,另外,还要求机械手具有较高的定位精度。为了提高定位精度,有的装配机器人还配置有检测装置,具有反馈控制功能。如图6.15所示为一装配机器人工作情况,这个装配机器人有两个机械手,可完成轴孔类零件的装配工作,为了保证轴孔装配的顺利进行,主机械手配有触觉传感器。

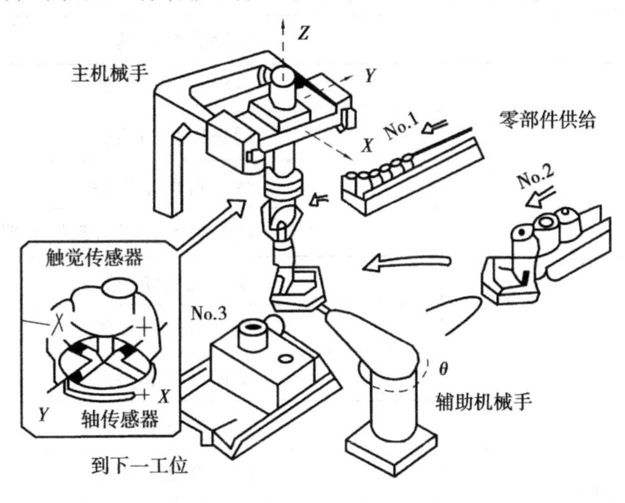

图6.15 装配机器人工作情况

柔性自动装配系统一般是由装配机器人构成的自动化系统。除装配机器人外,它还包括总控部分、工具库、夹具及辅具、自动供料系统及成品输送系统等。如表6.3所示为一柔性装配系统的组成。

由于采用了装配机器人,可通过改变控制程序方便地变更机械手的动作,因此,系统具有很强的适应性,可满足多品种、小批量自动装配的要求。

柔性自动装配系统的发展方向是研制"智能型"装配系统,这种系统具有自学功能,可用示教的方式方便地更改机械手的动作顺序和动作范围。这种系统具有视觉和触觉功能,根据视觉和触觉功能，再加上判断和决策能力，机械手的动作可与视觉系统协调起来，由视觉指挥动作。

表 6.3　柔性装配系统的组成

柔性自动装配系统	可编程的控制系统	控制计算机
		人机对话示教器
	圆柱坐标式四自由度机器人系统	可自动更换手指的手部
		带弹性的随动式手腕
		伸缩式手臂
		升降式可回转的机身
		自动回转台
		小三爪抓取器
		大三爪抓取器
		自动拧螺丝刀(改锥)
		自动拧螺丝套筒
		转子螺母拧紧器
		压力夹头
	夹具及辅具系统	主要装配夹具
		辅助装配夹具
	自动供料系统	风扇自动输料器
		后壳体自动输料器
		转子自动输料器
		垫片垫圈螺母自动输料器
		皮带轮自动输料器
		轴承自动输料器
		螺钉自动输料器
		前壳体自动输料器
	成品输送存储系统	成品自动输料库
		成品自动输料库

6.5　机器的虚拟装配

机器装配是现代制造业的一个关键环节，是实现产品功能的主要过程，是机器制造中机械化、自动化水平低以及劳动量大的工艺过程。装配过程在很大程度上影响产品的研制时间

(Time)、产品质量(Quality)、制造成本(Cost)、优质服务(Service)——“TQCS”,装配将影响机器的生命周期和市场的快速响应能力。

随着计算机技术在制造业的应用和发展。把信息技术应用到机器装配过程中有了很大进展,形成了以虚拟装配为主的装配新技术,虚拟现实技术的应用为解决装配规划问题提供一种新的方法和手段,基于此技术的虚拟装配技术已经应用到机器装配过程之中,而且有很好的发展前景。

6.5.1 虚拟现实与虚拟装配

虚拟现实(Virtual Reality,VR)技术是采用计算机、多媒体、网络技术等多种高科技手段来构造虚拟境界,进而使参与者获得与现实世界相类似的感觉。

虚拟制造(Virtual Manufacturing,VM)技术是以虚拟现实技术、计算机仿真技术、分布式计算理论、制造系统与加工过程建模理论、产品数据管理技术等为理论基础,研究如何在计算机网络环境与虚拟现实环境下,利用制造系统各层次及各环节数学模型,完成制造系统各环节的计算与仿真的科学。

虚拟制造虽然不是实际的制造过程,但却实现了实际制造的本质过程,是一种通过计算机虚拟模型来模拟和预估机器功能、性能、可加工性等方面可能存在的问题,提高人们的预测和决策水平,使制造走出主要依靠经验的狭小天地,发展到全方位预报的新阶段。

虚拟装配(Virtuural Assembly,VA)技术是无须产品或支撑过程的物理实现,只需通过在虚拟现实环境下,对计算机数据模型进行装配关系的分析、数据表达和可视化等手段,利用计算机工具来实现辅助与确定装配有关的技术问题。

虚拟装配是虚拟现实技术在制造业中应用较早、较多的虚拟制造技术。由于机器需要将成千上万个零件装配在一起,其配合设计、可装配性是设计人员常常出现的错误,这些错误往往到装配时才能发现,导致零件报废和工期延误,造成企业经济损失和荣誉损失;采用虚拟装配技术,可以在设计阶段就进行机器的虚拟装配验证,尽早发现设计上的错误,以保证制造的顺利进行。

虚拟装配研究的主要内容是在虚拟环境下的装配顺序和路径、虚拟装配的建模、装配中的人机因素分析、装配任务培训等方面。要实现上述研究内容,就必须解决以下关键技术问题:

(1)虚拟装配环境的构建

构建虚拟环境是虚拟装配的基础条件,虚拟装配环境应是具有沉浸式、交互式、想象性的可视化系统。它包括:虚拟环境的描述与管理,装配动作与感觉信息之间的相互关系的处理,感觉信息的综合方法,输入、输出的驱动规则,等等。

(2)装配过程中作用力的分析

装配过程的实质是零部件间形成某种约束关系的不断变化与调整,这个过程具有很强的非线性和瞬时性。在装配过程中。为了正确表征其关系,要把零件之间的微观接触状态拓展为宏观世界,把瞬态接触延续为虚拟空间的“慢动作”,对分析数据进行可视化处理。

(3)自动生成装配规划

装配规划就是求最优的装配顺序序列,创成式自动生成装配规划,需要解决更形象地表现装配规划中信息的动态流动和可视化,在规划过程中加入启发性知识和进行人的智能参与。

(4)虚拟环境中人的知识和技巧的映射

为了使人的技能融入装配规划的生成过程,需要研究人手模型和虚拟环境的映射,正确检测和处理人的装配动作信号,实现虚拟环境下装配过程的实时交互。

(5)虚拟零件物理学属性的虚拟

要使虚拟装配过程逼真、自然,除了借用计算机图形构成的二维虚拟视觉反馈以外,还需要虚拟零件的物理学属性(材质、密度、色彩、韧性等)和装配过程的运动属性(速度、加速度、作用力等)。

6.5.2 虚拟装配环境的建立

虚拟装配环境是人与计算机系统集成到一个环境之中,由计算机生成交互式三维视景仿真,借助多种传感设备,用户通过视、听、触觉、动感等直观的实时感知,利用人的自然技能对虚拟环境中的零件进行观察和操作,来完成虚拟装配过程。

在虚拟装配过程中,操作者可以利用头盔显示器(HMD)、具有触觉反馈功能的数据手套、操纵杆、三维位置跟踪器等装置,将视觉、听觉、触觉与虚拟装配的零件相连,产生一种身临其境的感觉,来实现虚拟装配过程。

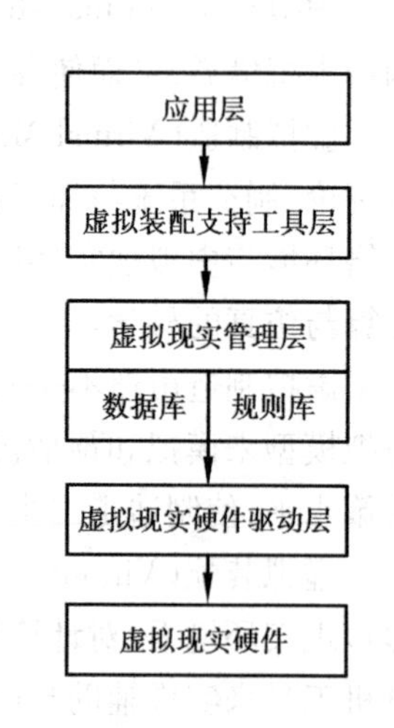

图 6.16 虚拟装配环境结构图

虚拟装配环境的结构如图 6.16 所示的 5 层结构。

(1)虚拟装配环境的硬件层

由视景头盔、立体眼镜、数据手套、三维鼠标、空间球等外设组成。

(2)虚拟装配环境的硬件驱动层

硬件驱动层是驱动硬件层的驱动子程序数的子程序,用来获取数据手套的信息,计算位姿参数、设定视觉参数的子程序。

(3)虚拟装配环境的管理层

管理层由几何形状特征数据库和规则库组成,是虚拟装配环境的核心部分,它管理虚拟装配活动中发生的一切事件,描述虚拟装配活动中物体的形状和特征。

(4)虚拟装配环境的支持工具层

支持工具层包括 CAD/CAE/CAM 接口、输出结果后置处理程序和网络通信等支持条件。

(5)虚拟装配环境的应用层

应用层主要为人机交互和输出方式设定的仿真界面。

6.5.3 虚拟装配系统的组成和应用

虚拟装配系统的基本组成框图如图 6.17 所示。它的 4 个子系统的主要功能如下:

(1)动作检测输入子系统

对输入的操作者命令经位姿检测、因果关系处理后,用来控制虚拟装配活动中各种事件的发生。可由人进行智能化控制。

(2)虚拟装配环境子系统

提供进行虚拟装配的硬、软件支持工具,建立可用于装配过程的模拟零件、场地、工具、设

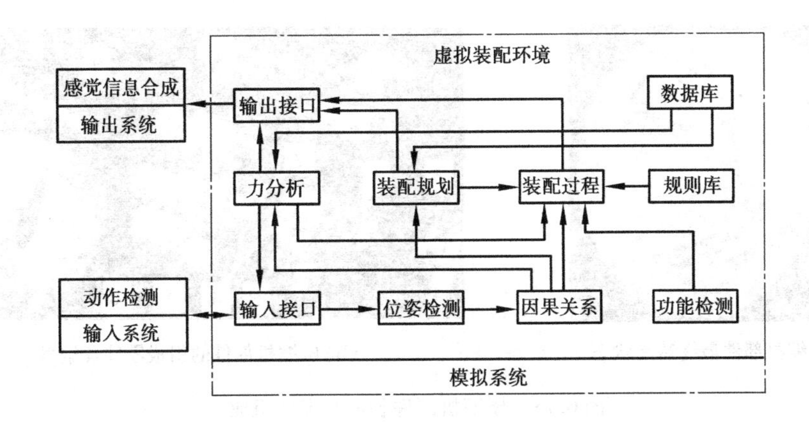

图6.17　虚拟装配系统的结构框图

备等虚拟环境，其结构图如图6.16所示。

(3)虚拟装配过程子系统

虚拟装配过程子系统包括装配过程作用力、约束关系的分析，装配规划的自动生成和装配操作的动态显示。

(4)感觉信息合成输出子系统

分析装配操作的输入、输出的因果关系，装配功能评价和干涉检查，形成装配体的约束关系树，便于今后进行参数调整或结构修改。

现以上海交通大学开发的集成虚拟装配系统(Integrated Virtual Assembly Environment, IVAE)为例，说明虚拟装配的实际应用。

IVAE系统为用户建立一个基层集成化的虚拟装配环境，用户可以利用虚拟现实输入设备交互地进行装配建模、装配操作、装配序列规划和装配路径规划等装配工艺设计工作。

IVAE装配操作中对约束的处理分为捕捉、确认和导航3个阶段。

在捕捉阶段，系统根据有约束关系的零件之间的相对位姿，以及给定的捕捉误差，检验某个约束是否符合自动捕捉条件，若符合条件，则显示约束元素(点、线、面)，但此时约束未能满足精度的要求。

在确认阶段，系统根据操作者的确认信号移动被抓取的零件(部件)，使捕捉的约束精度得到满足。

在导航阶段，零件(部件)在满足已确认的约束精度的条件下，根据数据手套的运动，完成装配动作。

下面以如图6.18所示的压缩机部件为例，说明在IVAE环境下的虚拟装配过程。

压缩机由零件1～9组装成一个整体，然后与零件10组装成部件。虚拟装配过程：虚拟手(见图6.19零件9右端所示)抓取零件1～9组成的子装配向零件10靠近，首先捕捉到轴线对齐约束，当系统显示轴线对齐标记后，操作者再确认零件相对位姿正确，通过虚拟手使子装配进一步靠近零件10，子装配只能沿轴线移动，但可绕轴线转动，虚拟装配已经完成第一个捕捉、确认、导航阶段，如图6.19(a)、(b)所示。当子装配继续靠近零件10后，操作者可捕捉到两个面贴合约束，面贴合标记出现表明子装配与零件10之间相对位姿正确，此时，子装配只能沿轴线平移，不再能旋转，已经有两个约束参与导航，虚拟装配完成第二个捕捉、确认、导航阶段，如图6.19(c)、(d)所示。用户利用数据手套操纵虚拟抓取子装配继续向零件10靠近，最

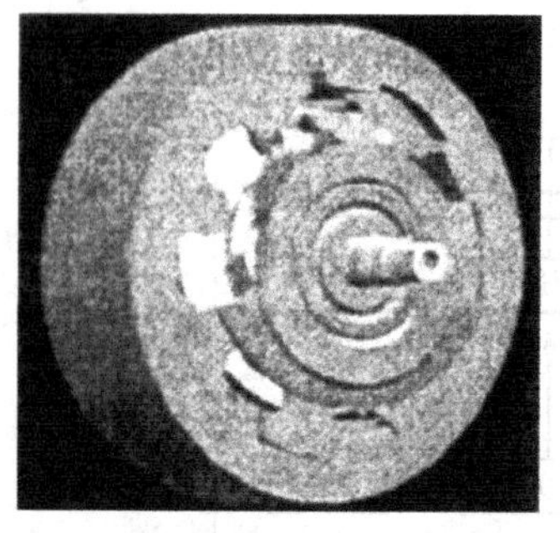

(a)压缩机部件最终装配状态

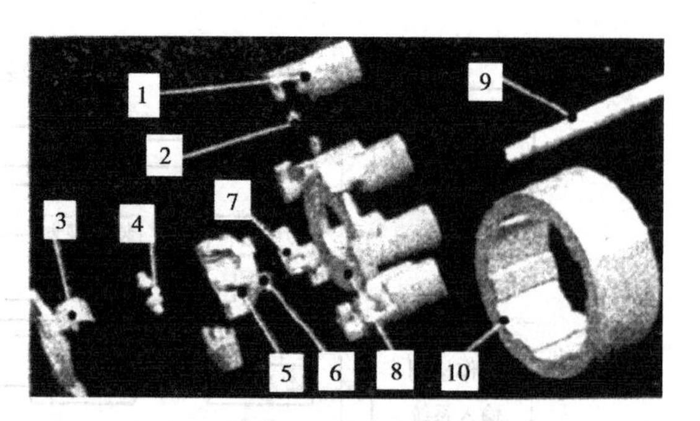

(b)压缩机部件的组成零件及编号

图6.18　压缩机部件装配及零件组成

终完成压缩机的装配,如图6.18(a)所示。

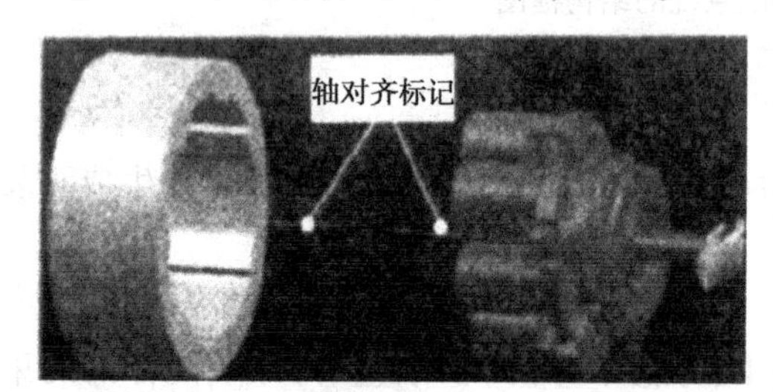

(a)第一个捕捉零件、确认约束阶段

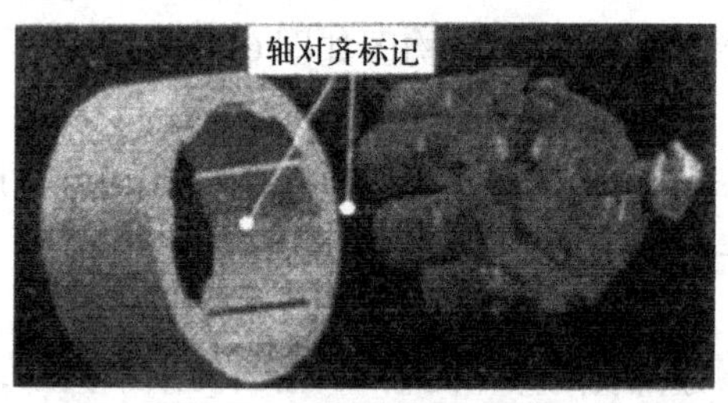

(b)具有一个约束的导航阶段

(c)第二个捕捉零件、确认约束阶段

(d)具有两个约束的导航阶段

图6.19　压缩机的虚拟装配过程

目前,虚拟装配技术已经成功应用于大型企业的机器制造之中,如美国波音飞机公司采用虚拟装配技术,用于包括300万个零件的波音777飞机的装配过程,设计师、工程师能穿行于虚拟飞机之中,并可以进行虚拟装配,检查零件之间的干涉情况,审查、修改各项设计,以保证飞机的可装配性和装配质量。

本章小结

本章对机械装配工艺基础的基本概念、工作内容、保证装配工艺基础的方法和工艺规程的制订作了系统的阐述,并介绍了装配自动化的基本知识及虚拟装配技术。

装配是指按规定的技术要求,将零件、套件、组件和部件进行配合和联接,使之成为半成品或成品的工艺过程。

装配精度指产品装配后几何参数实际达到的精度。

保证装配精度的具体方法有互换法、选配法、修配法和调整法 4 大类。

装配的组织形式:固定式装配、移动式装配。

装配工艺规程是指规定产品或部件装配工艺过程、顺序和操作方法等的工艺文件。

制订装配工艺规程的原则:保证产品质量、满足装配周期要求、降低装配成本、保持先进性、注意严谨性。

制订装配工艺规程的内容和步骤:产品图样分析、确定装配的组织形式、划分装配单元、选择装配基准、拟订装配顺序、划分装配工序、填写装配工艺文件。

机械装配自动化主要包括传送自动化,零件定位和定向自动化,清洗、平衡、分选、装入、联接和检测自动化,自动控制等方面。

虚拟装配是装配新技术,它的应用为解决装配规划问题提供一种新的方法和手段,有很好的发展前景。

习题与思考题

6.1　何谓零件、套件、组件和部件?何谓机器的总装?

6.2　机器装配的生产类型有哪些?它们分别具有哪些工作特点?

6.3　装配精度包括哪些内容?装配精度与零件的加工精度有何区别和联系?

6.4　什么是装配尺寸链?装配尺寸链封闭环是如何确定的?建立装配尺寸链应注意哪些原则?

6.5　说明装配尺寸链中的组成环、封闭环、协调环、补偿环和公共环的含义。它们各有何特点?

6.6　保证装配精度的方法有哪几种?它们各适用于什么场合?

6.7　制订装配工艺规程的原则和内容包括哪些?

6.8　机器装配的组织形式有哪些?

6.9　何谓装配单元?为什么要把机器划分成许多独立的装配单元?

6.10　什么是装配单元系统图?什么是装配工艺系统图?

6.11　装配工艺过程是由哪些单元组成?划分工序包括哪些内容?

6.12　什么是装配自动化?如何实现装配自动化?

第7章 尺寸链的分析与计算

7.1 基本概念

在机械设计和制造过程中，应用尺寸链原理去解决并保证产品的设计与加工要求，合理地设计机械加工工艺过程和装配工艺过程，对保证加工精度和装配精度、提高生产率、降低成本是极其重要而有实际意义的工作。

7.1.1 尺寸链定义

在零件的加工、测量以及在机械设计和装配过程中，经常会遇到一些相互联系的尺寸组合，这种互相联系且按一定顺序排列的封闭尺寸组合称为尺寸链。

如图7.1(a)所示为一个在零件加工过程中形成尺寸链的实例。该零件先以面1定位加工面3，得到尺寸C；再加工面2，得尺寸A。这样该零件在加工时并未直接予以保证的尺寸B也就随之确定。在该零件的加工中，尺寸C，A，B就构成一个封闭的尺寸组合，即形成了一个尺寸链。

如图7.1(b)所示为一个在装配过程中形成尺寸链的实例。将尺寸为A的轴装入尺寸为C的孔内，最后自然形成的间隙为尺寸B。尺寸C，A，B也构成了一个尺寸链。

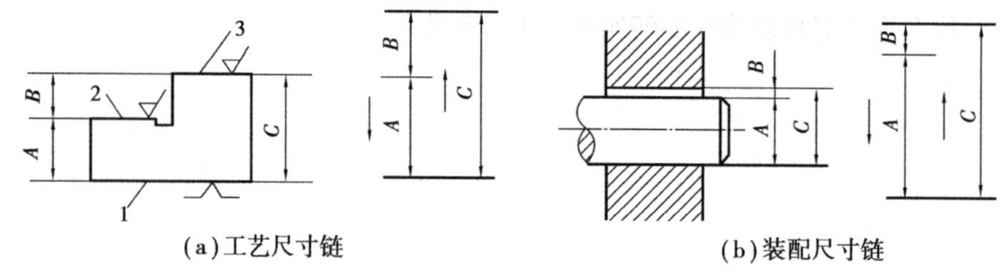

(a)工艺尺寸链　　(b)装配尺寸链

图7.1　尺寸链

7.1.2 尺寸链组成

由上所述，尺寸链是由一系列相关联的尺寸组成的，其中的每一个尺寸被称为尺寸链的环。图7.1中的尺寸 C,A,B 都是各自所属的尺寸链的环。

根据各环获得的方法不同,可将它们分为两类:封闭环、组成环。

(1)封闭环

尺寸链中最后形成的环,即间接得到的环称为封闭环。图7.1(a)和图7.1(b)中的尺寸 B,都是加工或装配后间接或自然获得的,因此都是封闭环。一般的,每个尺寸链有且只有一个封闭环。

(2)组成环

尺寸链中除封闭环以外的其余环称为组成环,如图7.1(a)、(b)中尺寸 A,B。根据组成环对封闭环的影响,又分增环和减环两种。

1)增环

在其余各组成环不变时,某一环增大,封闭环也随之增大,该环即为增环。一般在该尺寸的代表符号上加一向右的箭头表示,如 $\vec{C}$。图7.1中尺寸 C 为增环。

2)减环

在其余各组成环不变时,某一环增大,封闭环反而减小,该环即为减环。一般在该尺寸的代表符号上加一向左的箭头表示,如 $\overleftarrow{A}$。图7.1中尺寸 A 为减环。

需要说明的是,封闭环、增环、减环是指在一个尺寸链中而言。某一尺寸在一个尺寸链中是组成环,而在另一个尺寸链中,可能是封闭环;某一尺寸在一个尺寸链中是增环,而在另一个尺寸链中也可能为减环。

(3)增环、减环的判别

从组成环中分辨出增环或减环,主要常用以下两种方法:

1)按定义判断

根据增、减环的定义,对逐个组成环,分析其尺寸的增减对封闭环尺寸的影响,以判断其为增环还是减环。此法比较麻烦,在环数较多,链的结构较复杂时,容易产生差错,但这是一种基本方法。

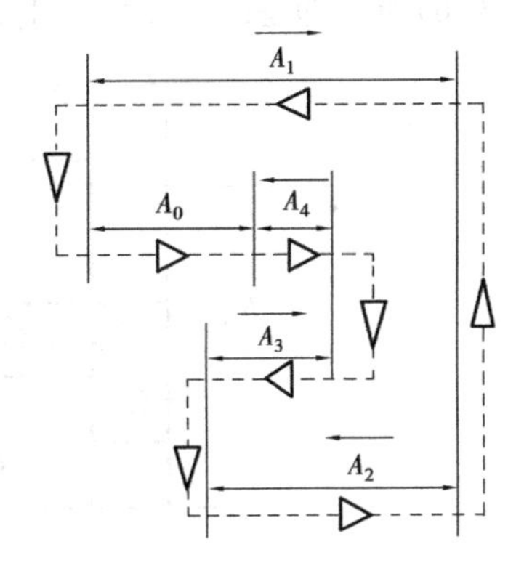

图7.2　判断增环、减环
A_0—封闭环;A_1,A_3—增环;
A_2,A_4—减环

2)按箭头方向判断(也称回路法)

按箭头方向判断增环和减环是一种简明的方法。判别步骤如下:在尺寸链简图上,从封闭环开始,先给封闭环任意定一个方向并画出箭头,然后沿此方向环绕尺寸链回路,依次给每一组成环画上箭头,凡箭头方向与封闭环相反的为增环,与封闭环方向相同的则为减环。如图7.2所示,A_1,A_3 为增环,A_2,A_4 为减环。

还有一种较直观的判断方法,称之为直观判断法。直观法只要记住两句话就可判别:一是与封闭环串联的尺寸是减环;与封闭环共基线并联的尺寸是增环。二是串联的组成环性质相同,共基线并联的组成环性质相反。这种方法判别组成环性质十分方便,且便于记忆,对环数多的尺寸链特别方便。如图7.2所示,A_4 与 A_0 串联,是减环,A_1 与 A_0 共基线是增环;A_2 与 A_1 共基线,故 A_2 减环,A_2 与 A_3 共基线,A_3 是增环。

7.1.3 尺寸链特征

尺寸链具有以下两个特征：

(1)关联性

组成尺寸链的各尺寸之间存在着一定的关系，相互无关的尺寸不能组成尺寸链。尺寸链中间接保证的尺寸的大小和变化，是受直接获得尺寸的精度所支配的，彼此间具有特定的函数关系，并且间接保证的尺寸精度必然低于直接获得的尺寸精度。尺寸链中每个组成环不是增环就是减环，其尺寸发生变化都要引起封闭环的尺寸变化。对尺寸链封闭环尺寸没有影响的尺寸，不是该尺寸链的组成环。

(2)封闭性

尺寸链必须是一组首尾相接的尺寸，并构成一个封闭图形，其中应包含一个间接得到的尺寸(即封闭环)。不能构成封闭图形的尺寸组不是尺寸链。

7.1.4 尺寸链分类

(1)按照尺寸链使用场合分类

按照尺寸链使用场合，尺寸链可分为设计尺寸链、工艺尺寸链和装配尺寸链。

1)设计尺寸链

在设计图上使用的尺寸链称为设计尺寸链。如图7.3(a)所示为某零件的设计图，如图7.3(b)所示即是由设计尺寸A_1,A_2,A_3与自然形成的尺寸A_0构成的设计尺寸链。

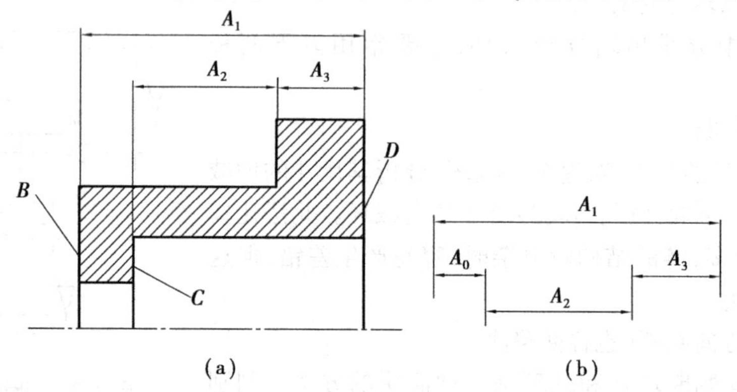

图7.3 设计尺寸链示例

2)工艺尺寸链

在加工过程中，各有关工艺尺寸组成的尺寸链称为工艺尺寸链。

如图7.4(a)所示为图7.3(a)所示零件的两个加工工序图，设计尺寸A_3由加工过程中的工序尺寸L_1,L_3确定，L_1,L_3和A_3组成的尺寸链如图7.4(b)所示。图7.3(a)所示零件的设计尺寸A_2由加工过程中的工序尺寸L_1,L_2和L_3确定，其尺寸链如图7.4(c)所示。由于这两个尺寸链是在加工过程中由相互联系的工序尺寸(设计尺寸除外)组成首尾相接的尺寸封闭图，故称为工艺尺寸链，其特征为除设计尺寸外，其他尺寸均为同一零件的工艺尺寸。

(2)按尺寸链间相互联系分类

按尺寸链间相互联系，尺寸链可分为独立尺寸链、并联尺寸链。

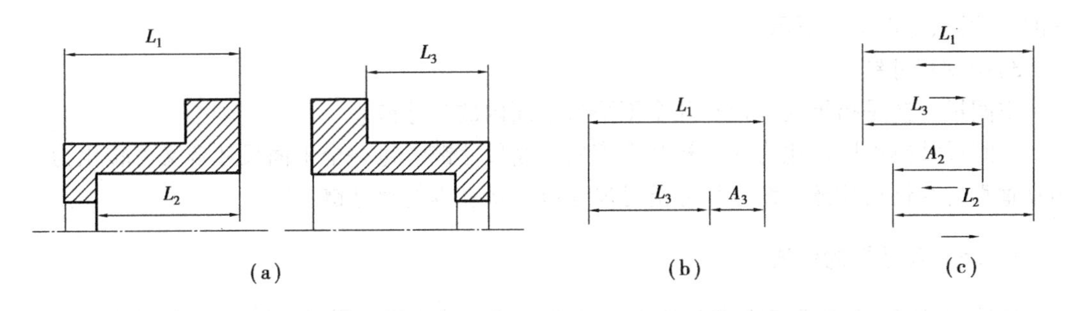

图7.4　零件加工过程中的工艺尺寸链

1)独立尺寸链

独立尺寸链是指链内所有的环都只从属于该尺寸链,其中任何一环都不与任何其他尺寸链发生关系。

2)并联尺寸链

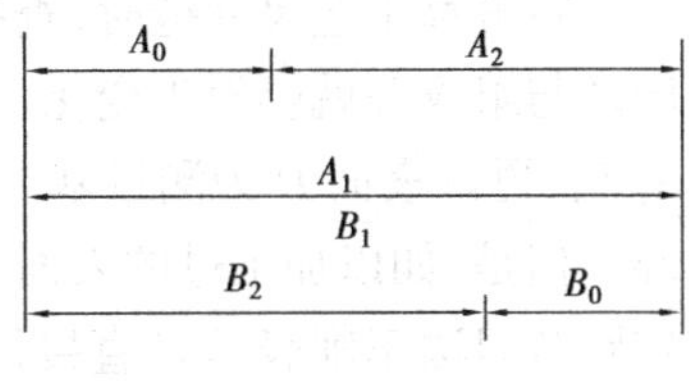

图7.5　并联尺寸链

有一个或几个环,以公共环的形式存在于两个或更多个尺寸链中,就形成并联尺寸链,如图7.5所示。其中A_1,B_1为公共环。它必须同时满足所并联的A尺寸链与B尺寸链的要求。为此,应将此并联尺寸链分解为单一的A尺寸链与B尺寸链,按尺寸链原理分别建立两个方程,然后联立求解。

(3)按环的几何特征分类

按环的几何特征可分为长度尺寸链、角度尺寸链。

1)长度尺寸链

长度尺寸链是指全部环为长度尺寸的尺寸链,如图7.4、图7.5所示。

2)角度尺寸链

角度尺寸链是指全部环为角度尺寸的尺寸链(见图7.6)。

(4)按环的空间位置分类

按环的空间位置可分为直线尺寸链、平面尺寸链,空间尺寸链。

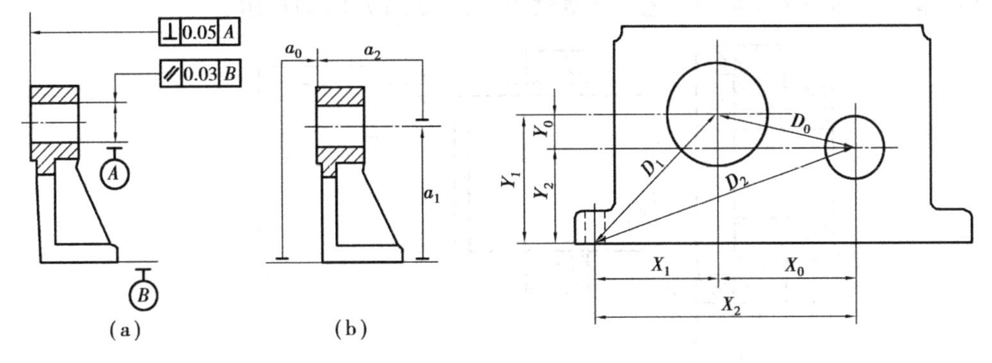

图7.6　角度尺寸链　　　　图7.7　轴承座加工高度方向尺寸链

1)直线尺寸链

直线尺寸链是指全部组成环平行于封闭环的尺寸链,如图7.1、图7.2、图7.3所示。

2)平面尺寸链

平面尺寸链是指全部组成环位于一个(或几个平行)平面内,但某些组成环不平行于封闭环的尺寸链,如图 7.7 所示。

3)空间尺寸链

空间尺寸链是指组成环位于几个不平行平面内的尺寸链。

空间尺寸链可以转化为 3 个相互垂直的平面尺寸链。每一个平面尺寸链又可转化为两个相互垂直的线性尺寸链。线性尺寸链是尺寸链中最基本的尺寸链。

7.1.5 尺寸链的作法

解算尺寸链,首先要正确建立尺寸链,然后是确定封闭环、增环和减环。而正确确定封闭环是解决问题的关键。封闭环的确定要根据加工、装配和测量方法而定。尺寸链的建立步骤如下:

(1)封闭环的确定

在解算工艺尺寸链时,查找封闭环对初学者并非易事,因为如果加工方案发生变化,则封闭环与组成环就会发生变化。如图 7.8 (a)所示零件,当以表面 B 定位车削表面 D 获得尺寸 A_1 后,再以表面 D 为测量基准面车削表面 C 获得尺寸 A_2 时,则间接获得的尺寸 A_0 即为封闭环。但是,如以加工过的表面 D 为测量基准直接获得尺寸 A_2,然后以表面 C 为定位基准,采用定距装刀法车削表面 B 直接保证尺寸 A_0,则尺寸 A_1 因间接获得而成了封闭环。

(2)组成环的查找

首先要记住组成环的基本特点是加工过程中直接获得且对封闭环有影响的。如图 7.8 (a)所示零件,当以表面 B 定位车削表面 D 获得尺寸 A_1 后,再以表面 D 为基准车削表面 C 获得尺寸 A_2,则 A_1,A_2 为组成环。

(3)画出尺寸链

从构成封闭环的两表面同时开始,同步地按照工艺过程的顺序,分别向前查找该表面最近一次加工的工序尺寸,再进一步向前查找此工序尺寸的工序基准的最近一次加工时的工序尺寸,依次类推,直到两条路线最后得到的工序尺寸的工序基准重合,至此上述尺寸系统即形成封闭轮廓,再按照各组成环对封闭环的影响,确定其为增环或减环(组成环增、减性的确定见本节 7.1.2 小节),从而一条完整的工艺尺寸链就构成了,如图 7.8(c)所示。

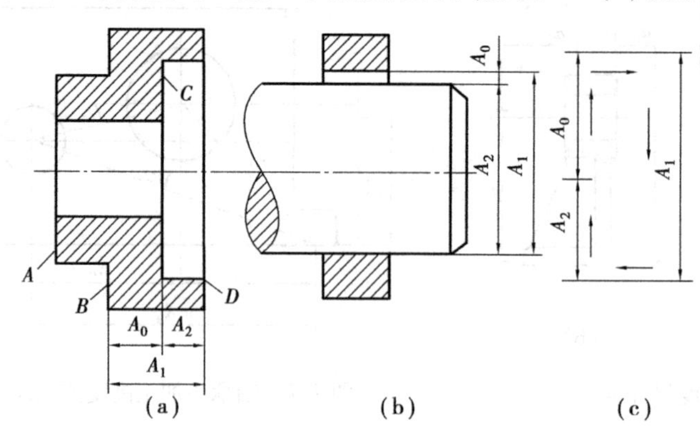

图 7.8 尺寸链示例

下面举一例说明尺寸链图的具体作法。

如图7.9所示的套筒零件，设计时根据装配图要求，标注了如图7.9(a)所示的轴向尺寸$10_{-0.36}^{0}$ mm和$50_{-0.17}^{0}$ mm，至于大孔深度则没有明确的精度要求，也即只要上述两个尺寸加工合格，它也就符合要求。因此，零件图上的这个未标注的深度尺寸，就是零件设计时的封闭环A_0，连接有关的标注尺寸作出尺寸链图，如图7.9(b)所示，则$\overrightarrow{A}_1=50_{-0.17}^{0}$ mm是增环，$\overleftarrow{A}_2=10_{-0.36}^{0}$ mm是减环。

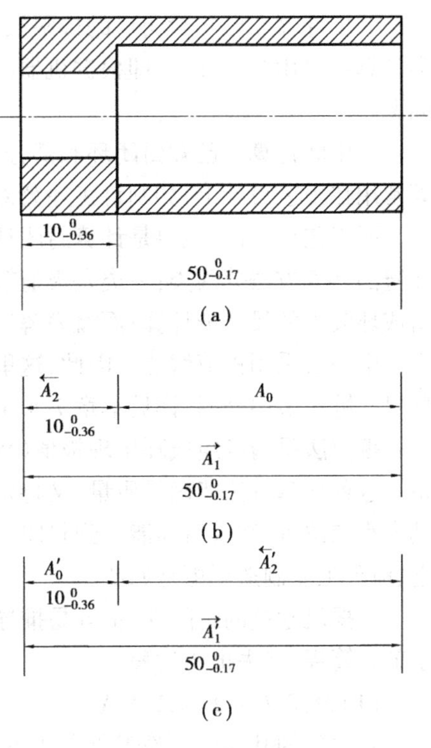

图7.9　套筒零件的两种尺寸链

可是，在具体加工时往往先加工外圆、车端向，保证全长$50_{-0.17}^{0}$ mm，再钻空，镗孔。由于测量$10_{-0.36}^{0}$ mm比较困难，故总是用深度游标卡尺直接测量大孔深度。这时，$10_{-0.36}^{0}$ mm成为间接保证的尺寸，故成了工艺尺寸链的封闭环A_0'(见图7.9(c))，其中$\overrightarrow{A}_1=50_{-0.17}^{0}$ mm仍然是增环，但$\overleftarrow{A}_2'$(大孔深度)成为减环。制订工艺规程时，为了间接保证$\overleftarrow{A}_2=10_{-0.36}^{0}$ mm就得进行尺寸链计算，以确定作为组成环的大孔深度$\overleftarrow{A}_2'$的制造公差。这也是测量基准与设计基准不重合的尺寸换算。

通过以上的例子，有以下几点总结：

①工艺尺寸链的构成取决于工艺方案和具体的加工方法。

②确定哪一个尺寸是封闭环，是解其尺寸链的决定性的一步。封闭环错了，整个解算就错了，甚至得出完全不合理的结果(例如，一个尺寸的上偏差小于其下偏差)。

③一个尺寸链只能解算一个封闭环。

④在一个尺寸链中，增环和封闭环必不可少。而减环，有的尺寸链有，有的尺寸链则没有。

7.1.6　尺寸链的应用

①校核、验算工艺尺寸及零件的装配尺寸及公差的正确性。其情况是已知全部组成环的极限尺寸，求封闭环的极限尺寸。

②用于产品设计、制造过程的尺寸及公差的计算。其情况是已知封闭环的极限尺寸，求组成环的极限尺寸。这时封闭环及其上、下偏差共有3个已知数，而组成环即未知数的个数均多于方程的个数，因此常采用公差分配法进行计算，公差分配法见本章7.2.1小节。

7.2　尺寸链的计算

在尺寸链的计算过程中，一般会出现以下3种情况：

①正计算。已知各组成环的极限尺寸，求封闭环的极限尺寸。这类计算主要用来验算设计的正确性，故又称校核计算。

②反计算。已知封闭环的极限尺寸和各组成环的基本尺寸,求各组成环的极限偏差。这类计算主要用在设计上,即根据机器的使用要求来分配各零件的公差,也即为解决公差的分配问题。

③中间计算。已知封闭环和部分组成环的极限尺寸,求某一组成环的极限尺寸。这类计算常用在工艺设计上,如制订工序公差等。

解工艺尺寸链,主要是计算封闭环与组成环的基本尺寸、公差及极限偏差之间的关系。尺寸链的计算方法分两类:一类是极值解法,另一类是概率解法。极值解法多用于工艺尺寸链和组成环较少的尺寸链计算;而概率解法多用于装配尺寸链和组成环较多的尺寸链计算。目前,生产中一般采用极值解法。因此,这里只介绍工艺尺寸链的极值解法计算公式,概率解法在装配尺寸链一节中介绍,详见本章 7.4.4 小节。

极值法是指各组成环出现极值(极大值或极小值)时,封闭环尺寸与各组成环尺寸间的关系。这种计算方法能确保质量,又特别简单,装配时,全部产品的组成环都不需要挑选或改变其大小和位置,装入后即能达到封闭环的公差要求,因此在生产中得到广泛的应用,尤其在航空、航天工业制造厂更是如此。

根据尺寸链的封闭性,很容易推导用极值法计算尺寸链的各个计算公式,其结论如下。为了节省篇幅,略去推导过程。

(1)封闭环的基本尺寸 A_0

封闭环的基本尺寸等于所有增环基本尺寸之和减去所有减环基本尺寸之和,即

$$A_0 = \sum_{i=1}^{m} \overrightarrow{A}_i - \sum_{j=1}^{n} \overleftarrow{A}_i \tag{7.1}$$

式中 A_0——封闭环的基本尺寸;

$\overrightarrow{A}_i$——组成环中增环的基本尺寸;

$\overleftarrow{A}_i$——组成环中减环的基本尺寸;

m——尺寸链中的增环数;

n——尺寸链中的减环数。

(2)封闭环的极限尺寸

封闭环的最大极限尺寸等于各增环最大极限尺寸之和减去各减环最小极限尺寸之和;封闭环的最小极限尺寸等于各增环最小极限尺寸之和减去各减环最大极限尺寸之和,即

$$A_{0\,\max} = \sum_{i=1}^{m} \overrightarrow{A}_{i\,\max} - \sum_{j=1}^{n} \overleftarrow{A}_{i\,\min} \tag{7.2}$$

$$A_{0\,\min} = \sum_{i=1}^{m} \overrightarrow{A}_{i\,\max} - \sum_{j=1}^{n} \overleftarrow{A}_{i\,\min} \tag{7.3}$$

式中 $A_{0\,\max}$,$A_{0\,\min}$——封闭环最大极限尺寸和最小极限尺寸;

$\overrightarrow{A}_{i\,\max}$,$\overrightarrow{A}_{i\,\min}$——组成环中增环的最大极限尺寸和最小极限尺寸;

$\overleftarrow{A}_{i\,\max}$,$\overleftarrow{A}_{i\,\min}$——组成环中减环的最大极限尺寸和最小极限尺寸。

(3)封闭环的上、下偏差

封闭环的上偏差等于各增环的上偏差之和减去各减环的下偏差之和;封闭环的下偏差等于各增环的下偏差之和减去各减环的上偏差之和,即

$$ES(A_0) = \sum_{i=1}^{m} ES(\overrightarrow{A}_i) - \sum_{j=1}^{n} EI(\overleftarrow{A}_i) \tag{7.4}$$

$$EI(A_0) = \sum_{i=1}^{m} EI(\overrightarrow{A}_i) - \sum_{j=1}^{n} ES(\overleftarrow{A}_i) \tag{7.5}$$

式中　$ES=(A_0)$,$ES(\overrightarrow{A}_i)$,$ES(\overleftarrow{A}_i)$——封闭环、增环和减环的上偏差;

$EI=(A_0)$,$EI(\overrightarrow{A}_i)$,$EI(\overleftarrow{A}_i)$——封闭环、增环和减环的下偏差;

T_0,T_i——封闭环和组成环的公差。

式(7.1)、式(7.4)、式(7.5)能够分别计算封闭环的基本尺寸和上、下偏差,把它们统一到表7.1中,公式中的各项按列写入表格,这种列竖式的计算方法可使运算更为直观、也便于记忆。竖式中对增环、减环的处理可归纳成一句口诀:“增环,上、下偏差照抄;减环,上、下偏差对调、变号”,计算时把各已知数据(各环的基本尺寸,上、下偏差)按照表中左端要求写入表中。特别要注意表的结构:最后一行为封闭环的数据,其值为上面对应各行的数据之和。这个竖式主要用于验算封闭环。

表7.1　竖式法计算尺寸链

要　求	基本尺寸		
增环:各项数据照抄 减环;上下偏差对调,各项数据均负号	$\sum_{i=1}^{m}\overrightarrow{A}_i - \sum_{j=1}^{n}\overleftarrow{A}_i$	$\sum_{i=1}^{m} ES(\overrightarrow{A}_i) - \sum_{j=1}^{n} EI(\overleftarrow{A}_i)$	$\sum_{i=1}^{m} EI(\overrightarrow{A}_i) - \sum_{j=1}^{n} ES(\overleftarrow{A}_i)$
封闭环:各项数据照抄	A_0	$ES(A_0)$	$EI(A_0)$

(4)封闭环的公差T_0

封闭环的公差等于各组成环公差之和,即

$$T_0 = \sum_{i=1}^{m+n} T_i \tag{7.6}$$

式中　T_0——封闭环的公差;

T_i——组成环的公差。

在此,必须特别指出式(7.6)的重要性,它表明封闭环的公差等于各组成环公差之和,也进一步说明了尺寸链的第二个特征:关联性。可知,为了能经济合理地保证封闭环精度,组成环数越少越容易保证。

一条尺寸链只能计算出一个未知的尺寸及其偏差,即当全部组成环尺寸和偏差已知时,可求出封闭环的尺寸和偏差;当封闭环和其他组成环尺寸和偏差已知时,可求出一个未知组成环的尺寸和偏差。

已知封闭环的公差,求各个组成环的公差,也即根据封闭环的公差给各个组成环分配公差时,常常用到式(7.6),此时,如按平均分配原则,则各组成环分得的平均公差T_M为

$$T_M = \frac{T_0}{m+n} \tag{7.7}$$

该公式用于分配封闭环公差,在设计中经常用到。

以上式(7.1)、式(7.4)、式(7.5)构成极值法解算尺寸链的一套公式,式(7.2)、式(7.3)、

式(7.6)又构成了另一套公式,这两套计算公式是完全独立的,可根据具体情况选择其中之一使用。

现应用上面的竖式来解算图7.9(b)所示尺寸链的封闭环A_0,把相应的数值代入表7.2。

表7.2 计算封闭环的竖式/mm

	基本尺寸	ES	EI
增环	+50	0.00	−0.17
减环	−10	+0.36	0.00
封闭环	40	+0.36	−0.17

同样,对图7.9(c)所示的尺寸链,按照题意,封闭环A_0为已知,求解组成环A_2。

因为$A_0=\overrightarrow{A}_1-\overleftarrow{A}_2$,所以

$$\overleftarrow{A}_2=\overrightarrow{A}_1-A_0=50\ \text{mm}-10\ \text{mm}=40\ \text{mm}$$

因为$ES(A_0)=ES(\overrightarrow{A}_1)-EI(\overleftarrow{A}_2)$,所以

$$EI(\overleftarrow{A}_2)=ES(\overrightarrow{A}_1)-ES(A_0)=0-0=0\ \text{mm}$$

因为$EI(A_0)=EI(\overrightarrow{A}_1)-ES(\overleftarrow{A}_2)$,所以

$$ES(\overleftarrow{A}_2)=EI(\overrightarrow{A}_1)-EI(A_0)=(-0.17)\text{mm}-(-0.36)\text{mm}=+0.19\ \text{mm}$$

于是,当大孔的深度为尺寸链的组成环时,其基本尺寸及上、下偏差应是$40^{+0.19}_{\ \ 0}$ mm。

可见,由于测量基准与设计基准不重合,同一个工艺尺寸的上、下偏差也就不同。

极值法计算考虑了组成环可能出现的最不利情况,故计算结果是绝对可靠的,而且计算方法简单,因此应用十分广泛。但是在成批或大量生产中,各环出现极限尺寸的可能性并不大,因此当尺寸链中组成环的个数较多时,所有各环均出现极限尺寸的可能性更小,因此用极值法计算显得过于保守,尤其当封闭环公差较小时,常使各组成环公差太小而使制造困难,此时可根据各环尺寸的分布状态,采用概率解法计算,详见本章7.4.4小节。

在解算尺寸链时,会碰到两种比较麻烦的情况。

①在求其一组成环的公差时得到其公差为零值或负值(或上偏差小于下偏差)的结果,即其余组成环的公差之和等于或已大于封闭环的公差。由于在机械制造中,零公差或负公差是不可能的,因此,必须根据工艺可能性重新分配其余组成环的公差,即紧缩它们的制造公差、提高其加工精度。

②设计工作中,也即在反计算过程中,往往需要通过一个方程确定多个未知参数,其解往往不是唯一的,需根据具体情况选择最合理的答案。最常见的是已知封闭环公差,要求确定各组成环的公差。由于存在多个组成环,这就是设计工作中的公差分配的问题。

解决这类问题的方法如下:

①等公差法

即按等公差值的原则分配封闭环的公差。每环公差相等,不考虑各环公称尺寸的大小及加工的难易程度,即

$$T(\overrightarrow{A}_i)=T(\overleftarrow{A}_i)=\frac{T(A_0)}{n-1}$$

这种方法在计算上比较方便,但从工艺上讲是不够合理的,可以有选择地使用之。

②等精度法

即每环尺寸具有相同的公差等级,各组成环的公差根据其基本尺寸的大小按比例分配,或是按照公差表中的尺寸分段及某一公差等级,规定组成环的公差,使各组成环的公差符合下列条件,即

$$\sum_{i=1}^{m} T(\overrightarrow{A}_i) + \sum_{i=m+1}^{n-1} T(\overleftarrow{A}_i) \leqslant T(A_0) \tag{7.8}$$

显然,采用这种方法,不同公称尺寸的大小会影响相应的公差大小,但不同尺寸加工的难易程度仍未充分考虑。比如同样大小的内尺寸通常比外尺寸难加工。由于各环公差大小还需符合公式(7.8)所示的与封闭环公差大小的关系,因此,这种算法难免反复几次才能确定,但这种方法从工艺上讲是比较合理的。

③协调尺寸法

组成环的公差按照具体情况来分配。具体做法是先按照等公差法估计各组成环的尺寸,根据各尺寸加工难易程度及其公称尺寸之大小,适当调整并确定各环公差,但保留一尺寸环之公差待定,该环称为协调环。该环公差按照相应的公差算式计算。若该协调环尺寸公差的计算结果不合理,需重新调整其余组成环的公差,重新计算。

正确分配封闭环的公差,与设计工作经验有关,而且具体的问题千变万化,这就需要灵活应用基本计算方法进行解题。

如前所述,减少组成环的环数即可放宽组成环的公差,有利于零件的加工。这就要求改变零部件的结构设计,减少零件数目(即从改变装配尺寸链着手,使组成环尽量少),或改变加工工艺方案以改变工艺尺寸链的组成,减少尺寸链的环数。可见,这一措施是经济合理地保证和提高封闭环精度的有效方法。

7.3　工艺尺寸链的分析与计算

零件的加工工艺过程按工序划分,工序又被分成工步,依次通过这些工序和工步最终才能达到零件图上所规定的要求。工艺过程中各个工序或工步应保证的加工尺寸称为工艺尺寸,也称工序尺寸。这些工序之间和工步之间的工序尺寸都有一定的联系,但它们中的某些尺寸在零件图上是没有的。对于一些简单的工序尺寸可以通过查表法查出工序间公称余量和工序尺寸的经济精度来得到,但对于彼此之间具有比较复杂相互关系的工序尺寸,用上述方法是难以求出的。而工艺尺寸链正是以这些工序尺寸为研究对象,揭示它们之间的内在关系。因而工艺尺寸链就成为编制工艺规程中进行必要工艺尺寸计算的重要手段。

应用工艺尺寸链解决实际问题的关键是找出工艺尺寸之间的内在联系,确定封闭环及组成环,即建立工艺尺寸链。当确定好尺寸链的封闭环及组成环后,就能运用尺寸链的计算公式进行具体计算。下面,通过一些典型的应用实例,分析工艺尺寸链的建立和计算方法。

7.3.1　工艺基准与设计基准不重合时工艺尺寸及其公差的计算

在制订工艺规程时,有时为了方便工件的定位或便于测量,工艺基准(定位基准或测量基

准)与设计基准往往不重合,此时需要通过尺寸换算,改注有关工艺尺寸及其公差,从而按照改注后的工艺尺寸及其公差进行加工,满足零件图的原设计要求。

(1)定位基准与设计基准不重合时的工艺尺寸换算

工件在加工过程中,当被加工表面的定位基准与设计基准不重合时需要进行工艺尺寸换算。如图7.10所示工件,$A_1=60_{-0.1}^{0}$ mm,在本工序中以底面A定位,加工台阶面B,保证尺寸$A_0=25_{0}^{+0.25}$ mm。试确定工序尺寸A_2。

解 ①确定封闭环、建立尺寸链(见图7.10(b))、判别增减环

在本工序加工过程中,直接获得尺寸A_2,A_0是间接获得的尺寸,所以A_0是封闭环,A_1,A_2是组成环。

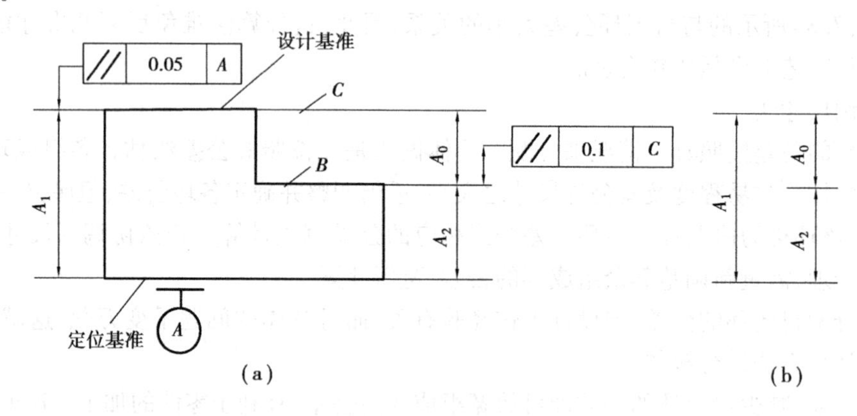

图7.10 工艺尺寸链示例

②按照极大极小值法的系列公式进行计算

因为$A_0=\overrightarrow{A}_1-\overleftarrow{A}_2$,所以

$$\overleftarrow{A}_2=\overrightarrow{A}_1-A_0=60\text{ mm}-25\text{ mm}=35\text{ mm}$$

因为$ES(A_0)=ES(\overrightarrow{A}_1)-EI(\overleftarrow{A}_2)$,所以

$$EI(\overleftarrow{A}_2)=ES(\overrightarrow{A}_1)-ES(A_0)=-0.25\text{ mm}$$

因为$EI(A_0)=EI(\overrightarrow{A}_1)-ES(\overleftarrow{A}_2)$,所以

$$ES(A_0)=EI(\overrightarrow{A}_1)-EI(\overleftarrow{A}_2)=-0.1\text{ mm}$$

即

$$A_2=35_{-0.25}^{-0.1}\text{ mm}=34.9_{-0.15}^{0}\text{ mm}$$

$$T(A_2)=0.15\text{ mm}$$

(2)定位基准与测量基准不重合时的工艺尺寸换算

在零件加工时,有时会遇到一些表面加工之后,按设计尺寸不便直接测量的情况,因此需要在零件上另选一易于测量的表面作测量基准进行加工,以间接保证设计尺寸要求。这时就需要进行工艺尺寸换算。

如前所述,图7.9的套筒零件,设计时根据装配图要求,标注了图7.9(a)所示的轴向尺寸$10_{-0.36}^{0}$ mm和$50_{-0.17}^{0}$ mm,可是,在具体加工时往往先加工外圆、车端面,保证全长$50_{-0.17}^{0}$ mm,再钻孔、镗孔。由于测量$10_{-0.36}^{0}$ mm比较困难,因此总是用深度游标卡尺直接测量大孔深度。此加工过程中的计算就是定位基准与测量基准不重合时的工艺尺寸换算。

又如,如图7.11所示的轴承座,当以端面B定位车削内孔端面C时,图样中标注的设计尺寸A_0不便直接测量。如果先按尺寸A_1的要求车出端面A,然后以A面为测量基准去控制尺寸X,则设计尺A_0寸 即可间接获得。在上述3个尺寸A_0,A_1和X所构成的尺寸链中,A_0是封闭环,A_1是减环,X是增环。

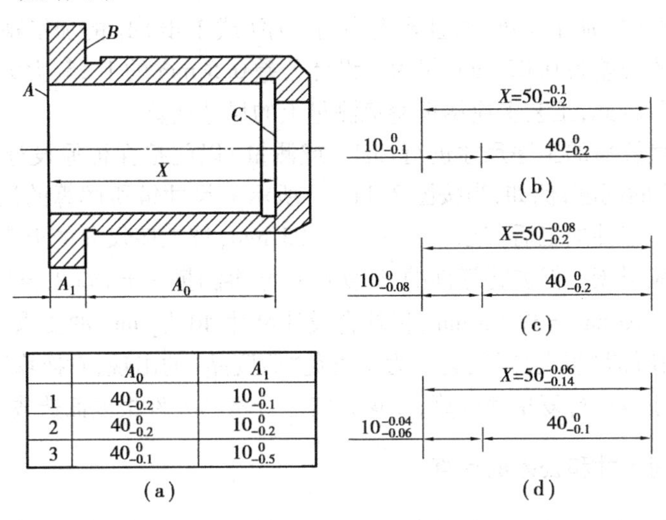

	A_0	A_1
1	$40^{\ 0}_{-0.2}$	$10^{\ 0}_{-0.1}$
2	$40^{\ 0}_{-0.2}$	$10^{\ 0}_{-0.2}$
3	$40^{\ 0}_{-0.1}$	$10^{\ 0}_{-0.5}$

图7.11　测量基准与设计基准不重合的尺寸换算

为了全面地了解尺寸换算中的问题,可将图7.11中的设计尺寸A_0,A_1给出3组不同的公差,观察会出现什么样的情况。

①当$A_0=40^{\ 0}_{-0.2}$ mm,$A_1=10^{\ 0}_{-0.1}$ mm时,求解车内孔端面C的尺寸X及其公差。

按式(7.1)求基本尺寸X:

因为$40=X-10$,所以

$$X=40\ \text{mm}+10\ \text{mm}=50\ \text{mm}$$

按式(7.4)求上偏差$ES(X)$:

因为$0=ES(X)-(-0.1)$,所以

$$ES(X)=-0.1\ \text{mm}$$

按式(7.5)求下偏差$EI(X)$:

因为$-0.2=EI(X)-0$,所以

$$EI(X)=-0.2\ \text{mm}$$

最后求得$X=50^{-0.1}_{-0.2}$ mm,如图7.11(b)所示。

②当$A_0=40^{\ 0}_{-0.2}$ mm,$A_1=10^{\ 0}_{-0.2}$ mm,如仍采用上述工艺进行加工,则因组成环A_1公差和封闭环A_0的公差相等,按式(7.6)求得X的公差为零,即尺寸X要加工得绝对准确,这实际上是不可能的。因此必须压缩尺寸A_1的公差,设$A_1=10^{\ 0}_{-0.08}$ mm,按照公式求解X的值为$X=50^{-0.08}_{-0.2}$ mm,如图7.11(c)所示。

③当$A_0=40^{\ 0}_{-0.1}$ mm,$A_1=10^{\ 0}_{-0.5}$ mm,由于组成环A_1的公差远大于封闭环A_0的公差,如仍采用上述工艺进行加工,根据封闭环公差应大于或等于各组成环公差之和的关系,应压缩A_1的公差,考虑到加工内孔端面C比较困难,应给它留较大的公差,故应大幅度压缩A_1的公差。设$T_1=0.02$ mm,并取$A_1=10^{-0.04}_{-0.06}$ mm,则同样用上述方法可求得$X=50^{-0.06}_{-0.14}$ mm,如图7.11(d)

所示。

从上述3组尺寸的换算可知,通过尺寸换算来间接保证封闭环的要求,必须要提高组成环的加工精度。当封闭环的公差较大时(如第一组设计尺寸),仅需提高本工序(车端面)的加工精度;当封闭环的公差等于甚至小于一个组成环的公差时(如第二组或第三组尺寸),则不仅要提高本工序尺寸 X 的加工精度,而且要提高前工序(或工步)A_1 的加工精度。例如,第三组的尺寸 A_1 换算后的公差为0.02 mm,仅为原设计公差0.5 mm的1/25,大大提高了加工要求,增加了加工的难度,因此,工艺上应尽量避免测量上的尺寸换算。

还要指出,按换算后的工序尺寸进行加工(或测量)以间接保证原设计尺寸的要求时,还存在一个"假废品"的问题,例如,当按图7.11(b)所示的尺寸链所解算的尺寸 $X=50_{-0.2}^{-0.1}$ mm进行加工时,如某一零件加工后实际尺寸 $X=49.95$ mm,较工序尺寸的上限超差0.05 m。从工序上看,此件即应报废。但如将零件的 A_1 实际尺寸再测量一下,如 $A_1=10$ mm,则封闭环尺寸 $A_0=49.95\ \text{mm}-10\ \text{mm}=39.95$ mm,仍符合设计尺寸 $40_{-0.2}^{0}$ mm的要求。这就是工序上报废而产品仍合格的所谓"假废品"问题。为了避免"假废品"的出现,对换算后工序尺寸超差的零件,应按设计尺寸再进行复量和验算,以免将实际合格的零件报废而造成浪费。

7.3.2 工序间尺寸和公差的计算

零件在加工过程中,其他工序尺寸及偏差均为已知,求某工序的尺寸及其偏差,称为中间工序尺寸计算。

(1)内孔及键槽的工序尺寸链

如图7.12所示的工件,有一带有键槽的内孔要淬火及磨削,则插键槽的深度成为工序尺寸。如图7.12(a)所示键槽深度的设计尺寸 $H=62_{0}^{+0.25}$ mm,有关内孔及键槽的加工顺序如下:

工序1:镗内孔至 $D_1=\phi57.75_{0}^{+0.03}$ mm。

工序2:插键槽,保证尺寸 x。

工序3:热处理。

工序4:磨内孔至 $D_2=\phi58_{0}^{+0.03}$ mm,同时保证尺寸 $H=62_{0}^{+0.25}$ mm。

试确定工序尺寸 x 的大小及偏差。

解 ①确定封闭环、建立尺寸链、判别增减环

显然,H 是间接保证的尺寸,是封闭环。作出工艺尺寸链如图7.12(b)所示。

其组成环:磨孔后的半径尺寸 $R_2=\phi29.5_{0}^{+0.015}$ mm是增环;镗孔后的半径尺寸 $R_1=\phi28.875_{0}^{+0.015}$ mm是减环,插键槽尺寸 x 是增环,也是要求的工序尺寸。

也可作出工艺尺寸链如图7.12(c)所示,图7.12(c)是将图7.12(b)的尺寸链分成两个三环尺寸链.并引进了半径余量 $Z/2$。从图7.12(c)的左图中可知,$Z/2$ 是封闭环;在右图中,则 H 是闭环,$Z/2$ 是组成环。由此可知,要保证 $H=62_{0}^{+0.25}$ mm,就要控制工序余量 Z 的变化,而要控制这个余量的变化,就又要控制它的组成环 R_1,R_2 的变化。工序尺寸 x 可由图7.12(b)解出,也可由图7.12(c)解出。但往往是前者便于计算,后者利于分析。

②对图7.12(b)按照极大极小值法的系列式(7.1)—式(7.6)进行计算

求得 x 为

$$x=61.875_{+0.015}^{+0.235}\ \text{mm}=61.89_{+0}^{+0.22}\ \text{mm}$$

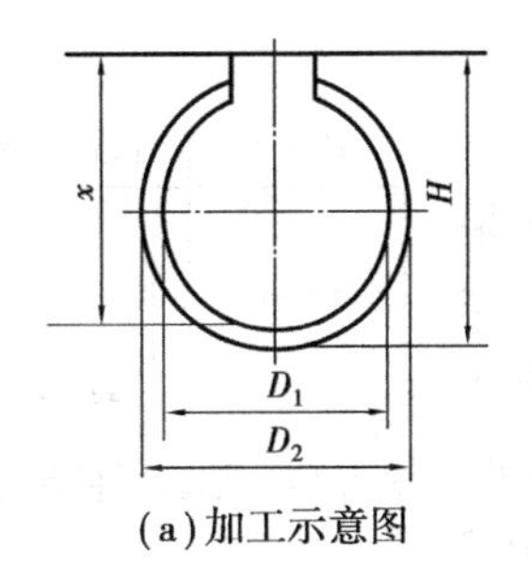

(a)加工示意图

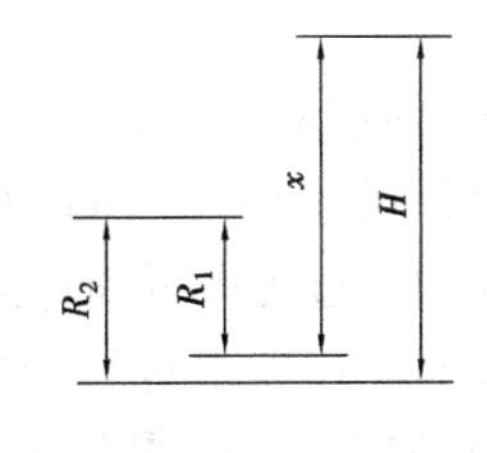

(b)尺寸链一

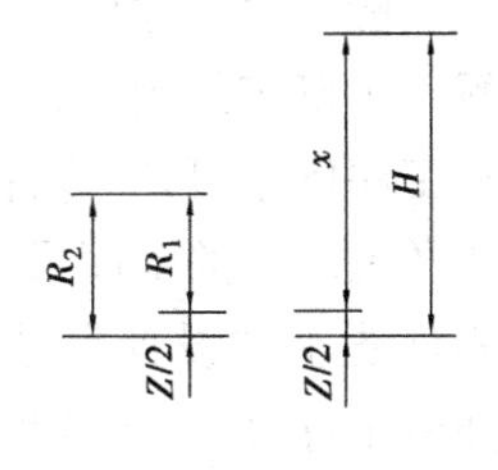

(c)尺寸链二

图 7.12　内孔及键槽加工的尺寸链

$$T(x)=0.22\ \text{mm}$$

计算完毕,可用表格竖式法进行验算,如表 7.3 所示。

表 7.3　计算封闭环的竖式/mm

环	基本尺寸	*ES*	*EI*
增环	+29	+0.015	0
增环	+61.875	+0.235	+0.015
减环	−28.875	0	−0.015
封闭环	62	+0.23	0

需要说明的是,工序余量一般作为封闭环,但并不绝对是封闭环。

(2)多尺寸保证时的尺寸换算

如图 7.13(a)所示轴套零件,其轴向的设计尺寸 $10_{-0.3}^{\ 0}$ mm, $50_{-0.34}^{\ 0}$ mm,(15 ±0.2)mm,轴套的加工工序如图 7.13(b)—图 7.13(e)所示。

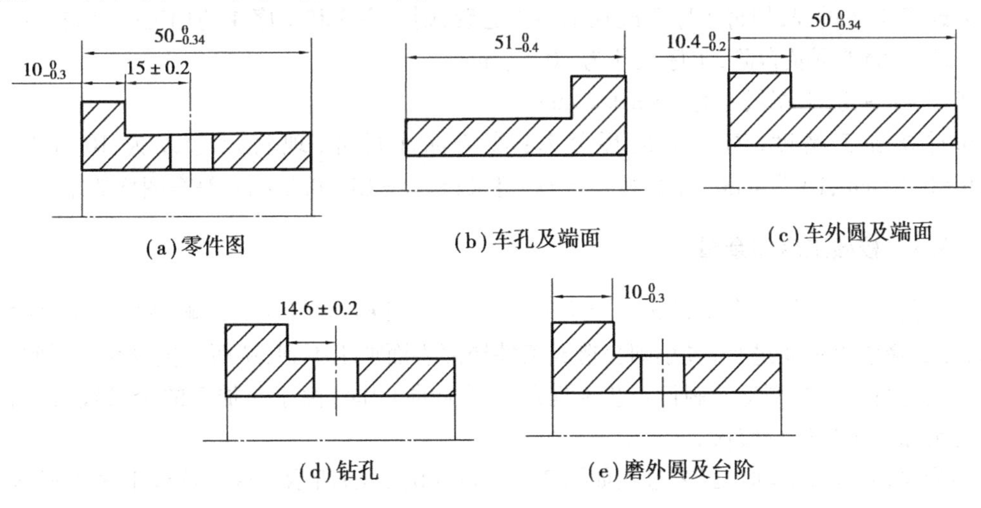

(a)零件图　(b)车孔及端面　(c)车外圆及端面

(d)钻孔　(e)磨外圆及台阶

图 7.13　轴套的轴向尺寸加工顺序

工序 1:车内孔及端面,工序尺寸为 $51_{-0.4}^{\ 0}$ mm。

工序 2:车外圆及端面,工序尺寸为 $50_{-0.34}^{\ 0}$ mm,$10.4_{-0.2}^{\ 0}$ mm。

工序 3:钻孔,工序尺寸为(14.6 ±0.2)mm。

工序 4:磨外圆及台阶,工序尺寸为 $10_{-0.3}^{\ 0}$ mm。

试校验工序尺寸标注是否合理。

解 ①确定封闭环，建立尺寸链，判别增减环。

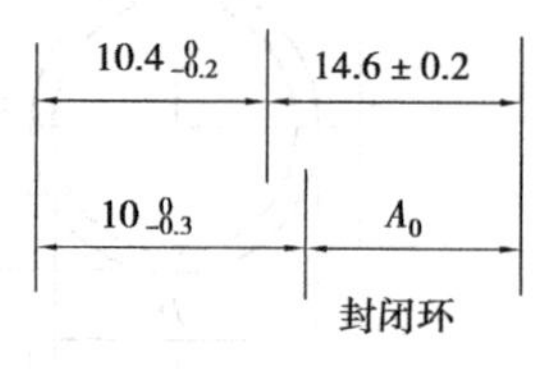

图 7.14 轴套零件尺寸链

从工序图中可知，零件图上的设计尺寸 $10_{-0.3}^{0}$ mm，$50_{-0.34}^{0}$ mm 是工序 2 及工序 4 的工序尺寸，已经在加工过程中得到直接保证，现需确定零件图上的设计尺寸 15 ±0.2 mm 在加工过程中能否得到保证。随着工序 2、工序 3 和工序 4 的加工，直接得到 $10.4_{-0.2}^{0}$ mm，14.6 ±0.2 mm，$10_{-0.3}^{0}$ mm 这 3 个尺寸，而所要求的设计尺寸15 ±0.2 mm 成为最终被间接保证的尺寸，所以是封闭环，需要校验。建立尺寸链如图7.14所示。尺寸链中，$10.4_{-0.2}^{0}$ mm，14.6 ±0.2 mm 是增环，$10_{-0.3}^{0}$ mm 是减环。

②可按照极大极小值法的系列式(7.1)—式(7.6)进行计算，见表 7.4。

表 7.4 计算封闭环的竖式/mm

项 目	基本尺寸	*ES*	*EI*
增环	+10.4	0	-0.2
增环	+14.6	+0.2	-0.2
减环	-10	0.3	0
封闭环	15	0.5	-0.2

求得 $A_0=15_{-0.4}^{+0.5}$ mm（超差）。

③解决办法。

随着工序 1、工序 2、工序 3 和工序 4 的加工，零件图上所要求的尺寸 15 ±0.2 mm 没有得到保证，解决的办法有两种。

a. 改变工艺过程，如将工序 3 改在工序 4 之后，则工序 3 和工序 4 的加工内容如下：

工序 3：磨外圆及台阶，工序尺寸为 $10_{-0.3}^{0}$ mm。

工序 4：钻孔，工序尺寸为 15 ±0.2 mm。

b. 提高加工精度，缩小组成环公差：重新标注尺寸，现将尺寸改为 $10.4_{-0.1}^{0}$ mm，(14.6 ±0.1) mm，$10_{-0.1}^{0}$ mm。重新校核计算，可求得 $A_0=15\pm0.2$ mm，符合图样要求。

7.3.3 校核工序间余量

在工艺过程中，加工余量过大会影响生产率、浪费材料，并且还会影响精加工工序的加工质量；加工余量也不能过小，过小则会造成工件局部表面加工不到，从而产生废品。因此，校核加工余量进行必要的调整是制订工艺规程必不可少的工作。由于粗加工的余量较大，因此一般仅对精加工余量进行校核。

某阶梯轴，零件的轴向工艺过程如图 7.15(a)、(b)、(c)所示。现要校核工序 3 精车 *B* 面的工序余量。

解 ①根据工艺过程作轴向尺寸形成过程及余量分布图，如图 7.15(d)所示。

②寻找封闭环，建立尺寸链，如图 7.15(e)所示。

由工艺过程可知，工序 3 精车 *B* 面的工序余量 *Z* 为封闭环，即 $Z=A_0$。判别增减环，A_2，A_3 是增环，A_4，A_5是减环。

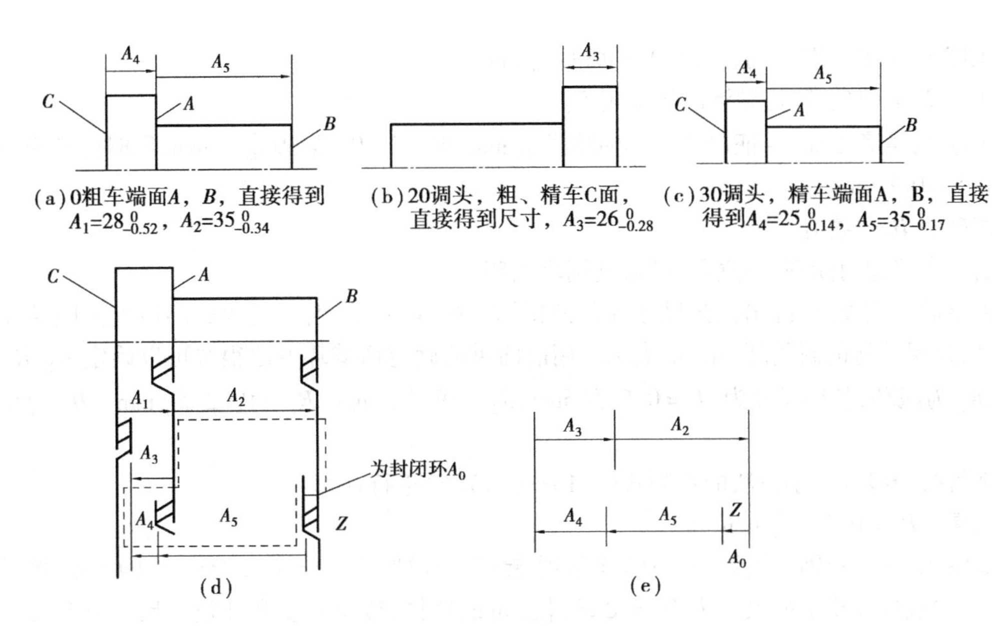

图7.15　阶梯轴轴向尺寸的工艺过程及工序尺寸链

③可按照极大极小值法的式(7.1)—式(7.6)进行计算。也可利用表格竖式法进行计算。

求得　$Z=1_{-0.62}^{+0.31}$ mm。

最大余量为 $Z_{max}=1.31$ mm。

最小余量为 $Z_{min}=0.38$ mm。

7.3.4　表面处理及镀层厚度工艺尺寸链

表面处理一般分两类:一类是渗入类,如渗碳、渗氮、液体碳氮共渗等;另一类是镀层类,如镀铬、镀锌、镀铜等。

对渗入类表面处理工序的工艺尺寸链计算,一般要解决的问题为在最终加工前控制渗入层厚度,然后进行最终加工,保证在加工后能获得图样要求的渗入层厚度。显然,这里的渗入层厚度是封闭环。

对镀层类表面处理工序的工艺尺寸链计算与渗入类不同。因为通常工件表面镀层后不再进行加工,镀层厚度是通过控制电镀工艺条件来直接获得的。在这里电镀层的厚度是组成环,而工件电镀后的尺寸则是间接获得的封闭环。

如图7.16(a)所示的偏心轴零件,表面 A 的表层要求渗碳处理,渗碳层厚度为0.5～0.8 mm,为了保证对该表面提出的加工精度和表面粗糙度要求,其工艺安排如下:

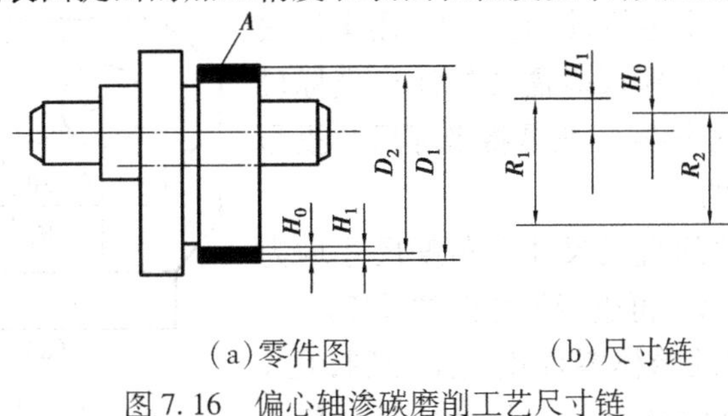

(a)零件图　　(b)尺寸链

图7.16　偏心轴渗碳磨削工艺尺寸链

工序1:精车A面,保证直径 $D_1=\phi38_{-0.1}^{0}$ mm。

工序2:渗碳处理,控制渗碳层深度 H_1。

工序3:精磨A面,保证尺寸 $D_2=\phi38_{-0.016}^{0}$ mm,即半径 R_2 为 $19_{-0.008}^{0}$ mm,同时保证渗碳层厚度0.5~0.8 mm。

试确定 H_1 的数值。

解 ①确定封闭环,建立尺寸链,判别增减环

由上面工艺安排,画出工艺尺寸链图,如图7.16(b)所示,磨后的渗碳层厚度为间接保证的尺寸,是尺寸链的封闭环,用 H_0 表示。用前面讲的确定增减环方法很快可以确定 H_1,R_2 为增环,R_1 为减环,各环尺寸为 $H_0=0.5_{0}^{+0.3}$ mm,$R_2=19_{-0.008}^{0}$ mm,$R_1=19.2_{-0.05}^{0}$ mm。H_1 为待求尺寸。

②可按照极大极小值法的系列式(7.1)—式(7.6)进行计算

求得 $H_1=0.7_{+0.008}^{+0.25}$ mm

如图7.17所示轴套类零件的外表面要求镀铬,镀层厚度规定为0.025~0.04 mm,镀后不再加工,并且外径要求的尺寸为 $D_0=\phi28_{-0.045}^{0}$ mm,这样,镀层厚度和外径的尺寸公差要求只能通过控制电镀时间来保证其工艺尺寸链如图7.17(b)所示。轴套半径 R_0 是封闭环;镀前磨削工序的磨削半径 R_1 是待求的尺寸,镀层厚度为 $H=0.025_{0}^{+0.015}$ mm。显然,R_1 和 H 都是增环。求解尺寸链得 $R_1=13.975_{-0.0225}^{-0.015}$ mm,镀前磨削工序的工序尺寸可注成 $D_1=\phi27.95_{-0.045}^{-0.03}$ mm。

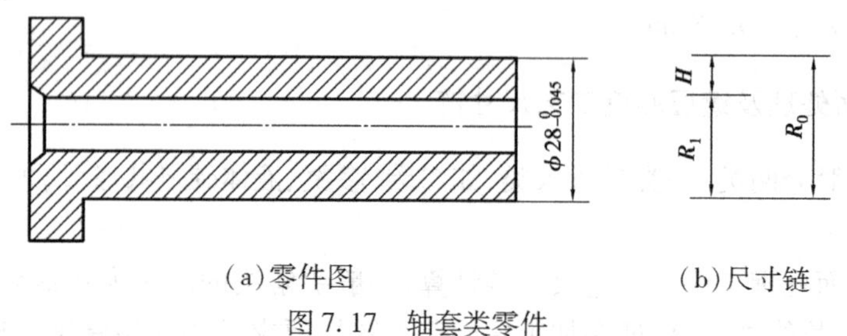

(a)零件图　　(b)尺寸链

图7.17　轴套类零件

工艺尺寸链应用广泛,有时还会遇到一些较为复杂的工艺尺寸换算,但其解算基础仍是单个尺寸链,可根据基准转换、工序余量变化等影响,逐个解算单尺寸链以求得最终结果。

7.3.5　孔系坐标尺寸换算中的工艺尺寸链

在机械设计、加工和检验中,会经常遇到孔系类零件的孔心距与坐标尺寸之间的换算问题。它们共同的特点是孔心距精度要求较高,两坐标尺寸之间的夹角90°是一个定值,加工时常采用坐标法加工,在设计其钻模板或镗模板时需要标注出坐标尺寸。这种孔系坐标的尺寸换算一般是将坐标尺寸投影到孔心距的方位上进行的。

这里必须注意,有关的直线尺寸和角度尺寸均为平均值,否则应先进行换算,再进行尺寸链的计算。

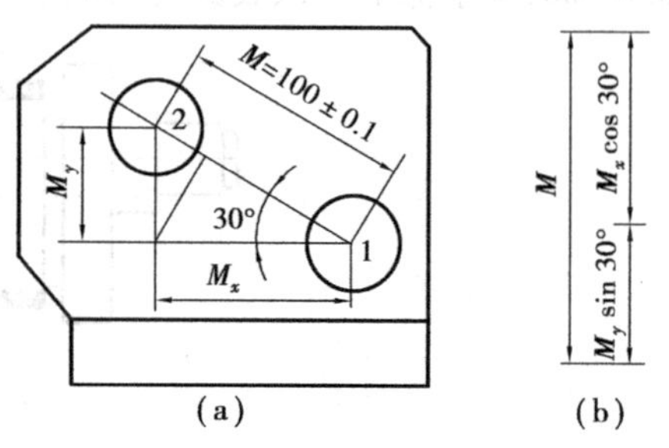

图7.18　孔系坐标的尺寸换算

如图7.18(a)所示的箱体零件镗孔工序图,孔1与孔2的中心距 $M=100\pm0.1$ mm,与水平面夹角为

30°,在坐标镗床上采用坐标法镗孔,先镗出孔1后,然后以孔1为基准,按照坐标尺寸 M_x,M_y 镗孔2,以间接保证孔心距尺寸 M,这时需要确定坐标尺寸 M_x,M_y 及其偏差。

尺寸链如图7.18(b)所示,由 M,M_x,M_y 构成直角三角形,属于平面尺寸链,现将坐标尺寸 M_x 与 M_y 向孔心距尺寸 M 方位上投影,可将此平面尺寸链转化成由 $M_x\cos 30°$,$M_y\sin 30°$和 M 组成的直线尺寸链,其中,M 为间接保证的尺寸,该尺寸为封闭环;$M_x\cos 30°$,$M_y\sin 30°$为增环。所以有

$$M = M_x\cos 30° + M_y\sin 30°$$
$$T(M) = T(M_x)\cos 30° + T(M_y)\sin 30°$$
$$M_x = 100\cos 30° = 86.6\ \text{mm}$$
$$M_y = 100\sin 30° = 50\ \text{mm}$$

考虑到镗孔时各坐标尺寸加工误差产生的情况相似。它们的公差应相等,即

$$T(M_x) = T(M_y) = \frac{T(M)}{\cos 30° + \sin 30°} = 0.146$$

公差带的位置按双向对称标注,即 ±0.073 mm,故工序图上的镗孔坐标尺寸为

$$M_x = 86.6 \pm 0.073\ \text{mm}$$
$$M_y = 50 \pm 0.073\ \text{mm}$$

7.3.6　用工艺尺寸图表法计算工序尺寸及其公差

前面讲的例子都只通过解算一个尺寸链就得到结果。这种单链计算适用于工序数较少,在一个方向工序尺寸较少的零件。当零件的加工工序多,特别是在同一方向上工序尺寸较多,加工中各工序多次变换工艺基准,前面工序的工艺基准常被后序工序加工,中间工序尺寸较多,这时很难直观找出解决工序尺寸计算的尺寸链,多数情况也不能通过解算一个尺寸链解决问题,找出需要的多个尺寸链较复杂和烦琐,容易出错。这种情况,采用工艺尺寸图表法可帮助准确建立解决工序尺寸计算的尺寸链,对计算工序尺寸及其公差非常有效。下面结合一个实例介绍工艺尺寸图表法的应用。

加工如图7.19所示的轴承衬套,毛坯为铸铁件,大批生产时其轴向有关表面的加工工序安排如下:

①粗车大端 A 面,轴向以小端 D 面定位,工序基准也为 D 面,工序尺寸为 L_1。

②粗车内孔右端 C 面,轴向以大端 A 面定位,工序基准也为 A 面,工序尺寸为 L_2。

③粗车大端 B 面、小端 D 面,轴向以大端 A 面定位,工序基准也为 A 面,工序尺寸为 L_3 和 L_4。

④磨大端 A 面,轴向以小端 D 面定位,工序基准也为 D 面,工序尺寸为 L_5。

⑤精车内孔右端 C 面,轴向以大端 A 面定位,工序基准也为 A 面,工序尺寸为 L_6。

⑥磨大端 B 面,轴向以大端 A 面定位,工序基准也为 A 面,工序尺寸为 L_7。

用工艺尺寸图表法计算工序尺寸按下面步骤进行:

(1)绘制工艺尺寸图表

按查表法确定工序余量 $Z_1=3$ mm,$Z_2=3$ mm,$Z_3=3$ mm,$Z_4=3$ mm,$Z_5=0.4$ mm,$Z_6=0.6$ mm,$Z_7=0.4$ mm。

铸铁毛坯尺寸公差等级按9级制造,要求的机械加工余量等级为E级。

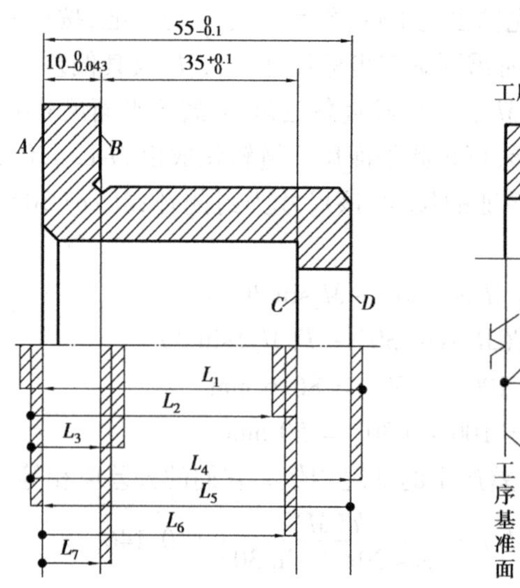

图 7.19　衬套零件简图及加工工序尺寸　　图 7.20　工艺尺寸图表图例

绘制好的工艺尺寸图表如图 7.21 所示，其绘制方法和步骤如下：

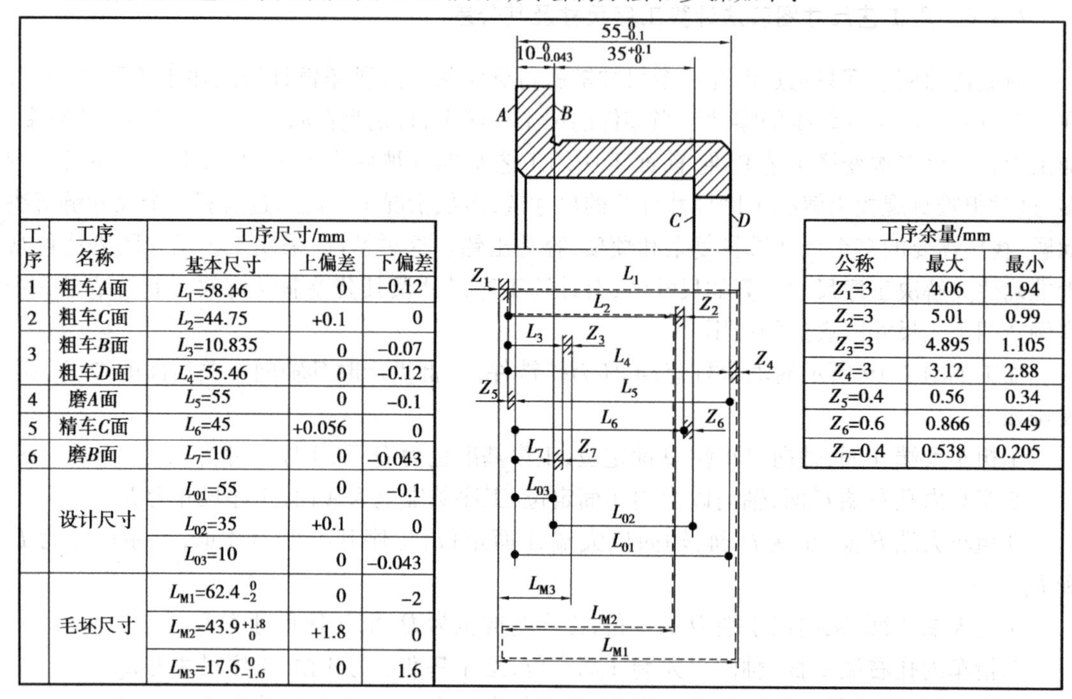

工序	工序名称	工序尺寸/mm		
		基本尺寸	上偏差	下偏差
1	粗车A面	L_1=58.46	0	−0.12
2	粗车C面	L_2=44.75	+0.1	0
3	粗车B面	L_3=10.835	0	−0.07
	粗车D面	L_4=55.46	0	−0.12
4	磨A面	L_5=55	0	−0.1
5	精车C面	L_6=45	+0.056	0
6	磨B面	L_7=10	0	−0.043
	设计尺寸	L_{01}=55	0	−0.1
		L_{02}=35	+0.1	0
		L_{03}=10	0	−0.043
	毛坯尺寸	L_{M1}=62.4$_{-2}^{0}$	0	−2
		L_{M2}=43.9$^{+1.8}_{0}$	+1.8	0
		L_{M3}=17.6$_{-1.6}^{0}$	0	1.6

工序余量/mm		
公称	最大	最小
Z_1=3	4.06	1.94
Z_2=3	5.01	0.99
Z_3=3	4.895	1.105
Z_4=3	3.12	2.88
Z_5=0.4	0.56	0.34
Z_6=0.6	0.866	0.49
Z_7=0.4	0.538	0.205

图 7.21　衬套零件工艺尺寸图表

①按适当的比例画出零件简图。

②在零件简图下面，利用如图 7.20 所示的规定符号，按工序顺序从上到下标注出各工序的加工表面、定位基准、工序基准、工序尺寸、余量，工序尺寸箭头指向已加工表面。

③工序尺寸下面接着标出设计尺寸，设计尺寸两端用黑圆点(同工序基准)标出。

④设计尺寸下面接着标出毛坯尺寸,毛坯尺寸两端用箭头(同工序尺寸箭头)标出。

⑤在工序尺寸的右侧的表格填写好该工序的公称余量数值,最大和最小余量数值要等到计算完成后才能填写。

⑥等到计算完成后,在工序尺寸的左侧的表格填写好该工序工序尺寸及公差数值。

⑦在设计尺寸的左侧的表格填写好设计尺寸数值。

⑧等到计算完成后,在毛坯尺寸的左侧的表格填写好毛坯尺寸及公差数值。

(2)列出尺寸链

用追踪方法列出计算工序尺寸需要的尺寸链,如图7.22所示。列尺寸链的追踪方法:从设计尺寸或加工余量的两端出发,沿表面引线向上或向下追踪,遇到尺寸箭头就沿箭头拐弯,经尺寸线到另一端的表面引线,然后继续沿表面引线向上或向下追踪,直至两条追踪路线汇合为止,追踪得到的封闭路线就是一个尺寸链,尺寸链的封闭环就是追踪始发的设计尺寸或加工余量。图7.21中的虚线是如图7.22(c)所示尺寸链的追踪路线。

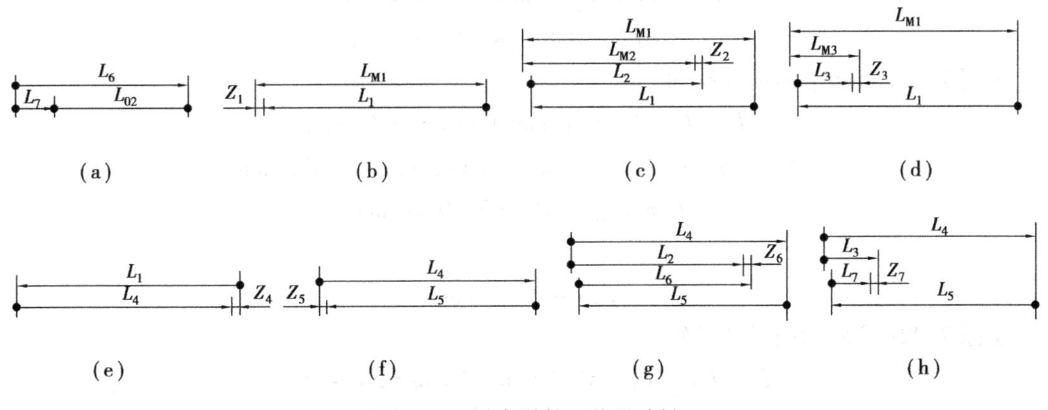

图7.22　衬套零件工艺尺寸链

(3)计算工序尺寸及公差

由于封闭环的公差是所有组成环公差之和,组成环越多,组成环的公差必然规定得越小,因此一般应先解算组成环较多的尺寸链。

从图7.21工艺尺寸图表可知,工序尺寸 L_5 和 L_7,分别等于设计尺寸 L_{01} 和 L_{03},即

$$L_5 = L_{01} = 55_{-0.1}^{\ 0}\ \text{mm}$$

$$L_7 = L_{03} = 10_{-0.043}^{\ 0}\ \text{mm}$$

毛坯基本尺寸 L_{M1},L_{M2},L_{M3} 为

$$\begin{aligned} L_{M1} &\geqslant L_{01} + Z_1 + Z_5 + Z_4 \\ &= 55\ \text{mm} + 3\ \text{mm} + 0.4\ \text{mm} + 3\ \text{mm} \\ &= 61.4\ \text{mm} \end{aligned}$$

$$\begin{aligned} L_{M2} &\leqslant L_{03} + L_{02} + Z_1 + Z_5 - Z_2 - Z_6 \\ &= 10\ \text{mm} + 35\ \text{mm} + 3\ \text{mm} + 0.4\ \text{mm} - 3\ \text{mm} - 0.6\ \text{mm} \\ &= 44.8\ \text{mm} \end{aligned}$$

$$\begin{aligned} L_{M3} &\geqslant L_{03} + Z_1 + Z_5 + Z_7 + Z_3 \\ &= 10\ \text{mm} + 3\ \text{mm} + 0.4\ \text{mm} + 0.4\ \text{mm} + 3\ \text{mm} \\ &= 16.8\ \text{mm} \end{aligned}$$

取

$$L_{M1}=61.4\ \text{mm}$$
$$L_{M2}=44.8\ \text{mm}$$
$$L_{M3}=16.8\ \text{mm}$$

又知铸铁毛坯尺寸公差等级按9级制造,查表得毛坯公差为 $T_{M1}=2\ \text{mm}$,$T_{M2}=1.8\ \text{mm}$,$T_{M1}=1.6\ \text{mm}$,有

$$L_{M1}=61.4\pm1\ \text{mm}$$
$$L_{M2}=44.8\pm0.9\ \text{mm}$$
$$L_{M3}=16.8\pm0.8\ \text{mm}$$

将计算确定的毛坯尺寸及公差按入体原则转换后填入工艺尺寸图表。

$$L_{M1}=61.4\pm1\ \text{mm}=62.4_{-2}^{0}\ \text{mm}$$
$$L_{M2}=44.8\pm0.9\ \text{mm}=43.9_{0}^{+1.8}\ \text{mm}$$
$$L_{M3}=16.8\pm0.8\ \text{mm}=17.6_{-1.6}^{0}\ \text{mm}$$

由图7.22(a)所示的尺寸链知

$$L_6=L_7+L_{02}=10\ \text{mm}+35\ \text{mm}=45\ \text{mm}$$
$$ES_6=ES_{02}+EI_7=0.1\ \text{mm}-0.043\ \text{mm}=0.056\ \text{mm}$$
$$EI_6=EI_{02}+ES_7=0-0=0\ \text{mm}$$

即

$$L_6=45_{0}^{+0.056}\ \text{mm}$$

由图7.22(b)所示的尺寸链知

$$L_1=L_{M1}-Z_1=61.4\ \text{mm}-3\ \text{mm}=58.4\ \text{mm}$$

按经济加工精度确定粗车 A 面工序的公差,$T_1=0.12$,即

$$L_1=58.4\pm0.06\ \text{mm}$$

由图7.22(c)所示的尺寸链知

$$\begin{aligned}L_2&=L_{M2}+L_1+Z_2-L_{M1}\\&=44.8\ \text{mm}+58.4\ \text{mm}+3\ \text{mm}-61.4\ \text{mm}\\&=44.8\ \text{mm}\end{aligned}$$

按经济加工精度确定粗车 C 面工序的公差,$T_2=0.1$,即

$$L_2=44.8\pm0.05\ \text{mm}$$

由图7.22(d)所示的尺寸链知

$$\begin{aligned}L_3&=L_1+L_{M3}-L_{M1}-Z_3\\&=58.4\ \text{mm}+16.8\ \text{mm}-61.4\ \text{mm}-3\ \text{mm}\\&=10.8\ \text{mm}\end{aligned}$$

按经济加工精度确定粗车 B 面工序的公差,$T_3=0.07$,即

$$L_3=10.8\pm0.035\ \text{mm}$$

由图7.22(e)所示的尺寸链知

$$L_4=L_1-Z_4=58.4\ \text{mm}-3\ \text{mm}=55.4\ \text{mm}$$

按经济加工精度确定粗车 D 面工序的公差,$T_4=0.12$,即

$$L_4 = 55.4 \pm 0.06\ \text{mm}$$

将工序尺寸按入体原则转换，有

$$L_1 = 58.4 \pm 0.06\ \text{mm} = 58.46_{-0.12}^{\ 0}\ \text{mm}$$

$$L_2 = 44.8 \pm 0.05\ \text{mm} = 44.75_{\ 0}^{+0.1}\ \text{mm}$$

$$L_3 = 10.8 \pm 0.035\ \text{mm} = 10.835_{-0.07}^{\ 0}\ \text{mm}$$

$$L_4 = 55.4 \pm 0.06\ \text{mm} = 55.46_{-0.12}^{\ 0}\ \text{mm}$$

$$L_5 = 55_{-0.1}^{\ 0}\ \text{mm}$$

$$L_6 = 45_{\ 0}^{+0.056}\ \text{mm}$$

$$L_7 = 10_{-0.043}^{\ 0}\ \text{mm}$$

将以上数据填入工艺尺寸图表。

(4)校核工序余量

由图7.22(b)所示的尺寸链知

$$\begin{aligned} Z_{1\max} &= L_{M1\max} - L_{1\min} \\ &= 61.4\ \text{mm} + 1\ \text{mm} - (58.4 - 0.06)\ \text{mm} \\ &= 4.06\ \text{mm} \end{aligned}$$

$$\begin{aligned} Z_{1\min} &= L_{M1\min} - L_{1\max} \\ &= 61.4\ \text{mm} - 1\ \text{mm} - (58.4 + 0.06)\ \text{mm} \\ &= 1.94\ \text{mm} \end{aligned}$$

查设计手册可知，铸铁制造要求的机械加工余量等级F级，最小余量应大于0.4 mm。校核结果表明粗车A面余量符合要求。

由图7.22(c)所示的尺寸链知

$$\begin{aligned} Z_{2\max} &= L_{M1\max} + L_{2\max} - L_{M2\min} - L_{1\min} \\ &= 61.4\ \text{mm} + 1\ \text{mm} + 44.8\ \text{mm} + 0.05\ \text{mm} - (44.8 - 0.9)\ \text{mm} - (58.4 - 0.06)\ \text{mm} \\ &= 5.01\ \text{mm} \end{aligned}$$

$$\begin{aligned} Z_{2\min} &= L_{M1\min} + L_{2\,\text{minx}} - L_{M2\max} - L_{1\max} \\ &= 61.4\ \text{mm} - 1\ \text{mm} + 44.8\ \text{mm} - 0.05\ \text{mm} - (44.8 + 0.9)\ \text{mm} - (58.4 + 0.06)\ \text{mm} \\ &= 0.99\ \text{mm} \end{aligned}$$

校核结果表明粗车C面余量符合要求。

由图7.22(d)所示的尺寸链知

$$\begin{aligned} Z_{3\max} &= L_{1\max} + L_{M3\max} - L_{M1\min} - L_{3\min} \\ &= 58.4\ \text{mm} + 0.06\ \text{mm} + 16.8\ \text{mm} + 0.8\ \text{mm} - (61.4 - 1)\ \text{mm} - (10.8 - 0.035)\ \text{mm} \\ &= 4.895\ \text{mm} \end{aligned}$$

$$\begin{aligned} Z_{3\min} &= L_{1\min} + L_{M3\,\text{minx}} - L_{M1\max} - L_{3\max} \\ &= 58.4\ \text{mm} - 0.06\ \text{mm} + 16.8\ \text{mm} - 0.8\ \text{mm} - (61.4 + 1)\ \text{mm} - (10.8 + 0.035)\ \text{mm} \\ &= 1.105\ \text{mm} \end{aligned}$$

校核结果表明粗车B面余量符合要求。

由图7.22(e)所示的尺寸链知

$$Z_{4\max} = L_{1\max} - L_{4\min}$$

$$
\begin{aligned}
&= 58.4\ \text{mm} + 0.06\ \text{mm} - (55.4 - 0.06)\ \text{mm} \\
&= 3.12\ \text{mm}
\end{aligned}
$$

$$
\begin{aligned}
Z_{4\min} &= L_{1\min} - L_{4\max} \\
&= 58.4\ \text{mm} - 0.06\ \text{mm} - (55.4 + 0.06)\ \text{mm} \\
&= 2.88\ \text{mm}
\end{aligned}
$$

校核结果表明粗车 D 面余量符合要求。

由图 7.22(f)所示的尺寸链知

$$
\begin{aligned}
Z_{5\max} &= L_{4\max} - L_{5\min} \\
&= 55.4\ \text{mm} + 0.06\ \text{mm} - (55 - 0.1)\ \text{mm} \\
&= 0.56\ \text{mm}
\end{aligned}
$$

$$
\begin{aligned}
Z_{5\min} &= L_{4\min} - L_{5\max} \\
&= 55.4\ \text{mm} - 0.06\ \text{mm} - (55 + 0)\ \text{mm} \\
&= 0.34\ \text{mm}
\end{aligned}
$$

校核结果表明磨 A 面余量符合要求。

由图 7.22(g)所示的尺寸链知

$$
\begin{aligned}
Z_{6\max} &= L_{4\max} + L_{6\max} - L_{2\min} - L_{5\min} \\
&= 55.4\ \text{mm} + 0.06\ \text{mm} + 45\ \text{mm} + 0.056\ \text{mm} - (44.8 - 0.05)\ \text{mm} - (55 - 0.1)\ \text{mm} \\
&= 0.866\ \text{mm}
\end{aligned}
$$

$$
\begin{aligned}
Z_{6\min} &= L_{4\min} + L_{6\min} - L_{2\max} - L_{5\max} \\
&= 55.4\ \text{mm} - 0.06\ \text{mm} + 45\ \text{mm} - 0 - (44.8 + 0.05)\ \text{mm} - (55 + 0)\ \text{mm} \\
&= 0.49\ \text{mm}
\end{aligned}
$$

校核结果表明精车 C 面余量符合要求。

由图 7.22(h)所示的尺寸链知

$$
\begin{aligned}
Z_{7\max} &= L_{3\max} + L_{5\max} - L_{4\min} - L_{7\min} \\
&= 10.8\ \text{mm} + 0.035\ \text{mm} + 55\ \text{mm} + 0 - (55.4 - 0.06)\ \text{mm} - (10 - 0.043)\ \text{mm} \\
&= 0.538\ \text{mm}
\end{aligned}
$$

$$
\begin{aligned}
Z_{7\min} &= L_{3\min} + L_{5\min} - L_{4\max} - L_{7\max} \\
&= 10.8\ \text{mm} - 0.035\ \text{mm} + 55\ \text{mm} - 0.1\ \text{mm} - (55.4 + 0.06)\ \text{mm} - (10 + 0)\ \text{mm} \\
&= 0.205\ \text{mm}
\end{aligned}
$$

校核结果表明磨 B 面余量符合要求。

将计算得到的最大和最小余量填入工艺尺寸图表。

7.4 装配尺寸链

机器的装配精度是由相关零件的加工精度和合理的装配方法共同保证的。因此,如何查找哪些对其装配精度有影响的零件,进而选择合理的装配方法并确定这些零件的加工精度,成了机械制造和机械设计工作中的一个重要课题。为了正确和定量地解决上述问题,就需要将尺寸链基本理论应用到装配中,即建立装配尺寸链和解装配尺寸链。

7.4.1　装配尺寸链的概念

(1)基本概念

装配尺寸链是综合解决装配精度与零件加工精度之间关系的有效方法。所谓装配尺寸链,是指产品或部件在装配过程中,以某项装配精度指标(或装配要求)作为封闭环,由相关零件的相关尺寸(表面或轴线距离)或相互位置关系(平行度、垂直度或同轴度等)作为组成环而形成的尺寸链。其基本特征依然是尺寸组合的封闭性,即由一个封闭环和若干个组成环所构成的尺寸链形成的封闭图形。

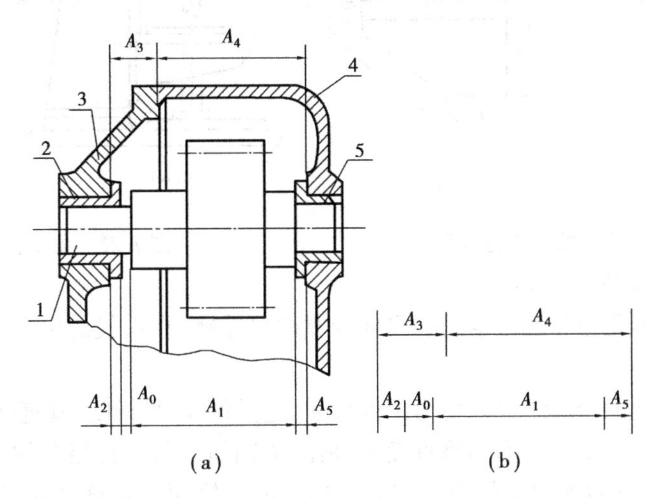

图7.23　齿轮箱装配尺寸链

装配尺寸链与工艺尺寸链有所不同。工艺尺寸链中所有尺寸都分布在同一个零件上,主要解决零件加工精度问题;而装配尺寸链中每一个尺寸都分布在不同的零件上,每一个零件的尺寸就是一个组成环,有时两个零件之间的间隙也构成组成环,装配尺寸链主要解决装配精度问题。

装配尺寸链可用来验算原设计与加工尺寸是否保证装配精度,也可由装配精度确定与控制各有关尺寸的精度。

如图7.23所示为齿轮箱装配尺寸链的例子。图中齿轮轴在装配后要求其与左轴套端面之间保证一定的间隙 A_0,与此间隙有关的零件尺寸为齿轮轴尺寸 A_1、右轴套凸缘尺寸 A_2、箱体尺寸 A_3、箱盖尺寸 A_4 和左轴套凸缘尺寸 。这些尺寸均为设计尺寸,组成一装配尺寸链。其中,A_0 为封闭环;A_1,A_2,A_3为减环, A_3,A_4为增环。

(2)装配尺寸链的分类

装配尺寸链可以按各环的几何特征和各环所处的位置不同分为4类:直线装配尺寸链、平面装配尺寸链、空间装配尺寸链和角度装配尺寸链。

直线装配尺寸链是由长度尺寸组成,全部组成环都平行于封闭环,如图7.23所示的尺寸链即为直线尺寸链。在一般机器的装配关系中,直线装配尺寸链是最常见的一种形式。本书主要介绍直线装配尺寸链的应用和解法。

平面装配尺寸链是由成角度关系布置的长度尺寸组成的,全部组成环位于一个或几个平行平面内,但某些组成环不平行于封闭环,如图7.24(a)、图7.24(b)所示分别为保证齿轮传

动中心距 B_0 的装配尺寸联系示意图及尺寸链简图。中心距 B_0 为封闭环,是通过确定件 1 和件 2 相互位置的定位销孔来保证的。与 B_0 有关的各组成环尺寸:O_1 至件 1 接合面距离 B_1;O_1 至件 1 上定位销孔距离 B_2;O_2 至件 2 接合面距离 B_3 以及 O_2 至件 2 上定位销孔的距离 B_4。

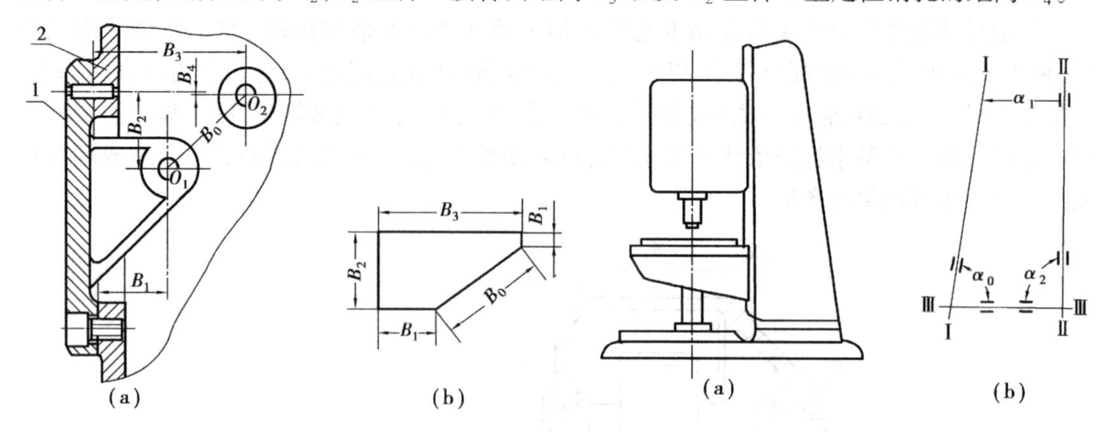

图 7.24 平面装配尺寸链示例

1—盖板;2—支架

图 7.25 角度装配尺寸链

空间装配尺寸链是位于三维空间的尺寸构成的尺寸链,在一般的机器装配关系中较为少见,这里不作介绍。

角度装配尺寸链的全部组成环均为角度尺寸,包括角度、平行度、垂直度等。如图 7.25 所示钻床主轴回转轴线对工作台面的垂直度 α_0 是由主轴箱上与立柱接合的导轨面对主轴回转轴线的平行度 α_1、工作台面对工作台上与立柱接合的导轨面的垂直度 α_2 等零部件精度的组合所形成的,其装配尺寸链如图 7.25(b)所示,α_0 为封闭环,其余为组成环。

7.4.2 装配尺寸链的建立

(1)装配尺寸链的组成和查找方法

正确地查明装配尺寸链的组成是进行尺寸链计算的依据。因此在进行装配尺寸链计算时,其首要问题是查明其组成。

如前所述,通常装配尺寸链的封闭环就是装配后的精度要求,如图 7.23 所示的 A_0。对于每一封闭环都可通过对装配关系的分析,找出对装配精度有直接影响的零、部件的尺寸和位置关系,即可查明装配尺寸链的各组成环。

装配尺寸链组成的一般查找方法:首先根据装配精度要求确定封闭环,再取封闭环两端的那两个零件为起点,沿装配精度要求的位置方向,以装配基准面为联系的线索,分别查找装配关系中影响装配精度要求的相关零件,直至找到同一个基准零件甚至是同一基准表面为止。

装配尺寸链组成的查找方法还可自封闭环一端开始,依次查至另一端;也可自共同的基准面或零件开始,分别查至封闭环的两端。不管哪一种方法,关键的问题在于整个尺寸链系统要正确封闭。

对于许多装配结构,装配精度要求(即封闭环的数目)往往不止一个。例如,蜗轮副传动结构,为保证其正常啮合,达到要求的传动精度,除应保证蜗杆与蜗轮轴间距离精度外,还必须保证两轴线的垂直度及蜗杆轴线与蜗轮中央平面的重合度要求。这 3 项不同位置方向上的装配精度要求,构成了 3 个不同的装配尺寸链。

下面举例说明装配尺寸链的查找方法。

如图7.26所示为车床主轴锥孔中心线和尾座顶尖锥孔中心线对床身导轨的等高度的装配尺寸链的组成示例。在图示的高度方向上的装配关系,主轴方面:主轴以其轴颈装在滚动轴承内环的内表面上,轴承内环通过滚子装在轴承外环的内滚道上,轴承外环装在主轴箱的主轴孔内,主轴箱装在车床床身的平导轨面上;尾座方面:尾座顶尖套筒以其外圆柱面装在尾座的导向孔内,尾座以其底面装在尾座底板上,尾座底板装在床身的导轨面上。通过同一个装配基准件——床身,将装配关系最后联系和确定下来。因此,影响该项装配精度等高性 e 的因素如下:

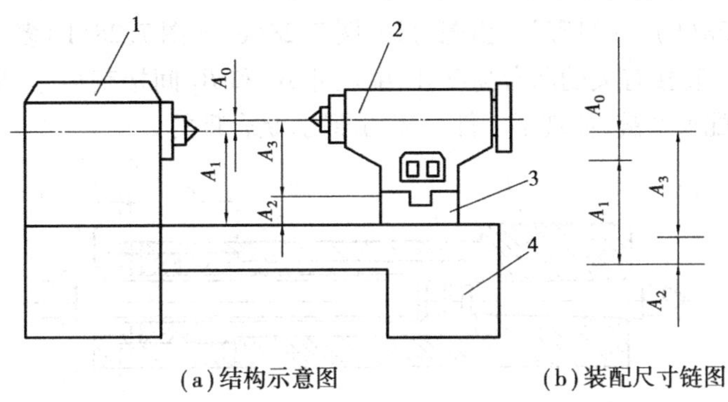

图7.26 车床主轴箱主轴与尾座套筒中心线等高结构示意图

1—主轴箱;2—尾座;3—尾座底板;4—床身

A_1——主轴箱主轴锥孔中心线至车床平导轨(床身装配基准面)的距离。

A_2——尾座底板厚度。

A_3——尾座顶尖套锥孔中心线至尾座底板距离。

e_1——主轴箱体孔轴心线至主轴前锥孔轴心线的同轴度。

e_2——尾座套筒锥孔与外圆的同轴度。

e_3——尾座孔与尾座套筒外圆的配合间隙产生的两者轴线同轴度误差。

e——床身上安装主轴箱的基准面与尾座底板安装基准面的等高性误差。

从以上分析可知,车床主轴锥孔中心线和尾座顶尖套筒锥孔中心线对床身导轨的等高度的装配尺寸链组成如图7.27所示。

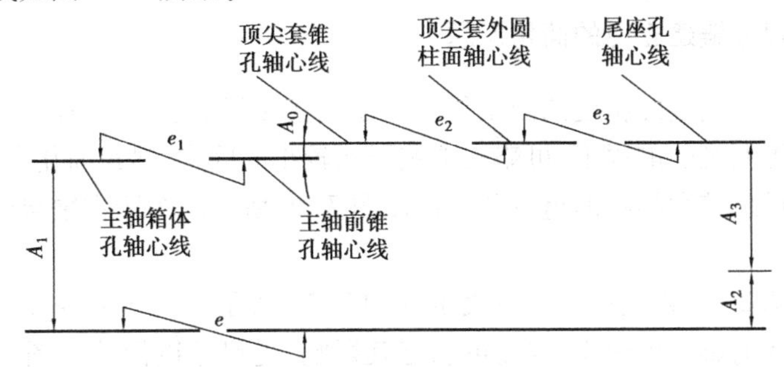

图7.27 车床等高性尺寸链

(2)装配尺寸链组成的最短路线(最少环数)原则

由尺寸链的基本理论可知,封闭环的误差是由各组成环误差累积而得到的。在封闭环公差一定的情况下,即在装配精度要求一定的条件下,装配尺寸链中的组成环数越少,则各组成环的公差值就越大,各零件的加工就越容易、越经济。

为了达到这一要求,在产品结构既定的情况下组成装配尺寸链时,应使每一个有关零件仅以一个组成环来列入尺寸链,即将连接两个装配基准面间的位置尺寸直接标注在零件图上。这样组成环的数目就等于有关零、部件的数目,即一件一环,这就是装配尺寸链的最短路线(环数最少)原则。

下面举例说明装配尺寸链组成的最短路线原则。

如图 7.28 所示为车床尾座顶尖套筒的装配图。尾座套筒装配时,要求后盖 3 装入后,螺母 2 在尾座套筒 1 内的轴向窜动不大于某一数值。由于后盖的尺寸标注不同,可建立两个装配尺寸链,如图 7.28(b)、(c)所示。由图可知,图 7.28(c)比图 7.28(b)多了一个组成环。其原因是与封闭环 A_0 直接有关的凸台高度 A_3 由尺寸 B_1 和 B_2 间接获得,这是不合理的。而图 7.28(b)所示的装配尺寸链,体现了一件一环的原则,是合理的。

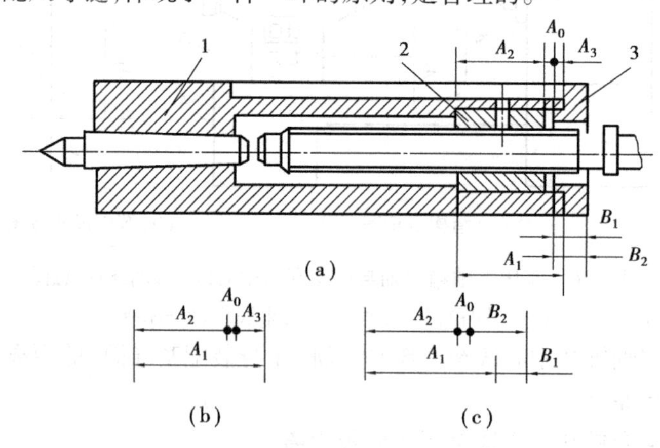

图 7.28 车床尾座顶尖套筒装配图

1—尾座套筒;2—螺母;3—后盖

通过以上实例可知,为使装配尺寸链的环数最少,应仔细分析各有关零件装配基准的连接情况,选取对装配精度有直接影响,且把前后相邻零件联系起来的尺寸或位置关系作组成环,这样与装配精度有关的零件仅以一个组成环列入尺寸链,组成环的数目仅等于有关零件的数目,装配尺寸链组成环的数目也就会最少。

7.4.3 装配尺寸链建立时的简化问题

在机械产品中,影响装配精度的因素很多。在建立装配工艺尺寸链时,应通过对装配精度的分析,在保证装配精度的前提下,可略去那些影响较小的因素,尽量简化组成环的构成,只保留对装配精度有直接、较大影响的组成环。仍以图 7.26 所示的车床主轴与尾座的等高性问题为例。

根据分析,图 7.26 的装配尺寸链应表示为图 7.27 所示。由于 e_1,e_2,e_3,e 相对于其他组成环很小,对封闭环的影响也很小,因而可忽略其影响,把尺寸链简化为图 7.26(b)所示。但在精密装配时,必须注意要计入所有因素的影响,不能进行简化。

由此可见,当 A_0 的精度要求较高时,各同轴度误差和导轨直线度误差均不能忽略。换言之,当加入这一系列误差时,组成环 A_1,A_2 和 A_3 能够分配到的公差(按 A_0 公差要求分配)相应地要比不加入这些误差时为小。考虑到对初学者来说,只要求概念清楚而不宜把计算实例复杂化，故在下面的尺寸链解算实例中几乎都没有把这类误差考虑在内。

此外还需指出，图 7.26 中的各条轴线都假定是绝对平行的，而事实上存在平行度误差。由于平行度属于另外的精度项目，有相应的检验方法予以控制，因此对本例的情况来说可以不考虑平行度误差造成的影响，而只应用直线尺寸链来分析计算。只有当平行度误差对直线尺寸链中的封闭环影响很大时，才需要在直线尺寸链中加入一个由平行度误差折算而得来的组成环。

还需进一步指出，本例的尺寸链没有考虑床身导轨扭曲误筹对封闭环的影响。因此，这一简化的结果，仅能得到近似解。如何精确计算这类空间几何误差？这属于进一步深入研究的问题。

以上说明了建立装配尺寸链的基本原理与方法，又指出了有关简化与近似的问题，对于初学者来说，应该着重基本概念和基本方法的掌握。

7.4.4　装配尺寸链的计算方法

装配尺寸链的计算与工艺尺寸链的计算一样，可分为正计算和反计算。已知与装配精度有关的各零部件的基本尺寸及其偏差，求解装配精度要求的基本尺寸及偏差的计算过程称为正计算，它主要用于对已设计的装配关系进行校核验算。当已知装配精度要求的基本尺寸及其偏差，求解与该项装配精度有关的各零部件基本尺寸及其偏差的计算过程称为反计算，它主要应用于产品的设计计算。

装配尺寸链的正计算是极为容易的，它仅仅是将一个已经解决的“尺寸链问题”的答案作一次验算而已。反计算才真正是解装配尺寸链问题的计算，通常在工艺设计阶段根据零件设计要求，确定各工序尺寸及公差时遇到的都是这类问题。

无论是正计算还是反计算，装配尺寸链都可根据实际情况采用极值解法或概率解法。

在本章 7.2 节中讲述了工艺尺寸链的极值解法，其计算公式也可以用来解装配尺寸链，故这里不再重述。现仅就未述及的极值解法在应用过程中出现的一些典型情况的具体处理进行补充阐述。

(1)极值解法的补充

如前所述，在进行直线尺寸链反计算时，可按式(7.7)的“等公差”原则确定各组成环的平均极值公差，然后，根据各组成环尺寸的加工难易程度对它们的公差进行适当的调整。调整时可参照以下原则：

①当组成环为标准件尺寸时(如轴承环或弹性垫圈的厚度等)，其公差大小和极限偏差在相应标准中已有规定，是既定值。

②对于同时为几个不同装配尺寸链的组成环(称为公共环)，其公差及分布位置的确定应根据对其有严格公差要求的那个装配尺寸链的计算来确定。该环的尺寸因此在其余尺寸链中成为既定值。

③尺寸相近、加工方法相同的组成环，可取相等的公差值。

④难加工或难测量的组成环，可取较大的公差值。

在确定各组成环的极限偏差时，对属于外尺寸(如轴)的组成环，按基轴制(h)决定其极限偏差；对于内尺寸(如孔)的组成环，按基孔制(H)决定其极限偏差；孔中心距的尺寸极限偏差按对称分布来确定。

显然,如果待定的各组成环公差都按上述原则确定,往往不能满足装配后封闭环的要求。为此,需要从各组成环中保留一个环,其公差大小和分布位置不按上述原则确定,而是用它来协调各组成环,以满足封闭环的要求。这个预定在尺寸链中起协调作用的组成环就是协调环。一般选用便于制造及可用通用量具测量的零件尺寸作为协调环,取较严的制造公差,这样可放宽难加工零件的尺寸公差;也可选难以加工零件的尺寸为协调环,而将其他易加工零件的尺寸公差从严选取。协调环的尺寸是通过解算尺寸链求得的,现举例说明。

如图 7. 29 所示为双联转子泵轴向关系简图。根据技术要求,冷态下的轴向间隙为0. 05 ~ 0. 15 mm,$A_1=41$ mm,$A_2=A_4=17$ mm,$A_3=7$ mm。求各个组成环的公差及偏差。

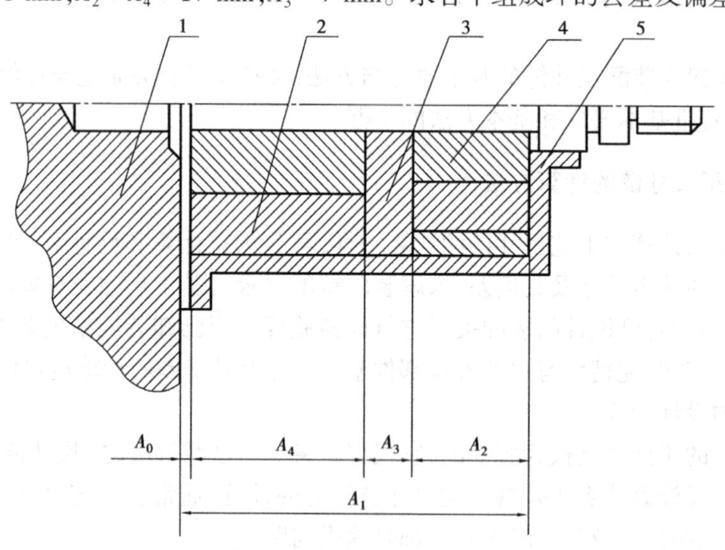

图 7. 29　双联转子泵轴向关系简图

1—机体;2—外转子;3—隔板门;4—内转子;5—壳体

①分析和建立尺寸链图,如图 7. 29 所示,其中 A_1是增环,A_2,A_3,A_4 是减环,A_0 是封闭环,且有

$$A_0=0_{+0.05}^{+0.15}\ \text{mm}$$

②确定各个组成环的公差,即

$$T_{\text{cp}}=(A_i)=\frac{T(A_0)}{n-1}=\frac{0.1}{5-1}\ \text{mm}=0.025\ \text{mm}$$

根据加工难易程度和尺寸大小调整各个组成环的公差:尺寸 A_2,A_3,A_4可用平面磨床加工,精度容易保证,故公差可规定小些,但为了便于用卡规进行测量,其公差还得符合标准公差;尺寸 A_1 采用镗削加工,尺寸较难保证,公差应给大些,并且尺寸属于深度尺寸,在成批生产中常采用通用量具而不使用极限量规测量,故可选为协调环。由此,按单向入体原则有

$$A_2=A_4=17_{-0.018}^{\ 0}\ \text{mm(IT7 级)}$$

$$A_3=7_{-0.015}^{\ 0}\ \text{mm(IT7 级)}$$

③计算协调环偏差,即

$$\begin{aligned}ES(\overrightarrow{A_1})&=ES(A_0)+EI(\overleftarrow{A_2})+EI(\overleftarrow{A_3})+EI(\overleftarrow{A_4})\\&=(0.15\ \text{mm}+(-0.018)\text{mm}+(-0.015)\text{mm}+(-0.018)\text{mm}\\&=0.099\ \text{mm}\end{aligned}$$

$$EI(\overrightarrow{A}_1) = EI(A_0) + ES(\overleftarrow{A}_2) + ES(\overleftarrow{A}_3) + ES(\overleftarrow{A}_4)$$
$$= +0.05\ \text{mm} + 0 + 0 + 0 = 0.05\ \text{mm}$$

故协调环为 $\overrightarrow{A}_1 = 41^{+0.099}_{+0.05}$ mm。

(2)概率解法

概率法是根据概率论的基本原理对尺寸链进行计算的方法。

根据数理统计理论的观点,每个组成环尺寸处于极限情况的机会是很少的,特别是在大批量生产中,若组成环数目较多,各零件的组合均趋于极限情况的概率已小到没有考虑的必要了,此时,若考虑到各个组成环对应的尺寸的实际分布特性和规律,运用数理统计和概率论的原理,建立封闭环与组成环之间的关系方程式,即可使计算得到的组成环的尺寸和公差更加接近实际,因此,在成批、大量生产中,当装配精度要求高,而且组成环的数目又较多时,应用概率法解算装配尺寸链比较合理,这样可以扩大零件的制造公差,从而降低制造成本。

用概率法进行尺寸链计算和用极值法进行尺寸链计算的基本步骤是相同的,只是使用的有些数学关系式不同。

1)用概率法计算封闭环公差

概率法进行尺寸链计算用的数学公式是在概率论基本原理的基础上推导出来的。

由于在加工和装配中各零件的尺寸往往都是分别按对自己的功能需要而确定的,因此可以把形成尺寸链的各组成环视为一系列独立的随机变量。假定各组成环的尺寸都按正态分布,则封闭环也必按正态分布。根据概率论原理尺寸链概率法公差计算公式为

$$T_0 = \frac{1}{K_0}\sqrt{\sum_{i=1}^{n-1}\xi_i^2 k_i^2 T_i^2} \tag{7.9}$$

式中　k_0——封闭环的相对分布系数;封闭环尺寸呈正态分布时,$k_0 = 1$;

k_i——第 i 个组成环的相对分布系数;当组成环尺寸呈正态分布时,$k_i = 1$;

ξ^2——第 i 个组成环的传递系数;对于直线尺寸链,$|\xi^i| = 1$。

因此,对于直线尺寸链,当各组成环在其公差内呈正态分布时,封闭环也呈正态分布,此时 $k_0 = 2$, $|\xi_i| = 1$, $k_i = 1$ 则封闭环公差为

$$T_0 = \sqrt{\sum_{i=1}^{n-1} T_i^2} \tag{7.10}$$

式(7.10)说明,当各组成环都为正态分布时,封闭环公差等于组成环公差平方和的平方根,这是同极值算法的区别所在。如不考虑任何实际因素,对于一条具有 $n-1$ 个组成环的尺寸链来说,如按等公差法进行封闭环的公差分配,则各组成环分得的平均公差 T_M 为

$$T_M = \frac{T_0}{\sqrt{n-1}} \tag{7.11}$$

与式(7.7)比较,若尺寸链组成环的个数为 $n-1$,则各组成环平均公差放大了 $\sqrt{n-1}$ 倍,显然,各相关零件的加工变得容易了,因而加工成本也随之下降。

在解直线尺寸链时,如零件尺寸不服从正态分布时,上式(7.9)中的相对分布系数 k_i 可查相关手册得到,表 7.5 列出了常见的不同分布曲线的相对分布系数值。

表 7.5 不同分布曲线的相对分布系数值

分布特征	正态分布	三角分布	均匀分布	瑞利分布	偏态分布	
					外尺寸	内尺寸
分布曲线				$e\frac{T}{2}$	$e\frac{T}{2}$	$e\frac{T}{2}$
e	0	0	0	-0.23	0.26	-0.26
k_i	1	1.22	1.73	1.4	-1.17	1.17

需要说明的是，在生产实践中，各组成环往往呈偏态分布、瑞利分布、三角分布和均匀分布等，此时封闭环仍然可认为是正态分布。

从以上所述可知，采用概率法解算装配尺寸链时，需要知道各组成环的误差分布情况，当缺乏这些资料或不清楚各个组成环尺寸分布的情况下，可近似估算公差为

$$T_0 = k\sqrt{\sum_{i=1}^{m+n} T_i^2} \tag{7.12}$$

式中 k——组成环的平均分布系数，通常 $k = 1 \sim 1.5$，取值越大，各个组成环公差越小，计算结果越可靠，但制造成本增加。

必须指出，概率近似估算法的应用范围是有条件的，即要求组成环的数目要多，而在组成环的数目不多时，则要求各环误差值不能相差太大。例如，当 $k = 1.5$ 时，若组成环数目为 2，所求得的 T_0 值反而要比极值法求得的为大，显然这时的概率近似估算是没有意义的。因此组成环的环数越多，各环误差值相差越小，则估算的实用性越高。

综上所述，用概率法解尺寸链时，当各个组成环的实际尺寸分布都清楚的情况下，式(7.9)可准确地计算公差，式(7.10)为尺寸分布最理想状态的公差计算公式，而式(7.12)为概率解法最常用的公差计算公式。

2）用概率法计算封闭环平均尺寸

根据概率论原理，各环的基本尺寸是以尺寸分布的集中位置即用算术平均值 $\overline{A}$ 来表示的，故装配尺寸链中有

$$\overline{A}_0 = \sum \overrightarrow{A}_i - \sum \overleftarrow{A}_i \tag{7.13}$$

即封闭环的算术平均值 $\overline{A}_0$ 等于各增环算术平均值 $\overrightarrow{A}_i$ 之和减去各减环算术平均值 $\overleftarrow{A}_i$ 之和。当各组成环尺寸分布曲线属于对称分布，且分布中心与公差带中心重合时，如图 7.30(a) 所示，其尺寸分布的算术平均值 $\overline{A}$ 即等于该尺寸公差带中心尺寸，称之为平均尺寸 A_{0M}，此时也有

$$A_{0M} = \sum_{i=1}^{m} \overrightarrow{A}_{iM} - \sum_{j=1}^{n} \overleftarrow{A}_{iM} \tag{7.14}$$

式中 A_{0M}——封闭环的平均尺寸；

$\overrightarrow{A}_{iM}$——增环的平均尺寸；

$\overleftarrow{A}_{iM}$——减环的平均尺寸。

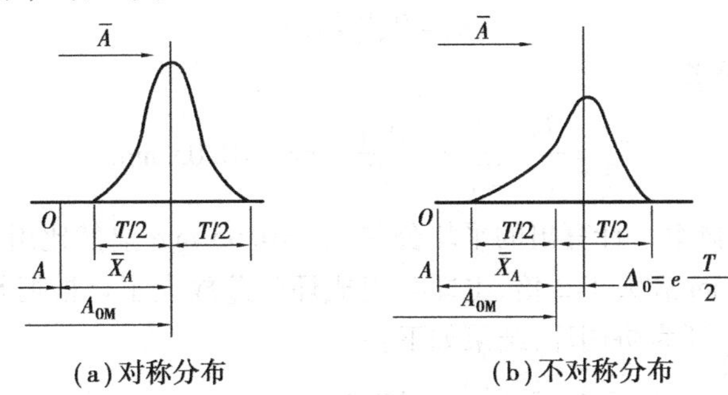

图7.30　分布曲线尺寸计算

当各组成环尺寸分布曲线属于不对称分布时，算术平均值 $\bar{A}$ 相当于公差带中心尺寸 A_{0M} 产生一个偏差 $\Delta_0 = e\frac{T}{2}$，如图7.30(b)所示，T 为该尺寸公差；系数 e 称为相对不对称系数，表示尺寸分布的不对称度。对称分布曲线 $e=0$，其余 e 值如表7.5所示。

3)封闭环平均偏差 E_M 的计算

$$E_M(A_0) = \sum_{i=1}^{n} E_M(\overrightarrow{A}_i) - \sum_{i=1}^{m} E_M(\overleftarrow{A}_i) \tag{7.15}$$

式中　$E_M(A_0)$——封闭环的平均偏差；

$E_M \overrightarrow{A}_i$——增环的平均偏差；

$E_M \overleftarrow{A}_i$——减环的平均偏差。

4)封闭环上、下偏差 $ES(A_0)$，$EI(A_0)$ 的计算

当按式(7.12)和式(7.15)分别求得 T_0 和 E_M 后，封闭环的上、下偏差可计算为

$$ES(A_0) = E_M(A_0) + \frac{T_0}{2} \tag{7.16}$$

$$EI(A_0) = E_M(A_0) - \frac{T_0}{2} \tag{7.17}$$

综上所述，概率法计算尺寸链，用平均偏差法时，一定要把各环尺寸换算成平均尺寸，使用平均尺寸代入计算公式，计算出各环公差以及各环平均尺寸 A_{0M} 后，各环的公差对平均尺寸应标注成双向对称分布，然后再根据需要，改注成具有基本尺寸和相应上、下偏差的形式。

在实际解算过程中，封闭环公差带位置的确定除了用上面所说的平均偏差法外，还可采用对称公差法。对称公差法是将所有组成环的尺寸变为对称公差，组成环的基本尺寸也会随着发生改变，如 $100^{+0.1}_{0} = 100.05 \pm 0.05$，然后，利用变换后的基本尺寸和对称公差进行计算，这两种方法的计算结果是相同的，具体解算过程见实例分析7.3。

概率法较之极值法是一种更科学、更合理的方法，但由于计算上的复杂性，使概率法在应用上受到一定的限制。在组成环数较少时，目前还采用极值法，而在环数较多并假使各组成环的公差是对称分布的，封闭环的公差也是对称分布的情况下可采用概率法。

现在，利用概率法求图7.29双联转子泵轴中各组成环公差及偏差(设各零件加工尺寸符合正态分布)。

解　①分析和建立尺寸链

封闭环尺寸为

$$A_0 = 0^{+0.15}_{+0.05} \text{ mm}$$

②确定各组成环公差

$$T_{cp} = \frac{T(A_0)}{\sqrt{n-1}} = \frac{0.1}{\sqrt{5-1}} \text{ mm} = 0.05 \text{ mm}$$

这里可以看到,用概率法计算出的平均公差 $T_{cp} = 0.05$ mm 显然比用极值法计算出的平均公差 $T_{cp}(A_i) = 0.025$ mm 放大了 2 倍,也即各组成环公差放大了。根据各零件的加工难易程度,分配公差并确定 A_1 环为协调环,结果如下:

$$A_2 = A_4 = 17^{\ 0}_{-0.043} \text{ mm};$$

$$A_3 = 7^{\ 0}_{-0.037} \text{ mm}$$

$$\begin{aligned} T(A_1) &= \sqrt{T(A_0)^2 - T(A_2)^2 - T(A_3)^2 - T(A_4)^2} \\ &= \sqrt{0.1^2 - 0.043^2 - 0.037^2 - 0.043^2} \text{ mm} \\ &= 0.07 \text{ mm} \end{aligned}$$

7.4.5 装配尺寸链的解算实例

应用装配尺寸链分析和解决装配精度问题时,其关键步骤有 3 步:第一步是根据装配精度建立相应的装配尺寸链,就是要根据封闭环查明组成环;第二步是合理选择达到装配精度的方法;第三步是应用合适的计算方法进行尺寸链解算。最终目的是确定经济、至少是可行的零件加工公差。一般第二、第三步骤往往需要交叉进行。明确了关键的 3 个步骤,基本上可以对各种装配尺寸链问题进行必要的计算,计算方法的选择可参照以下原则:

①采用完全互换法时,应用极值法的计算公式;或者在大批大量生产条件下,则可应用概率法。

②采用不完全互换法时,应用概率法的计算公式。

③采用选配法,互配件分组公差极易确定,一般都按极值法来计算。

④采用修配法或调整法,大部分情况下都应用极值法来确定修配量或调整量。

如是大批大量生产条件下采用调整法,那么也可应用概率法计算。

下面通过实例来讲解这一过程,以便理解如何根据实际情况选择装配方法并作相应的计算。

(1)在互换法中的解算实例

1)在完全互换法中的解算实例

采用完全互换法装配时,装配尺寸链用极值法公式计算。

实例分析 7.1

如图 7.31 所示为双联转子泵的轴向装配关系简图。按技术要求,轴向装配间隙 A_0 为 0.05 ~0.15 mm。现采用完全互换法装配,试通过解算尺寸链,确定各组成环尺寸的公差和极限偏差。

解 ①画出装配尺寸链图,检验各环基本尺寸 A_i

如图 7.31(b)所示为总环数为 5 的装配尺寸链。其中,A_0 为装配要求,为封闭环;其余 4 个环 $A_1 \sim A_4$ 为组成环。已知 $A_1 = 41$ mm,$A_2 = 17$ mm,$A_3 = 7$ mm,$A_4 = 17$ mm。由此,封闭环的

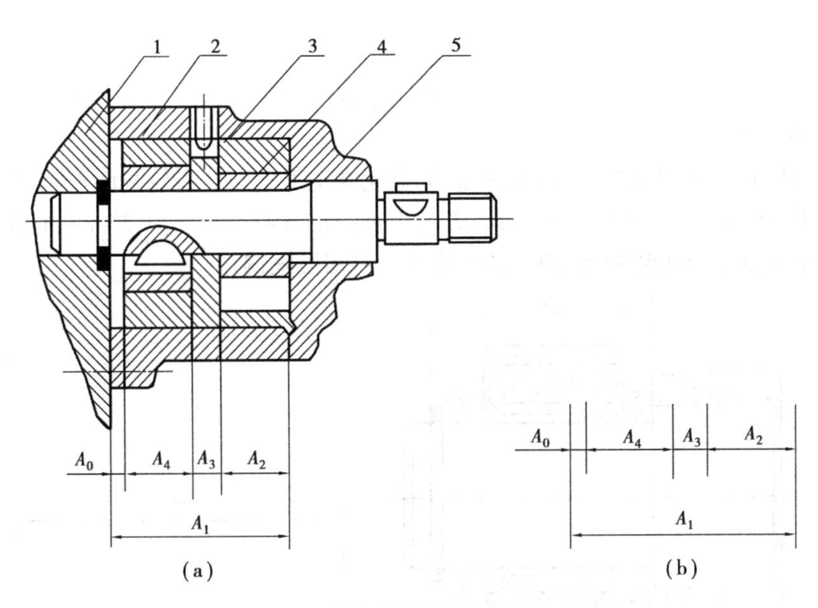

图 7.31 双联转子泵的轴向装配关系简图

1—机体;2—外转子;3—隔板;4—内转子;5—壳体

基本尺寸为

$$A_0 = A_1 - (A_2 + A_3 + A_4) = 41 - (17 + 7 + 17) = 0 \text{ mm}$$

即封闭环尺寸为 $A_0 = 0^{+0.15}_{+0.05}$ mm

②确定各组成环尺寸的公差和极限偏差

由式(7.6),并已知 $T_0 = 0.1$ mm 时,有

$$\sum_{i=1}^{4} T_i \leqslant T_0 = 0.1 \text{ mm}$$

利用等公差法,各组成环的平均极值公差由式(7.7)可得

$$T_{\text{av},1} = \frac{0.1}{4} = 0.025 \text{ mm}$$

由该值可知,虽对零件的制造精度要求较高,但可以加工。因此,用完全互换法是可以保证装配精度要求的。

在最后确定 T_i 值时,还应从零件的加工难易程度和设计要求等方面综合考虑,对其公差进行调整。考虑到 A_2,A_3 和 A_4 可用平面磨床加工,加工精度较易保证,故公差可规定得小一些。同时考虑这些尺寸应能用卡规来测量,因而其公差还需符合标准公差;A_1 为镗削加工获得,公差应给大些,且该尺寸为深度尺寸,在成批生产中常用通用量具,而不使用极限量规测量,故将它选为协调环。由此先确定 A_2,A_3 和 A_4 的尺寸公差为

$$A_2 = A_4 = 17^{\ 0}_{-0.018} \quad A_3 = 7^{\ 0}_{-0.015}$$

以上这 3 个尺寸公差均属于 IT7 精度等级基轴制的公差。

③确定协调环的公差和极限偏差

按极值公差解尺寸链,协调环 A_1 公差 T_1 应为

$$T_1 = T_0 - (T_2 + T_3 + T_4) = 0.1 \text{ mm} - (0.018 + 0.015 + 0.018) \text{mm} = 0.049 \text{ mm}$$

相当于 IT8 精度等级的公差。其极限偏差为

$$EI_1 = EI_0 - (es_2 + es_3 + es_4) = 0.050 \text{ mm}$$

因此

$$A_1 = 41^{+0.099}_{+0.050}\ \text{mm}$$

实例分析 7.2

如图7.32(a)所示齿轮部件，轴是固定的，齿轮在轴上回转。齿轮端面与挡环之间应有间隙为0.10~0.35 mm。已知 $L_1 = 30$ mm，$L_2 = 5$ mm，$L_3 = 43$ mm，$L_4 = 3$ mm（标准件），$L_5 = 5$ mm。现采用完全互换法装配，试确定各组成环公差和极限偏差。

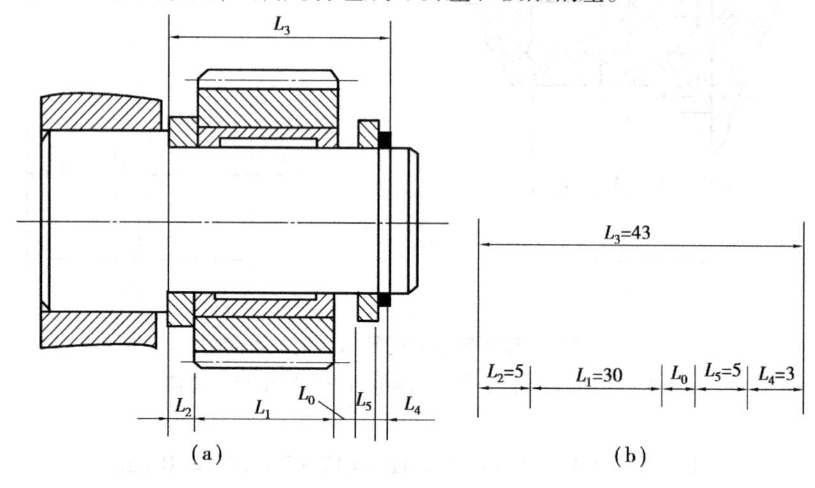

图7.32　齿轮部件装配关系

解　①画装配尺寸链，检验各环基本尺寸

轴向间隙是装配后形成的，是尺寸链的封闭环，即 $L_0 = 0^{+0.35}_{+0.10}$ mm，$T_0 = 0.25$ mm。本尺寸链共有5个组成环，如图7.32(b)所示，其中，L_3 为增环，L_1，L_2，L_4 和 L_5 均为减环，由此计算封闭环的基本尺寸为

$$L_0 = \sum_{i=1}^{5} \xi_i L_i = L_3 - (L_1 + L_2 + L_4 + L_5) = 43\ \text{mm} - (30 + 5 + 3 + 5)\text{mm} = 0\ \text{mm}$$

式中，增环的传递系数 $\xi_i = +1$；减环的传递系数 $\xi_i = -1$。

由此可知，各组成环基本尺寸无误。

②确定各组成环公差和极限偏差

利用等公差法公式(7.7)得

$$T_{\Delta v,\text{L}} = \frac{T_0}{m} = \frac{0.25}{5}\ \text{mm} = 0.05\ \text{mm}$$

由该平均公差及各组成环基本尺寸可知，各尺寸的公差等级约为IT9级。

根据各组成环基本尺寸与零件工艺性好坏，以平均公差值为基础，取 $T_1 = 0.06$ mm，$T_2 = 0.04$ mm，$T_3 = 0.07$ mm，L_5 为一垫片，易于加工，且其尺寸可用通用量具测量，故选之为协调环。L_4 为标准件 $L_4 = 3^{\ 0}_{-0.05}$ mm，$T_4 = 0.05$ mm。

L_1 和 L_2 为外尺寸，其极限偏差按基轴制确定；L_3 为内尺寸，按基孔制确定其极限偏差，故有 $L_1 = 30^{\ 0}_{-0.06}$ mm，$L_2 = 5^{\ 0}_{-0.04}$ mm，$L_3 = 43^{+0.07}_{\ 0}$ mm

各环的中间偏差分别为

$$\Delta_0 = 0.225\ \text{mm}, \Delta_1 = -0.03\ \text{mm}, \Delta_2 = -0.02\ \text{mm},$$

$$\Delta_3 = 0.035\ \text{mm}, \Delta_4 = -0.025\ \text{mm}$$

③计算协调环 L_5 的公差和极限偏差

$T_5 = T_0 - (T_1 + T_2 + T_3 + T_4) = 0.25\ \text{mm} - (0.06 + 0.04 + 0.07 + 0.05)\text{mm} = 0.03\ \text{mm}$

协调环 L_5 的中间偏差为

$$\begin{aligned}\Delta_5 &= \Delta_3 - \Delta_0 - \Delta_1 - \Delta_2 - \Delta_4 \\ &= 0.035\ \text{mm} - 0.225\ \text{mm} - (-0.03)\text{mm} - (-0.02)\text{mm} - (-0.025)\text{mm} \\ &= -0.115\ \text{mm}\end{aligned}$$

协调环 L_5 的极限偏差分别为

$$es_5 = \Delta_5 + \frac{T_5}{2} = -0.115\ \text{mm} + \frac{0.03}{2}\ \text{mm} = -0.10\ \text{mm}$$

$$ei_5 = \Delta_5 - \frac{T_5}{2} = -0.115\ \text{mm} - \frac{0.03}{2}\ \text{mm} = -0.13\ \text{mm}$$

因此

$$L_5 = 5_{-0.13}^{-0.10}\ \text{mm}$$

由此确定各组成环尺寸和极限偏差为

$$L_1 = 30_{-0.06}^{\ 0}\ \text{mm}, L_2 = 5_{-0.04}^{\ 0}\ \text{mm}, L_3 = 43_{\ 0}^{+0.07}\ \text{mm}, L_4 = 3_{-0.05}^{\ 0}\ \text{mm},\ L_5 = 5_{-0.13}^{-0.10}\ \text{mm}$$

以上两例装配尺寸链的解算均是在等公差法的基础上进行的。当尺寸链中各组成环的尺寸大小相差很悬殊时，按等公差分配的方案显然是不合理的。这时需对有关尺寸的公差进行适当的调整。

2）不完全互换装配法的实例

不完全互换装配法常在大批量生产中、装配精度要求高和尺寸链环数较多的情况下使用，该方法的尺寸链计算采用概率法。

实例分析 7.3

如图7.33所示为齿轮箱的装配关系，试用不完全互换法求解齿轮与箱盖间的间隙。已知 $L_1 = 40_{+0.12}^{+0.22}\ \text{mm}$，$L_2 = 20_0^{+0.13}\ \text{mm}$，$L_3 = 59.5_{-0.45}^{-0.15}\ \text{mm}$，且均为正态分布。

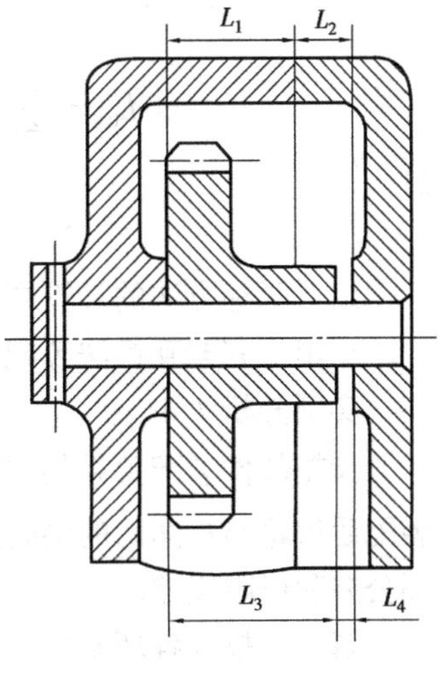

图7.33　齿轮箱的装配关系

解　①用对称公差计算法

将各组成环尺寸变换为对称公差，即

$$L_1 = 40_{+0.12}^{+0.22}\ \text{mm} = (40.17 \pm 0.05)\text{mm}$$

$$L_2 = 20_0^{+0.13}\ \text{mm} = (20.065 \pm 0.065)\text{mm}$$

$$L_3 = 59.5_{-0.45}^{-0.15}\ \text{mm} = (59.20 \pm 0.15)\text{mm}$$

可得

$$L_0 = 40.17\ \text{mm} + 20.065\ \text{mm} - 59.20\ \text{mm} = 1.035\ \text{mm}$$

$$T_0 = \pm\sqrt{0.05^2 + 0.065^2 + 0.15^2}\ \text{mm} = \pm 0.171\ \text{mm}$$

故

$$L_0 = 1.035 \pm 0.171\ \text{mm} = 0.5_{+0.364}^{+0.706}\ \text{mm} \approx 0.5_{+0.36}^{+0.71}\ \text{mm}$$

②用平均偏差计算法

先求出各组成环的中间偏差，即

$$\Delta_1 = L_{1av} - L_1 = 40.17\ \text{mm} - 40\ \text{mm} = +0.17\ \text{mm}$$
$$\Delta_2 = L_{2av} - L_2 = 20.065\ \text{mm} - 20\ \text{mm} = +0.065\ \text{mm}$$
$$\Delta_3 = L_{3av} - L_2 = 59.20\ \text{mm} - 59.5\ \text{mm} = -0.3\ \text{mm}$$

式中，L_{iav}为各组成环的平均基本尺寸；Δ_i 为各组成环的中间偏差。

封闭环的中间偏差为

$$E_M(A_0) = \sum_{i=1}^{m} \xi_i \Delta_i = 0.17 + 0.065 - (-0.3)\text{mm} = +0.535\ \text{mm}$$

式中，增环的传递系数 $\xi_i = +1$；减环的传递系数 $\xi_i = -1$。

封闭环的公差为

$$T_0 = \sqrt{\sum_{i=1}^{m} T_i^2} = \sqrt{0.1^2 + 0.13^2 + 0.3^2}\text{mm} = 0.342\ \text{mm}$$

因此，由式(7.16)和式(7.17)，有

$$ES(A_0) = E_M(A_0) + \frac{T_0}{2} = 0.535\ \text{mm} + 0.171\ \text{mm} = +0.706\ \text{mm}$$

$$EI(A_0) = E_M(A_0) + \frac{T_0}{2} = 0.535\ \text{mm} - 0.171\ \text{mm} = +0.364\ \text{mm}$$

$$L_0 = \sum_{i=1}^{m} \xi_i L_i = 40\ \text{mm} + 20\ \text{mm} - 59.5\ \text{mm} = 0.5\ \text{mm}$$

故

$$L_0 = 0.5_{+0.364}^{+0.706}\ \text{mm} \approx 0.5_{+0.36}^{+0.71}\ \text{mm}$$

以上两种方法的计算结果是相同的。

利用不完全互换法装配也常遇到反计算问题，现举例加以说明。

实例分析 7.4

齿轮部件装配关系仍如图 7.32 所示。已知 $L_1 = 30$ mm，$L_3 = 43$ mm，$L_4 = 3_{-0.05}^{0}$（标准件），装配后齿轮与挡圈间的轴向间隙为 0.1 ~ 0.35 mm。现采用不完全互换法装配，试确定各组成环公差和极限偏差。

解 ①校验各环基本尺寸

其过程同上例 7.2。

②确定各组成环公差和极限偏差

设该产品各组成环尺寸服从正态分布，则各组成环平均平方公差为

$$T_{av-Q} = \frac{T_0}{\sqrt{m}} = \frac{0.25}{\sqrt{5}}\ \text{mm} \approx 0.11\ \text{mm}$$

选较难加工的零件 L_3 为协调环，根据各组成环基本尺寸大小与零件加工的难易程度，以平均平方公差为基础，取各组成环公差如下：

$T_1 = 0.14$ mm，$T_2 = T_5 = 0.08$ mm，公差等级约为 IT10。$L_4 = 3_{-0.05}^{0}$ mm（标准件），$T_4 = 0.05$ mm。则各环尺寸为

$$L_1 = 30_{-0.14}^{0}\ \text{mm}, L_2 = 5_{-0.08}^{0}\ \text{mm}, L_4 = 3_{-0.05}^{0}\ \text{mm}, L_5 = 5_{-0.08}^{0}\ \text{mm}$$

各环的中间偏差分别为

$$\Delta_0 = 0.225\ \text{mm}, \Delta_1 = -0.07\ \text{mm}, \Delta_2 = -0.04\ \text{mm}$$

$$\Delta_4 = -0.025\ \text{mm}, \Delta_5 = -0.04\ \text{mm}$$

③计算协调环 L_3 的公差和极限偏差 T_3

$$T_3 = \sqrt{T_0^2 - (T_1^2 + T_2^2 + T_4^2 + T_5^2)} = \sqrt{0.25^2 - (0.14^2 + 0.08^2 + 0.05^2 + 0.08^2)}$$
$$= 0.16\ \text{mm}$$

协调环 L_3 的中间偏差为

$$\Delta_3 = \Delta_0 + (\Delta_1 + \Delta_2 + \Delta_4 + \Delta_5) = 0.225\ \text{mm} + (-0.07 - 0.04 - 0.025 - 0.04)\text{mm}$$
$$= 0.05\ \text{mm}$$

协调环 L_3 的极限偏差分别为

$$es_3 = \Delta_3 + \frac{T_3}{2} = 0.05\ \text{mm} + \frac{0.16}{2} = 0.13\ \text{mm}$$

$$ei_3 = \Delta_3 - \frac{T_3}{2} = 0.05\ \text{mm} - \frac{0.16}{2}\ \text{mm} = -0.03\ \text{mm}$$

因此

$$L_3 = 43_{-0.03}^{+0.13}\ \text{mm}$$

最后综合确定各组成环尺寸和极限偏差为

$$L_1 = 30_{-0.14}^{\ 0}\ \text{mm}, L_2 = 5_{-0.08}^{\ 0}\ \text{mm}, L_3 = 43_{-0.03}^{+0.13}\ \text{mm},$$
$$L_4 = 3_{-0.05}^{\ 0}\ \text{mm},\ L_5 = 5_{-0.08}^{\ 0}\ \text{mm}$$

(2)在选择装配法中的解算实例

选择装配法有3种:直接选配法、分组选配法和复合选配法。

这种方法的实质是将加工好的零件按实际尺寸的大小分成若干组,然后按对应组中的一套零件进行装配,同一组内的零件可以互换,分组数量越多,则装配精度就越高。零件的分组数要根据使用要求和零件的经济公差来决定。部件中各个零件的经济公差数值,可能是相同的,也可能是不相同的。在此以分组选配法为例介绍装配尺寸链的计算。

实例分析7.5

如图7.34所示为内燃机按基轴制的活塞销孔 $D = \phi28_{-0.0075}^{-0.0050}$ mm 与活塞销 $d = \phi28_{-0.0025}^{\ 0}$ mm 的装配关系,在冷态装配时要求活塞销与销孔应有0.002 5 ~0.007 5 mm的过盈量。现采用分组选配法装配,试确定分组数及活塞销与销孔的实际制造公差和极限偏差。

解　分析:根据装配技术要求,活塞销与销孔在冷态装配时,应有0.002 5 ~0.007 5 mm的过盈量,即

$$Y_{min} = D_{max} - d_{min} = -0.0075\ \text{mm}$$
$$Y_{max} = D_{min} - d_{max} = -0.0025\ \text{mm}$$

封闭环公差为

$$T_0 = |Y_{max} - Y_{min}| = |-0.0075 + 0.0025|\ \text{mm} = 0.0050\ \text{mm}$$

若按等公差值分配 $T_{销} = T_{孔} = 0.0025$ mm,显然,制造这样的销和孔是非常困难的。

采用分组选配法,将销和销孔的公差同向放大到经济精度进行制造。活塞销外径尺寸由 $d = \phi28_{-0.0025}^{\ 0}$ mm 改变至 $\phi28_{-0.0100}^{\ 0}$ mm,活塞销孔直径由 $D = \phi28_{-0.0075}^{-0.0050}$ mm 改变至 $\phi28_{-0.0150}^{-0.0050}$ mm,即均向直径减小方向将公差放大至原来的4倍(由公差为0.002 5 mm放大为0.010 0 mm)。这样,活塞销可用无心磨床加工,活塞销孔可用金刚镗床加工,然后用精密量仪测量后

分组(可涂上不同颜色区别各组),并按对应组进行装配,具体分组情况见表 7.6 分组尺寸,公差带如图 7.34(b)所示。

表 7.6　活塞销与活塞孔的分组尺寸/mm

组　别	活塞销直径	活塞销直径	配合情况		标志颜色
			最小过盈	最大过盈	
Ⅰ	$\phi28_{-0.0025}^{0}$	$\phi28_{-0.0075}^{-0.0050}$	-0.002 5	-0.007 5	蓝
Ⅱ	$\phi28_{-0.0050}^{-0.0025}$	$\phi28_{-0.0100}^{-0.0075}$			黄
Ⅲ	$\phi28_{-0.0075}^{-0.0050}$	$\phi28_{-0.0125}^{-0.0100}$			白
Ⅳ	$\phi28_{-0.0100}^{-0.0075}$	$\phi28_{-0.0150}^{-0.0125}$			黑

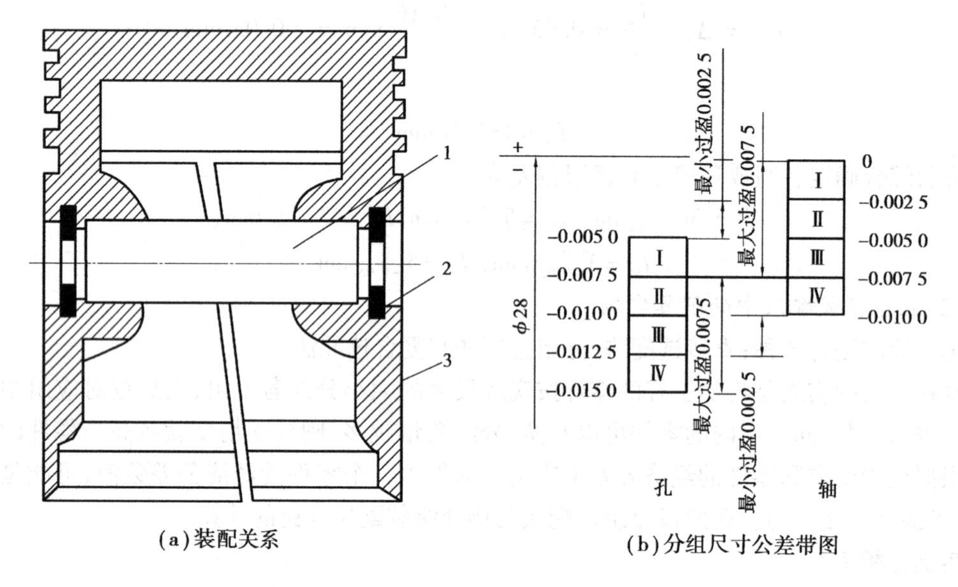

图 7.34　活塞销与活塞销孔的配合

1—销轴;2—密封件;3—活塞

可知各对应组的公差及配合性质与原来的要求相同,即对应组内的装配满足装配精度要求。

(3)在修配装配法中的解算实例

修配环在修配时,对封闭环尺寸的影响有两种情况:一种是使封闭环尺寸变小;另一种是使封闭环尺寸变大。下面就这两种情况分别举例说明。

1)修配环被修时使封闭环尺寸变小情况实例分析

实例分析 7.6

普通车床装配关系如图 7.35 所示,装配时要求尾座中心线比主轴中心高 A_0 为 0 ~ 0.06 mm,已知 $A_1=202$ mm,$A_2=46$ mm,$A_3=156$ mm。现采用修配法装配,试确定各组成环公差及其分布。

解　依题意,封闭环 $A_0=0_{0}^{+0.06}$ mm,$T_0=0.06$ mm,校验封闭环尺寸为

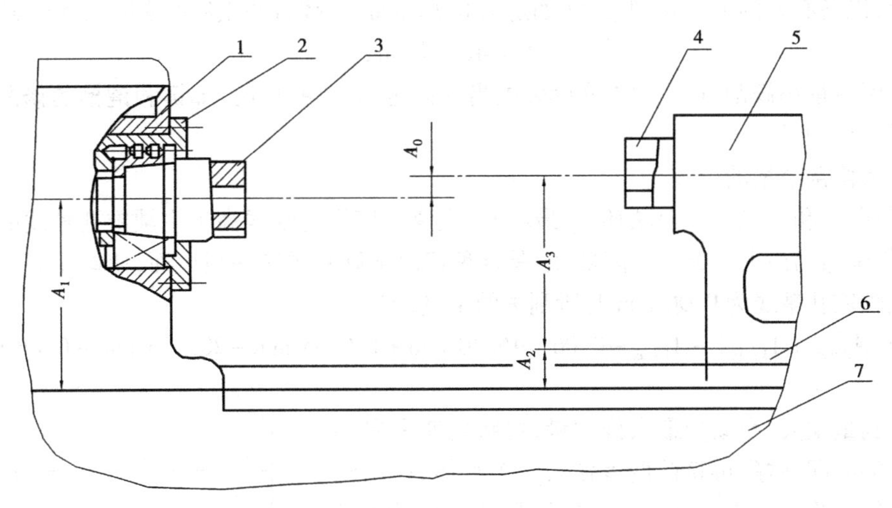

图 7.35　车床前后顶尖等高关系装配简图

1—主轴箱；2—滚动轴承；3—主轴；

4—尾座套筒；5—尾座；6—尾座底板；7—床身

$$A_0 = \sum_{i=1}^{m} \xi_i A_i = (A_2 + A_3) - A_1 = (46 + 156)\text{mm} - 202\text{ mm} = 0\text{ mm}$$

按完全互换法的极值公式计算，则各组成环平均公差为

$$T_{av,L} = \frac{T_0}{m} = \frac{0.06}{3}\text{ mm} = 0.02\text{ mm}$$

可知，各组成环的公差太小，不便加工。因此，不宜采用完全互换法，现采用修配装配法。计算步骤和方法如下：

①选择修配环

分析图 7.35 可知，组成环 A_2 为尾座底板，其形状简单、表面积不大、便于刮研，因此，可被选作为修配环。

②确定各组成环公差

A_2 采用半精刨加工。根据其加工经济精度规定，制造公差为 0.15 mm。

尺寸 A_1，A_3 根据镗模加工时的经济精度，取公差值 $T_1 = T_3 = 0.1$ mm，尺寸标注为

$$A_1 = (202 \pm 0.05)\text{mm}, A_3 = (156 \pm 0.05)\text{mm}$$

③计算修配环 A_2的尺寸及极限偏差

用极限尺寸计算得

$$A_{2\min} = A_{0\min} + A_{1\max} - A_{3\min} = 0 + 202.5\text{ mm} - 155.95\text{ mm} = 46.1\text{ mm}$$

因
$$T_{A2} = 0.15\text{ mm}$$

故

$$A_{2\max} = A_{2\min} + T_{A2} = (46.1 + 0.15)\text{mm} = 46.25\text{ mm}$$

由此得

$$A_2 = 46^{+0.25}_{+0.10}\text{ mm}$$

由于尾座底板的底面在总装时必须修刮（为保证尾座套筒锥孔轴线与床身导轨平行度要求），而上述计算是按 $A_{0\min} = 0$ 计算的，若总装时出现这种情况，就没有修刮余量了，故需对 A_2

进行放大,以备必要的最小修刮余量(如定为0.15 mm)。故将修正后的实际尺寸确定为

$$A_2 = 46^{+0.40}_{+0.25}\ \text{mm}$$

是否留有最小修刮量,是根据实际装配需要而定的,有些情况,如键和键槽的修配就不需要留有最小修刮量。

④最大修刮余量的校核

当增环 A_2 和 A_3 最大,而减环 A_1 最小时,尾座套筒锥孔轴线高出主轴锥孔轴线的距离最大,此时修配量为最大。最大修配量 Z_K 是这种情况下修刮尾座底板底面,使尾座套筒锥孔轴线高出主轴锥孔轴线为0.06 mm时所刮去的余量,即

$$Z_K = (A_{2\max} + A_{3\max}) - A_{1\max} - 0.06 = 46.40\ \text{mm} + 156.05\ \text{mm} - 201.95\ \text{mm} - 0.06\ \text{mm} = 0.44\ \text{mm}$$

此修刮量偏大,为减少最大修刮量,可将尾座和尾座底板的接触面配刮好,再将此两者作为一个整体,以尾座底板为定位基准精镗尾座孔,并控制该尺寸精度为0.1 mm。然后,将尾座和尾座底板作为一个整体进入总装。这样,原组成环 A_2 和 A_3 合并成为一个环 $A_{2,3}$,使原来的四环尺寸链变为三环尺寸链,这样可使最大修配量有效减少。

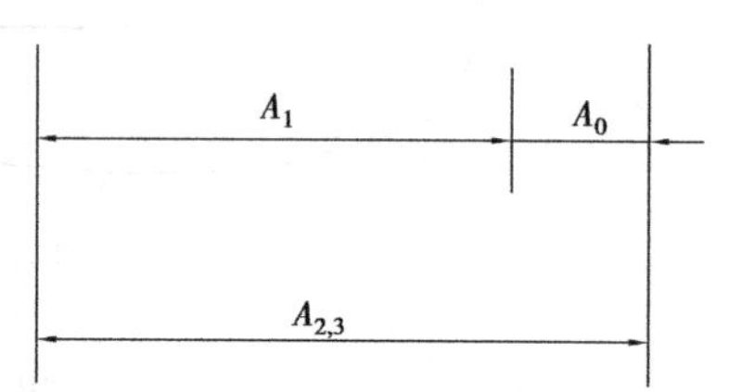

图7.36　尾座和尾座底板整体装配时的等高尺寸链

如图7.36所示,仍取 $A_1 = (202 \pm 0.05)$ mm,由上所得 $A_{2,3} = 202$ mm,$T_{2,3} = 0.1$ mm,则 $A_{2,3\min} = A_{0\min} + A_{1\max} = 0 + 202.05\ \text{mm} = 202.05\ \text{mm}$
由此得

$$A_{2,3} = 202^{+0.15}_{+0.05}\ \text{mm}$$

若考虑留以必要的最小修刮量0.15 mm,则

$$A_{2,3} = 202^{+0.30}_{+0.20}\ \text{mm}$$

此时的最大修配量为

$$Z_k = A_{2,3\max} + A_{1\min} - 0.06 = 202.30\ \text{mm} - 201.95\ \text{mm} - 0.06\ \text{mm} = 0.29\ \text{mm}$$

修配环的实际尺寸和最大修刮量也可以按照极限偏差进行计算,结果是相同的。由此可见,将 A_2,A_3 作为一个整体尺寸 $A_{2,3}$ 来镗孔,由于少了一个组成环,可以使装配时的修刮量从0.44 mm减少到0.29 mm。

2)修配环被修时使封闭环尺寸变大的情况

实例分析7.7

如图7.37所示为双联齿轮的装配关系。要求将双联齿轮、卡圈及垫片等装在主轴上之后,保证双联齿轮的轴向间隙为0.05~0.1 mm。

解　根据装配环选择的原则,选择易进行加工的垫片 A_4 为修配环。当 A_4 被修配时,封闭环 A_0 变大,如图7.37所示下方装配尺寸链。图中 $A_1 = 115$ mm,$A_2 = 2.5$ mm,$A_3 = 104$ mm,$A_4 = 8.5$ mm,$A_0 = 0^{+0.10}_{+0.05}$ mm。

A_1 和 A_3 采用车削加工,按加工经济精度 $T_1 = T_3 = 0.1$ mm,按"入体原则"标注为 $A_1 = 115^{+0.1}_{0}$ mm 和 $A_3 = 104^{0}_{-0.1}$ mm。卡圈 A_2 为标准件,按标准规定为 $A_2 = 2.5^{0}_{-0.12}$ mm。

垫片 A_4 可用平磨加工,根据加工经济精度,取 $T_4 = 0.03$ mm,其分布位置需计算确定。由式(7.2)可知

$$\begin{aligned}A_{4\min} &= A_{1\max} - A_{2\min} - A_{3\min} - A_{0\max} \\ &= 115.1\ \text{mm} - 2.38\ \text{mm} - 103.9\ \text{mm} - 0.1\ \text{mm} \\ &= 8.72\ \text{mm}\end{aligned}$$

从而可得 $A_4 = 8.5^{+0.25}_{+0.22}$ mm。

(4)在固定调整法中的解算实例

实例分析 7.8

仍以图 7.32 齿轮与轴的装配关系为例。已知 $L_1 = 30$ mm,$L_2 = 5$ mm,$L_3 = 43$ mm, $L_4 = 3^{\ 0}_{-0.05}$ mm(标准件),$L_5 = 5$ mm,装配精度要求为保证齿轮轴向间隙为 0.1 ~ 0.35 mm。现采用固定调整法装配,计算确定调整件的分组数及尺寸系列。

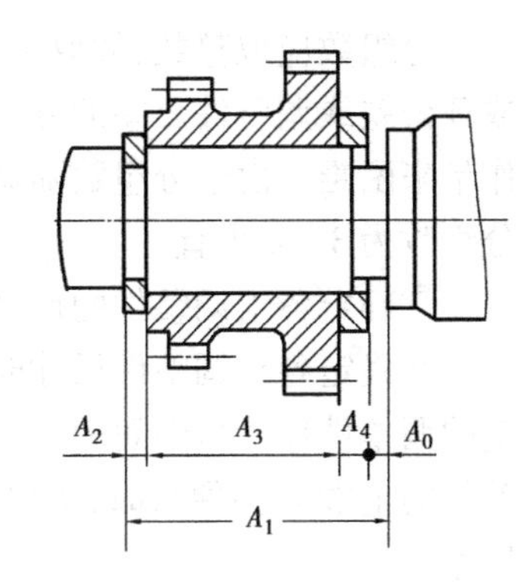

图 7.37　双联齿轮的装配关系

解　①画尺寸链并校验各环的基本尺寸

具体方法同前。

②选择调整件

L_5 为一垫圈,加工容易,装卸方便,故选之为调整件。

③确定各组成环公差及分布

各件均按加工经济精度确定公差,$T_1 = T_3 = 0.20$ mm,$T_2 = T_5 = 0.10$ mm,除调整件 L_5 外,按"入体原则"确定各件的尺寸及公差分布为 $L_1 = 30^{\ 0}_{-0.20}$ mm,$L_2 = 5^{\ 0}_{-0.10}$ mm,$L_3 = 43^{-0.20}_{\ 0}$ mm,$L_4 = 3^{\ 0}_{-0.05}$ mm(标准件)。

④计算调整件 L_5 的调整量

$$\begin{aligned}T'_{0L} &= \sum_{i=1}^{m} T_i = T_1 + T_2 + T_3 + T_4 + T_5 \\ &= 0.20\ \text{mm} + 0.10\ \text{mm} + 0.20\ \text{mm} + 0.05\ \text{mm} + 0.10\ \text{mm} = 0.65\ \text{mm}\end{aligned}$$

调整量 F 为

$$F = T'_{0L} - T_0 = 0.65\ \text{mm} - 0.25\ \text{mm} = 0.40\ \text{mm}$$

⑤计算调整件 L_5 的极限偏差

采用中间偏差计算公式计算。由前知

$$\Delta_1 = -0.10\ \text{mm},$$

$$\Delta_2 = -0.05\ \text{mm}, \Delta_3 = 0.10\ \text{mm}, \Delta_4 = -0.025\ \text{mm},\ \Delta_0 = 0.225\ \text{mm}$$

由

$$\begin{aligned}\Delta_0 &= \sum_{i=1}^{m} \xi_1 \Delta_i = \Delta_3 - (\Delta_1 + \Delta_2 + \Delta_4 + \Delta_5) \\ &= 0.10\ \text{mm} - 0.225\ \text{mm} - (-0.10 - 0.05 - 0.025)\text{mm} = 0.05\ \text{mm}\end{aligned}$$

则调整件 L_5 的极限偏差为

$$es_5 = \Delta_5 + \frac{T_5}{2} = 0.05\ \text{mm} + \frac{0.10}{2}\ \text{mm} = 0.10\ \text{mm}$$

$$ei_5 = \Delta_5 - \frac{T_5}{2} = 0.05\ \text{mm} - \frac{0.10}{2}\ \text{mm} = 0\ \text{mm}$$

故调整件 L_5 的尺寸为

$$L_5 = 5^{+0.10}_{\ 0}\ \text{mm}$$

⑥确定调整件的分组数 z

调整件各组之间的尺寸差 S 为封闭环公差与调整件公差之差,即

$$S = T_0 - T_5 = 0.25\ \text{mm} - 0.10\ \text{mm} = 0.15\ \text{mm}$$

调整件的组数 Z 为

$$Z = 1 + \frac{F}{S} = 1 + \frac{0.40}{0.15} = 3.66 \approx 4$$

分组数应取整数,故取 $Z=4$。当实际计算的 Z 值和圆整数相差较大时,可通过改变各组成环公差或调整件公差的方法,使 Z 值为整数。另外,分组数不宜过多,否则将给生产组织工作带来困难。由于分组数随调整件公差的减小而减少,故应尽可能使调整件公差小些。一般分组数为 3 ~4 为宜。

⑦确定各组调整件的尺寸

在确定各组调整件尺寸时,可根据以下原则来计算:当调整件的组数 Z 为奇数时,预先确定的调整件尺寸是中间的一组尺寸,其余各组尺寸相应增加或减小各组之间的尺寸差 S;当调整件的组数 Z 为偶数时,则以预先确定的调整件尺寸为对称中心,再根据尺寸差 S 确定各组尺寸。

本例中 $Z=4$,故由前计算的调整件尺寸 $L_5 = 5^{+0.10}_{0}$ mm 为对称中心,各组尺寸差 $S=0.15$ mm,得各组调整件尺寸 L_5 为

$$(5-0.075-0.15)^{+0.10}_{0}\ \text{mm}$$
$$(5-0.075)^{+0.10}_{0}\ \text{mm}$$
$$5^{+0.10}_{0}\ \text{mm}$$
$$(5+0.075)^{+0.10}_{0}\ \text{mm}$$
$$(5-0.075+0.15)^{+0.10}_{0}\ \text{mm}$$

即

$$L_5 = 5^{-0.125}_{-0.225}\ \text{mm},\ 5^{+0.025}_{-0.075}\ \text{mm},\ 5^{+0.175}_{+0.075}\ \text{mm},\ 5^{+0.325}_{+0.225}\ \text{mm}$$

本章小结

本章对尺寸链进行了系统的阐述,介绍了工艺尺寸链和装配尺寸链的计算方法。把互相联系的按一定顺序首尾相接构成封闭形式的一组尺寸定义为尺寸链。尺寸链的特征是封闭性和关联性。尺寸链的封闭环一定是最终被间接保证精度的尺寸,封闭环的确定是解算尺寸链最为关键的环节。

尺寸链的计算有极值解法和概率解法。极值法计算是考虑了各环尺寸处于极限情况下的一种计算方法,计算方法简单,因此应用十分广泛。无论是正计算、反计算、中间计算,都可以应用。

工艺尺寸链的类型多种多样,需结合具体的工艺方案有针对性地加以分析和计算。

装配尺寸链的封闭环是某项装配精度指标,装配尺寸链的计算需要结合装配工艺方法进行分析。

本章的重点是掌握极值法解尺寸链的基本过程。

习题与思考题

7.1　何谓尺寸链？它有什么特征？

7.2　尺寸链是由哪些环组成的？它们之间的关系如何？

7.3　在一个尺寸链中是否必须同时具有封闭环、增环和减环这3种环？并举例说明。

7.4　画尺寸链图的具体步骤是什么？解算尺寸链的主要作用是什么？

7.5　尺寸链在产品设计(装配图)中和在零件设计(零件图)中如何应用？怎样确定其封闭环？

7.6　能否说，在尺寸链中只有一个未知尺寸时，该尺寸一定是封闭环？

7.7　正计算、反计算和中间计算的特点和应用场合是什么？

7.8　反计算中各组成环公差是否能任意给定？为什么？

7.9　解尺寸链的基本方法有几种？它们的区别是什么？应用条件有何不同？

7.10　建立装配尺寸链时，为什么要遵循“最短尺寸链原则”？

7.11　如图7.38所示，零件加工时，图样要求保证尺寸6 ±0.1 mm，但这一尺寸不便直接测量，只好通过测量尺寸L来间接保证。试求工序尺寸L及其上下偏差。

7.12　如图7.39所示零件若以A面定位，用调整法铣平面C,D及槽E。已知$L_1=60\pm0.2$ mm，$L_2=20\pm0.4$ mm，$L_3=40\pm0.8$ mm。试确定其工序尺寸及其偏差。

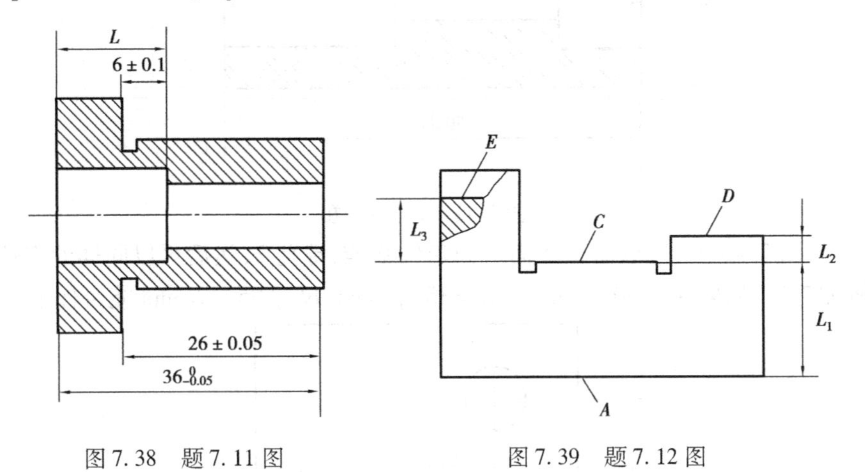

图7.38　题7.11图　　　　图7.39　题7.12图

7.13　某套筒零件的技术要求如图7.40所示，已知加工顺序为先车外圆至$\phi30_{-0.04}^{\ 0}$ mm，再钻内孔至$\phi20_{\ 0}^{+0.06}$ mm，内孔对外圆的同轴度公差为$\phi0.02$ mm。试计算套筒的壁厚尺寸。

7.14　如图7.40所示套筒零件外圆上还需进行镀铬处理，问镀层厚度应控制在什么范围内才能保证镀铬后的零件壁厚为5 ±0.05 mm。

7.15　如图7.41所示，设计上要求轴的直径和键槽深度完工后尺寸分别为$A_3=\phi45_{+0.002}^{+0.018}$ mm和$A_0=39.5_{-0.2}^{\ 0}$ mm。该轴的加工顺序为先按工序尺寸$A_1=\phi45.6_{-0.1}^{\ 0}$ mm车外圆，再按工序尺寸A。铣键槽，淬火和低温回火后，磨外圆至设计上所要求的轴径，并得到设计上所要求的轴键槽深度。试计算工序尺寸A_2及其极限偏差。

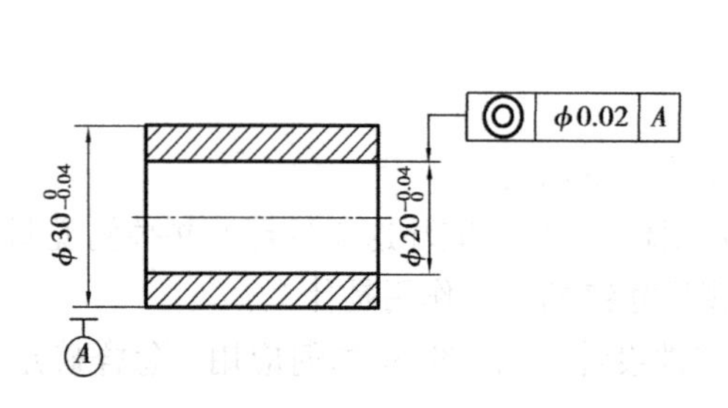

图 7.40　套筒　题 7.13、题 7.14 图

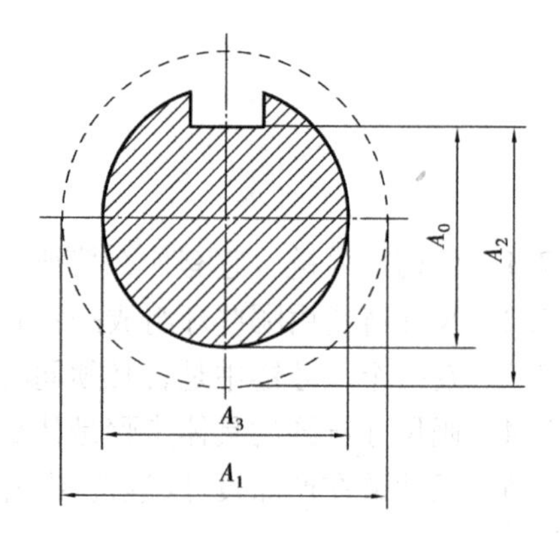

图 7.41　铣键槽　题 7.15 图

7.16　如图 7.42 所示为轴套零件图,在车床上已加工好外圆、内孔及各面,现需在铣床上铣出右端槽,并保证尺寸 $5_{-0.06}^{\ 0}$ mm 及 26 ± 0.2 mm。求试切调刀时的测量尺寸 H,A 及其上、下偏差。

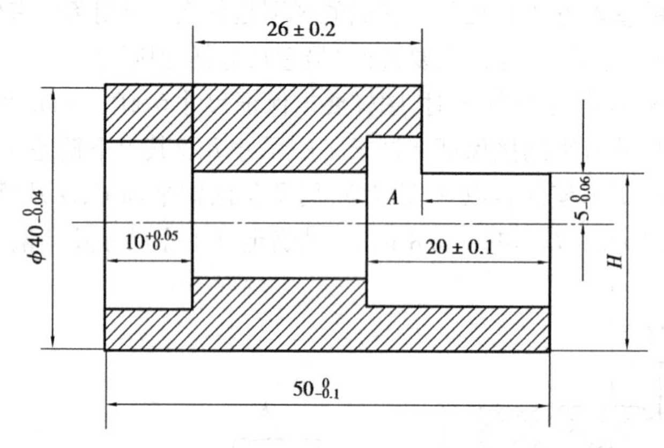

图 7.42　题 7.16 图

7.17　如图 7.43 所示,以工件底面 1 为定位基准,镗孔 2,然后再以同样的定位基准镗孔 3。试分析加工后,如果 $A_1 = 60_{\ 0}^{+0.2}$ mm, $A_2 = 35_{-0.2}^{\ 0}$ mm,尺寸 $25_{-0.05}^{+0.4}$ mm 能否保证?

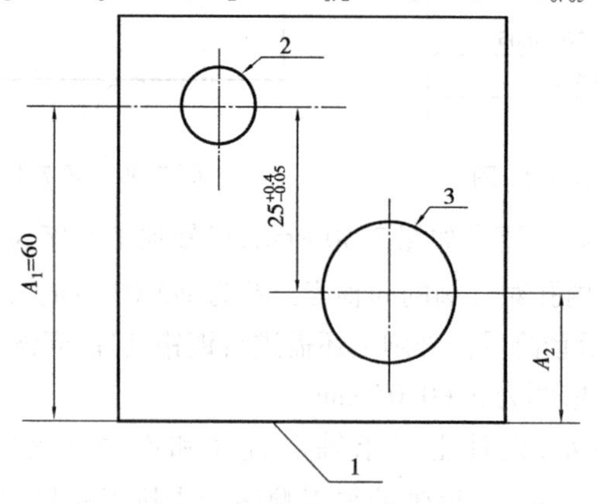

图 7.43　题 7.17 图

7.18　现有一轴、孔配合,配合间隙要求为0.04 ~0.26 mm。已知轴的尺寸为 $\phi 50_{-0.10}^{\ 0}$

mm,孔尺寸为 $\phi50^{+0.20}_{0}$ mm。若用完全互换法进行装配,能否保证装配精度要求?用大数互换法装配能否保证装配精度要求?

7.19　设有一轴、孔配合,若轴的尺寸为 $\phi80^{0}_{-0.10}$ mm,孔的尺寸为 $\phi80^{+0.20}_{0}$ mm。试用完全互换法和大数互换法装配,分别计算其封闭环公称尺寸、公差和分布位置。

7.20　在 CA6140 车床尾座套筒装配图中,各组成环零件的尺寸如图 7.44 所示。若分别按完全互换法和大数互换法装配,试分别计算装配后螺母在顶尖套筒内的端面圆跳动量。

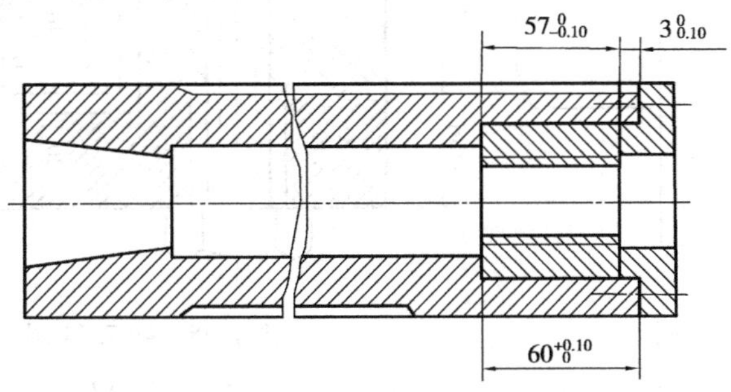

图 7.44　题 7.20 图

7.21　现有一活塞部件,其各组成零件有关尺寸如图 7.45 所示。试分别按极值公差公式和统计公差公式计算活塞行程的极限尺寸。

7.22　减速器中某轴上零件的尺寸为 $A_1=40$ mm,$A_2=36$ mm,$A_3=4$ mm 。要求装配后齿轮轴向间隙 $A_0=0^{+0.25}_{+0.10}$ mm,结构如图 7.46 所示。试用极值法和统计法分别确定各零件的公差及其分布位置。

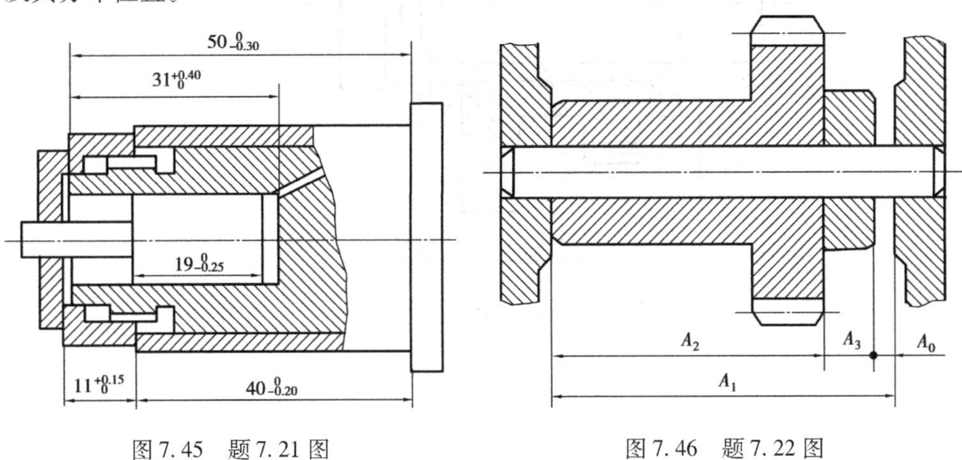

图 7.45　题 7.21 图　　　　图 7.46　题 7.22 图

7.23　如图 7.47 所示轴类部件,为保证弹性挡圈顺利装入,要求保持轴向间隙 $A_0=0^{+0.41}_{+0.05}$ mm。已知各组成环的基本尺寸 $A_1=32.5$ mm,$A_2=35$ mm,$A_3=2.5$ mm。试用极值法和统计法分别确定各组成零件的上下偏差。

7.24　如图 7.48 所示为车床床鞍与床身导轨装配图。为保证床鞍在床身导轨上准确移动,装配技术要求规定,其配合间隙为 0.1 ~ 0.3 mm。试用修配法确定各零件有关尺寸及其公差。

7.25　如图 7.49 所示为传动轴装配图。现采用调整法装配,以右端垫圈为调整环 A_K,装配精度要求 $A_0=0.05\sim0.20$ mm(双联齿轮的端面圆跳动量)。试采用固定调整法确定各组成零件的尺寸及公差,并计算加入调整垫片的组数及各组垫片的尺寸及公差。

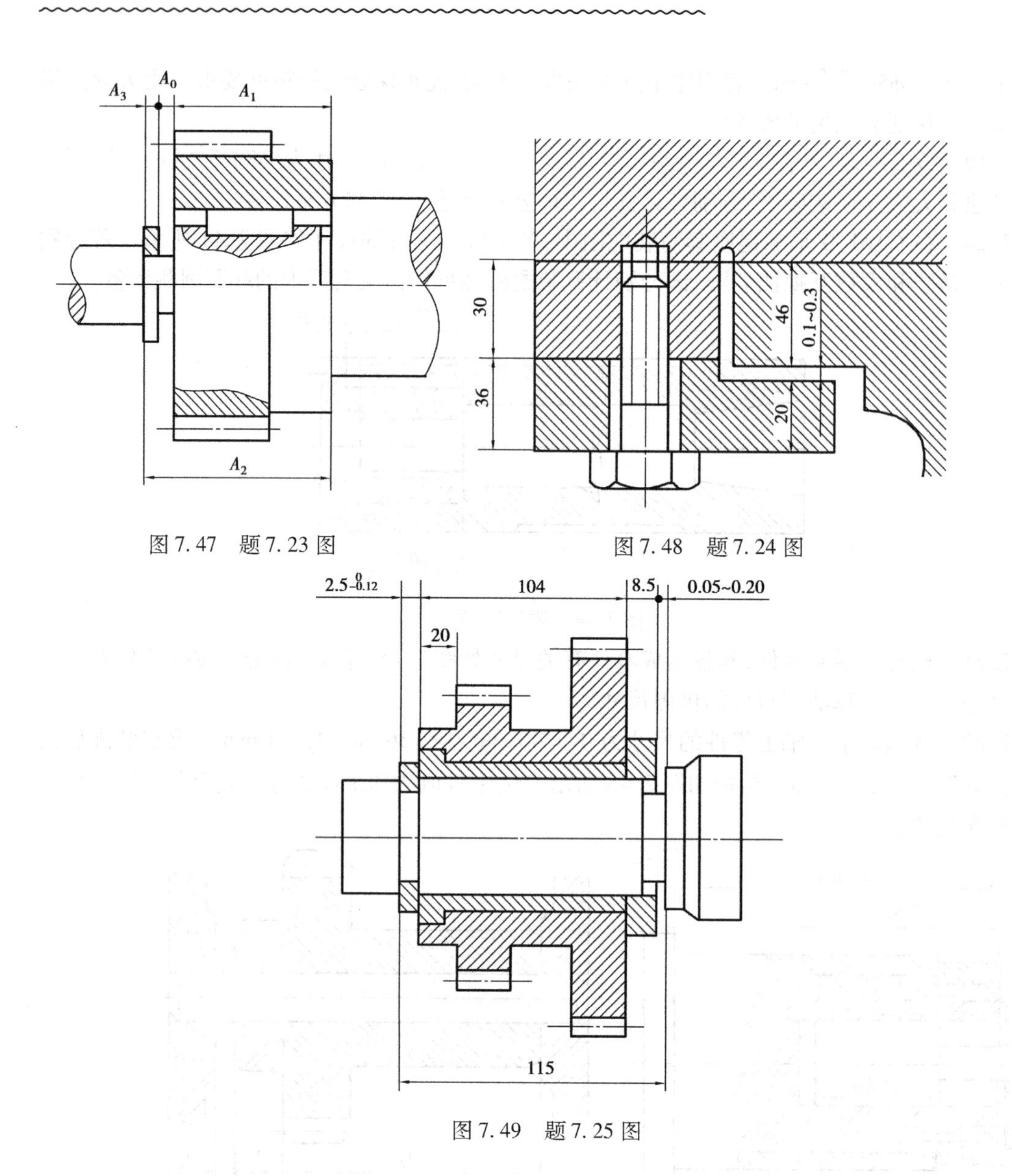

图 7.47　题 7.23 图

图 7.48　题 7.24 图

图 7.49　题 7.25 图

第8章 先进制造技术

8.1 概　述

8.1.1 先进制造技术的产生与特征

(1)先进制造技术产生的背景

20世纪80年代以来,各国制造业面临复杂多变的外部环境,科学技术突飞猛进,供求关系变化频繁,产品更新日新月异,各国经济与国际市场纵横交错。鉴于此,各国政府和企业界都在寻求对策,以获取全球范围内竞争优势,传统的制造技术已变得越来越不适应当今快速变化的形势,而先进的制造技术,尤其是计算机技术和信息技术在制造业中的广泛应用,使人们正在或已经摆脱传统观念的束缚,使人类跨入制造业的新纪元。先进制造技术(Advanced Manufacturing Technology,AMT)作为一个专用名词的出现,却是20世纪80年代末由美国根据本国制造业面临的挑战与机遇,对其制造业存在的问题进行深刻反省,为了加强其制造业的竞争力和促进本国国民经济的增长而提出来的。

AMT最早源于美国。美国制造业在第二次世界大战及稍后时期得到了空前的发展,形成了一支强大的研究开发力量,成为当时制造业的霸主,制造业可以说是美国经济的主要支柱,因为美国财富的68%来源于制造业。战后国际环境发生了很大的变化,军事对峙和显示实力刺激制造业发展的背景减弱了。由于美国长期受强调基础研究的影响忽视制造业的发展,到20世纪70年代日本和德国经济恢复时美国制造业遇到了强有力的挑战,汽车业、家用电器业、机床业、半导体业、应用电子工业、钢铁业的霸主地位相继退位,连优势最为明显的航天、航空业也遇到了强有力的竞争,出口产品的竞争力大大落后于日本和德国,对外贸易逆差与日俱增,经济滞涨,发展缓慢。而日本在过去几十年内不断地主动采用制造新技术,已使其制造业成为公认的世界领袖。20世纪80年代初期,美国一批有识之士相继发表言论,对美国制造业的衰退进行了反思,强调了制造技术与国民经济及国力的至关重要的相依关系,强调了制造技术的重要性。在此背景下,克林顿政府在上台后,相继提出了两个颇有号召力的口号:“为美国的利益发展技术”“技术是经济的发动机”,强调了具有明确的社会经济目标的关键技术的重要性,制订了国家关键技术计划,并对其技术政策作了重大调整。美国先进制造技术也就是在这样一个社会经济背景下出台了。此后,AMT在欧洲各国也得到响应。

(2)先进制造技术的内涵和特点

1)先进制造技术的定义

先进制造技术是在传统制造技术的基础上发展而来的,随着相关学科的发展和技术的不断进步而逐步发展,因此它是一个相对的、动态的概念。目前对先进制造技术尚没有一个明确的、一致公认的定义,经过近年来对发展先进制造技术方面开展的工作,通过对其特征的分析研究,可以将先进制造技术描述为在传统制造技术基础上不断吸收机械、电子、信息、材料、能源和现代管理等方面的成果,并将其综合应用于产品设计、制造、检测、管理、销售、使用、服务的制造全过程,以实现优质、高效、低耗、清洁、灵活的生产,提高对动态多变的市场的适应能力和竞争能力的制造技术总称,也是取得理想技术经济效果的制造技术的总称。

2)先进制造技术的特点

先进制造技术的特点表现在以下6个方面:

①先进性。先进制造技术的核心和基础是实现优质、高效、低耗、清洁、灵活的生产,它从传统制造工艺发展起来,并与新技术实现了局部或系统集成。

②广泛性。先进制造技术不是单独分割在制造过程的某一环节,而是将其综合运用于制造的全过程,它覆盖了产品设计、生产设备、加工制造、销售使用、维修服务,甚至回收再生的整个过程。

③实用性。先进制造技术的发展是针对某一具体的制造目标(如汽车制造、高档数控机床)的需求,而发展起来的先进、适用技术,有明确的需求导向;先进制造技术不是以追求技术的高新度为目的,而是注重产生最好的实践效果,以提高企业竞争力以及促进国家经济增长和综合实力为目标。

④系统性。随着微电子、信息技术的引入,先进制造技术能驾驭信息生成、采集、传递、反馈、调整的信息流动过程。先进制造技术是可以驾驭生产过程的物质流、能量流和信息流的系统工程。

⑤集成性。先进制造技术由于专业、学科间的不断渗透、交叉、融合,界限逐渐淡化甚至消失,技术趋于系统化、集成化,已发展成为集机械、电子、信息、材料和管理技术为一体的新兴交叉学科,因此有人称其为“制造工程”。

⑥动态性。先进制造技术不是一成不变的,而是一门动态技术。它要不断地吸收各种高新技术,将其渗透到企业生产的所有领域和产品寿命循环的全过程,实现优质、高效、低耗、清洁、灵活的生产。同时反映在不同时期和不同的国家地区,先进制造技术就有其自身不同的特点、目标和内容等。

8.1.2 先进制造技术的体系结构及分类

(1)先进制造技术的体系结构

1994年,美国联邦科学、工程和技术协调委员会(FCCSET)下属的工业和技术委员会先进制造技术工作组提出,将先进制造技术分为3个技术群:

一是主体技术群。

二是支撑技术群。

三是制造技术环境。

这3个技术群相互联系、相互促进，组成一个完整的体系，每个部分均不可缺少，否则就很难发挥预期的整体功能效益。如图8.1所示给出了先进制造技术的体系结构。

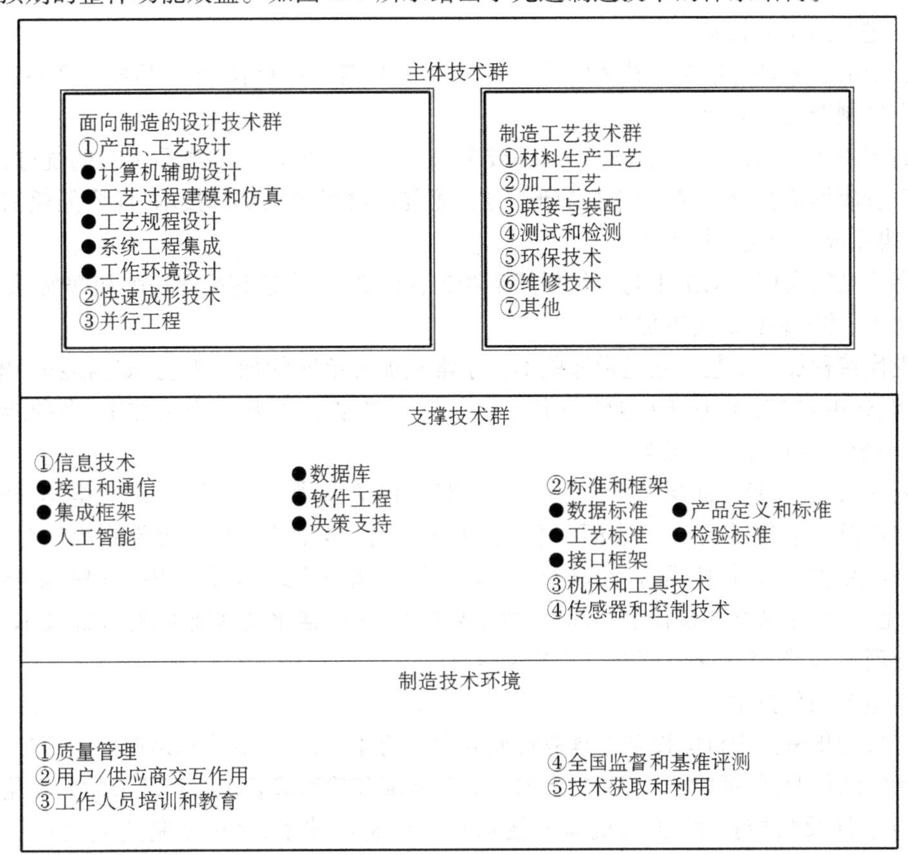

图8.1　先进制造技术的体系结构

(2)先进制造技术的分类

先进制造技术已不是一般单指加工过程的工艺方法，而是横跨多个学科，包含了从产品设计、加工制造到产品销售、售后服务等整个产品生命周期全过程的所有相关技术，涉及设计、制造工艺、加工自动化、管理等多个领域。根据先进制造技术的功能和研究对象，可将先进制造技术归纳为以下几大类：

1)现代设计技术

①计算机辅助设计技术。包括有限元法、优化设计、反求工程技术、模糊智能CAD、工程数据库等。

②性能优良设计基础技术。包括可靠性设计、安全性设计、动态分析与设计、防断裂设计、疲劳设计、防腐蚀设计、减摩和耐磨损设计、健壮设计、耐环境设计、维修性设计和维修性保障设计、测试性设计、人机工程设计等。

③竞争优势创建技术。包括快速响应设计、智能设计、仿真与虚拟设计、工业设计、价值工程设计和模块化设计等。

④全寿命周期设计技术。包括并行设计、面向制造的设计、全寿命周期设计。

⑤可持续发展产品设计技术。主要有绿色设计。

⑥设计试验技术。包括产品可靠性试验、产品环保性能试验与控制、仿真试验与虚拟试验。

2)先进制造工艺技术

先进制造工艺是先进制造技术的核心和基础,是使各种原材料、半成品成为产品的方法和过程。先进制造工艺包括以下几种:

①高效精密成形技术。它是生产局部或全部无余量或少余量半成品工艺的统称,包括精密洁净铸造成形工艺、精确高效塑性成形工艺、优质高效焊接及切割技术、优质低耗洁净热处理技术、快速成形和制造技术等。

②高效高精度切削加工工艺。包括精密和超精密加工、高速超高速切削和磨削、复杂型面的数控加工、游离磨粒的高效加工等。

③现代特种加工工艺。它是指那些不属于常规加工范畴的加工工艺,如高能束(电子束、离子束、激光束)加工、电加工(电解和电火花)、超声波加工、高压水射流加工、多种能源的复合加工、纳米技术及微细加工等。

④表面改性、制膜和涂层技术。它是采用物理、化学、金属学、高分子化学、电学、光学和机械学等技术及其组合,赋予产品表面耐磨、耐蚀、耐(隔)热、耐辐射、抗疲劳的特殊功能,从而达到提高产品质量、延长使用寿命,赋予产品新性能的新技术统称,是表面工程的重要组成部分,包括化学镀、非晶态合金技术、节能表面涂装技术、表面强化处理技术、热喷涂技术、激光表面熔敷处理技术、等离子化学气相沉积技术等。

3)制造自动化技术

制造自动化是指用机电设备工具取代或放大人的体力,甚至取代和延伸人的部分智力,自动完成特定的作业,包括物料的存储、运输、加工、装配和检验等各个生产环节的自动化。制造自动化技术涉及数控技术、工业机器人技术和柔性制造技术,是机械制造业最重要的支撑技术。

①数控技术。包括数控装置、送给系统和主轴系统、数控机床的程序编制。

②工业机器人。包括机器人操作机、机器人控制系统、机器人传感器、机器人生产线总体控制。

③柔性制造系统(FMS)。包括FMS的加工系统、物流系统、调度与控制、故障诊断。

④自动检测及信号识别技术。包括自动检测CAT、信号识别系统、数据获取、数据处理、特征提取与识别。

⑤过程设备工况监测与控制。包括过程监视控制系统、在线反馈质量控制。

4)先进管理技术与生产模式

①先进制造生产模式。包括计算机集成制造系统(CIMS)、敏捷制造系统(AMS)、智能制造系统(IMS)、精良生产(LP)、并行工程(CE)、全球制造(GM)等先进的生产组织管理和控制方法。

②集成管理技术。包括并行工程、物料需求计划(Material Requirement Planning,MRP)与准时制生产(Just In Time,JIT)的集成、基于作业的成本管理(ABC)、现代质量保障体系、现代管理信息系统、生产率工程、制造资源的快速有效集成。

③生产组织方法。包括虚拟公司理论与组织、企业组织结构的变革、以人为本的团队建

设、企业重组工程。

8.1.3　先进制造技术的发展趋势

先进制造技术总的发展趋势为精密化、柔性化、网络化、虚拟化、智能化,清洁化、集成化和全球化。具体包含以下9个方面发展趋势:

①集合多学科成果形成一个完整的制造体系。集传统制造技术、信息技术、计算机技术、自动化技术、先进的管理科学的交叉融合与最新成果。下一代航天、航空产品的制造将与材料科学、空间物理学等紧密结合;制造科学与生命科学、生物学交叉的生物制造、仿生制造将得到较大的发展;精微制造的机理和控制技术将得益于与量子力学、材料科学、微电子科学等的深度融合;数字制造、智能制造的发展将更加依赖于与现代数学、系统科学、管理科学的综合。可以说,未来10~15年将是制造科学与技术同其他相关学科交叉融合大发展的时期,尤其是制造基础科学可望获得一些新的突破。

②先进制造技术是动态发展过程。它不断地吸收各种高新技术发展而成,在不同时期、不同区域有各自的重点和内容。

③信息技术对先进制造技术的发展越来越重要。计算机集成制造系统(CIMS)、并行工程(CE)、智能制造(IM)贯穿于先进制造全过程。

④向超精微细领域扩展。微型机械,纳米测量、微米/纳米加工制造将得到更进一步的发展。加工精度的"精密化"、加工尺度"细微化"、加工要求和条件的"极限化"都是当今制造科学与技术发展研究的焦点。

⑤制造过程集成化。产品的设计、加工、检测、物流、装配过程一体化。"集成化"将使制造技术和管理更加深入和广泛地融合,其本质是知识与信息的集成。

⑥制造科学与制造技术、生产管理的融合。制造科学是制造系统和制造过程知识的系统描述。制造技术包含在制造科学之中,制造科学体现在制造技术里,技术和管理由生产模式结合在一起,现代制造正从技艺、技术走向科学。

⑦绿色制造。包括绿色产品设计技术、绿色制造技术、产品的回收和循环再制造等。人类社会必将与自然界和谐发展。制造必须充分保护自然环境,保护社会环境、生产环境和生产者的身心健康。制造必然要走"绿色"之路,这是实现国民经济可持续发展的重要条件。

⑧虚拟现实技术。包括制造技术、网络化制造、虚拟企业。将制造企业的设计、生产、管理与营销等提供跨地域的运行环境,使制造业走向全球化、整体化和有序化。虚拟现实技术将在产品制造、制造系统运行全过程中广泛应用,是预测和评价生产过程科学化的重要手段。

⑨制造全球化。制造企业在世界范围内重组与集成。制造全球化可以使企业的知识、资本、技术和经验所获得的效益达到最大化,在全球化中整合资源,实现全球资源的优化配置,表现在全球化采购、全球化销售、全球化生产、全球化研发。企业将采购、生产、销售与研发的范围扩大到全球。

在未来10~15年先进制造技术将在以下10个方面得到优先发展:

①机电产品的创新设计和系统优化设计理论与方法。包括全生命周期的产品数字化建模、仿真评估理论及设计规范;产品快速创新开发的设计、优化、规划和管理技术;复杂机电系统创新设计、整体优化设计的理论、技术与方法。

②网络协同制造策略理论和关键技术。主要包括制造系统的信息模型和约束描述;支持

并行及网络协同制造的理论和技术;制造系统优化运行理论、策略与控制。

③新型成形制造原理和技术。包括基于新材料、新工艺的成形原理及技术;近净成形制造原理和技术;高能束精密成形制造原理及技术。

④数字制造理论和数字制造装备技术。包括产品制造过程的数字化模型及多领域物理作用规律;高速高效数字制造理论与技术,基于新原理、新工艺的新型数字化装备;数字制造中多智能体协调和实时自律控制技术。

⑤制造中的精密测量理论和技术。主要包括在多尺度空间上的精密测量问题;机械表面微观计量理论与技术;超精密测量、新传感器技术等。

⑥纳米制造科学与技术。包括纳米材料制备及其性能测量;纳米尺度加工、制造、测量和装配原理与技术。

⑦生物制造与仿生机械的科学与技术。包括结构、功能、能源及运动机械仿生及仿生制造;生物自生长成形制造;生物工程制造原理及技术、新一代生物芯片制造原理与技术。

模仿生物的组织结构和运行模式的制造系统与制造过程称为"仿生制造"(Bionic Manufacturing)。它通过模拟生物器官的自组织、自增长与自进化等功能,建立新的制造模式和研究新的仿生加工方法,开发新型智能仿生机械和结构,将在军事、生物医学工程和人工康复等方面有重要的应用前景。

⑧微系统与新一代电子制造科学与关键技术。主要包括微机械、微传感、微光器件的制造机理与技术;纳米级光学光刻与非光学光刻、浅沟槽刻蚀、铜互连等机理及技术;集成电路新型封装工艺原理与技术。

⑨绿色制造的科学与技术。包括产品与人类和自然的协调理论;产品绿色制造工艺;产品的再制造与维修科学;产品绿色使用以及废旧产品资源再利用的理论与方法。

⑩面向国家安全和国家重大工程的制造科学与技术。主要包括针对未来国家将实施的重大工程(如宇宙探索、航天、航空、海洋、能源、交通和国防装备等)中的制造技术与科学问题,保证国家重大工程和国家安全。

8.2 先进制造工艺技术

8.2.1 特种加工技术

(1)特种加工的基本概念

特种加工技术是先进制造技术的重要组成部分。由于其加工机理的特殊性,在国民经济的众多制造领域中发挥着极其重要的不可替代的作用。在航空、航天、军工、能源、汽车、电子、冶金、化纤、交通等应用领域中解决了大量传统机械加工难以解决的关键的、特殊的加工难题,其发展状况影响着我国的综合国力及国防实力的提高。

特种加工也称"非传统加工"或"现代加工方法",泛指用电能、热能、光能、电化学能、化学能、声能及特殊机械能等能量达到去除或增加材料的加工方法,从而实现材料被去除、变形、改变性能或被镀覆等。与传统加工(切削、磨削)有以下明显区别:

①不是主要依靠机械能,而是利用其他形式的能量去除材料。

②工具的硬度可以低于被加工材料的硬度。

③加工过程中不存在显著机械力的作用，适合于低刚度零件的精密加工。

④加工形状复杂，特别适合于工件型腔、大型和微细零件加工，热变形小。

由于具有上述特点，特种加工技术可以加工任何硬度、强度、韧性、脆性的金属、非金属材料或复合材料，而且特别适合于加工复杂微细表面和低刚度的零件，同时，有些方法还可以用于进行超精密加工、镜面加工、光整加工以及纳米级（原子级）的加工。

(2)特种加工的分类

特种加工的方法类别很多，根据加工机理和所采用的能源可以分为如下几类：

①力学加工应用机械能进行加工，如超声波加工、喷射加工等。

②电物理加工利用电能转换成热能、光能等进行加工，如电火花成形加工、电火花线切割加工、电子束加工、离子束加工等。

③电化学加工利用电能转换为化学能进行加工，如电解加工、电镀加工等。

④激光加工利用激光光能转换为热能进行加工。

⑤化学加工利用化学能或光能转换为化学能进行加工，如化学腐蚀加工（化学铣削）、化学刻蚀（光刻加工）等。

⑥复合加工将机械加工和特种加工叠加在一起形成复合加工，如电解磨削等。

(3)几种典型的特种加工方法

1)激光加工技术

①激光加工的基本原理

激光加工就是利用激光器发射出来的具有高方向性和高亮度的激光，通过光学系统把激光束聚焦成一个极小的光斑（直径仅有几微米或几十微米），使光斑处获得极高的能量密度（$10^7 \sim 10^{11}$ W/cm^2）达到上万摄氏度的高温，从而能在很短的时间内使各种物质熔化和汽化，达到蚀除工件材料的目的。

激光加工是一个高温过程，就其机理而言，一般认为当能量密度极高的激光照射在被加工表面时，光能被加工表面吸收并转换成热能，使照射斑点的局部区域迅速熔化甚至汽化蒸发，并形成小凹坑，同时也开始了热扩散，结果使斑点周围金属熔化，随着激光能量的继续吸收，凹坑中金属蒸汽迅速膨胀，压力突然增加，熔融物被爆炸性地高速喷射出来。其喷射所产生的反冲压力又在工件内部形成一个方向性很强的冲击波。这样，工件材料就在高温熔融和冲击波作用下，蚀除了部分物质，从而打出一个具有一定锥度的小孔。

②激光加工的特点与应用

激光加工的特点主要体现在以下 6 点：

a. 工范围广。由于其功率密度高，几乎能加工任何金属和非金属材料，如高熔点材料、耐热合金、硬质合金、有机玻璃、陶瓷、宝石、金刚石等硬脆材料。

b. 操作简单方便。激光加工不需要加工工具，所以不存在工具损耗的问题，也不需要特殊工作环境，可以在任意透明的环境中操作，包括空气、惰性气体、真空，甚至某些液体。

c. 用于精微加工。激光聚焦后的光斑直径极小，能形成极细的光束，可用来加工深而小的细孔和窄缝。因不需要工具，加工时无机械接触，工件不受明显的切削力，可加工刚度较差的零件。

d. 光头不需要过分靠近难于接近的地方去进行切削和加工，甚至可以利用光纤传输进行远距离遥控加工。

e. 能量高度集中，加工速度快、效率高，可减少热传散带来的热变形。对具有高热传导和高反射率的金属，如铝、铜和它们的合金，用激光加工时效率较低。

f. 控性好，易于实现自动化。利用激光器与机器人相结合，可在高温、有毒或其他危险环境中工作。同时，由于一台激光器可进行切割、打孔、焊接、表面处理等多种加工，因而新的工作母机加上这种激光器，一台机器就同时具备多种功能，开辟了新的自动化加工方式。

利用激光能量高度集中的特点，激光可用于打孔、切割、雕刻及表面处理。利用激光的单色性还可以进行精密测量。

a. 激光打孔。激光打孔是激光加工中应用最早和应用最广泛的一种加工方法。利用凸镜将激光在工件上聚焦，焦点处的高温使材料瞬时熔化、汽化、蒸发，好像一个微型爆炸。汽化物质以超音速喷射出来，它的反冲击力在工件内部形成一个向后的冲击波，在此作用下将孔打出。激光打孔速度极快，效率极高。例如，用激光给手表的红宝石轴承打孔，每秒钟可加工14～16只，合格率达99%。目前，常用于微细孔和超硬材料打孔，如柴油机喷嘴、金刚石拉丝模、化纤喷丝头、卷烟机上用的集流管等。

b. 激光切割。与激光打孔原理基本相同，也是将激光能量聚集到很微小的范围内把工件烧穿，但切割时需移动工件或激光束（一般移动工件），沿切口连续打一排小孔即可把工件割开。激光可切割金属、陶瓷、半导体、布、纸、橡胶、木材等，切缝窄、效率高、操作方便。

c. 激光焊接。激光焊接与激光打孔原理稍有不同，焊接时不需要那么高的能量密度使工件材料汽化蚀除，而只要将工件的加工区烧熔，使其黏合在一起。因此，所需能量密度较低，可用小功率激光器。与其他焊接相比，具有焊接时间短、效率高、无喷渣、被焊材料不易氧化、热影响区小等特点。不仅能焊接同种材料，而且可以焊接不同种类的材料，甚至可以焊接金属与非金属材料。

d. 激光的表面热处理。利用激光对金属工件表面进行扫描，从而引起工件表面金相组织发生变化进而对工件表面进行表面淬火、粉末黏合等。用激光进行表面淬火，工件表层的加热速度极快，内部受热极少，工件不产生热变形。特别适合于对齿轮、汽缸筒等形状复杂的零件进行表面淬火。国外已应用于自动线上对齿轮进行表面淬火。同时由于不必用加热炉，是开式的，故也适合于大型零件的表面淬火。粉末黏合是在工件表层上用激光加热后熔入其他元素，可提高和改善工件的综合力学性能。此外，还可以利用激光除锈、激光消除工件表面的沉积物等。

2）电子束加工技术

电子束加工（EBM）是近年来得到较大发展的新兴特种加工，它在精细加工方面，尤其是在微电子学领域中得到了较多的应用。

①电子束加工的基本原理和特点

A. 电子束加工的基本原理

电子束加工是在真空条件下，利用聚焦后能量密度极高（10^6～10^9 W/cm^2）的电子束，以极高的速度冲击到工件表面极小的面积上，在极短的时间（几分之一微秒）内，其大部分能量转换为热能，使被冲击部分的工件材料达到几千摄氏度以上的高温，从而引起材料的局部熔化或汽化。

通过控制电子束能量密度的大小和能量注入时间，就可以达到不同的加工目的，如果只使材料局部加热就可进行电子束热处理;使材料局部熔化可进行电子束焊接;提高电子束能量密度,使材料熔化或汽化,便可进行打孔、切割等加工;利用较低能量密度的电子束轰击高分子材料时产生化学变化的原理,进行电子束光刻加工。

B. 电子束加工的特点

a. 电子束加工是一种精密细微的加工方法。电子束能够极其微细聚焦(聚焦直径一般可达0.1~100 μm),加工面积可以很小,能加工细微深孔、窄缝、半导体集成电路等。

b. 加工材料的范围较广。对脆性、韧性、导体、非导体及半导体材料都可以加工。特别适合于加工易氧化的金属及合金材料以及纯度要求极高的半导体材料,因为是在真空中加工,不易被氧化,而且污染少。

c. 加工速度快,效率高。

d. 加工工件不易产生宏观应力和变形。因为电子束加工是非接触式加工,不受机械力作用。

e. 可以通过磁场和电场对电子束强度、位置、聚焦等进行直接控制,位置精度可达0.1 μm左右,强度和束斑可达1%的控制精度,而且便于计算机自动控制。

f. 设备价格较贵,成本高,同时应考虑X射线的防护问题。

②电子束加工的应用

电子束加工按其功率密度和能量注入时间的不同,可分别用于打孔、切割、蚀刻、焊接、热处理、光刻加工等。

A. 高速打孔

目前,利用电子束打孔,最小可达ϕ0.003 mm左右,而且速度极高。例如,玻璃纤维喷丝头上直径为ϕ0.8 mm、深3 mm的孔,用电子束加工效率可达20孔/s,比电火花打孔快100倍。用电子束打孔时,孔的深径比可达10∶1。电子束还能在人造革、塑料上进行50 000孔/s的极高速打孔。值得一提的是,在用电子束加工玻璃、陶瓷、宝石等脆性材料时,由于在加工部位附近有很大的温差,容易引起变形以致破裂。因此,在加工前和加工时需进行预热。

B. 加工型孔和特殊表面

电子束不仅可以加工各种特殊形状截面的直型孔(如喷丝头型孔)和成形表面,而且也可以加工弯孔和立体曲面。利用电子束在磁场中偏转的原理,使电子束在工件内部偏转,控制电子速度和磁场强度,即可控制曲率半径,便可以加工一定要求的弯曲孔。如果同时改变电子束和工件的相对位置,就可进行切割和开槽等加工。用电子束切割和截割各种复杂型面,切口宽度为3~6 μm,边缘表面粗糙度R_a可控制在±0.5 μm。

C. 焊接

电子束焊接是利用电子束作为热源的一种焊接工艺。当高能量密度的电子束轰击焊接表面时,使焊件接头处的金属熔化,在电子束连续不断地轰击下,形成一个被熔融金属环绕着的毛细管状的蒸汽管,若焊件按一定的速度沿着焊接线缝与电子束作相对移动,则接缝上的蒸汽管由于电子束的离开重新凝固,使焊件的整个接缝形成一条完整的焊缝。电子束焊接时焊缝深而窄,而且对焊件的热影响小,变形小,可在工件精加工后进行。焊接因在真空中进行且一般不用焊条,这样焊缝化学成分纯净,焊接接头的强度往往高于母材。利用电子束可焊接如钽、铌、钼等难熔金属,也可焊接如钛、铀等活性金属,还能焊接用一般焊接方法难以完成的异种金属焊接,如铜和不锈钢,钢和硬质合金,铬、镍和钼等的焊接。

3）电火花加工技术

电火花加工是利用浸在工作液中的两极间脉冲放电时产生的电蚀作用蚀除导电材料的特种加工方法，又称放电加工或电蚀加工，英文简称 EDM。

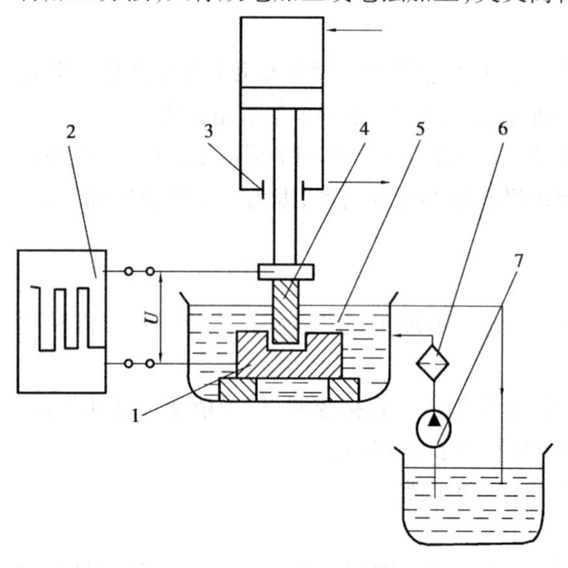

图 8.2　电火花加工原理

1—工件；2—脉冲电源；3—自动进给装置；4—工具电极；5—工作液；6—过滤器；7—泵

①电火花加工的原理

电火花加工的原理如图 8.2 所示。自动进给调节装置能使工件和工具电极经常保持一定的放电间隙。由脉冲电源输出的电压加在液体介质中的工件和工具电极上，当电压升高到间隙中介质的击穿电压时，使介质在绝缘强度最低处被击穿，产生火花放电。瞬间高温使工件和电极表面都被腐蚀（熔化、汽化）掉一小块材料形成凹坑去除材料，一次脉冲放电过程可分为电离、放电、热膨胀、抛出金属和消电离等几个连续阶段。一次脉冲放电之后，两极间的电压急剧下降到接近于零。间隙中的电介质立即恢复到绝缘状态。此后，两极间的电压再次升高，又在另一处绝缘强度最小的地方重复上述放电过程，多次脉冲放电不断地去除材料，达到成形加工的目的。

②电火花加工的特点及应用

a. 电火花加工可加工任何导电材料，不论其硬度、脆性、熔点如何。现已研究出加工非导电材料和半导体材料的电火花加工工艺。

b. 电极和工件在加工过程中不接触，两者间的宏观作用力很小，所以便于加工小孔、深孔、窄缝等零件，而不受电极和工件强度、刚度的限制。

c. 电极材料不要求比工件材料硬。

d. 直接利用电、热能加工，便于实现加工过程的自动控制。

由于电火花加工的独特优点，加上数控电火花机床的普及，电火花加工已在机械制造、模具制造等部门广泛用于各种难加工材料和复杂形状零件的加工。

③电火花加工的适用范围

电火花加工的适用范围较广，可以说：与材料的软硬无关，形状复杂不怕，异型微孔擅长。

a. 可加工各种难加工的金属材料和其他导电材料。

b. 可加工形状复杂的表面。

c. 加工中电极与工件之间作用力微小，有利于加工薄壁、弹性、低刚度和有微细小孔、异型小孔、微小深孔等的零件。

4）超声波加工技术

超声波加工技术是随着机械制造和仪器制造中各种脆硬材料（如玻璃、陶瓷、半导体、铁氧体等）和难以加工材料（如高温及难熔合金、硬质合金等）的不断出现而应用和发展起来的新加工方法。当经过液体介质传播时，将以极高的频率压迫液体质点振动，连续形成压缩和稀疏区域产生液体冲击和空化现象,引起邻近固体物质分散、破碎等效应。超声波加工比电火花、电解加工的生产效率低,但加工精度和表面粗糙度比前者好。并且能加工半导体和非半导体。因此,当前国内模具行业一般先用电火花加工和半精加工,最后用超声波进行抛磨精加工。

超声波加工的基本原理:在工件和工具间加入磨料悬浮液，由超声波发生器产生超声振荡波，经换能器转换成超声机械振动，使悬浮液中的磨粒不断地撞击加工表面，把硬而脆的被加工材料局部破坏而撞击下来。在工件表面瞬间正负交替的正压冲击波和负压空化作用下强化了加工过程。因此,超声波加工实质上是磨料的机械冲击与超声波冲击及空化作用的综合结果。

在传统超声波加工的基础上发展了旋转超声波加工，即工具在不断振动的同时还以一定的速度旋转，这将迫使工具中的磨粒不断地冲击和划擦工件表面，把工件材料粉碎成很小的微粒去除，以提高加工效率。

超声波加工精度高、速度快,加工材料适应范围广，可加工出复杂型腔及型面，加工时工具和工件接触轻，切削力小，不会发生烧伤、变形、残余应力等缺陷，而且超声加工机床的结构简单，易于维护。

超声波加工的特点及应用如下:

①超声波加工适用于加工脆硬材料(特别是不导电的硬脆材料),如玻璃、石英、陶瓷、宝石、金刚石、各种半导体材料、淬火钢、硬质合金钢等。

②超声波加工可采用比工件软的材料制成形状复杂的工具。

③超声波加工去除加工余量是靠磨料瞬时局部的撞击作用,工具对工件加工表面宏观作用力小,热影响小,不会引起变形和烧伤,因此适合于薄壁零件及工件的窄槽、小孔的加工。

8.2.2　快速成形技术

快速成形(Rapid Prototyping, RP)技术是20世纪80年代问世的一门新兴制造技术,自问世以来,得到了迅速的发展。由于RP技术可以将已具数学几何模型的设计迅速、自动地物化为具有一定结构和功能的原型或零件,并能有效地提高新产品的设计质量,缩短新产品开发周期,提高企业的市场竞争力,因而受到越来越多领域的关注,被一些学者誉为敏捷制造技术的使能技术之一。

(1)快速成形技术的基本工作过程

快速成形技术是由CAD模型直接驱动的快速制造复杂形状三维物理实体技术的总称。其基本过程如下:

①设计出所需零件的计算机三维模型,并按照通用的格式存储(STL文件)。

②根据工艺要求选择成形方向(Z方向),然后按照一定的规则将该模型离散为一系列有序的单元,通常将其按一定厚度进行离散(习惯称为分层),把原来的三维CAD模型变成一系列的层片(CLI文件)。

③根据每个层片的轮廓信息,输入加工参数,自动生成数控代码。

④由成形机成形一系列层片并自动将它们联接起来,得到一个三维物理实体。

这样就将一个物理实体复杂的三维加工转变成一系列二维层片的加工,因此大大降低了加工难度。由于不需要专用的刀具和夹具,使得成形过程的难度与待成形的物理实体的复杂程度无关,而且越复杂的零件越能体现此工艺的优势。目前,快速成形技术包括一切由 CAD 直接驱动的成形过程。

(2)快速成形技术的特点

快速成形技术的特点如下:

1)高度柔性

快速成形技术的最突出特点就是柔性好,它取消了专用工具,在计算机管理和控制下可以制造出任意复杂形状的零件,把可重编程、重组、连续改变的生产装备用信息方式集成到一个制造系统中。

2)技术的高度集成

快速成形技术是计算机技术、数控技术、激光技术与材料技术的综合集成。在成形概念上,它以离散/堆积为指导,在控制上以计算机和数控为基础,以最大的柔性为目标。因此,只有在计算机技术、数控技术高度发展的今天,快速成形技术才有可能进入实用阶段。

3)设计制造一体化

快速成形技术的另一个显著特点就是 CAD/CAM 一体化。在传统的 CAD/CAM 技术中,由于成形思想的局限性,致使设计制造一体化很难实现。而对于快速成形技术来说,由于采用了离散/堆积分层制造工艺,能很好地将 CAD/CAM 结合起来。这种"净成形"方法,减少材料浪费,降低原材料储存运费,无刀具磨损,零件一致性好。

4)快速性

快速成形技术的一个重要特点就是其快速性。由于激光快速成形是建立在高度技术集成的基础之上,从 CAD 设计到原型的加工完成只需几小时至几十小时,比传统的成形方法速度要快得多,这一特点尤其适合于新产品的开发与管理。

5)自由形状制造

快速成形技术的这一特点是基于自由形状制造的思想。自由的含义有两个方面:

①指根据零件的形状,不受任何专用工具(或模腔)的限制而自由成形。

②指不受零件任何复杂程度的限制。

6)材料的广泛性

在快速成形领域中,由于各种快速成形工艺的成形方式不同,因而材料的使用也各不相同,如金属、纸、塑料、光敏树脂、蜡、陶瓷,甚至纤维等材料在快速成形领域已有很好的应用。由于传统加工技术的复杂性和局限性,要达到零件的直接制造仍有很大距离。RP 技术大大简化了工艺规程、工装准备、装配等过程,很容易实现由产品模型驱动直接制造。

(3)几种常见的快速成形工艺

1)光固化立体成形

光固化立体成形是采用立体印刷(Stereo Lithography Apparatus,SLA)原理的一种工艺,也是最早出现的、技术最成熟和应用最广泛的快速原型技术,由美国 3DSystems 公司在 20 世纪 80 年代后期推出。SLA 的成形方法是在树脂液槽中盛满液态光敏树脂,使其在激光束的照射下快速固化,成形过程开始时,可升降的工作台处于液面下一个截面层厚的高度,聚焦后的激光束,在计算机的控制下,按照截面轮廓的要求,沿液面进行扫描,使被扫描区域的树脂固化,从而得到该截面轮廓的塑料薄片。然后,工作台下降一层薄片的高度,已固化的塑料薄片就被一层新的液态树脂所覆盖,以便进行第二层激光扫描固化,新固化的一层牢固地黏结在前一层上,如此循环,直到整个产品成形完毕。最后升降台升出液体树脂表面,即可取出工件,进行清洗和表面光洁处理。整个成形过程的原理如图8.3所示。

2)选择性激光烧结工艺

选择性激光烧结(Selective Laser Sintering,SLS)采用CO_2激光器对粉末材料(塑料粉、陶瓷与黏结剂的混合粉、金属与黏结剂的混合粉等)进行选择性烧结,是一种由离散点一层层堆积成三维实体的工艺方法,其工艺过程原理如图8.4所示。在开始加工之前,先在工作平台上铺一层粉末材料,然后激光束在计算机控制下按照截面轮廓对实心部分所在的粉末进行烧结,使粉末熔化继而形成一层固体轮廓。第一层烧结完成后,工作台下降一截面层的高度,再铺上一层粉末,进行下一层的烧结,如此循环,形成三维的原型零件。最后经过5~10 h冷却,即可从粉末缸中取出零件。未经烧结的粉末能承托正在烧结的工件,当烧结工序完成后,取出零件,未经烧结的粉末基本可自动脱掉,并重复利用。因此,SLS工艺不需要建造支撑,事后也不用清除支撑。

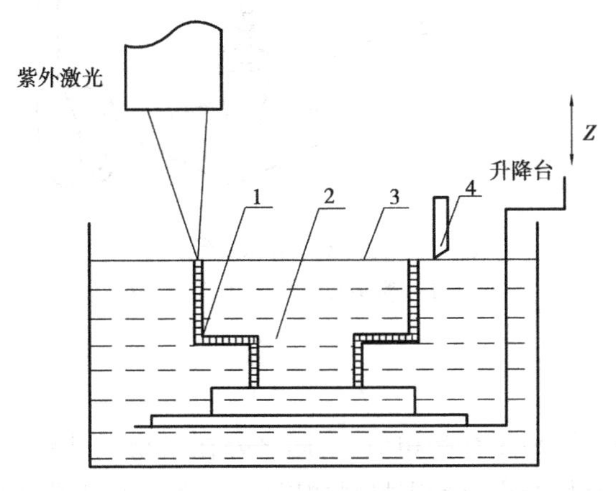

图8.3 光固化成形工艺原理
1—成形零件;2—光敏树脂;3—液面;4—刮平器

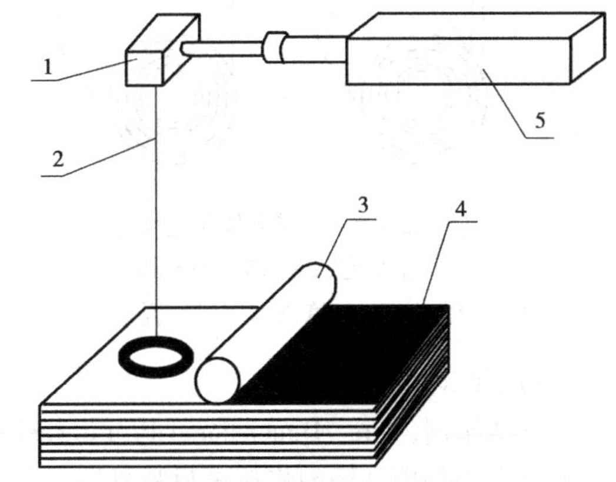

图8.4 选择性激光烧结成形原理
1—扫描镜;2—激光束;3—平整辊;
4—粉末;5—激光器

3)分层实体制造

分层实体制造(Laminated Object Manufacturing,LOM)快速成形技术是一种薄片材料叠加工艺。典型的设备是美国Helisys公司生产的LOM-2030H型箔材叠层快速成形机。

分层实体制造是根据三维CAD模型每个截面的轮廓线,在计算机控制下,发出控制激光切割系统的指令,使切割头作x和y方向的移动,工作原理如图8.5所示。供料机构将底面涂有热熔胶的箔材(如涂覆纸、涂覆陶瓷箔、金属箔、塑料箔材)一段段地送至工作台的上方。激光切割系统按照计算机提取的横截面轮廓用CO_2激光束对箔材沿轮廓线将工作台上的纸割出轮廓线,并将纸的无轮廓区切割成小碎片。然后,由热压机构将一层层纸压紧并黏合在一起,可升降工作台支撑正在成形的工件,并在每层成形之后,降低一个纸厚,以便送进、黏合和切割新的一层纸。最后形成由许多小废料块包围的三维原型零件。然后取出,将多余的废料小块剔除,就可以获得三维产品。

4)熔积成形

熔积成形(Fused Deposition Modeling, FDMD)工艺是一种不依靠激光作为成形能源,而将各种丝材加热熔化的成形方法。熔积成形的原理是加热喷头在计算机的控制下,根据产品零件的截面轮廓信息,作平面运动。热塑性丝材由供丝机构送至喷头,并在喷头中加热和熔化成半液态,然后被挤压出来,有选择性地涂覆在工作台上,快速冷却后形成一层薄片轮廓。一层截面成形完成后,工作台下降一定高度,再进行下一层的熔覆,如此循环,最终形成三维产品零件,其工艺过程原理如图 8.6 所示。

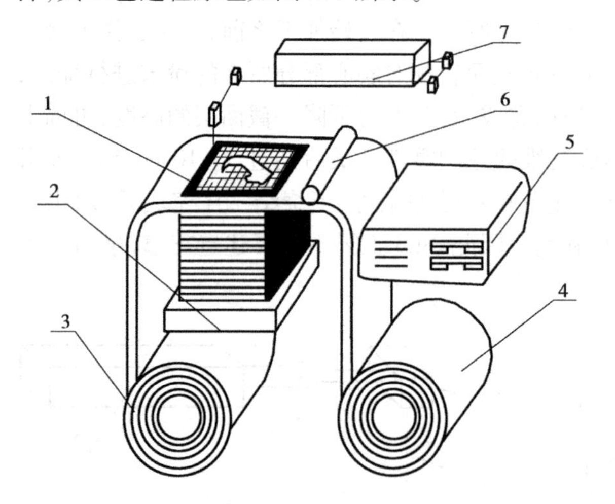

图 8.5　分层实体制造原理
1—加工平台;2—升降台;3—收纸卷;
4—供纸卷;5—计算机;6—热压辊;7—激光器

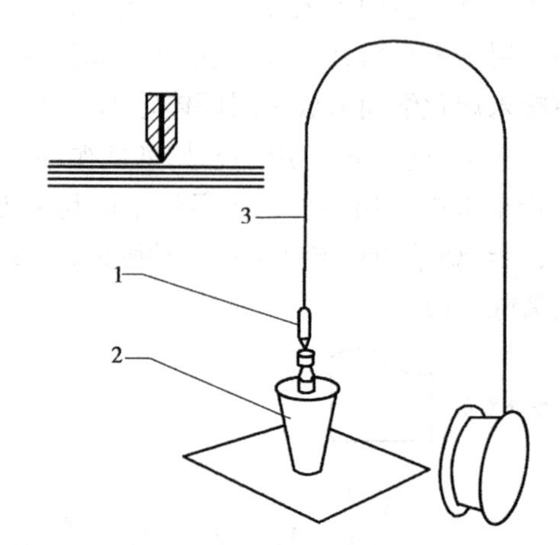

图 8.6　熔积成形原理
1—喷头;2—成形工件;3—料丝

5)三维印刷

三维印刷(Three Dimensional Printing,3DP)与 SLS 有些相似,不同之处在于物理过程,它的成形方法是用黏结剂将粉末材料黏结,而不是用激光对粉末材料加以烧结,在成形过程中没有能量的直接介入。由于它的工作原理与打印机或绘图仪相似,故通常称为三维印刷。含有水基黏结剂的喷头在计算机的控制下,按照零件截面轮廓的信息,在铺好一层粉末材料的工作平台上,有选择性地喷射黏结剂,使部分粉末黏结在一起,形成截面轮廓。一层粉末成形完成后,工作台下降一个截面层的高度,再铺一层粉末,进行下一层轮廓的黏结,如此循环,最终形成三维产品的原型。为提高原型制件的强度,可浸蜡、树脂或特种黏结剂作进一步的固化。该工艺特点是成形速度快,设备简单、粉末材料价格较便宜,制作成本低,工作过程没有污染,可在办公室条件下使用;但制成原型尺寸精度较低,强度较低,特别适合制作小型零件的原型。

(4)快速成形技术的应用

快速成形的应用主要体现在以下 4 个方面:

1)新产品开发过程中的设计验证与功能验证

快速成形技术可快速地将产品设计的 CAD 模型转换成物理实物模型,这样可以方便地验证设计人员的设计思想和产品结构的合理性、可装配性、美观性,发现设计中的问题可及时修改。如果用传统方法,需要完成绘图、工艺设计、工装模具制造等多个环节,周期长、费用高。如果不进行设计验证而直接投产,则一旦存在设计失误,将会造成极大的损失。

2)可制造性、可装配性检验和供货询价、市场宣传

对有限空间的复杂系统,如汽车、卫星、导弹的可制造性和可装配性用快速成形方法进行

检验和设计，将大大降低此类系统的设计制造难度。对于难以确定的复杂零件，可以用快速成形技术进行试生产以确定最佳的合理的工艺。此外，快速成形原型还是产品从设计到商品化各个环节中进行交流的有效手段。如为客户提供产品样件、进行市场宣传等，快速成形技术已成为并行工程和敏捷制造的一种技术途径。

3)单件、小批量和特殊复杂零件的直接生产

对于高分子材料的零部件，可用高强度的工程塑料直接快速成形，满足使用要求；对于复杂金属零件，可通过快速铸造或直接金属件成形获得。该项应用对航空、航天及国防工业有特殊意义。

4)快速模具制造

通过各种转换技术将快速成形原型转换成各种快速模具，如低熔点合金模、硅胶模、金属冷喷模、陶瓷模等，进行中小批量零件的生产，满足产品更新换代快、批量越来越小的发展趋势。

快速成形应用的领域几乎包括了制造领域的各个行业，在医疗、人体工程、文物保护等行业也得到了越来越广泛的应用。

8.2.3 精密与超精密加工

(1)基本概念

精密/超精密加工技术是适应现代技术发展的一种机械加工新工艺，它综合应用了微电子技术、计算机技术、自动控制技术、激光技术，使加工技术产生了飞跃发展。这主要体现在两个方面：一是精密/超精密加工精度越来越高，由微米级、亚微米级、纳米级，向原子级加工极限逼近；二是精密/超精密加工已进入国民经济和生活的各个领域，批量生产达到的精度也在不断提高。

超精密加工是相对于普通精度等级加工而言，其界限随时间的推移会发生不断变化。目前，普通加工、精密加工、超精密加工可以界定如下：

1)普通加工

加工精度为10 μm左右，表面粗糙度R_a值为0.8~0.3 μm的加工技术，如车、铣、刨、磨、镗、铰等。适用于汽车、拖拉机和机床等产品的制造。

2)精密加工

加工精度为0.1~10 μm，表面粗糙度R_a值为0.3~0.03 μm的加工技术，如金刚车、金刚镗、研磨、珩磨、超精加工、砂带磨削、镜面磨削和冷压加工等。适用于精密机床、精密测量仪器等产品中的关键零件的加工，如精密丝杠、精密齿轮、精密蜗轮、精密导轨、精密轴承等。

3)超精密加工

加工精度不低于0.1~0.01 μm，表面粗糙度R_a值不大于0.03~0.005 μm的加工技术，如金刚石刀具超精密切削、超精密磨料加工、超精密特种加工和复合加工等。适用于精密元件、计量标准元件、大规模和超大规模集成电路的制造。目前，超精密加工的精度正在向纳米级工艺发展。

(2)精密/超精密加工的特点

精密/超精密加工的特点如下：

①精密/超精密加工时，背吃刀量极其微小，属于微量切削，因此对刀具的刃磨、砂轮修整

和机床调整均有很高要求。

②精密/超精密加工是一门综合性高技术，凡是影响加工精度和表面质量的因素都要考虑。

③精密/超精密加工一般采用计算机控制、在线控制、自适应控制、误差检测和补偿等自动化技术来保证加工精度和表面质量。

④精密/超精密加工不仅有传统的切削和磨削加工，而且有特种加工和复合加工方法，只有综合应用各种加工方法，取长补短，才能得到很高的加工精度和表面质量。

(3)精密/超精密加工的应用

精密/超精密加工是尖端技术产品发展不可缺少的关键加工手段，不管是军事工业还是民用工业，都需要这种先进的加工技术。

①超精密零件加工。导弹、飞机等的惯性导航仪器系统中的气浮陀螺的浮子以及支架、气浮陀螺马达轴承等零件的尺寸精度和圆度、圆柱度都要求达到亚微米级精度。人造卫星仪表的真空无润滑轴承，其孔和轴的表面粗糙度 R_a 达到 1 nm，圆度和圆柱度均为纳米级精度，这些零件都是用超精密金刚石刀具镜面车削加工的。

②超精密异型零件加工。陀螺仪框架零件形状复杂、精度要求高，是超精密数控铣床加工的。

(4)精密/超精密加工的发展趋势

精密加工和超精密加工技术的发展趋势有以下 5 个方面：

①向高精度方向发展，向加工精度的极限冲刺，由现阶段的亚微米级向纳米级进军，其最终目标是做到“移动原子”，实现原子级精度的加工。

②向大型化方向发展，研制各种大型超精密加工设备，以满足航天航空、电子通信等领域的需要。

③向微型化方向发展，寻求更微细的加工技术，即超微细加工技术，以适应微型机械、集成电路的发展。

④向超精结构、多功能、光机电一体化、加工检测一体化方向发展，并广泛采用各种测量、控制技术实时补偿误差。

⑤探求新的加工机理，并形成新的加工方法和复合加工技术，被加工的材料范围不断扩大。

8.2.4 超高速加工技术

高速切削技术是指采用超硬材料的刀具磨具和能可靠地实现高速运动的高精度、高自动化、高柔性的制造设备，以极大地提高切削速度来达到材料切除率、加工精度和加工质量的现代制造加工技术。切削时，切削温度随切削速度的增大而提高，但当切削速度增大到某一数值之后，切削温度反而降低；对每种工件材料，存在一个速度范围，在这个速度范围内，由于切削温度太高，任何刀具都无法承受，切削加工不可能进行，这个范围被称之为“死谷”。在通常情况下，高速切削时主轴转速要比普通切削时高 5 ~ 10 倍。

对于不同加工方法和不同加工材料，高速切削的切削速度各不相同。通常认为高速切削各种材料的切削速度范围为：铸铁 15 ~ 90 m/s，钢 10 ~ 50 m/s，铝合金 30 ~ 120 m/s。对加工工种而言，高速切削的车削速度 10 ~ 120 m/s，铣削速度 5 ~ 100 m/s，钻削 3 ~ 20 m/s，磨削

150 m/s以上。

高速切削用刀具材料要求强度高、耐热性能好。常用的刀具材料有带涂层的硬质合金刀具、氮化硅(Si_3N_4)陶瓷材料、超细晶粒硬质合金、立方氮化硼或聚晶金刚石刀具。试验表明，在同等情况下，其寿命往往比常规速度下的刀具寿命还要长。

高速切削机床是实现高速切削的前提条件和关键因素，其主要要求如下：

①适应于高速运转的高速主轴单元。电主轴结构紧凑、质量轻、惯性小、响应特性好，并可避免振动或噪声是高速主轴单元的理想结构。主轴支承、轴承选择及轴承设计制造是高速主轴单元技术中的关键。

②适应于高速加工的高速加工进给单元。高速加工技术要求进给系统能达到很高的速度、大的加速度以及高的定位精度。滑台驱动系统大多采用无间隙、惯性小、高度高而无磨损的直线电机驱动系统，进给速度可达 1 m/s。

③高压大流量喷射冷却系统，避免产生机床、刀具和工件的热变形。

④要有一个静刚度、动刚度、热刚度特性都很好的机床支承件，如用聚合物混凝土(人造花岗岩)制成的床身或立柱。

⑤适应于高速切削的刀具系统。高速切削目前主要用于大批量生产领域，如汽车工业；加工工件本身刚度不足的领域，如航空航天工业产品或其他某些产品；加工复杂曲面，如模具、工具制造；超精密微细切削加工等领域。

8.2.5　纳米加工技术

纳米技术(Nanotechnology, NT)是在纳米尺度范围(0.1～100 nm)内对原子、分子等进行操纵和加工的技术。它是一门多学科交叉的学科，是在现代物理学、化学和先进工程技术相结合的基础上诞生的，是一门与高技术紧密结合的新型科学技术。纳米级加工包括机械加工、化学腐蚀、能量束加工、扫描隧道加工等多种方法。

纳米加工采用“自下而上”和“自上而下”两种方法的结合。“自下而上”的方法，即从单个分子甚至原子开始，一个原子一个原子地进行物质的组装和制备。这个过程没有原材料的去除和浪费。由于传统的“自上而下”的微电子工艺受经典物理学理论的限制，依靠这一工艺来减小电子器件尺寸将变得越来越困难。

传统微纳器件的加工是以金属或者无机物的体相材料为原料。通过光刻蚀、化学刻蚀或两种方法结合使用的“自上而下”的方式进行加工，在刻蚀加工前必须先制作“模具”。长期以来推动电子领域发展的以曝光技术为代表的“自上而下”方式的加工技术即将面临发展极限。如果使用蛋白质和DNA(脱氧核糖核酸)等纳米生物材料，将有可能形成运用材料自身具有的“自组装”和相同图案“复制与生长”等特性的“自下而上”方式的元件。如图8.7所示为采用“自下而上”方法加工出的纳米碳管和量子栅栏。

下面介绍两种纳米加工工艺。

(1)LIGA技术(X射线刻蚀电铸模法)

LIGA(Lithographic Galvanoformung Abfor-mung)加工工艺是由德国科学家开发的集光刻、电铸和模铸于一体的复合微细加工新技术，是三维立体微细加工最有前景的加工技术，尤其对于微机电系统的发展有很大的促进作用。

20世纪80年代中期，德国W. Ehrfeld等人发明了LIGA加工工艺，这种工艺包括3个主要

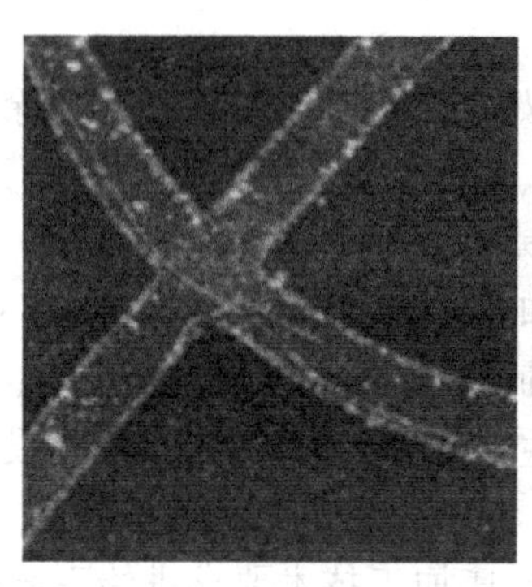 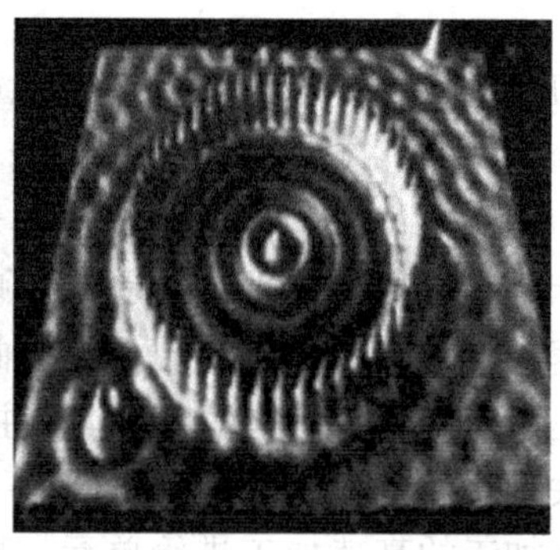

图8.7 “自下而上”方法加工出的纳米碳管和量子栅栏

步骤:深度同步辐射X射线光刻(Lithography)、电铸成形(Galvanofor—mung)和注塑成形(Abformung)。其最基本和最核心的工艺是深度同步辐射X射线光刻,而电铸成形和注塑成形工艺是LIGA产品实用化的关键。LIGA适合用多种金属、非金属材料制造微型机械构件。采用LIGA技术已研制成功或正在研制的产品有微传感器、微电机、微执行器、微机械零件等。

(2)扫描隧道显微加工技术

扫描隧道显微镜(Scanning Tunneling Microscope,STM)是1981年由在IBM瑞士苏黎世实验室工作的G. Binning和H. Rohrer发明,可用于观察物体A级的表面形貌。被列为20世纪80年代世界十大科技成果之一,1986年因此获诺贝尔物理学奖。通过STM的探针来操纵试件表面的单个原子,实现单个原子和分子的搬迁、去除、增添和原子排列重组,实现极限的精加工。目前,原子级加工技术正在研究对大分子中的原子搬迁、增加原子、去除原子和原子排列的重组。

8.3 制造自动化技术

8.3.1 工业机器人技术

(1)工业机器人的概念

机器人是一种可编程的通过自动控制去完成某些操作和移动作业的机器;而工业机器人则是在工业生产上应用的机器人。美国机器人工业协会把它定义为“工业机器人是用来进行搬运材料、零件、工具等可再编程的多功能机械手,或通过不同程序的调用来完成各种工作任务的特种装置”。工业机器人一般可理解为:在工业自动化应用领域中的一种能自动控制、可重复编程、多功能、多自由度的操作机(固定式的或移动式的),用于搬运材料、工件、操持工具或检测装置,完成各种作业。表面看起来,工业机器人虽然与人完全不一样,但它具有人的手和脚的运动功能,能够完成人所做的某些工作。

机器人技术是集计算机科学、控制工程、人工智能、传感技术、机械工程学和机构学等多种学科为一体的一门综合技术。

(2)工业机器人的特点

工业机器人之所以得到广泛应用,是因为它有以下4个显著的特点:

1)可编程

生产自动化的进一步发展是柔性自动化。工业机器人可随其工作环境变化的需要而再编程,因此它在小批量多品种具有均衡高效率的柔性制造过程中,能发挥很好的功用,是柔性制造系统(Flexible Manufacturing System,FMS)中的一个重要组成部分。

2)拟人化

工业机器人在机械结构上可完成类似人的行走、转身、抓取等动作,在控制上有相似于人脑的计算机。此外,工业机器人还有许多类似人类五感的传感器,如皮肤型接触传感器、力传感器、负载传感器、视觉传感器、声觉传感器等。传感器提高了工业机器人对周围环境的自适应能力。

3)通用性

除了专门设计的专用工业机器人外,一般工业机器人在执行不同的作业任务时具有较好的通用性。比如,更换工业机器人手部末端操作器(手爪、工具等)便可执行不同的作业任务。

4)机电一体化

工业机器人技术涉及的学科相当广泛,但是归纳起来是机械学和微电子学的结合——机电一体化技术。第三代智能机器人不仅具有获取外部环境信息的各种传感器,而且还具有记忆能力、语言理解能力、图像识别能力、推理判断能力等人工智能。这些都与微电子技术的应用特别是计算机的应用密切相关。因此,机器人技术的发展必将带动其他技术的发展,机器人技术的发展和应用也可以从一个方面验证一个国家科学技术和工业技术的发展和水平。

(3)工业机器人的应用

工业机器人在机械制造业中得到了广泛的应用,如物料搬运、涂装、焊接、检测和装配等工作,特别适于在单调、繁重的重复性工作和有害、有毒、危险等恶劣的环境下工作。在现代制造系统中,工业机器人是以多品种、小批量生产自动化为服务对象的,因此,它在柔性制造系统(FMS)、计算机集成制造系统(Computer Integrated Manufacturing System,CIMS)和其他机电一体化系统中获得了广泛的应用,成为现代制造系统不可缺少的组成部分。另一方面,随着科学技术的进步,机器人的应用已深入生产领域的各个方面,如工业机器人在农业上进行水果和棉花的收摘,农产品和肥料的搬运储藏、施肥和农药喷洒等;在医疗领域上,美国 Long Beach 医疗中心使用机器人成功地进行了脑部肿瘤外科手术等。

我国对工业机器人的研究起步较晚,技术水平相对较落后,在20世纪80年代起步之初,主要机型为涂装、弧焊、点焊、搬运等,应用领域主要局限于汽车、摩托车、工程机械等,进入20世纪90年代,机型和领域有了很大的发展,已研制数十种型号共200多台机器人。由于工业机器人具有一定的通用性和适应性,能适应多品种中、小批量的生产,20世纪70年代起,常与数字控制机床结合在一起,成为柔性制造单元或柔性制造系统的组成部分。

8.3.2　柔性制造

柔性制造系统是由统一的信息控制系统、物料储运系统和一组数字控制加工设备组成,能适应加工对象变换的自动化机械制造系统(Flexible Manufacturing System,FMS)。

FMS的工艺基础是成组技术,它按照成组的加工对象确定工艺过程,选择相适应的数控加工设备和工件、工具等物料的储运系统,并由计算机进行控制,故能自动调整并实现一定范围内多种工件的成批高效生产(即具有“柔性”),并能及时地改变产品以满足市场需求。

FMS 兼有加工制造和部分生产管理两种功能,因此能综合地提高生产效益。采用 FMS 的主要技术经济效果是能按装配作业配套需要,及时安排所需零件的加工,实现及时生产,从而减少毛坯和在制品的库存量,及相应的流动资金占用量,缩短生产周期;提高设备的利用率,减少设备数量和厂房面积;减少直接劳动力,在少人看管条件下可实现昼夜 24 h 的连续"无人化生产";提高产品质量的一致性。

柔性制造系统未来将向发展各种工艺内容的柔性制造单元和小型 FMS;完善 FMS 的自动化功能;扩大 FMS 完成的作业内容,并与计算机辅助设计和辅助制造技术(CAD/CAM)相结合,向全盘自动化工厂方向发展。

(1)柔性制造系统组成

一个柔性制造系统一般可概括为由下列 3 个部分组成:可编程控制的数控加工系统、自动化的物料储运系统和计算机控制系统。

1)加工系统

加工系统实施对产品零件的加工。在 FMS 上大多采用自动换刀的加工中心或其他数控机床。加工系统能按照主控计算机的指令自动加工各种零件,并能自动实现工件、刀具的交换,常由若干台 CNC 机床组成。对以加工箱体类零件为主的柔性制造系统而言,通常配备有数控加工中心、CNC 铣床等;对以加工轴类零件为主的系统而言,则多数配有 CNC 车削中心、CNC 车床和 CNC 磨床等。对于加工专门零件的系统除了一些通用的 CNC 设备以外,还配备一些专用的 CNC 设备。

2)物流系统

物流系统由储存、输送和装卸 3 个子系统组成,它完成毛坯、夹具、工件等的出入库和装卸工件工作。

柔性制造系统的物流系统与传统的自动线或流水线有很大区别,它的工件输送系统是不按固定节拍强迫运送工件的,它没有固定的顺序,甚至是几种零件混杂在一起输送的。柔性制造系统的物流系统包括输送搬运和储存两个方面。

物料搬运系统(Material Handling System,MHS)是在机床、装卸站、缓冲站、清洗站和检验站之间运送零件和刀具的传送系统。物料输送系统包括工件从系统外部送入系统和工件在系统内部的传送两部分。工件的输送系统的运输工具可分为自动输送车、辊道传送系统、带式传送系统及机器人传送系统。

3)控制系统

控制系统实施对整个 FMS 的控制和监督。这实际上是由中央管理计算机与各设备的控制装置组成的分级控制网络,它们组成了信息流。该系统主要完成下列任务:

①数控程序的储存和分配。

②生产控制和管理。

③运输物料的控制和管理。

④刀具的监测和控制。

⑤系统的性能监测和报告。

(2)FMS 的工作过程

FMS 工作过程可以这样描述:柔性制造系统接到上一级控制系统的有关生产计划信息和技术信息后,由其控制系统进行数据信息的处理、分配。按照一定的方式对加工系统和物流系统进行控制。料库和夹具库根据生产的品种和调度计划信息,供应相应品种的毛坯,选出加工所需的夹具,物料运送系统根据指令把工件和夹具运送到相应的机床上。机床选用正确的加工程序、刀具、切削用量对工件进行加工,加工完毕,按照信息系统输给的控制信息转换工序,并进行检验。全部加工完成后,由装卸和运输系统送入成品库,同时把质量和数量信息送到监视和记录装置,夹具送回夹具库。当需变换产品零件时,只要改变输入给系统的生产计划信息、技术信息,整个系统就能迅速、自动地按照新要求来完成新的零件加工。

(3)FMS 的发展

FMS 是集计算机技术、软件技术、网络通信技术、自动控制原理等高新技术于一身的高度集成化的综合技术。目前,FMS 的软硬件系统大多已比较成熟,今后的发展方向集中在以下方面:

①不断推出新型控制软件。

②控制软件的模块化、标准化。

③开发应用软件“开发平台”。

④积极引入设计新方法。

⑤发展新型控制体系结构。

⑥应用人工智能技术。

8.3.3　智能制造

智能制造系统(Intelligent Manufacturing System ,IMS)是制造系统的最新发展,也是自动化制造系统的未来发展方向,也就是说,未来的制造系统至少应同时具有智能化和自动化两个主要特征。

(1)智能制造系统的基本概念

智能制造系统是一种由智能机器和人类专家共同组成的人机一体化智能系统,它将人工智能技术融合进制造系统的各个环节中,通过模拟人类专家的智能活动,诸如分析、推理、判断、构思和决策等,取代或辅助制造环境中应由人类专家来完成的那部分活动,使系统具有智能特征。

由于计算机永远不可能代替人(至少目前看来是如此),因此,即使是最高级的智能制造系统,也不可能离开人类专家的支持。从这个意义上讲,有理由认为智能制造系统是由 3 部分组成的,即

智能制造系统 = 常规制造系统 + 人工智能技术 + 人类专家

因此,智能制造系统是典型的人机一体化系统。

智能制造系统之所以出现是由需求来推动的,主要表现在以下 5 个方面:

①制造系统中的信息量呈爆炸性增长的趋势,信息处理的工作量猛增,仅靠传统的信息处理方式,已远远不能满足需求,这就要求系统具有更多的智能,尽量减少人工干预。

②专业性人才和专门知识的严重短缺,极大地制约了制造业的发展,这就需要系统能存储人类专家的知识和经验,并能自主进行思维活动。根据外部环境条件的变化自动作出适当的决策,尽量减少对人类专家的依赖。

③市场竞争越来越激烈,决策的正确与否对企业的命运生死攸关,这就要求决策人的素质高、知识面全。人类专家很难做到这一点。于是,就要求系统能融合尽可能多决策人的知识和

经验,并提供全面的决策支持。

④制造技术的发展常常要求系统的最优解,但最优化模型的建立和求解仅靠一般的数学工具是远远不够的,要求系统具有人类专家的智能。

⑤有些制造环境极其恶劣,如高温、高压、极冷、强噪声、大振动、有毒等工作环境使操作者根本无法在其中工作,也必须依靠人工智能技术解决问题。

(2)智能制造系统的特征

与传统的制造系统相比智能制造系统具有以下特征:

1)自组织能力

自组织能力是指智能制造系统中的各种智能设备,能够按照工作任务的要求,自行集结成一种最合适的结构,并按照最优的方式运行。完成任务以后,该结构随即自行解散,以备在下一个任务中集结成新的结构。自组织能力是智能制造系统的一个重要标志。

2)自律能力

即搜集与理解环境信息和自身的信息,并进行分析判断和规划自身行为的能力。

智能制造系统能根据周围环境和自身作业状况的信息进行监测和处理,并根据处理结果自行调整控制策略,以采用最佳行动方案。这种自律能力使整个制造系统具备抗干扰、自适应和容错等能力。

3)学习能力和自我维护能力

智能制造系统能以原有的专家知识为基础,在实践中,不断进行学习,完善系统知识库,并删除库中有误的知识,使知识库趋向最优。同时,还能对系统故障进行自我诊断、排除和修复。这种特征使智能制造系统能够自我优化并适应各种复杂的环境。

4)人机一体化

智能制造系统不是单纯的"人工智能"系统,而是人机一体化智能系统,是一种混合智能。基于人工智能的智能机器只能进行机械式的推理、预测、判断,它只能具有逻辑思维(专家系统),最多做到形象思维(神经网络),完全做不到灵感思维,只有人类专家才真正同时具备以上3种思维能力。人机一体化方面突出人在制造系统中的核心地位,同时在智能机器的配合下,更好地发挥人的潜能,使人机之间表现出一种平等共事、相互"理解"、相互协作的关系,使二者在不同的层次上各显其能,相辅相成。

因此,在智能制造系统中,高素质、高智能的人将发挥更好的作用,机器智能和人的智能将真正地集成在一起,互相配合,相得益彰。

(3)智能制造系统的主要研究领域

理论上,人工智能技术可以应用到制造系统中所有与人类专家有关,需要由人类专家作出决策的部分,归纳起来,主要包括以下内容:

1)智能设计

工程设计,特别是概念设计和工艺设计需要大量人类专家的创造性思维、判断和决策,将人工智能技术,特别是专家系统技术引入设计领域就变得格外迫切。目前,在概念设计领域和CAPP领域应用专家系统技术均取得一些进展,但距人们的期望还有很大距离。

2)智能机器人

制造系统中的机器人可分为两类:一类为固定位置不动的机械手,完成焊接、装配、上下料等工作;另一类为可以自由移动的运动机器人,这类机器人在智能方面的要求更高些。智能机器人应具有下列“智能”特性：视觉功能，即能够借助于机器人的“眼”看东西，这个“眼”可采用工业摄像机；听觉功能，即能够借助于机器人的“耳”去接受声波信号，机器人的“耳”可以是个话筒；触觉功能，即能够借助于机器人的“手”或其他触觉器官去接受（或获取）触觉信息，机器人的触觉器官可以是各种传感器；语音能力，即能够借助于机器人的“口”与操作者或其他人对话，机器人的口可以是个扩音器；理解能力，即机器人有根据接收到的信息进行分析、推理并作出正确决策的能力，理解能力可以借助于专家系统来实现。

3）智能调度

与工艺设计类似，生产和调度问题往往无法用严格的数学模型描述，常依靠计划人员及调度人员的知识和经验，往往效率很低。在多品种、小批量生产模式占优势的今天，生产调度任务更显繁重，难度也大，必须开发智能调度及管理系统。

4）智能办公系统

智能办公系统应具有良好的用户界面，善解人意，能够根据人的意志自动完成一定的工作。一个智能办公系统应具有“听觉”功能和语言理解能力，工作人员只需口述命令，办公系统就可根据命令去完成相应的工作。

5）智能诊断

系统能够自动检测本身的运行状态，如发现故障正在或已经形成，则自动查找原因，并进行使故障消除的作业，以保证系统始终运行在最佳状态下。

6）智能控制

能够根据外界环境的变化，自动调整自身的参数，使系统迅速适应外界环境。对于可以用数学模型表示的控制问题，常可用最优化方法去求解。对于无法用数学模型表示的控制问题，就必须采用人工智能的方法去优化求解。

总之，人工智能在制造系统中有着广阔的应用前景，应大力加强这方面的研究。由于受到人工智能技术发展的限制，制造系统的完全智能化实现起来难度很大，目前应从单元技术做起，一步一步向智能自动化制造系统方向迈进。

8.4 先进制造管理技术与生产模式

8.4.1 敏捷制造

敏捷制造是美国国防部为了制定21世纪制造业发展而支持的一项研究计划。该计划始于1991年，有100多家公司参加，由通用汽车公司、波音公司、IBM、德州仪器公司、AT&T、摩托罗拉等15家著名大公司和国防部代表共20人组成了核心研究队伍。此项研究历时3年，于1994年底提出了《21世纪制造企业战略》。在这份报告中，提出了既能体现国防部与工业界各自的特殊利益，又能获取他们共同利益的一种新的生产方式，即敏捷制造。

敏捷制造是在具有创新精神的组织和管理结构、先进制造技术（以信息技术和柔性智能技术为主导）、有技术有知识的管理人员3大类资源支柱支撑下得以实施的，也就是将柔性生产技术、有技术有知识的劳动力与能够促进企业内部和企业之间合作的灵活管理集中在一起，通过所建立的共同基础结构，对迅速改变的市场需求和市场进度作出快速响应。敏捷制造比起其他制造方式具有更灵敏、更快捷的反应能力。

(1)敏捷制造三要素

敏捷制造的目的可概括为“将柔性生产技术,有技术、有知识的劳动力与能够促进企业内部和企业之间合作的灵活管理(三要素)集成在一起,通过所建立的共同基础结构,对迅速改变的市场需求和市场实际作出快速响应”。从这一目标中可以看出,敏捷制造实际上主要包括3个要素:生产技术、管理和人力资源。

1)敏捷制造的生产技术

敏捷性是通过将技术、管理和人员3种资源集成为一个协调的、相互关联的系统来实现的。

首先,具有高度柔性的生产设备是创建敏捷制造企业的必要条件(但不是充分条件)。所必需的生产技术在设备上的具体体现:由可改变结构、可量测的模块化制造单元构成的可编程的柔性机床组;“智能”制造过程控制装置;用传感器、采样器、分析仪与智能诊断软件相配合,对制造过程进行闭环监视,等等。

其次,在产品开发和制造过程中,能运用计算机能力和制造过程的知识基础,用数字计算方法设计复杂产品;可靠地模拟产品的特性和状态,精确地模拟产品制造过程。各项工作是同时进行的,而不是按顺序进行的。同时开发新产品,编制生产工艺规程,进行产品销售。设计工作不仅属于工程领域,也不只是工程与制造的结合。从用材料制造成品到产品最终报废的整个产品生命周期内,每一个阶段的代表都要参加产品设计。技术在缩短新产品的开发与生产周期上可充分发挥作用。

再次,敏捷制造企业是一种高度集成的组织。信息在制造、工程、市场研究、采购、财务、仓储、销售、研究等部门之间连续地流动,而且还要在敏捷制造企业与其供应厂家之间连续流动。在敏捷制造系统中,用户和供应厂家在产品设计和开发中都应起到积极作用。每一个产品都可能要使用具有高度交互性的网络。同一家公司的、在实际上分散、在组织上分离的人员可以彼此合作,并且可以与其他公司的人员合作。

最后,把企业中分散的各个部门集中在一起,靠的是严密的通用数据交换标准、坚固的“组件”(许多人能够同时使用同一文件的软件)、宽带通信信道(传递需要交换的大量信息)。把所有这些技术综合到现有的企业集成软件和硬件中去,这标志着敏捷制造时代的开始。敏捷制造企业将普遍使用可靠的集成技术,进行可靠的、不中断系统运行的大规模软件的更换,这些都将成为正常现象。

2)敏捷制造的管理技术

首先,敏捷制造在管理上所提出的最创新思想之一是“虚拟公司”。敏捷制造认为,新产品投放市场的速度是当今最重要的竞争优势。推出新产品最快的办法是利用不同公司的资源,使分布在不同公司内的人力资源和物资资源能随意互换,然后把它们综合成单一的靠电子手段联系的经营实体——虚拟公司,以完成特定的任务。也就是说,虚拟公司就像专门完成特定计划的一家公司一样,只要市场机会存在,虚拟公司就存在;该计划完成了,市场机会消失了,虚拟公司就解体。能够经常形成虚拟公司的能力将成为企业一种强有力的竞争武器。

只要能把分布在不同地方的企业资源集中起来,敏捷制造企业就能随时构成虚拟公司。在美国,虚拟公司将运用国家工业网络——全美工厂网络,把综合性工业数据库与服务结合起来,以便能够使公司集团创建并运作虚拟公司,排除多企业合作和建立标准合法模型的法律障碍。这样,组建虚拟公司就像成立一个公司那样简单。

有些公司总觉得独立生产比合作要好,这种观念必须要破除。应当把克服与其他公司合作的组织障碍作为首要任务,而不是作为最后任务。此外,需要解决因为合作而产生的知识产权问题,需要开发管理公司、调动人员工作主动性的技术,寻找建立与管理项目组的方法,以及建立衡量项目组绩效的标准,这些都是艰巨任务。

其次,敏捷制造企业应具有组织上的柔性。因为,先进工业产品及服务的激烈竞争环境已经开始形成,越来越多的产品要投入瞬息万变的世界市场上去参与竞争,产品的设计、制造、分配、服务将用分布在世界各地的资源(公司、人才、设备、物料等)来完成。制造公司日益需要满足各个地区的客观条件,这些客观条件不仅反映社会、政治和经济价值,而且还反映人们对环境安全、能源供应能力等问题的关心。在这种环境中,采用传统的纵向集成形式,企图“关起门来”什么都自己做,是注定要失败的,必须采用具有高度柔性的动态组织结构。根据工作任务的不同,有时可以采取内部多功能团队形式,请供应者和用户参加团队;有时可以采用与其他公司合作的形式;有时可以采取虚拟公司形式。有效地运用这些手段,就能充分利用公司的资源。

3)敏捷制造的人力资源

敏捷制造在人力资源上的基本思想是在动态竞争的环境中,关键的因素是人员。柔性生产技术和柔性管理要使敏捷制造企业的人员能够实现他们自己提出的发明和合理化建议,没有一个一成不变的原则来指导此类企业的运行,唯一可行的长期指导原则是提供必要的物质资源和组织资源,支持人员的创造性和主动性。

在敏捷制造时代,产品和服务的不断创新和发展,制造过程的不断改进,是竞争优势的同义语。敏捷制造企业能够最大限度地发挥人的主动性,有知识的人员是敏捷制造企业中唯一最宝贵的财富。因此,不断对人员进行教育,不断提高人员素质,是企业管理层应该积极支持的一项长期投资。每一个雇员消化吸收信息、对信息中提出的可能性做出创造性响应的能力越强,企业可能取得的成功就越大。对于管理人员和生产线上具有技术专长的工人都是如此。科学家和工程师参加战略规划和业务活动,对敏捷制造企业来说是带决定性的因素。在制造过程的科技知识与产品研究开发的各个阶段,工程专家的协作是一种重要资源。

敏捷制造企业中的每一个人都应该认识到柔性可以使企业转变为一种通用工具,这种工具的应用仅仅取决于人们对于使用这种工具进行工作的想象力。大规模生产企业的生产设施是专用的,因此,这类企业是一种专用工具。与此相反,敏捷制造企业是连续发展的制造系统,该系统的能力仅受人员的想象力、创造性和技能的限制,而不受设备限制。敏捷制造企业的特性支配着它在人员管理上所持有的、完全不同于大量生产企业的态度。管理者与雇员之间的敌对关系是不能容忍的,这种敌对关系限制了雇员接触有关企业运行状态的信息。信息必须完全公开,管理者与雇员之间必须建立相互信赖的关系。工作场所不仅要完全,而且对在企业的每一个层次上从事脑力创造性活动的人员都要有一定的吸引力。

(2)敏捷制造关键技术

虽然说敏捷性的提高本身并不依赖于高技术或者高投入。但适当的技术和先进的管理能使企业的敏捷性达到一个新的高度。必须指出的是,这里讲的技术仍然是围绕敏捷性的提高来讲的。

1）一个跨企业、跨行业、跨地域的信息技术框架

为了响应来自不同市场的不同挑战，支持动态联盟的运行；实现异构分布环境下多功能小组（Team）内和多功能小组间的异地合作（设计、加工、物流供应等），需要一个好的信息技术框架来支持不同企业协作运行的需要。

2）一个支持集成化产品过程设计的设计模型和工作流控制系统

设计模型和工作流控制系统是在多功能小组内和多功能小组间进行协同工作和全局优化应用集成和过程优化的重要工具。它包含了许多内容，如集成化产品的数据模型定义和过程模型定义；包含了产品开发过程中的产品数据管理（版本控制）、动态资源管理和开发过程管理（工作流管理）；包含了必要的安全措施和分布系统的集中管理，等等。

3）供应链管理系统和企业资源管理系统

现行的企业信息集成的主要手段是通过 MRPⅡ的实施来完成的。在企业的组织和运行模式转向敏捷企业和动态联盟时，现有的 MRPⅡ系统就表现出许多不足。首先，MRPⅡ系统基本上是一个静态的闭环系统，无法和其他应用系统实现紧密地动态集成，不能满足多功能小组开展并行设计的需要。其次，在动态联盟的成员企业中，有许多数据和信息是要共享的（但同时还有更多的信息企业并不希望共享）这就涉及一个 MRPⅡ信息系统的重构问题。快速重构是 MRPⅡ系统不具备的。这里提出的 ERP 系统是一个企业内的信息管理系统，与 MRPⅡ相比，它增加了和其他应用系统紧密、动态集成的功能，可以支持多功能小组并行设计的需要。同时它可迅速重构以便和 SCM 系统配合支持动态联盟的系统工作和资源优化目标。SCM 系统则重在支持企业间的资源共享和信息集成。它可以支持不同企业在以动态联盟方式工作过程中对各个企业的资源进行统一的管理和调度。例如，A，B，C 这 3 个企业结成一个动态联盟来生产某一产品，作为联盟主体的 A 需要及时把各种设计信息和需求信息通过计算机网络传给 B 和 C，它可随时浏览 B，C 的工程进度报告，了解并帮助它们解决出现的问题。同时，B 在安排作业计划时，可以把 A，C 闲置的加工设备认为是自己的设备来统一编排生产计划。ERP 主要处理企业内部的资源管理和计划安排，供应链管理系统则以企业间的资源关系和优化利用为目标，是支持动态联盟的关键技术和主要工具。

4）各类设备、工艺过程和车间调度的敏捷化

为更大地提高企业的敏捷性，必须提高企业各个活动环节的敏捷性。这就是常讲的"敏捷的人用敏捷的设备，通过敏捷的过程制造敏捷的产品"。有关敏捷设备和敏捷过程的概念的研究和应用将是敏捷制造环境下新的设计理论和加工方法研究的重要组成部分。

5）敏捷性的评价体系

敏捷性要求企业能够通过复杂的通信基础设施迅速地组装其技术、雇员和管理，以对于不断变化和不可预测的市场环境中的顾客需求作出从容的、有效的和协调的响应。实际上，敏捷性指企业可重构（Reconfigurable）、可重用（Reusable）、可扩充（Scalable）地响应市场变化的能力，即 RRS 特性。企业敏捷性及其度量对于贯彻敏捷制造哲理有重要意义，目前，有多种不同看法。一种观点认为，敏捷性可以用成本（Cost）、时间（Time）、健壮性（Robustness）、自适应范围（Scope）4 个指标来度量，可简称为 CTRS 指标。成本指企业完成一次敏捷变化的成本，与新产品上市的成本密切相关，也与产品过程的设计及实现相关。时间指企业完成一次敏捷变化所用的时间，与新产品上市的时间密切相关。健壮性是指完成一次敏捷变化结果的稳定性和坚固性，与新产品及其相关过程的质量有关。自适应范围指一个企业或个体在多大范围内可

以通过自我调整来迅速适应环境变化,它是敏捷性的精华,并把柔性和敏捷性区分开来。CTRS综合度量指标侧重于衡量企业实现敏捷转变后的结果,因此是动态的,反映企业从敏捷空间一点移动到更敏捷一点所耗费的成本、时间、转变的坚固性和范围。CTRS指标相对来说能比较直观地反映企业的敏捷性,计算性好,易于仿真。如果该体系能进一步支持对企业敏捷转变的过程的度量,则会更具实用价值。

可变能力:描述你被动地响应变化的能力。

创新能力:描述你主动地领导潮流的能力。

(3)敏捷制造的特点

1)从产品开发到产品生产周期的全过程满足要求

敏捷制造采用柔性化、模块化的产品设计方法和可重组的工艺设备,使产品的功能和性能可根据用户的具体需要进行改变,并借助仿真技术可让用户很方便地参与设计,从而很快地生产出满足用户需要的产品。它对产品质量的概念是保证在整个产品生产周期内达到用户满意;企业的质量跟踪将持续到产品报废,甚至直到产品的更新换代。

2)采用多变的动态组织结构

21世纪衡量竞争优势的准则在于企业对市场反应的速度和满足用户的能力。而要提高这种速度和能力,必须以最快的速度把企业内部的优势和企业外部不同公司的优势集中在一起,组成为灵活的经营实体,即虚拟公司。

所谓虚拟公司,是一种利用信息技术打破时空阻隔的新型企业组织形式。它一般是某个企业为完成一定任务项目而与供货商、销售商、设计单位或设计师,甚至与用户所组成的企业联合体。选择这些合作伙伴的依据是他们的专长、竞争能力和商誉。这样,虚拟公司能把与任务项目有关的各领域的精华力量集中起来,形成单个公司所无法比拟的绝对优势。当既定任务一旦完成,公司即行解体。当出现新的市场机会时,再重新组建新的虚拟公司。

虚拟公司这种动态组织结构,大大缩短了产品上市时间,加速产品的改进发展,使产品质量不断提高,也能大大降低公司开支,增加收益。虚拟公司已被认为是企业重新建造自己生产经营过程的一个步骤,预计10~20年以后,虚拟公司的数目会急剧增加。

3)战略着眼点在于长期获取经济效益

传统的大批量生产企业,其竞争优势在于规模生产,即依靠大量生产同一产品,减少每个产品所分摊的制造费用和人工费用,来降低产品的成本。敏捷制造是采用先进制造技术和具有高度柔性的设备进行生产,这些具有高柔性、可重组的设备可用于多种产品,不需要像大批量生产那样要求在短期内回收专用设备及工本等费用。而且变换容易,可在一段较长的时间内获取经济效益,因此,它可使生产成本与批量无关,做到完全按订单生产,充分把握市场中的每一个获利时机,使企业长期获取经济效益。

4)建立新型的标准基础结构,实现技术、管理和人的集成

敏捷制造企业需要充分利用分布在各地的各种资源,要把这些资源集中在一起,以及把企业中的生产技术、管理和人集成到一个相互协调的系统中。为此,必须建立新的标准结构来支持这一集成。这些标准结构包括大范围的通信基础结构、信息交换标准等的硬件和软件。

5)最大限度地调动、发挥人的作用

敏捷制造提倡以"人"为中心的管理。强调用分散决策代替集中控制,用协商机制代替递阶控制机制。它的基础组织是"多学科群体"(Multi-Decision Team),是以任务为中心的一种

动态组合。也就是把权力下放到项目组，提倡“基于统观全局的管理”模式，要求各个项目组都能了解全局的远景，胸怀企业全局，明确工作目标和任务的时间要求，但完成任务的中间过程则由项目组自主决定。以此来发挥人的主动性和积极性。

显然，敏捷制造方式把企业的生产与管理的集成提高到一个更高的发展阶段。它把有关生产过程的各种功能和信息集成扩展到企业与企业之间的不同系统的集成。当然，这种集成将在很大程度上依赖于国家和全球信息基础设施。

8.4.2 并行工程

并行工程是对产品及其相关过程（包括制造过程和支持过程）进行并行、集成化处理的系统方法和综合技术。它要求产品开发人员从一开始就考虑到产品全生命周期（从概念形成到产品报废）内各阶段的因素（如功能、制造、装配、作业调度、质量、成本、维护与用户需求等），并强调各部门的协同工作，通过建立各决策者之间的有效的信息交流与通信机制，综合考虑各相关因素的影响，使后续环节中可能出现的问题在设计的早期阶段就被发现，并得到解决，从而使产品在设计阶段便具有良好的可制造性、可装配性、可维护性及回收再生等方面的特性，最大限度地减少设计反复，缩短设计、生产准备和制造时间。

并行工程的研究范围一般包括如下方面：

①并行工程管理与过程控制技术。

②并行设计技术。

③快速制造技术。

20世纪80年代前，并行工程在我国计划经济时代就已经有了很多成功范例，如找石油，原子弹，航天工程，等等，并被称为社会主义优越性的表现之一，只不过当时没有起名为并行工程罢了。

并行工程自20世纪80年代提出以来，美国、欧共体和日本等发达国家均给予了高度重视，成立研究中心，并实施了一系列以并行工程为核心的政府支持计划。很多大公司，如麦道公司、波音公司、西门子、IBM等也开始了并行工程实践的尝试，并取得了良好效果。

进入20世纪90年代，并行工程引起我国学术界的高度重视，成为我国制造业和自动化领域的研究热点，一些研究院（所）和高等院校均开始进行一些有针对性的研究工作。1995年“并行工程”正式作为关键技术列入863/CIMS研究计划，有关工业部门设立小型项目资助并行工程技术的预研工作。国内部分企业也开始运用并行工程的思想和方法来缩短产品开发周期、增强竞争能力。但是，无论从技术研究还是企业实践上，我国都落后于国际先进水平10年左右，许多工作仍处在探索阶段。

1988年美国国家防御分析研究所（Institute of Defense Analyze，IDA）完整地提出了并行工程（Concurrent Engineering，CE）的概念，即“并行工程是集成地、并行地设计产品及其相关过程（包括制造过程和支持过程）的系统方法”。这种方法要求产品开发人员在一开始就考虑产品整个生命周期中从概念形成到产品报废的所有因素，包括质量、成本、进度计划和用户要求。并行工程的目标为提高质量、降低成本、缩短产品开发周期和产品上市时间。并行工程的具体做法是在产品开发初期，组织多种职能协同工作的项目组，使有关人员从一开始就获得对新产品需求的要求和信息，积极研究涉及本部门的工作业务，并将所需要求提供给设计人员，使许多问题在开发早期就得到解决，从而保证了设计的质量，避免了大量的返工浪费。

(1)并行工程的特征

1)并行交叉

它强调产品设计与工艺过程设计、生产技术准备、采购、生产等种种活动并行交叉进行。并行交叉有两种形式:

①按部件并行交叉,即将一个产品分成若干个部件,使各部件能并行交叉进行设计开发。

②对每单个部件,可使其设计、工艺过程设计、生产技术准备、采购、生产等各种活动尽最大可能并行交叉进行。

需要注意的是,并行工程强调各种活动并行交叉,并不是也不可能违反产品开发过程必要的逻辑顺序和规律,不能取消或越过任何一个必经的阶段,而是在充分细分各种活动的基础上,找出各子活动之间的逻辑关系,将可以并行交叉的尽量并行交叉进行。

2)尽早开始工作

正因为强调各活动之间的并行交叉,以及并行工程为了争取时间,所以它强调人们要学会在信息不完备的情况下就开始工作。因为根据传统观点,人们认为只有等到所有产品设计图纸全部完成以后才能进行工艺设计工作,所有工艺设计图完成后才能进行生产技术准备和采购,生产技术准备和采购完成后才能进行生产。正因为并行工程强调将各有关活动细化后进行并行交叉,因此,很多工作要在传统上认为信息不完备的情况下进行。

(2)并行工程本质特点

1)并行工程强调面向过程(process-oriented)和面向对象(object-oriented)

一个新产品从概念构思到生产出来是一个完整的过程(process)。传统的串行工程方法是基于二百多年前英国政治经济学家亚当·斯密的劳动分工理论。该理论认为分工越细,工作效率越高。因此串行方法是把整个产品开发全过程细分为很多步骤,每个部门和个人都只做其中的一部分工作,而且是相对独立进行的,工作做完以后把结果交给下一部门。西方把这种方式称为“抛过墙法”(throw over the wall),他们的工作是以职能和分工任务为中心的,不一定存在完整的、统一的产品概念。而并行工程则强调人要面向整个过程或产品对象,因此它特别强调设计人员在设计时不仅要考虑设计,还要考虑这种设计的工艺性、可制造性、可生产性、可维修性等,工艺部门的人也要同样考虑其他过程,设计某个部件时要考虑与其他部件之间的配合。因此,整个开发工作都是要着眼于整个过程(process)和产品目标(product object)。从串行到并行,是观念上的很大转变。

2)并行工程强调系统集成与整体优化

在传统串行工程中,对各部门工作的评价往往是看交给它的那一份工作任务完成是否出色。就设计而言,主要是看设计工作是否新颖,是否有创造性,产品是否有优良的性能。对其他部门也是看它的那一份工作是否完成出色。而并行工程则强调系统集成与整体优化,它并不完全追求单个部门、局部过程和单个部件的最优,而是追求全局优化,追求产品整体的竞争能力。对产品而言,这种竞争能力就是由产品的TQCS综合指标——交货期(time)、质量(quality)、价格(cost)和服务(service)。在不同情况下,侧重点不同。在现阶段,交货期可能是关键因素,有时是质量,有时是价格,有时是它们中的几个综合指标。对每一个产品而言,企业都对它有一个竞争目标的合理定位,因此并行工程应从围绕这个目标来进行整个产品开发活动。只要达到整体优化和全局目标,并不追求每个部门的工作最优。因此对整个工作的评价是根据整体优化结果来评价的。

8.4.3 精益生产

(1)精益生产的概念

精益生产(Lean Production,LP)也称为精良生产,是首先在日本成功实施,后来由美国麻省理工学院于20世纪90年代提出的一种新型制造系统模式。精良生产的中心思想是在各个环节去掉无用的东西,每个员工及其岗位的安排原则必须保证增值,不能增值的岗位要加以撤除。精良生产是制造系统重构设计的典型策略之一。它具有如下特征:

①以"简化"为主要手段。"简化"是实行精良生产的基本手段,具体做法:精简组织机构,简化产品开发过程,强调并行设计并成立高效率的产品开发小组;简化零部件的制造过程;协调总装厂与协作厂的关系,避免相互之间的利益冲突。

②以人为中心。人包括整个制造系统所涉及的所有人。

③以尽善尽美为追求目标。

(2)精良生产的内涵及体系

精良生产的核心内容是准时制生产方式JIT。这种方式通过看板管理,成功地制止了过量生产,实现了"在必要的时刻生产必要数量的必要产品"的目标,从而彻底消除产品制造过程中的浪费,以及由之衍生出来的种种间接浪费,实现生产过程的合理性、高效性和灵活性。JIT方式是一个完整的技术综合体,包括经营理念、生产组织、物流控制、质量管理、成本控制、库存管理、现场管理等在内的较为完整的生产管理技术与方法体系。

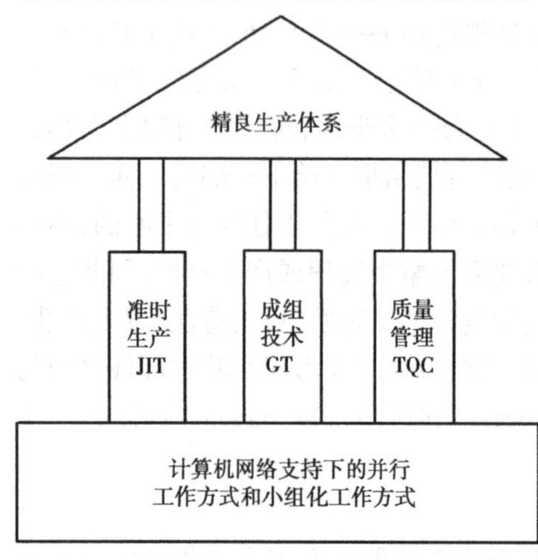

图8.8 精良生产的体系构成

精良生产是在JIT生产方式、成组技术GT以及全面质量管理TQC的基础上逐步完善的,构造了一幅以LP为屋顶,以JIT,GT,TQC为3根支柱,以CE和小组化工作方式为基础的建筑画面,如图8.8所示。它强调以社会需求为驱动,以人为中心,以简化为手段,以技术为支撑,以"尽善尽美"为目标。主张消除一切不产生附加价值的活动和资源,从系统观点出发将企业中所有的功能合理地加以组合,以利用最少的资源、最低的成本向顾客提供高质量的产品服务,使企业获得最大利润和最佳应变能力。其特征可归纳为以下几方面:

①简化生产制造过程,合理利用时间,实行拉动式的准时生产,杜绝一切超前、超量生产。采用快换工装模具新技术,把单一品种生产线改造成多品种混流生产线,把小批次大批量轮番生产改变为多批次小批量生产,最大限度地降低在制品储备,提高适应市场需求的能力。

②简化企业的组织机构,采用"分布自适应生产",提倡面向对象的组织形式(Object Oriented Organization,OOO),强调权力下放给项目小组,发挥项目组的作用。采用项目组协作方式而不是等级关系,项目组不仅完成生产任务而且参与企业管理,从事各种改进活动。如图8.8所示为精良生产的体系构成。

8.4.4　虚拟制造技术

(1)虚拟制造的定义及特点

虚拟制造(Virtual Manufacturing,VM)是美国于1993年首先提出的一种全新的制造体系和模式,它以软件形式模拟产品设计与制造全过程,无须研制样机,实现了产品的无纸化设计。它是制造企业增强产品开发敏捷性、快速满足市场多元化需求的有效途径。由于虚拟制造基本上不消耗资源和能量,也不生产实际产品,而是产品的设计、开发与实现过程在计算机上的本质实现。因此,虚拟制造的研究、开发与应用已引起各国的高度重视,尤其是欧美、日本等工业发达国家,竞相投入大量人力、物力进行虚拟制造的研究与开发,虚拟制造成为现代制造技术发展中最重要的模式之一。

虚拟制造目前还没有一个统一的定义。总的来说,虚拟制造就是利用仿真与虚拟现实技术,在高性能计算机及高速网络的支持下,采用群组协同工作,通过模型来模拟和预测产品功能、性能及可加工性等各方面可能存在的问题,实现产品制造的本质过程,包括产品的设计、工艺规划、加工制造、性能分析、质量检测等,并进行过程管理和控制。

与实际制造相比较,虚拟制造的主要特点如下:

①产品与制造环境是虚拟模型。

②可使分布在不同地点、不同部门的不同专业人员在同一个产品模型上同时工作。

(2)虚拟制造体系结构及环境

国家CIMS工程技术研究中心根据先进制造技术发展的要求,正在着手建立虚拟制造研究基地。该基地建立了以下虚拟制造技术体系结构:

1)虚拟制造平台

该平台支持产品的并行设计、工艺规划、加工、装配及维修等过程,进行可制造性分析(包括性能分析、费用估计、工时估计等)。

2)虚拟生产平台

该平台将支持生产环境的布局设计及设备集成、产品远程虚拟测试、企业生产计划及调度的优化,进行可生产性分析。

3)虚拟企业平台

被预言为21世纪制造模式的敏捷制造,利用虚拟企业的形式,以实现劳动力、资源、资本、技术、管理和信息等的最优配置,这给企业的运行带来了一系列新的技术要求。虚拟企业平台为敏捷制造提供可合作性分析支持。

4)基于PDM的虚拟制造平台集成

虚拟制造平台应具有统一的框架、统一的数据模型,并具有开放的体系结构。

(3)虚拟现实技术在生产制造上的应用

虚拟现实技术在生产制造上的应用如下:

①基于VR技术的产品开发。

②虚拟现实技术在制造车间设计中的作用。

③VR技术在生产计划安排上的应用。

采用虚拟制造技术可以给企业带来下列效益:

①提供关键的设计和管理决策对生产成本、周期和能力的影响信息,以便正确处理产品性

能与制造成本、生产进度和风险之间的平衡,作出正确的决策。

②提高生产过程开发的效率,可以按照产品的特点优化生产系统的设计。

③通过生产计划的仿真,优化资源的利用,缩短生产周期,实现柔性制造和敏捷制造。

④可以根据用户的要求修改产品设计,及时作出报价和保证交货期。

本章小结

本章主要论述了先进制造技术的体系结构、主要特征及发展趋势,介绍了超高速加工、超精密加工、快速原型制造、特种加工以及纳米加工技术的基本概念、主要特点及发展应用,并介绍了这些先进制造工艺在现代生产中的实际应用。

习题与思考题

8.1 试说明先进制造技术的内涵和特点。

8.2 试述 FMS 构成和原理。

8.3 什么是快速原型技术?请简述其中两种工艺方法的工艺原理。

8.4 并行工程的基本概念是什么?

8.5 敏捷制造的基本原理是什么?其主要概念有哪些?

8.6 什么是虚拟制造?都包含哪些内容?

8.7 超高速加工有何特点?目前主要应用于哪些行业?

8.8 就目前技术条件下,普通加工、精密加工和超精密加工是如何划分的?

8.9 特种加工的定义是什么?其与切削加工有何不同点?

8.10 叙述常见的特种加工方法及其能量形式。

8.11 分别分析激光加工、超声波加工的工作原理。

参考文献

[1] 陈明. 机械制造工艺学[M]. 北京:机械工业出版社, 2012.
[2] 陈宏钧. 机械加工工艺设计员手册[M]. 北京:机械工业出版社,2009.
[3] 刘传绍,苏建修. 机械制造工艺学[M]. 北京:电子工业出版社, 2011.
[4] 任小中. 机械制造技术基础[M]. 北京:科学出版社, 2012.
[5] 李硕,粟新. 机械制造工艺基础[M]. 2 版. 北京:国防工业出版社,2008.
[6] 曾东建. 汽车制造工艺学[M]. 北京:机械工业出版社,2010.
[7] 陈红霞. 机械制造工艺学[M]. 北京:北京大学出版社,2010.
[8] 卢秉恒. 机械制造技术基础[M]. 2 版. 北京:机械工业出版社,2005.
[9] 李旦,王广林,李益民. 机械制造工艺学[M]. 哈尔滨:哈尔滨工业大学出版社,1997.
[10] 于骏一,邹青. 机械制造技术基础[M]. 北京:机械工业出版社,2004.
[11] 李凯岭. 机械制造技术基础[M]. 北京:科学出版社,2007.
[12] 韩秋实. 机械制造技术基础[M]. 2 版. 北京:机械工业出版社,2004.
[13] 王启平. 机床夹具设计[M]. 2 版. 哈尔滨:哈尔滨工业大学出版社,2005.
[14] 饶华球. 机械制造技术基础[M]. 北京:电子工业出版社,2007.
[15] 蔡安江. 机械制造技术基础[M]. 北京:机械工业出版社,2007.
[16] 郭艳玲,李彦蓉. 机械制造工艺学[M]. 北京:北京大学出版社, 2008.
[17] 周世学. 机械制造工艺与夹具[M]. 北京:北京理工大学出版社,1999.
[18] 王先逵. 机械制造工艺学[M]. 北京:机械工业出版社, 2007.
[19] 黄健求. 机械制造技术基础[M]. 北京:机械工业出版社,2005.
[20] 华楚生. 机械制造技术基础[M]. 3 版. 重庆:重庆大学出版社,2011.
[21] 张润福. 机械制造技术基础[M]. 2 版. 武汉:华中理工大学出版社,2000.
[22] 陈日濯. 金属切削原理[M]. 2 版. 北京:机械工业出版社,1993.
[23] 乐克谦. 金属切削刀具[M]. 2 版. 北京:机械工业出版社,2002.
[24] 王润孝. 先进制造技术导论[M]. 北京:科学出版社,2004.
[25] 叶蓓华. 数字控制技术[M]. 北京:清华大学出版社,2002.
[26] 张世昌. 先进制造技术[M]. 天津:天津大学出版社,2004.
[27] 卜昆. 计算机辅助制造[M]. 北京:科学出版社,2003.

[28] 卢小平. 现代制造技术[M]. 北京:清华大学出版社,2003.
[29] 陈宏钧. 实用机械加工工艺手册[M]. 北京:机械工业出版社,2005.
[30] 刘极峰. 计算机辅助设计与制造[M]. 北京:高等教育出版社,2004.
[31] 朱林泉. 快速成型与快速制造技术[M]. 北京:国防工业出版社,2003.
[32] 周骥平,林岗. 机械制造自动化技术[M]. 北京:机械工业出版社,2003.
[33] 袁哲俊. 精密和超精密加工技术[M]. 北京:机械工业出版社,2002.
[34] 周宏甫. 机械制造技术基础[M]. 北京:高等教育出版社,2004.
[35] 赵雪松,赵晓芬. 机械制造技术基础[M]. 武汉:华中科技大学出版社,2006.
[36] 傅水根. 机械制造工艺基础[M]. 北京:清华大学出版社,1998.
[37] 邓志平. 机械制造技术基础[M]. 成都:西南交通大学出版社,2004.
[38] 王启平. 机械制造工艺学[M]. 哈尔滨:哈尔滨工业大学出版社,2004.
[39] 冯之敬. 机械制造工艺基础[M]. 北京:清华大学出版社,1998.
[40] 施平. 先进制造技术[M]. 哈尔滨:哈尔滨工业大学出版社,2006.
[41] 张鹏,孙有亮. 机械制造技术基础[M]. 北京:北京大学出版社,2009.
[42] 王宝玺. 汽车拖拉机制造工艺学[M]. 北京:机械工业出版社,2004.